普通高等教育“十一五”国家级规划教材
普通高等教育国家级精品教材

现代计算机组成原理

——结构 原理 设计技术与SOC实现

（第二版）

潘 松 潘 明 黄继业 编著

科学出版社
北 京

内 容 简 介

本书提供了基于HDL和EDA技术的关于CPU和计算机系统硬件设计理论和设计技术方面较完整和丰富的内容。其中有基于微程序控制模式的8位CISC模型计算机原理和设计技术；基于状态机控制模式的16位实用CISC CPU的基本原理、设计技术和创新实践指导；基于流水线技术的16位RISC CPU设计技术；基于32位OpenRISC1200处理器系统的SOC软硬件构建和应用设计，以及基于经典处理器的8051 CPU核与8088/8086 CPU核构建SOC系统的基本理论和设计技术。在大部分章节后面，还提供了有针对性的实验与设计项目，甚至包括激发学习者创新意识和培养创新能力的CPU创新设计竞赛项目。

全书从授课内容到实验形式都能与目前国外计算机组成原理与计算机体系结构等同类课程的教学和实验有较好的接轨。本书内容新颖实用，吸收了欧美许多高校的计算机组成原理同类课程教学和实验方面的基本要求和核心内容。首次为国内高校就这一课程的教学改革和相关实验内容的延拓方面提供了实用的教材。

本书可作为计算机专业本科生与研究生的教科书，或是作为传统的计算机组成原理课的教学与实验的补充教材，也可作为电子类各专业高年级本科生、研究生进行系统设计的参考教材，还可作为相关领域工程技术人员面向片上系统开发应用的参考书。

图书在版编目(CIP)数据

现代计算机组成原理：结构、原理、设计技术与SOC实现/潘松，潘明，黄继业编著.—2版. —北京：科学出版社，2013

普通高等教育“十一五”国家级规划教材·普通高等教育国家级精品教材

ISBN 978-7-03-036274-2

Ⅰ.①现… Ⅱ.①潘…②潘…③黄… Ⅲ.①计算机体系结构–高等学校–教材 Ⅳ.①TP303

中国版本图书馆CIP数据核字（2012）第308632号

责任编辑：赵卫江 / 责任校对：王万红

责任印制：吕春珉 / 封面设计：多边设计工作室

科 学 出 版 社 出版

北京东黄城根北街16号

邮政编码：100717

http://www.sciencep.com

新科印刷有限公司 印刷

科学出版社发行　各地新华书店经销

*

2007年2月第 一 版　开本:787×1092 1/16

2013年1月第 二 版　印张:20

2018年1月第二次印刷　字数:362 000

定价：46.00元

(如有印装质量问题，我社负责调换〈新科〉)

销售部电话 010-62142129　编辑部电话 010-62138017（HI01）

前　　言

若非希望本书能更容易地被接受并融入传统“计算机组成原理”课程行列，本书的书名原本应该是“计算机组成原理与设计技术”。这显然是因为，在我国计算机高等教育的课程体系中，“计算机组成原理”这门课的名字，在长达数十年的时间内，竟与诸如“高等数学”、“大学物理”、“微机原理与接口技术”等课程的名字一样，成了对应课程的固有名词，没有人去增减一字，以致出现了在不同时段、出自众多不同作者、不同出版社、不同专业用途的面向此类课程的教材几乎取的是相同书名的现象。这似乎暗示计算机专业的学生只要是学习计算机组成的课程，就只能数十年一贯制地学原理、说原理，验证原理，且只能被动地认识计算机，使用计算机；似乎学习计算机就只能与软件打交道，只能学习软件设计而远离硬件设计，否则就脱离了计算机专业的“正业”。这对于计算机专业的课程设置与教学目标，显然是值得商榷的。以下将结合当前的计算机教学情况和本书的教学目标，对相关问题作一些探讨。最后对本书的编排和结构作一些说明。

1. 问题的提出

在多数高校计算机专业教学的课程设置结构中，不难发现其中有如下两点缺憾。

（1）缺失基于工程实际的 CPU 硬件设计这一重要内容。

首先必须明确，CPU、嵌入式处理器、DSP 处理器乃至计算机系统的硬件设计技术及相关课程理应纳入计算机科学与技术专业中；计算机专业对于软硬件综合设计人才的培养是责无旁贷的。而电子信息、通信工程、工业自动化等专业从整个课程体系来说，都不可能插入这一课程。

如果只会使用计算机而不会设计计算机（或只会拼装计算机），只能永远依赖于别人的 CPU 或硬件平台，这显然绝非我国的办学宗旨。

随着科学技术的发展，核心技术已经越来越集中在集成电路芯片和软件这两项之中，其中 CPU 和 OS（操作系统）设计技术是最核心的两项技术。特别是高性能计算机技术一直是衡量国家实力的一个重要标志。美国、日本和西欧等国将此当作一种国家行为，不断加大这方面的资助力度。美国的许多高校本科计算机专业中都无一不是安排了 CPU 硬件设计方面的课程和实验内容。

例如美国 MIT 的一门相关课程就是“计算机系统设计”。学生在实验课中，须自主完成（即自行设计）ALU、单指令周期 CPU（single cycle CPU）、多指令周期 CPU（multi-cycle CPU），乃至实现流水线 32 位 MIPS CPU 和 Cache 的设计；Stanford 大学计算机系的本科生也有相似的课程和实验，即“计算机组成与设计”课。实验要求学生以各自独立的形式，用 VHDL 语言自主实现 CPU、VGA 显示控制模块等接口，最后实现于 FPGA 中，并完成软硬件调试。此外，如 University of California，Berkeley 和 Brigham Young University 等学校在基于 FPGA 的超级计算机研制方面也有大量成果。

然而我国在 CPU 和计算机系统设计方面还十分落后，具有成熟的完全自主知识产权的通用 8 位/16 位 CPU 产品基本没有，高端的通用 32 位到 64 位高性能处理器更是空白。国产装备中的微处理器几乎全部采用进口的国际流行的通用或专用微处理器。这种受制于人的状况对于我国的IT产业、国家重要的经济军事战略乃至国家安全都十分不利！

从我国高校教学方面来看也同样不容乐观。尽管也通常包含了“计算机组成原理”和“计算机体系结构”的课程，且从这两门课程的内容来说也理应肩负这一重任（计算机系统和CPU硬件设计）。但实际情况并非如此，调研表明，国内除诸如中国科技大学、北京大学软件学院、复旦大学软件学院、哈尔滨工业大学、成都电子科技大学等少数高校十分重视计算机系统设计课程群建设，深入广泛地采用EDA技术与硬件描述语言完成实验和设计训练，并将“计算机组成原理”和“计算机体系结构”课的实验明确为CPU设计训练外，其他学校则大多仅将计算机组成原理定位为计算机科学导论和计算机模型认知的层面上；而在实验与实践方面，作为探讨实用CPU硬件原理和设计的“计算机体系结构”课基本没有对应的硬件实验。计算机组成原理的实验则主要是在一些由分离元件构成的实验平台上，完成简单模型CPU的验证性实验，基本谈不上设计，更没有国外高校类同的自主创新型CPU设计实验任务。这显然难以满足教育部在《关于加强高等学校本科教学工作，提高教学质量的若干意见》中关于“高等学校要重视本科教学的实验环节，保证实验课的开出率达到本科教学合格评估标准，并开出一批新的综合性、设计性实验”的要求。

（2）自主创新能力培养与训练方面的课程内容偏少。

计算机学科领域中自主创新能力的培养，包括卓越工程师的培养，其目标应该是拥有自主知识产权计算机部件或硬件系统设计技术及创新设计能力的人才的培养。这就要求包含“自主”这一重要因素。

“创新”未必包含“自主”。例如某项计算机软件的设计完成，某DSP算法的实现，某嵌入式系统软件的开发成功等，都可能包含一些前人未曾有过的创新，甚至可以有自己的知识产权。但我们却从来没有听说过，它们会是拥有完全自主知识产权的项目。这是因为，这些尽管属于创新型项目，但却都基于现成CPU平台上的软件，离开了这些CPU，软件中的所有创新价值都将归于零，因为CPU是别人的。这就是说，创新能力的培养绝不能脱离自主创造设计能力的培养，没有了自主的创新便不是真正的创新。

胡锦涛在2006年全国科学大会上提出了到2020年将我国建设成为创新型国家的宏伟目标，并在讲话中多次强调：建设创新型国家，核心就是坚持自主创新，将增强自主创新能力作为发展科学技术的战略基点。江泽民也曾指出：原始创新孕育着科学技术质的变化和发展，是一个民族对人类文明进步作出贡献的重要体现，也是当今世界科技竞争的制高点。

显然，如果忽视了创新型人才的培养，其他一切都将是空话。

根据这些讨论，不难发现，在计算机技术的教学中，唯有“计算机组成原理”和“计算机体系结构”课中加入相关的教学内容和合理的实验设置才能够承担起除基本知识传授外，对于学生自主创新能力培养的重任。

毫无疑问，离开了硬件设计，特别是符合工程实际的硬件设计训练，自主创新能力的培养便无从谈起。然而目前的状况有时确实令人堪忧。不少计算机专业学生存在“重软轻硬”，“欺软怕硬”，甚至“只软不硬”的现象，学生们只将注意力和兴趣集中在各种编程环境、开发工具、数据库、计算机网络的集成技术上面，对于硬件技术的学习和应用研究不感兴趣或望而生畏。甚至计算机教学领域的个别学者都认为，计算机专业的学生可以“只要用键盘、鼠标就能演奏出各种美妙的音乐”。这种现象和认识对于我国培养自主创新型人才显然是极为不利的。

2. 探索解决问题的方法

基于以上问题的考虑，本书给出了相应的对策，将教学目标定位于以下三点：

（1）通过利用与实际工程相吻合的 EDA 工具，如时序仿真工具和硬件实时测试工具等，以全新的角度和方法学习并掌握计算机的结构特点和基本原理。例如可以利用这些先进的工具将执行一段应用程序过程的 CPU 中所有主要的数据流和每一个硬件微控制信号全景实时展示出来，这是传统的教学方法和实验条件无法实现的。

（2）通过基于 EDA 技术的建模方法和必要的实践训练，初步掌握简单结构的 8 位或 16 位实用 CPU，包括复杂指令与精简指令 CPU 的设计技术、测试技术与实现方法。

（3）通过本书从不同角度展示的 CPU 设计方案和 SOC 实现技术的启发，以及潜心完成书中给出的诸多自主创新实践项目，在此基础上，有效地激发创新意识，提高面向计算机核心部件设计的自主创新能力。

为此，本书提供了基于 VHDL/Verilog 和最新 EDA 技术的关于 CPU 和计算机系统设计理论和设计技术方面较丰富与完整的内容。其中有基于微程序控制模式的 8 位模型机设计，基于状态机指令控制模式的 16 位 CISC 实用 CPU 设计，基于 8088/8086 IP 核的完整微机系统及 8051 IP 核的 SOC 片上系统的实现，以及基于流水线技术的 RISC CPU 设计和 32 位可编程嵌入式系统设计等内容。

由于所有示例和设计都是基于 Altera 较新的 Cyclone III 系列 FPGA 硬件平台和新版 Quartus II 工具软件平台的，从而使得整个设计，从每一个逻辑门至移位寄存器，从 RAM、ROM、锁相环、Cache、ALU、DMA、中断控制器直至硬件通信接口，从 8 位 CPU 至 32 位嵌入式系统，即从最基本的部件至整个宏观系统，几乎全部能用与工程实际吻合的 Verilog/VHDL 硬件描述语言、LPM 宏模块或嵌入式 IP 来表达，并实现于一个单片 FPGA 中。同时利用此平台提供的高效的软硬件调试和测试工具进行优化设计。显然这一切是过去多年以来传统的计算机组成原理教学内容、实验模式和实验手段难以企及的。

本书中明确包含了符合现代工程设计技术的 CPU 设计理论，设计方法和实现技术，其意义是多方面的。首先，在传统的“计算机组成原理”和“计算机体系结构”课中增加了理论向工程实际转化的符合现代计算机系统工程设计规范的硬件设计内容。传统的实验模式中往往不是这样，因为在传统的实验模式中虽也有“设计”内容，但主要是根据不同实验系统各自规定的方法，用传统的分离元件（也有包括部分可编程器件）和接口器件进行拼装搭接而成。学生显然无法从这样的“设计”过程中了解真实的现代实用 CPU 基本设计技术。其次，本书能使学生在了解了计算机组成原理和软件设计技术的同时，学会计算机硬件设计技术。计算机的软硬件设计与调试技能是一个合格的计算机专业学生本应具备的基本知识和重要技能。

3. 创造能力的培养

从创造心理学的角度看，单纯的逻辑性思维和收敛性思维绝不可能产生创造，尤其是原始创造。创造型思维向来植根于发散性思维。美国心理学家吉尔福特认为，发散思维能力是创造力的核心。一切创造和创新都是发散性思维与收敛性思维、非逻辑思维与逻辑思维、分析思维与直觉思维共同作用的结果。司马光砸缸、爱因斯坦相对论、薛定谔方程、达尔文进化论、德布罗意波粒二象性学说、麦克斯韦方程、魏格纳大陆板块漂移学说，等等，无一不是这些思维能力共同作用的经典范例。

从创造能力培养的角度看，软件设计人员只需拥有逻辑上的单向一维思维能力就能保证软件设计的成功；而过量单纯的软件设计，不断强化了设计者纯逻辑性思维和一维的收敛性思维。显然，这与培养植根于多维多向的发散性思维方式的创造能力是相违背的。因此，多数纯软件设计训练只能归类为技能性和知识性训练。

硬件系统设计则不同。首先，硬件系统可以由许多相关或互为独立的模块组成，相关模块的关系可以是同步，也可以是异步。其次，硬件系统设计本身并不能离开软件设计，因此硬件系统的构建是一个软硬综合的并发系统，设计和把握它自然必须拥有并发和多维的思想方法。而 HDL 正是描述和设计硬件系统的计算机语言，它的语句都是并发的。因此在 HDL 的 RTL 设计中，根本不存在“单步执行”的概念。除语句格式排错外，HDL 程序调试只能通过了解整个程序的时序仿真波形后才能实现。显然，一维单向的逻辑思维方式已远远不够了。因此，按照软件语言的常规设计思路是不可能用好 HDL 的。基于 EDA 技术和 HDL 的 CPU 设计训练无疑十分有利于强化发散性思维和自主创新能力的培养。

爱因斯坦说过：“想象力比知识更重要，因为知识是有限的，而想象力概括着世界上的一切，推动着进步，并且是知识进化的源泉。”因此计算机专业的教学除了传授知识外，激发学生的想象力，拓展学生对多课目的适应力，培养学生的创造力将更为重要。

4．教材的结构、知识点与实践内容

为了进一步明确本书的教学目标，在第二版中，除了为原书名增加了副标题外，真正的变化表现在书中各章节的结构和内容的变化。对于适用范围，《现代计算机组成原理》一书仍可作为普通计算机专业的一门独立的专业基础课教材，也可以作为现在的“计算机组成原理”同类课的后续课程，或作为此类课程在教学内容和实验内容上的补充教材，或干脆用作满足新要求、赋予新任务、包含新内容和适应新时期的新的“计算机组成原理”课程的教材。

对于第二版中的结构与内容的变化及因此而凸显的特点主要表现在以下几方面：

（1）尽量减少或删除与本书教学目标没有直接关系的内容。

考虑到目前 EDA 技术与硬件描述语言在计算机专业中有了较高的普及率，新版教材中删除了原来花大篇幅介绍硬件描述语言的章节；只是在第 2 章中简要介绍了与此后章节的实验与验证关系密切的 Quartus II 的使用方法及相关测试工具与测试技术，以便能使一些尚无任何 EDA 基础及相关预备知识的读者也能通过本书的内容而便捷入门。为此，教材还有意识地直到第 6 章之前尽可能地使用 Quartus II 的原理图设计技术而不涉及硬件描述语言的应用。此外还删除了第一版的第 9 章和第 10 章有关 Nios II 处理器的内容，这主要是因为基于 Nios II 的 SOPC 技术变化大内容多，且与“计算机原理与设计”主题的关系不是太密切，我们计划为此内容单独出版一本教材。

（2）分散难点突出重点。

仅从讨论的对象和涉及的内容上看，第 3 章至第 5 章的基本内容与传统“计算机组成

原理”课程的对应内容十分接近，即介绍了基于微程序控制的 8 位复杂指令模型机的原理和设计；但在表述方式（LPM 宏模块或 HDL）、设计工具（Quartus II）、实现平台（大规模 FPGA）、测试工具和方法（嵌入式逻辑分析仪 SignalTap II、在系统源与信号探测器 In-System Sources and Probes 和在系统存储器实时读写器 In-System Memory Content Editor）、实现目标（工程级实用 CPU 或 SOC 系统设计）以及实验要求（以自主创新型设计项目为主要目标而非仅仅停留在原理性验证）等方面却与传统内容迥异。这三章将基于传统“计算机组成原理”课程中有关 8 位模型机原理与设计的内容，完整地放在了全新的 EDA 技术平台上来解析，并融入了规范的工程设计和大量与之配合的实验项目。这部分内容可作为本书的重点和基点。

其中，第 3 章将 LPM 宏模块调用和测试方法与 8 位模型机部件的设计融为一体，使第 4 章用较多的篇幅更详细、更宽口径地介绍此模型机的硬件构建及主要部件的设计技术，从而使第 5 章能更集中地描述模型机的工作原理、设计方法和测试技术，为后续内容的拓展和延伸奠定了基础。

显然，这三章也是传统“计算机组成原理”课的对应内容向现代计算机组成原理过渡最好的切入点，它使传统条件下以原理验证为主的实验教学方案，平稳而合理地转向了基于现代 EDA 工程的以自主创新型实验与设计实践为主的教学方案。

（3）突出创新能力培养和实用工程技术的掌握。

第二版在原第 6 章内容的基础上，将其改造成实用 CPU 创新设计的学习内容。即首先给出一个基本版的有限状态机指令系统的 16 位 CPU 的设计方案，在将其核心原理与设计技术进一步深化解析，以及展示了面向 CPU 软硬件测试和实现方法后，针对此设计项目所有可能的优化和升级的方向，给出了多侧面的提示。然后根据这些提示，以及第 5 章学习内容的铺垫，在实验部分为读者列出了多项自主创新设计实验项目，并在最后提出了针对本章内容的 CPU 创新设计竞赛命题，为更能动地学习计算机原理和硬件设计以及自主创新能力的提高启动了一个新的增长点。这样的流程也为后续课程的学习作了良好的示范。

为了体现 Verilog 的简洁易用和 VHDL 的严谨与行为逻辑描述的优势，第 6 章对于 CPU 中不同部件的设计使用了不同的 HDL 硬件描述语言。例如对于控制器使用了最擅长状态机描述的 VHDL；而其他模块的功能描述都用 Verilog。这种方式也延伸到了此后的一些章节。作者认为，既然是计算机专业，无论是软件语言还是硬件语言都有必要进行全面的了解，乃至熟悉。当然作者也准备了针对各部件的这两种语言描述的程序以供交流。相关的内容可参阅参考文献[1]和[2]。

（4）循序渐进，将计算机结构原理和硬件设计技术引向深入。

第 7 章与第 8 章主要讨论基于 EDA 技术和 FPGA 平台的流水线构架 RISC CPU 的设计理论、设计技术和实现方法。第 7 章介绍流水线 CPU 的基本原理和基础理论，最后增加了较多实验；第 8 章完整介绍了流水线 CPU 的设计及 FPGA 的实现方法。这两章可作为传统“计算机体系结构”课的补充，这主要是指硬件设计和实现方面。当然也可作为“计算机组成原理”课程的延伸教学内容和深入的实践项目。

（5）增加了先进而实用的 SOC 技术应用教学内容。

这部分内容包括第 9 章和第 10 章，它们主要介绍基于不同处理器核的 SOC 片上系统的结构特点、基本原理、系统构建和应用技术。

第9章介绍了32位嵌入式可编程处理器核OpenRISC 1200的系统结构和基于OpenRISC 1200的SOC系统的软硬件构建和应用设计。此章以一个SOC系统设计引入主要内容，对基于WISHBONE片内互联总线的OpenRISC 1200应用系统结构作了介绍，其中包括CPU、存储器、VGA/LCD显示控制器、编程接口、串行通信端口等模块，以及系统的指令集、WISHBONE总线结构、基于WISHBONE总线的开源IP等。此章可作为学生课外科技活动或毕业设计的内容。

第10章则基于人们十分熟悉而又经典的8051单片机与8086/8088计算机系统所对应的IP核，展示了SOC系统的构建和实用技术。此章首先介绍了基于8051单片机CPU核和大规模FPGA的SOC实现与实用技术，即将整个单片机系统置入一片FPGA中进行设计。此后的内容是基于8088核的SOC设计，首先给出了计算机系统中各主要IP部件的构建和使用方法，其中包括8088/8086 CPU IP核、8253定时器IP核、8237 DMA IP核、8259中断控制IP核、8255可编程I/O IP核和8250 UART串行通信IP核等，以及相关的存储器；最后将它们组合起来构成一个完整的计算机系统，且在一片FPGA中实现，直至实现VGA显示、PS/2键盘和鼠标控制以及启动耳熟能详的MS-DOS操作系统和Windows操作系统。这章的内容对自主设计、测试和调试自己的SOC计算机系统有很好的启发性和指导性。

事实上，在最近几年中，认可、接纳并实践本书基本教学理念和教学实验内容的高校不断增加。许多高校的计算机专业选择本书作为教材或选择教材中提到的FPGA实验系统来完成对应的硬件实验，其中有西安交通大学、西北大学、中国人民大学、吉首大学、哈尔滨工业大学、北京航空航天大学、中国民航大学和南京邮电大学等近30所高校。最难得的是，最早（2007年）加入这一教改行列的竟然是一所外语学校，即广州外语学院。该校有关教师对于外语专业学生兼修计算机软件技术和基于FPGA的计算机硬件设计技术，在拓宽就业口径、提高就业率方面所表现出的作用和优势有很高的评价。

现代计算机技术发展的速度异常迅猛，高等院校计算机科学与技术的教学将面临越来越大的挑战，这主要表现在两个方面：更多更新的知识有待传授；学生在该领域的自主创新能力有待更有效地提高。为了迎接这个挑战，本书力图在这两个方面都有所作为，但限于知识面，难免力不从心。作为抛砖引玉，望业内专家同行不吝斧正（作者 E-mail：pmr123@sina.cn）。

本书作者潘明是桂林电子科技大学教师，其他二位都是杭州电子科技大学教师。

特别感谢杭州中天微系统有限公司的黄欢欢工程师为本书的重要章节增色良多！

本书的PPT配套教学课件与实验课件、实验程序、附录的mif工具软件、实验示例源文件、所涉及的各类CPU IP软核等相关资料的索取可浏览网址www.kx-soc.com，也可与科学出版社（www.abook.cn）联系。

编著者

2012年11月

目　录

第1章 概述

本章主要对后面各章中可能涉及的一些基本概念，以及在此后的实验与设计中将要用到的软硬件平台作一简述。更详细的情况需要参阅书后所列的参考文献[1]和[2]。

1.1 EDA技术及其优势

现代电子设计，包括CPU和片上系统SOC（System On a Chip）的设计，技术的核心已转向基于计算机的电子设计自动化技术，即EDA（Electronic Design Automation）技术。EDA技术就是依赖功能强大的计算机，在EDA工具软件平台上，对以硬件描述语言HDL（Hardware Description Language）为系统逻辑描述手段完成的设计文件，自动地完成逻辑编译、化简、分割、综合、布局布线以及逻辑优化和仿真测试，直至实现既定的电子线路系统功能。EDA技术使得设计者的主要工作仅限于利用软件的方式来完成对系统硬件功能的实现，这是电子设计技术的一个巨大进步。

EDA技术在硬件实现方面融合了大规模集成电路制造技术、IC版图设计、ASIC测试和封装、FPGA/CPLD（Field Programmable Gate Array/Complex Programmable Logic Device）编程下载和自动测试等技术；在计算机辅助工程方面融合了计算机辅助设计（CAD）、计算机辅助制造（CAM）、计算机辅助测试（CAT）、计算机辅助工程（CAE）技术以及多种计算机语言的设计概念；而在现代电子学方面则容纳了更多的内容，如电子线路设计理论、数字信号处理技术、数字系统建模和优化技术等。因此EDA技术为现代电子理论和设计的表达与实现提供了可能性。正因为EDA技术丰富的内容以及与电子技术各学科领域的相关性，其发展的历程同大规模集成电路设计技术、计算机辅助工程、可编程逻辑器件应用，以及电子设计技术和工艺的发展是同步的。

就过去40多年的电子技术发展历程，可大致将EDA技术的发展分为三个阶段。

20世纪70年代，在集成电路制作方面，MOS工艺已得到广泛的应用。可编程逻辑技术及其器件已经问世，计算机作为一种运算工具已在科研领域得到广泛应用。而在后期，CAD的概念已见雏形，这一阶段人们开始利用计算机取代手工设计，辅助进行集成电路版图编辑、PCB布局布线等工作，这是EDA技术的雏形。

20世纪80年代，集成电路设计进入了CMOS（互补场效应管）时代。复杂可编程逻辑器件已进入商业应用，相应的辅助设计软件也已投入使用。而在80年代末，出现了FPGA；CAE和CAD技术的应用也更为广泛，它们在PCB设计方面的原理图输入、自动布局布线及PCB分析、逻辑设计、逻辑仿真、布尔代数综合和化简等方面担任了重要的角色。特别是各种硬件描述语言的出现、应用和标准化方面的重大进步，为电子设计自动化必须解决的电子线路建模、标准文档及仿真测试奠定了基础。

进入20世纪90年代，计算机辅助工程、辅助分析和辅助设计在电子技术领域获得更加广泛的应用。与此同时，电子技术在通信、计算机及家电产品生产中的市场需求和技术需求，极大地推动了全新的电子设计自动化技术的应用和发展。特别是集成电路设计工艺步入了纳米阶段，近千门的大规模可编程逻辑器件的面世，以及基于计算机技术的面向用户的低成本大规模ASIC设计技术的应用，促进了EDA技术的形成。更为重要的是各EDA公司致力于推出兼容各种硬件实现方案和支持标准硬件描述语言的EDA工具软件的出现，都有效地将EDA技术推向成熟和实用。

与传统的数字电子系统或IC手工设计相比，EDA技术具有明显的优势：

（1）用HDL对数字系统进行抽象的行为与功能描述到具体的内部线路结构描述，从而可以在电子设计的各个阶段、各个层次进行计算机模拟验证，保证设计过程的正确性，可以大大降低设计成本，缩短设计周期。

（2）EDA工具之所以能够完成各种自动设计过程，关键是有各类库的支持。如逻辑仿真时的模拟库、逻辑综合时的综合库、版图综合时的版图库、测试综合时的测试库等。这些库都是EDA公司与半导体生产厂商紧密合作、共同开发的。

（3）某些HDL本身也是文档型的语言（如Verilog/VHDL），极大地简化了设计文档的管理。

（4）EDA技术中最为瞩目的功能，即最具现代电子设计技术特征的功能是日益强大的逻辑设计仿真测试技术。EDA仿真测试技术只需通过计算机就能对所设计的电子系统根据各种不同层次的系统性能特点完成一系列准确的测试与仿真操作。在完成实际系统的安装后，还能对系统上的目标器件进行所谓边界扫描测试，或直接使用嵌入式逻辑分析仪进行测试。这一切都极大地提高了大规模系统电子设计的自动化程度。

（5）无论传统的应用电子系统设计得如何完美，使用了多么先进的功能器件，都掩盖不了一个无情的事实，即该系统对于设计者来说，没有任何自主知识产权可言。因为系统中的关键性的器件往往并非出自设计者之手，这将导致该系统在许多情况下的应用受到限制。基于EDA技术的设计则不同，由于用HDL表达的成功的专用功能设计在实现目标方面有很大的可选性，它既可以用不同来源的通用FPGA实现，也可以直接以ASIC来实现，设计者拥有完全的自主权，再无受制于人之虞。

（6）传统的电子设计方法自今没有任何标准规范加以约束，因此，设计效率低，系统性能差，规模小，开发成本高，市场竞争能力小。相比之下，EDA技术的设计语言是标准化的，不会由于设计对象的不同而改变；它的开发工具是规范化的，EDA软件平台支持任何标准化的设计语言；它的设计成果是通用性的，IP（Intellectual Property）核具有规范的接口协议。良好的可移植与可测试性，为系统开发提供了可靠的保证。

1.2 面向FPGA的数字系统开发流程

完整地了解利用EDA技术进行设计开发的流程对于正确地选择和使用EDA软件、优化设计项目、提高设计效率十分有益。一个完整的、典型的EDA设计流程既是自顶向下设计方法的具体实施途径，也是 EDA 工具软件本身的组成结构。

1.2.1 设计输入

图 1.1 是基于 EDA 软件的 FPGA 开发流程框图。以下将分别介绍各设计模块的功能特点。对于目前流行的用于 FPGA 开发的 EDA 软件，图 1.1 的设计流程具有一般性。

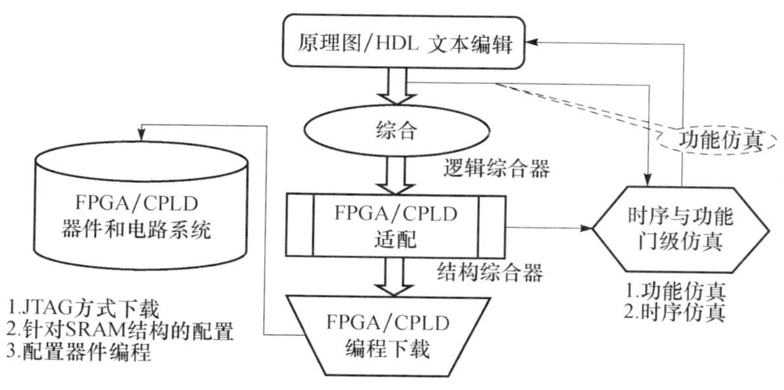

图 1.1 FPGA 的 EDA 开发流程

将电路系统以一定的表达方式输入计算机，是在 EDA 软件平台上对 FPGA 开发的最初步骤。通常，使用 EDA 工具的设计输入可分为两种类型。

1. 图形输入

图形输入通常包括状态图输入和电路原理图输入等方法。

状态图输入方法就是根据电路的控制条件和不同的转换方式，用绘图的方法，在 EDA 软件的状态图编辑器上绘出状态图，然后由 EDA 编译器和综合器将此状态变化流程图编译综合成电路网表。

原理图输入方法是一种类似于传统电子设计方法的原理图编辑输入方式，即在 EDA 软件的图形编辑界面上绘制能完成特定功能的电路原理图。原理图由逻辑器件（符号）和连接线构成，图中的逻辑器件可以是 EDA 软件库中预制的功能模块，如与门、非门、或门、触发器以及各种含 74 系列器件功能的宏功能块，甚至还有一些类似于 IP 的宏功能块。

2. 硬件描述语言代码文本输入

这种方式与传统的计算机软件语言编辑输入基本一致。就是将使用了某种硬件描述语言的电路设计代码，如 VHDL 或 Verilog 的源程序，进行编辑输入。

1.2.2 综合

综合（Synthesis），就其字面含义应该为：把抽象的实体结合成单个或统一的实体。因此，综合就是把某些东西结合到一起，把设计抽象层次中的一种表述转化成另一种表述的过程。对于电子设计领域的综合概念可以表示为：将用行为和功能层次表达的电子系统转换为低层次的便于具体实现的模块组合装配而成的过程。

一般地，所谓逻辑综合是仅对应于 HDL 而言的。利用 HDL 综合器对设计进行综合是十分重要的一步。因为综合过程将把软件设计的 HDL 描述与硬件结构挂钩，是将软件转化为硬件电路的关键步骤，是文字描述与硬件实现的一座桥梁。综合就是将电路的高级语言（如行为描述）转换成低级的、可与 FPGA 的基本结构相映射的网表文件或程序。

当输入的 HDL 文件在 EDA 工具中检测无误后，首先面临的是逻辑综合，因此要求 HDL 源文件中的语句都是可综合的（即可硬件实现的）。

整个综合过程就是将设计者在 EDA 平台上编辑输入的 HDL 文本、原理图或状态图形描述，依据给定的硬件结构组件和约束控制条件进行编译、优化、转换和综合，最终获得门级电路甚至更底层的电路描述网表文件。由此可见，综合器工作前，必须给定最后实现的硬件结构参数，它的功能就是将软件描述与给定的硬件结构用某种网表文件的方式对应起来，成为相应的映射关系。

1.2.3 适配（布线布局）

适配器（Fitter）也称结构综合器，它的功能是将由综合器产生的网表文件配置于指定的目标器件中，使之产生最终的下载文件，如 JEDEC、JAM、POF、SOF 等格式的文件。适配所选定的目标器件必须属于原综合器指定的目标器件系列。通常，EDA 软件中的综合器可由专业的第三方 EDA 公司提供，而适配器则需由 FPGA/CPLD 供应商提供。因为适配器的适配对象直接与器件的结构细节相对应。

适配器就是将综合后的网表文件针对某一具体的目标器件进行逻辑映射操作，其中包括底层器件配置、逻辑分割、优化、布局布线操作。适配完成后可以利用适配所产生的仿真文件作精确的时序仿真，同时产生可用于对目标器件进行编程的文件。

1.2.4 仿真

在编程下载前必须利用 EDA 工具对适配生成的结果进行模拟测试，就是所谓的仿真（Simulation）。仿真就是让计算机根据一定的算法和一定的仿真库对 EDA 设计进行模拟，以验证设计的正确性，以便排除错误。仿真是在 EDA 设计过程中的重要步骤。图 1.1 所示开发流程的时序与功能门级仿真通常由 FPGA 公司的 EDA 开发工具直接提供（当然也可以选用第三方的专业仿真工具），它可以完成两种不同级别的仿真测试。

（1）时序仿真。就是接近真实器件时序性能运行特性的仿真。仿真文件中已包含了器件硬件特性参数，因而仿真精度高。但时序仿真的仿真文件必须来自针对具体器件的适配器。综合后所得的 EDIF 等网表文件通常作为 FPGA 适配器的输入文件，产生的仿真网表文件中包含了精确的硬件延迟信息。

（2）功能仿真。是直接对 HDL、原理图描述或其他描述形式的逻辑功能进行测试模拟，以了解其实现的功能是否满足原设计要求的过程。仿真过程不涉及任何具体器件的硬件特性，不经历适配和综合阶段，在设计项目编辑编译后即可进入门级仿真器进行模拟测试。直接进行功能仿真的好处是设计耗时短，对硬件库、综合器等没有任何要求。

本书主要介绍基于 Quartus II 的时序仿真工具。如果要使用第三方的诸如 ModelSim 等仿真工具，则必须编写 test bench 程序来进行仿真，对此读者可参考相关资料[2]。

1.3 可编程逻辑器件

本书的所有设计都是基于大规模 FPGA 的。FPGA 属于 PLD 的一种，PLD（Programmable Logic Devices）是 20 世纪 70 年代发展起来的一种新的集成器件，是大规模集成电路技术发展的产物，是一种半定制的集成电路，结合 EDA 技术可以快速、方便地构建各种规模的数字系统。

数字电路基础知识表明，数字电路系统都是由基本门来构成的，如与门、或门、非门、传输门等；由基本门可构成两类数字电路，一类是组合电路，另一类是时序电路，它含有存储元件。事实上，不是所有的基本门都是必需的，如用与非门这种单一基本门就可以构成其他的基本门。任何的组合逻辑函数都可以化为与-或表达式。即任何的组合电路可以用与门-或门二级电路实现。同样，任何时序电路都可由组合电路加上存储元件，即锁存器、触发器来构成。由此，人们提出了一种可编程电路结构，即可重构的电路结构。

可编程逻辑器件的种类很多，几乎每个大的可编程逻辑器件供应商都能提供具有自身结构特点的 PLD 器件。由于历史的原因，可编程逻辑器件的命名各异，分类也不同。

（1）以集成度分，一般可分为两大类器件：

- 低集成度芯片。早期出现的 PROM（Programmable Read Only Memory）、PAL（Programmable Array Logic）、可重复编程的 GAL（Generic Array Logic）都属于这类。一般而言，可重构使用的逻辑门数大约在 500 门以下，称为简单 PLD。
- 高集成度芯片。如现在大量使用的 CPLD、FPGA 器件，称为复杂 PLD。

（2）从结构上可分为两大类器件：

- 乘积项结构器件。其基本结构为与-或阵列的器件，大部分简单 PLD 和 CPLD 都属于这个范畴。
- 查找表结构器件。由简单的查找表组成可编程门，再构成阵列形式。大多数 FPGA 属于此类器件。

（3）从编程工艺上可分为以下几类器件：

- 熔丝（Fuse）型器件。早期的 PROM 器件就是采用熔丝结构的，编程过程就是根据设计的熔丝图文件来烧断对应的熔丝，达到编程的目的。
- 反熔丝（Anti-fuse）型器件。是对熔丝技术的改进，在编程处通过击穿漏极层使得两点之间获得导通，这与熔丝烧断获得开路正好相反。
- EPROM 型，称为紫外线擦除电可编程逻辑器件。是用较高的编程电压进行编程，当需要再次编程时，用紫外线进行擦除。Atmel 公司曾经有过此类 PLD，目前已淘汰。
- EEPROM 型，即电可擦写编程器件。现有部分 CPLD 及 GAL 器件采用此类结构。

它是对 EPROM 的工艺改进，不需要紫外线擦除，而是直接用电擦除。

- SRAM 型，即 SRAM 查找表结构的器件。大部分 FPGA 器件采用此种编程工艺，如 Xilinx 和 Altera 的 FPGA 器件采用的即 SRAM 编程方式。这种方式在编程速度、编程要求上要优于前四种器件，不过 SRAM 型器件的编程信息存放在 RAM 中，在断电后就丢失了，再次上电需要再次编程（配置），因而需要专用器件来完成这类自动配置操作。
- Flash 型。Actel 公司为了解决上述反熔丝器件的不足之处，推出了采用 Flash 工艺的 FPGA，可以实现多次可编程，同时做到掉电后不需要重新配置。现在 Xilinx 和 Altera 的多个系列 CPLD 也采用 Flash 型。

1.4 FPGA 的结构与工作原理

FPGA 是大规模可编程逻辑器件的另一大类 PLD 器件，而且其逻辑规模比 CPLD 大得多，应用领域也要宽得多。以下简要介绍最常用的 FPGA 的结构及其工作原理。

1.4.1 查找表逻辑结构

前面提到的诸如 GAL、CPLD 之类可编程逻辑器件都是基于乘积项的可编程结构，即由可编程的与阵列和固定的或阵列组成。而 FPGA 使用了另一种可编程逻辑的形成方法，即可编程的查找表（Look Up Table，LUT）结构，LUT 是可编程的最小逻辑构成单元。大部分 FPGA 采用基于 SRAM（静态随机存储器）的查找表逻辑形成结构，就是用 SRAM 来构成逻辑函数发生器。一个 N 输入 LUT 可以实现 N 个输入变量的任何逻辑功能，如 N 输入“与”、N 输入“异或”等。图 1.2 是 4 输入 LUT，其内部结构如图 1.3 所示。

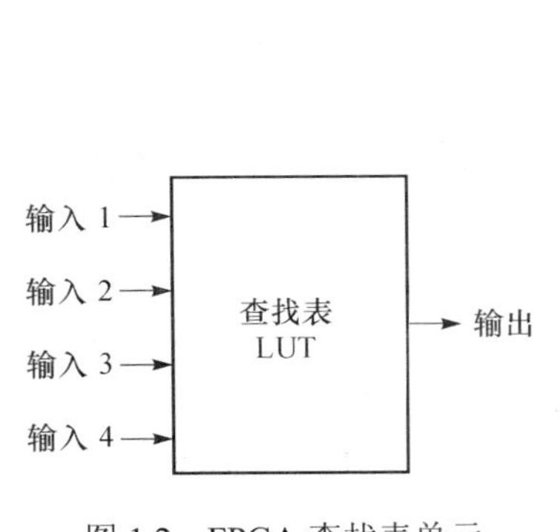

图 1.2 FPGA 查找表单元

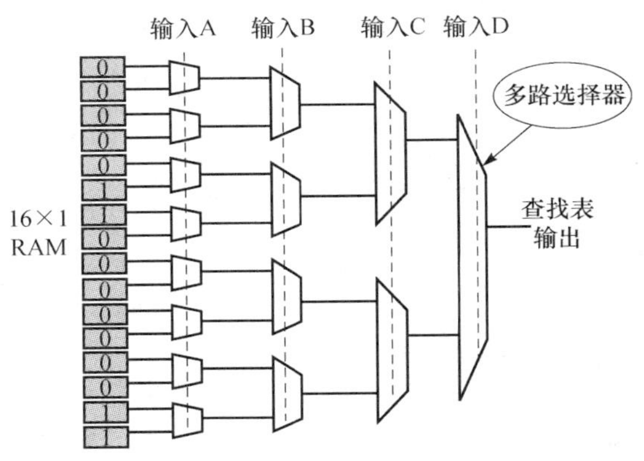

图 1.3 FPGA 查找表单元内部结构

一个 N 输入的查找表，需要 SRAM 存储 N 个输入构成的真值表，需要用位数为 2 的 N 次幂的 SRAM 单元。显然 N 不可能很大，否则 LUT 的利用率很低，输入多于 N 个的逻辑函数，必须用数个查找表分开实现。Xilinx 的 Virtex-6 系列、Spartan-3E 系列、Spartan-6 系列，Altera 的 Cyclone 1/2/3/4/5 系列、Stratix-3/4 系列等都采用 SRAM 查找表结构。

1.4.2 Cyclone III 系列器件的结构原理

考虑到本书此后给出的实验项目中主要以 Cyclone III 系列 FPGA 为主，且其结构和工作原理也具有典型性，故在此简要介绍此类器件的结构与工作原理。

Cyclone III 系列器件是 Altera 公司近年推出的一款低功耗、高性价比的 FPGA，它主要由逻辑阵列块（Logic Array Block，LAB）、嵌入式存储器块、嵌入式硬件乘法器、I/O 单元和嵌入式 PLL 等模块构成，在各个模块之间存在着丰富的互连线和时钟网络。Cyclone III 器件的可编程资源主要来自逻辑阵列块 LAB，而每个 LAB 都由多个逻辑宏单元 LE（Logic Element）构成。LE 是 Cyclone III FPGA 器件的最基本的可编程单元，图 1.4 显示了 Cyclone III FPGA 的 LE 的内部结构。观察图 1.4 可以发现，LE 主要由一个 4 输入的查找表 LUT、进位链逻辑、寄存器链逻辑和一个可编程的寄存器构成。4 输入的 LUT 可以完成所有的 4 输入 1 输出的组合逻辑功能。每一个 LE 的输出都可以连接到行、列、直连通路、进位链、寄存器链等布线资源。

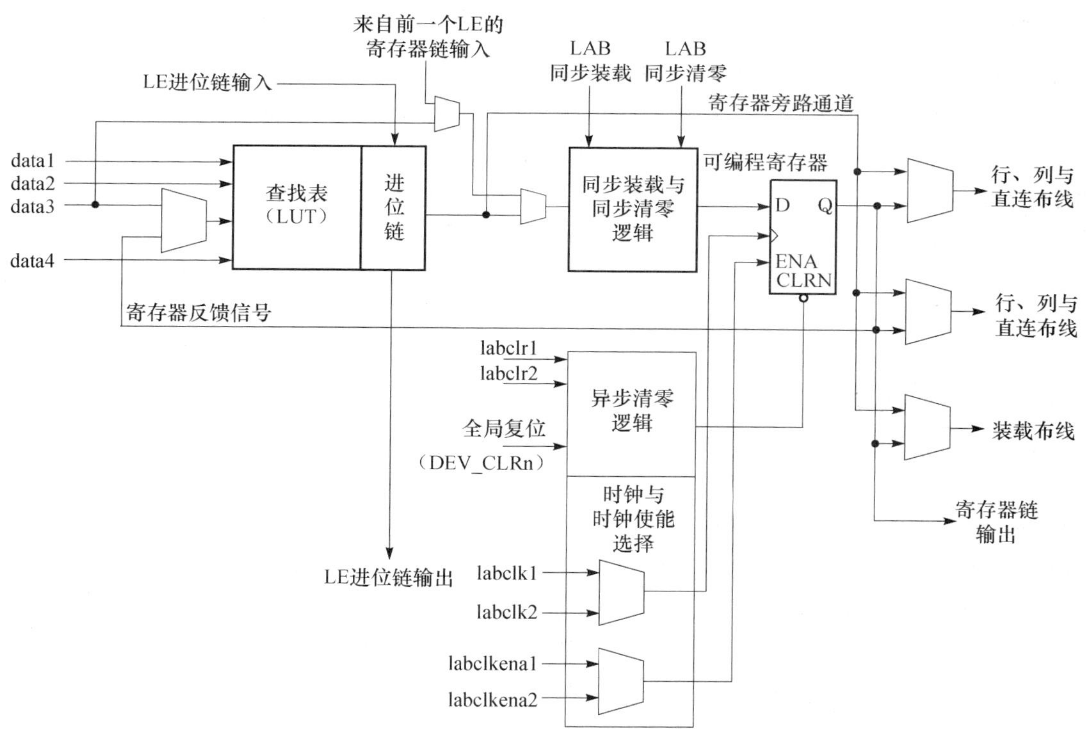

图 1.4 Cyclone III 的 LE 结构图

每个 LE 中的可编程寄存器可以被配置成 D 触发器、T 触发器、JK 触发器和 RS 寄存器模式。每个可编程寄存器具有数据、时钟、时钟使能、清零输入信号。全局时钟网络、通用 I/O 口以及内部逻辑可以灵活配置寄存器的时钟和清零信号。任何一个通用 I/O 和内部逻辑都可以驱动时钟使能信号。在一些只需要组合电路的应用中，对于组合逻辑的实现，可将该可配置寄存器旁路，LUT 的输出可作为 LE 的输出。

LE 有三个输出驱动内部互连，其中一个驱动局部互连，另两个驱动行或列的互连资源，LUT 和寄存器的输出可以单独控制。可以实现在一个 LE 中，LUT 驱动一个输出，而寄存器驱动另一个输出（这种技术称为寄存器打包）。因而在一个 LE 中的寄存器和 LUT 能够用来完成不相关的功能，因此能够提高 LE 的资源利用率。

寄存器反馈模式允许在一个 LE 中寄存器的输出作为反馈信号，加到 LUT 的一个输入上，在一个 LE 中就完成反馈。

除上述的三个输出外，在一个逻辑阵列块中的 LE 还可以通过寄存器链进行级联。在同一个 LAB 中的 LE 里的寄存器可以通过寄存器链级联在一起，构成一个移位寄存器，那些 LE 中的 LUT 资源可以单独实现组合逻辑功能，两者互不相关。

Cyclone III 的 LE 可以工作在两种操作模式，即普通模式和算术模式。

普通模式下的 LE 适合通用逻辑应用和组合逻辑的实现。在该模式下，来自 LAB 局部互连的四个输入将作为一个 4 输入 1 输出的 LUT 的输入端口。可以选择进位输入（cin）信号或者 data3 信号作为 LUT 中的一个输入信号。每一个 LE 都可以通过 LUT 链直接连接到（在同一个 LAB 中的）下一个 LE。在普通模式下，LE 的输入信号可以作为 LE 中寄存器的异步装载信号。普通模式下的 LE 也支持寄存器打包与寄存器反馈。

在 Cyclone III 器件中的 LE 还可以工作在算术模式下。在这种模式下，可以更好地实现加法器、计数器、累加器和比较器。在算术模式下的单个 LE 内有两个 3 输入 LUT，可被配置成一位全加器和基本进位链结构。其中一个 3 输入 LUT 用于计算，另外一个 3 输入 LUT 用来生成进位输出信号 cout。在算术模式下，LE 支持寄存器打包与寄存器反馈。逻辑阵列块 LAB 是由一系列相邻的 LE 构成的。每个 Cyclone III 的 LAB 包含 16 个 LE，在 LAB 中和 LAB 之间存在着行互连、列互连、直连通路互连、LAB 局部互连、LE 进位链和寄存器链。

在 Cyclone III FPGA 器件中所含的嵌入式存储器（Embedded Memory），由数十个 M9K 的存储器块构成。每个 M9K 存储器块具有很强的伸缩性，可以实现的功能有 8192 位 RAM（单端口、双端口、带校验、字节使能）、ROM、移位寄存器、FIFO 等。在 Cyclone III FPGA 中的嵌入式存储器可以通过多种连线与可编程资源实现连接，这大大增强了 FPGA 的性能。这些存储器在构建 SOC 计算机系统中具有不可替代的作用。

在 Cyclone III 系列器件中还有嵌入式乘法器（Embedded Multiplier），这种硬件乘法器的存在可以大大提高 FPGA 在完成 DSP（数字信号处理）任务时的能力。嵌入式乘法器可以实现 9×9 乘法器或者 18×18 乘法器，乘法器的输入与输出可以选择是寄存的还是非寄存的（即组合输入输出）。可以与 FPGA 中的其他资源灵活地构成适合 DSP 算法的 MAC（乘加单元）。在建立涉及高速乘法的 SOC 计算机中，此类硬件乘法器十分重要。

由于系统的时钟延时会严重影响系统的性能，故在 Cyclone III 中设置了复杂的全局时钟网络，以减少时钟信号的传输延迟。另外，在其中还嵌有 2～4 个独立的锁相环 PLL，可以用来调整时钟信号的波形、频率和相位。

1.5 硬件描述语言

硬件描述语言 HDL 是 EDA 技术的重要组成部分。现代计算机中的许多重要部件，如 CPU、协处理器、接口模块、控制模块等的构建和表述都是基于硬件描述语言及对应的标准网表文件或 IP 的，因此硬件描述语言是深入了解现代计算机组成原理和设计方法的重要工具。硬件描述语言对大规模数字系统的表达和设计是 EDA 建模和实现技术中最基本和最重要的方法。常见的 HDL 有 VHDL、Verilog HDL、SystemVerilog 和 System C。

其中 VHDL、Verilog 在 EDA 设计中使用最多，也得到几乎所有的主流 EDA 工具的支持。SystemVerilog 也已有了 IEEE 标准，进入实用领域的规模正在扩大，最后一种 HDL 尚处于完善过程中。

VHDL 的英文全名是 VHSIC（Very High Speed Integrated Circuit）Hardware Description Language，于 1983 年由美国国防部（DOD）发起创建，由 IEEE（The Institute of Electrical and Electronics Engineers）进一步发展并在 1987 年作为“IEEE 标准 1076”（IEEE Std 1076）发布。从此，VHDL 成为硬件描述语言的业界标准之一。自 IEEE 公布了 VHDL 的标准版本之后，各 EDA 公司相继推出了自己的 VHDL 设计环境，或宣布自己的设计工具支持 VHDL。此后 VHDL 在电子设计领域得到了广泛应用，并逐步取代了原有的非标准硬件描述语言。

1993 年，IEEE 对 VHDL 进行了修订，从更高的抽象层次和系统描述能力上扩展了 VHDL 的内容，公布了新版本的 VHDL，即 IEEE 1076-1993，而最新公布的 VHDL 标准版本是 IEEE 1076-2002。现在 VHDL 和 Verilog 作为 IEEE 的工业标准硬件描述语言，得到众多 EDA 公司的支持，在电子工程领域已成为事实上的通用硬件描述语言。

VHDL 语言具有很强的电路描述和建模能力，能从多个层次对数字系统进行建模和描述，从而大大简化了硬件设计任务，提高了设计效率和可靠性。

Verilog HDL（以下常简称为 Verilog）最初由 Gateway Design Automation 公司（简称 GDA）的 Phil Moorby 在 1983 年创建。起初，Verilog 仅作为 GDA 公司的 Verilog-XL 仿真器的内部语言，用于数字逻辑的建模、仿真和验证。Verilog-XL 推出后获得了成功和认可，从而促使 Verilog HDL 的发展。1989 年 GDA 公司被 Cadence 公司收购，Verilog 语言成为了 Cadence 公司的私有财产。1990 年 Cadence 公司成立了 OVI（Open Verilog International）组织，公开了 Verilog 语言，并由 OVI 负责促进 Verilog 语言的发展。在 OVI 的努力下，1995 年，IEEE 制定了 Verilog HDL 的第一个国际标准 IEEE Std 1364-1995，即 Verilog 1.0。

2001 年，IEEE 发布了 Verilog HDL 的第二个标准版本（Verilog 2.0），即 IEEE Std 1364-2001，简称为 Verilog-2001 标准。由于 Cadence 公司在集成电路设计领域的影响力和 Verilog 的易用性，Verilog 成为基层电路建模与设计中最流行的硬件描述语言。

Verilog 的部分语法是参照 C 语言的语法设立的（但与 C 有本质区别），因此，具有很多 C 语言的优点。从形式表述上来看，代码简明扼要，使用灵活，且语法规定不是很严谨，很容易上手。Verilog 同样具有很强的电路描述和建模能力，在语言易读性、层次化和结构化设计方面表现了强大的生命力和应用潜力。

VHDL 和 Verilog 都支持各种模式的设计方法：自顶向下与自底向上或混合方法，在面对当今许多电子产品生命周期缩短，需要多次重新设计以融入最新技术、改变工艺等方面，它们具有良好的适应性。用 HDL 进行电子系统设计的一个很大的优点是当设计逻辑功能时，设计者可以专心致力于其功能的实现，而不需要对不影响功能的与工艺有关的因素花费过多的时间和精力；当需要仿真验证时，可以很方便地从电路物理级、晶体管级、寄存器传输级，乃至行为级等多个层次来做验证。

1.6 Quartus II

由于本书给出的实验和设计多是基于 Quartus II 的，其应用方法和设计流程对于其他流行的 EDA 工具而言具有一定的典型性和一般性，所以在此对它做一些介绍。

Quartus II 是 Altera 公司提供的 FPGA/CPLD 开发集成环境，Altera 是世界上最大的可编程逻辑器件供应商之一。Quartus II 在 21 世纪初推出，是 Altera 前一代 FPGA/CPLD 集成开发环境 MAX+plus II 的更新换代产品，其界面友好，使用便捷。在 Quartus II 上可以完成 1.2 节所述的整个流程，它提供了一种与结构无关的设计环境，使设计者能方便地进行设计输入、快速处理和器件编程。

Altera 的 Quartus II 提供了完整的多平台设计环境，能满足各种特定设计的需要，也是单芯片可编程系统（SOPC）设计的综合性环境和 SOPC 开发的基本设计工具，并为 Altera DSP 开发包进行系统模型设计提供了集成综合环境。

Quartus II 编译器支持的硬件描述语言有 VHDL、Verilog、SystemVerilog 及 AHDL，AHDL 是 Altera 公司自己设计、制定的硬件描述语言，是一种以结构描述方式为主的硬件描述语言，只有企业标准。Quartus II 也可以利用第三方的综合工具，如 Leonardo Spectrum、Synplify Pro、DC-FPGA，并能直接调用这些工具。同样，Quartus II 具备仿真功能，同时也支持第三方的仿真工具，如 ModelSim。此外 Quartus II 与 MATLAB 和 DSP Builder 结合，可以进行基于 FPGA 的 DSP 系统开发，是 DSP 硬件系统实现的关键 EDA 工具。

Quartus II 包括模块化的编译器。编译器包括的功能模块有分析/综合器（Analysis & Synthesis）、适配器（Fitter）、装配器（Assembler）、时序分析器（Timing Analyzer）、设计辅助模块（Design Assistant）、EDA 网表文件生成器（EDA Netlist Writer）、编辑数据接口（Compiler Database Interface）等。可以通过选择 Start Compilation 来运行所有的编译器模块，也可以通过选择 Start 单独运行各个模块。还可以通过选择 Compiler Tool（Tools 菜单），在 Compiler Tool 窗口中运行相应的功能模块。在 Compiler Tool 窗口中，可以打开相应的功能模块所包含的设置文件或报告文件，或打开其他相关窗口。

此外，Quartus II 还包含许多十分有用的 LPM（Library of Parameterized Modules）模块，它们是复杂或高级系统构建的重要组成部分，也可在 Quartus II 中与普通设计文件一起使用。Altera 提供的 LPM 函数均基于 Altera 器件的结构做了优化设计。

图 1.5 上排所示的是 Quartus II 编译设计主控界面，它显示了 Quartus II 自动设计的各主要处理环节和设计流程，包括设计输入编辑、设计分析与综合、适配、编程文件汇编（装

配）、时序参数提取以及编程下载几个步骤。图 1.5 下排的流程框图，是与上面的 Quartus II 设计流程相对照的标准的 EDA 开发流程。

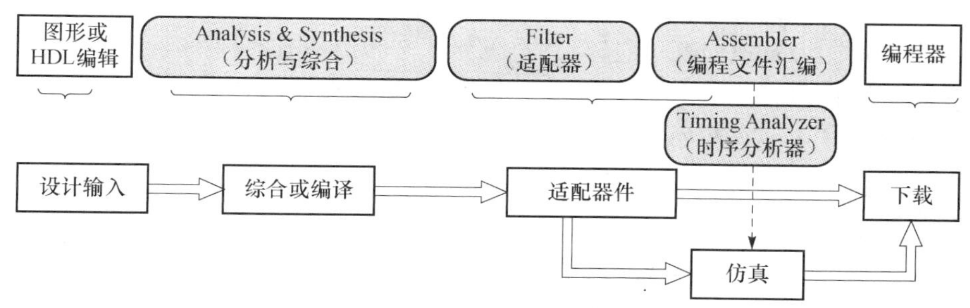

图 1.5 Quartus II 设计流程

Quartus II 允许来自第三方的 EDIF、VQM 文件输入，并提供了很多 EDA 软件的接口。Quartus II 支持层次化设计，可以在一个新的编辑输入环境中对使用不同输入设计方式完成的模块（元件）进行调用，从而解决了原理图与 HDL 混合输入设计的问题。在设计输入之后，Quartus II 的编译器将给出设计输入的错误报告。Quartus II 拥有性能良好的设计错误定位器，用于确定文本或图形设计中的错误。

1.7 CISC 和 RISC 处理器

指令系统优化设计有两种截然相反的方向，一个是增强指令的功能，即操作种类多，功能强，把一些原来由软件实现的、常用的功能改用硬件的指令系统来实现。这种计算机系统称为复杂指令系统计算机（Complex Instruction Set Computer，CISC）。另一个是 20 世纪 80 年代新发展起来的，尽量简化指令功能，提供最必要的操作，指令在一个节拍内执行完成，较复杂的功能用子程序来实现。这种计算机系统称为精简指令系统计算机（Reduced Instruction Set Computer，RISC）。

1. 复杂指令系统计算机 CISC

随着计算机的硬件成本不断下降，软件开发成本不断提高，使得人们热衷于在指令系统中增加更多的和更复杂的指令，以提高操作系统的效率，并尽量缩短指令系统与高级语言的语义差别，以便于高级语言的编译。另外，为了程序兼容性，同一系列计算机的新机器和高档机的指令系统只能扩充而不能缩减，因此也促使指令系统越来越复杂，某些计算机指令系统的指令多达几百条。复杂指令系统计算机 CISC（第 4 和第 5 章中介绍）的特点是：指令系统复杂庞大，寻址方式多，指令格式多，指令字长不固定，可访存指令不受限制，各种指令使用频率相差很大，各种指令执行时间相差很大，大多数采用微程序控制器。

CISC 采取优化指令系统，提高其性能。其主要目标是：

（1）面向目标程序优化。①缩短程序的长度，减少存储空间开销；②减少程序的执行时间，减少时间开销。优化的方法是对于使用频度高、执行时间长的指令串用硬件实现，用一条新指令来代替。

（2）面向高级语言和编译程序优化。对使用频度高、执行时间长的语句，增强有关指令的功能，或增加专门指令。

（3）面向操作系统的优化。支持处理机工作状态和访问方式转换，支持进程管理和切换，提供存储管理和信息保护，支持进程同步和互斥管理，设置特权指令。

CISC 指令系统主要存在如下三方面的问题：

（1）20％与 80％规律。CISC 中，高频度使用的指令占据了绝大部分的执行时间。大量的统计数字表明，大约有 20％的指令使用频度比较高，占据了 80％的处理机时间。或者说，有 80％的指令只在 20%的处理机运行时间内才被用到。

（2）VLSI 技术发展迅速引起的问题。20 世纪 80 年代以后，VLSI 技术的发展非常迅速。VLSI 工艺要求规整，而 CISC 处理机中大量的复杂指令，控制逻辑极不规整，给 VLSI 工艺造成很大困难。而 RISC 处理机的控制逻辑非常简单，它所需要的大量通用寄存器非常规整，恰好适应 VLSI 工艺的要求。在 CISC 处理机，大量使用微程序技术以实现复杂的指令系统。随着 VLSI 的集成度迅速提高，出现许多单芯片处理器。单芯片处理器希望采用规整的硬连线逻辑实现，而不希望用微程序。

（3）软硬件的功能分配问题。CISC 为了支持目标程序的优化，支持高级语言和编译程序，增加了许多复杂的指令。复杂指令增加了硬件的复杂度，使指令执行周期大大加长，而且直接访存次数增多，使数据重复利用率降低。

2. 精简指令系统计算机 RISC

RISC 设计方案是针对指令执行的“微程序控制方式”提出来的改进方案。主要目的在于提高性能价格比。由于 CISC 有 2:8 的规律，RISC 把使用频度为 80%的，在指令系统中仅占 20%的简单指令保留下来，消除剩余 80%的复杂指令。这些复杂功能改用子程序的方式实现。采用程序中使用频度最高的、简单的、能在一个时钟周期内执行完毕的指令，提高指令的执行效率。

由于复杂指令的功能改成由简单指令构成的子程序来实现，那么微程序就失去了存在的意义。RISC 中取消了微程序控制方式，而采用简单的硬连线方式来进行指令译码，这样就降低了控制器的复杂度，从而降低价格。采用这样的方案后，CPU 性能下降不明显，但价格下降却非常显著，从而提高了性能价格比。由于控制器得到极大的简化，并可以实现 R-R 型的运算，加上优化编译配合硬件的改进，使系统的速度大大提高。

Carnegie Mellon 大学的教师是这样论述 RISC 特点的：大多数指令在单周期内完成，采用 LOAD/STORE 结构，硬布线控制逻辑，减少指令和寻址方式的种类，固定的指令格式，注重编译的优化。

从目前的发展来看，RISC 体系结构（第 7 和第 8 章中介绍）还应具有的特点是：面向寄存器结构，重视提高流水线的执行效率，重视优化编译技术。

现在，RISC 的设计思想不仅为 RISC 机所采用，传统的 CISC 机也采用了这种思想。例如，Intel 80486 与以前的 80286 及 80386 相比，已经吸收了很多 RISC 的思想，其中很重要的一点就是注重常用指令的执行效率，减少常用指令执行所需的周期数。RISC 设计思想将随着 VLSI 的快速发展而不断地提升

从执行速度上看，硬连线控制单元的速度比微程序控制单元的执行速度快。微程序控制器速度慢的主要原因是采用 ROM 存储器结构，在取控制指令时需要经过微地址产生逻辑地址信号，因此增加了延时。而基于状态机的 CISC 机（第 6 章中介绍）由于其整个控制器由 HDL 描述，全硬件描述，属于硬连线控制，速度自然要优于基于微程序控制的 CISC 机。

硬连线控制单元的电路结构比较复杂，但随着大规模集成电路的迅速发展和 EDA 技术的不断进步，在设计过程中只要使用 HDL 对系统功能进行描述即可。而具体电路的实现、逻辑结构的优化、在芯片中的布局布线等大量繁琐的工作都由 EDA 设计工具来完成，这样大大减轻了设计者的劳动强度，提高了工作效率。因此，在流水线 CPU 设计和 RISC 结构处理器设计中通常采用硬连线控制方式，以提高计算机的运行速度。

1.8　FPGA 在现代计算机领域中的应用

随着大规模集成电路技术和计算机技术的高速发展，在涉及通信、国防、工业自动化、计算机设计与应用、仪器仪表等领域的电子系统设计工作中，FPGA 技术含量正以惊人的速度上升。电子类的新技术项目的开发也更多地依赖于 FPGA 技术的应用，特别是随着 HDL 等硬件描述语言综合工具功能和性能的提高，计算机中许多重要的元件，包括 CPU 等，都用硬件描述语言来设计和表达，许多微机 CPU、硬核嵌入式系统（如 ARM、MIPS）、软核嵌入式系统（如 NiosII）、大型 CPU，乃至整个计算机系统都用 FPGA 来实现，即所谓的单片系统 SOC 或 SOPC（System On a Programmerble Chip）。计算机和 CPU 的设计技术及其实现途径进入了一个全新的时代！不但如此，传统的 CPU 结构模式，如冯·诺依曼结构和哈佛结构正在受到巨大的挑战。

例如美国 Wincom Systems 公司推出一款令人惊叹的服务器，其核心部分是由 FPGA 完成的超强功能 CPU。该系统工作能力超过 50 台 Dell 或 IBM 计算机，或 Sun Microsystems 公司的服务器。该服务器的处理速度要比传统服务器快 50~300 倍。我们知道，传统的 PC 机及服务器通常采用诸如 Intel 公司的奔腾处理器或 Sun 公司的 SPARC 芯片作为中央处理单元，而 Wincom Systems 的这一款产品却没有采用常规的微处理器，而是由 FPGA 芯片中的系统驱动。FPGA 芯片的运行速度虽比奔腾处理器慢，但可并行处理多项任务，而微处理器一次仅能处理一项任务。因此，Wincom Systems 的服务器只需配置几个价格仅为 2000 多美元的 FPGA 芯片，便可击败 Sun 公司的服务器或采用 Intel 处理器的电脑。

60 多年前，匈牙利数学家冯·诺依曼（John von Neumann）提出了电脑的设计构想：通过中央处理器从存储器中存取数据，并逐一处理各项任务。然而现在，却采用 FPGA 取代传统微处理器获得了更高的性能，致使美国 Xilinx 公司的 CEO Willem Roelandts 认为："由冯·诺依曼提出的电脑架构已经走到尽头"，"可编程芯片将掀起下一轮应用高潮"。

又如 Dell 和 Sun 公司生产的某些标准服务器也采用了 FPGA 芯片。Time Logic 时代逻辑公司对标准服务器加以改进之后，生产了一种用于基因研究的高速处理设备。该公司总

监 Christopher Hoover 说，该设备比原来的产品至少快 1000 倍。

美国的 Annapolis Micro Systems 公司在其电脑芯片电路板中也集成了 FPGA 芯片，以便提高其产品性能。该公司首席执行官 Jane Donaldson 指出，相关产品的销售量与前两年相比翻了一番。

IBM 和国际上最大的 FPGA 生产商 Xilinx 公司已成功开发出了一种混合芯片，以便将前者的 PowerPC 微处理器和后者的 FPGA 芯片合而为一，构成 SOPC 级 FPGA。这种芯片的好处是，一台网络服务器的 FPGA 部分可以根据不同的标准进行定制和配置，而不用为每个国家开发一种新的不同的芯片。

最近，Altera 公司还推出了 28nm 工艺的更高集成度、更低功耗的第 5 代 Cyclone 系列低成本 FPGA，即 Cyclone V。该系列的最大特点是集成了双核 ARM Cortex-A9 MPCore 处理器硬核。

美国 Star Bridge Systems 公司也声称已在进行一项技术尝试，即采用 FPGA 芯片和该公司自己的 Viva 编程语言开发出“超级电脑（Hypercomputer）”。对该超级电脑进行测试的美国国家航空航天局（NASA）的科学家表示“其运行速度无与伦比，这一产品的性能令人过目难忘”。

FPGA 芯片操作灵活，可以重复擦写无限次，而微处理器均采用固定电路，只能进行一次性设计。设计人员可通过改变 FPGA 中晶体管的开关状态对电路进行重写，即重配置，从而尽管 FPGA 芯片的时钟频率要低于奔腾处理器，但是由于 FPGA 芯片可并行处理各种不同的运算，所以可完成许多复杂的任务。因此不难理解，如 Roelandts 所说的，“我们认为下一代超级电脑将基于可编程逻辑器件”；他声称，这种机器的功能将比目前最强大的超级电脑还要强大许多。EDA 专家 William Carter 认为，只要 EDA 开发工具的功能允许，将有无数的证据证明 FPGA 具有这种神奇的能力，进而实现基于 FPGA 的超级电脑的开发。

我们知道，超级电脑应该是科技世界中的极品：售价奇高、速度飞快、集成了数以千计的微处理器。但这种超级电脑同时也浪费了非常多的芯片资源，每个处理器只能进行单任务操作，大部分功能难以充分发挥。现在有了另一种更为简洁的设计，即设计工程师采用 FPGA 芯片来武装超级电脑，取代了原先大量的 Intel 奔腾处理器。

此外，有的公司或机构的，如美国加州大学伯克利分校（University of California，Berkeley）和杨百翰大学（Brigham Young University）的研究人员也正在设计基于 FPGA 的电脑，这些电脑可在运行中实现动态重配置。这对定位危险目标等军事应用和面容识别一类的计算密集型安全应用十分有用。

由此看来，在计算机应用领域和计算机系统设计领域中，EDA 技术和 FPGA 的应用方兴未艾，计算机技术的发展方向也十分明确，这将给我国高校计算机专业的教学改革带来巨大挑战！

第 2 章 系统设计与测试基础

本章拟使用原理图输入的设计方式，首先通过一个简单电路模块的硬件实现和功能测试，详细介绍 Quartus II 的完整设计流程。这个流程包括逻辑电路的编辑输入、综合编译、时序仿真、硬件实现、实时测试等，还包括一些实用的实时测试工具的使用方法。

本章内容简洁易懂，且无需特定的预备知识。读者通过本章的学习，特别是积极的实验活动便可初步掌握利用 Quartus II 完成数字系统设计、测试和硬件实现的基本方法，并有能力利用这一有效工具在此后章节的学习中逐步了解计算机的工作原理及设计方法，继而将掌握的基础理论和实验经验逐步融入计算机工程实践中去。

为了提高学习效率，聚焦核心问题，使本书的内容适应更多的读者，从本章到第 5 章，尽量不接触或少接触硬件描述语言，尽量用电路原理图的形式及宏功能模块对计算机功能模块进行建模和测试。读者对于偶然出现的 HDL 程序表述，大可不必在意，因为文中只是为了说明问题，将其作为一个中间过程展示一下，最后都会把它们包装成一个电路元件的。所以，读者通常只需关心这个元件有些什么端口，它有什么功能，它的时序特点是什么等。至于对于已经学过或希望关心 HDL 表述的读者，则另作别论。他们完全可以自主利用 HDL 形式来表达电路模块，或参阅相关资料。

当然，到了第 6 章及此后的章节，HDL 的应用将成为主流，因为在实际的计算机工程中这是不可避免的，希望读者做好这方面的知识准备。作者推荐本书给出的参考资料。

2.1 原理图输入设计方法的特点

利用 EDA 工具进行原理图输入设计的优点是，设计者不必具备许多诸如编程技术、硬件语言等新知识就能迅速入门，完成基于 EDA 的较大规模的数字系统设计。

与 MAX+plus II 相比，Quartus II 提供了更强大、更直观便捷和操作灵活的原理图输入设计功能，同时还配备了更丰富的适用于各种需要的元件库，其中包含基本逻辑元件库（如与非门、反向器、D 触发器等）、宏功能元件（包含了几乎所有 74 系列的器件功能块），以及类似于 IP 核的参数可设置的宏功能块 LPM 库；库中包含了计算机设计所必需的许多重要模块，如不同类型的加减法功能模块、不同结构的乘法器、不同端口形式的储存器、不同用处的寄存器和缓存器，以及一些辅助模块，如锁相环等；此外，还有多种功能强大的在系统实时测试工具。Quartus II 还提供了原理图输入多层次设计功能，使得用户能方便地设计更大规模的电路系统，以及使用方便、精度良好的时序仿真器。与传统的计算机组成原理实验和设计方式相比，Quartus II 提供的原理图输入设计功能具有不可比拟的优势和先进性。

2.2 原理图输入方式基本设计流程

本节拟通过一个两位十进制时钟可控计数器，介绍基于 Quartus II 的原理图输入的基本设计流程和方法。以下首先介绍利用 74390 和其他一些电路单元设计完成可控型的十进制计数单元，然后利用层次化设计方法，完成一个 6 位十进制计数器的设计。

本节介绍的设计流程具有一般性。除了最初的输入方法稍有不同外，与应用 HDL 的文本（代码）输入设计方法的流程是相同的。

2.2.1 建立工作库文件夹和存盘原理图空文件

初学者可以很容易地按照以下步骤学习和掌握基于原理图输入方式的基本设计流程。

首先建立工作库目录，以便存储工程项目设计文件。任何一项设计都是一项工程（Project），都必须首先为此工程建立一个放置与此工程相关的所有设计文件的文件夹。此文件夹将被 EDA 软件默认为工作库（Work Library）。一般地，不同的设计项目最好放在不同的文件夹中，而同一工程的所有文件都必须放在同一文件夹中。注意不要将文件夹设在计算机已有的安装目录中，更不要将工程文件直接放在安装目录中。在建立了文件夹后就可以将设计文件通过 Quartus II 的原理图编辑器编辑并存盘，主要步骤叙述如下。

（1）新建一个文件夹。首先可以利用 Windows 资源管理器来新建一个文件夹。这里假设本项设计的文件夹取名为 MY_PROJECT，在 D 盘中，路径为 d:\ MY_PROJECT。

注意，文件夹名不能用中文，也最好不要用数字。

（2）建立原理图源文件编辑窗。打开 Quartus II，选择左上角菜单 File→New。在 New 窗口中的 Design Files 条目中选择原理图文件类型，这里选择 Block Diagram/Schematic File（图 2.1）。以后就可以在弹出的原理图编辑窗（图 2.2）中加入所需的电路元件了。

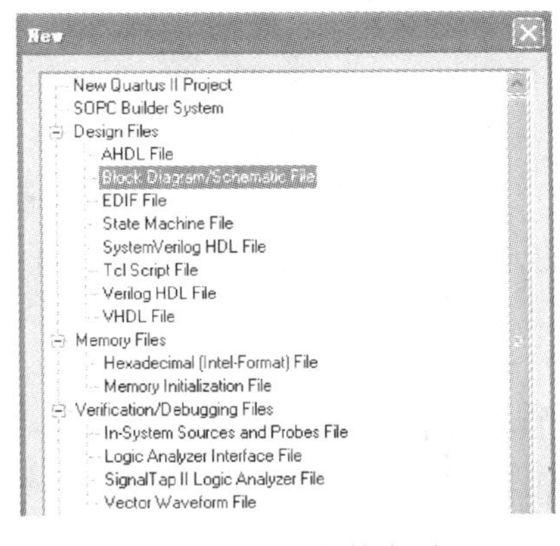

图 2.1 选择文件类型

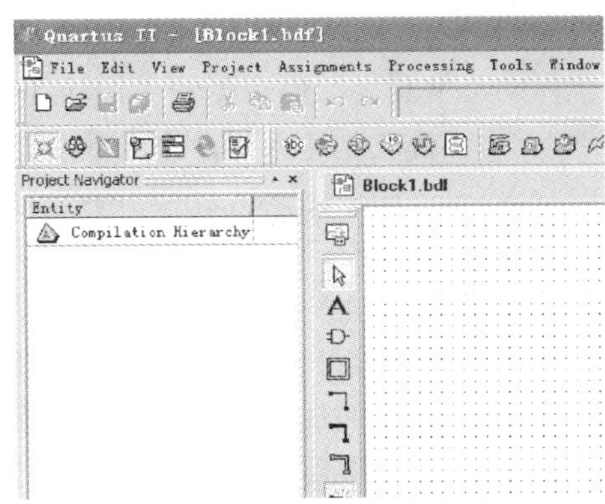

图 2.2 打开原理图编辑窗

（3）空文件存盘。选择 File→Save As 命令，找到已设立的文件夹路径为：d:\ MY_PROJECT，存盘文件名可取为 cnt10.bdf。这是一个还没有加入任何电路元件的空原理图文件。加元件和编辑电路的工作可以待创建工程后再进行。

存盘时，若出现问句“Do you want to create...”时，若单击“是”按钮，则直接进入创建工程流程；若单击“否”按钮，可按以下的方法进入创建工程流程。本示例中选择“否”，这将利用另一方式进入创建工程流程。

2.2.2 创建工程

使用 New Project Wizard 可以为工程指定工作目录、分配工程名称以及指定最高层设计实体的名称；还可以指定要在工程中使用的设计文件、其他源文件、用户库和 EDA 工具，以及目标器件系列和具体器件等。在此要利用 New Project Wizard 工具选项创建此设计工程，即令顶层设计文件 cnt10.bdf 为工程文件，并设定此工程的一些相关信息，如工程名、目标器件、综合器、仿真器等。以下设计流程具有一般性。

（1）打开建立新工程管理窗。选择左上角菜单 File→New Project Wizard 命令，即弹出工程设置对话框（图 2.3）。单击此对话框第二栏右侧的“...”按钮，找到文件夹 d:\MY_PROJECT，选中已存盘的文件 CNT10.bdf（此时还是一个空原理图）；再单击“打开”按钮，即出现如图 2.3 所示的设置情况。其中第一栏的 d:\MY_PROJECT 表示工程所在的工作库文件夹；第二栏的 CNT10 表示此项工程的工程名，工程名可以取任何其他的名字，也可直接用顶层文件的实体名（如果是 HDL 文本文件的话）作为工程名；第三栏是当前工程顶层文件的实体名，本工程都取名为 CNT10。

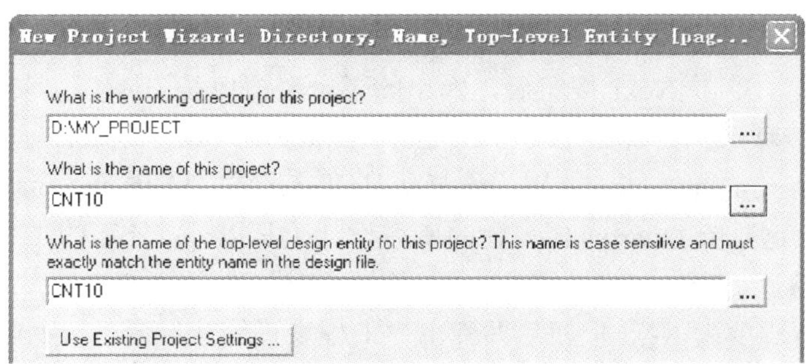

图 2.3 利用 New Project Wizard 创建工程

（2）将设计文件加入工程中。单击下方的 Next 按钮，在弹出的对话框中单击 File name 栏的按钮“...”，将与工程相关的文件（如 CNT10.bdf）加入进此工程；再按右侧的“Add...”，即得到如图 2.4 所示的情况。

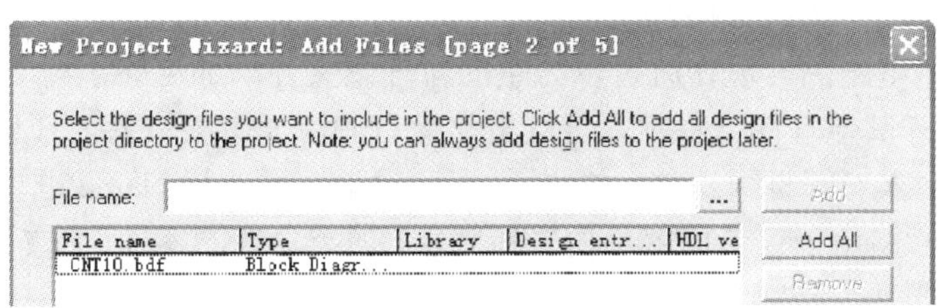

图 2.4 将所有相关的文件都加入进此工程

（3）选择目标芯片。即选择当前设计系统最后实现的 FPGA 硬件平台。单击 Next 按钮，进入图 2.5 所示的选择目标芯片对话框。首先在 Family 栏选芯片系列，在此选择 Cyclone III 系列。这里准备选择的目标器件是 EP3C55F484C8（对应的器件资源和实验模块 KX_EP3C55 可参考附录及图 F.3）。其中 EP3C55 表示 Cyclone III 系列及此器件的逻辑规模；F 表示精巧的 BGA 封装；484 表示有 484 个引脚；C8 表示速度级别。便捷的方法是通过图 2.5 右边的三个窗口过滤选择：分别选择 Package 为 FBGA，Pin 为 484 和 Speed 为 8。与其相关的更多的信息可参考附录。

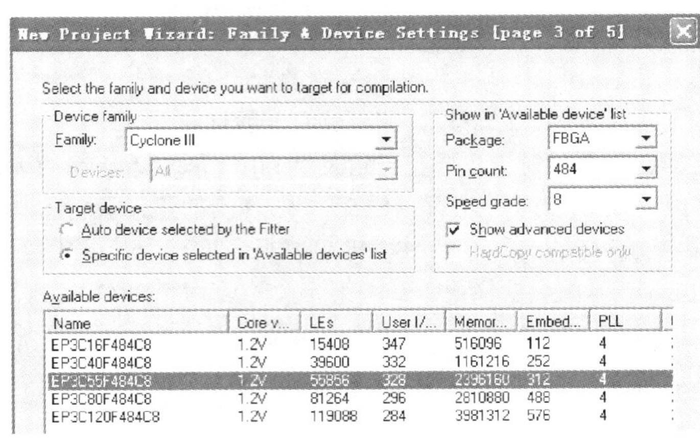

图 2.5 选择目标器件 EP3C55F484C8 型 FPGA

（4）工具设置。单击 Next 按钮后，弹出的下一个窗口是 EDA 工具设置窗 EDA Tool Settings。此窗有三项选择：①EDA design entry/synthesis tool，即选择输入的 HDL 类型和综合工具；②EDA simulation tool，用于选择仿真工具；③EDA timing analysis tool，用于选择时序分析工具，这是除 Quartus II 自含的所有设计工具以外，外加的工具。因此如果都不作选择，即选择默认，表示仅选择 Quartus II 自含的所有设计工具。在此选择默认。

（5）结束设置。单击 Next 按钮后即弹出“工程设置统计”窗口，上面列出了与此项工程相关的设置情况。最后单击 Finish 按钮，即已设定好此工程，并出现 cnt10 的工程管理窗，或称 Compilation Hierarchies 窗口，主要显示本工程项目的层次结构（图 2.6）。注意此工程管理窗左上角所示的工程路径、工程名 CNT10 和当前已打开的文件名。

Quartus II 将工程信息存储在工程配置文件（quartus）中。它包含有关 Quartus II 工程的所有信息，包括设计文件、波形文件、SignalTap II 文件、内存初始化文件等，以及构成工程的编译器、仿真器和软件构建设置。

（6）编辑构建电路图。现在就可以为空的原理图文件添加电路了。双击图 2.6 左侧的工程名 cnt10，打开其原理图文件窗，再双击此窗右侧原理图编辑窗内任何一点，即弹出一个逻辑电路器件输入对话框（图 2.6 右侧）。在此对话框的左栏 Name 框内键入所需元件的名称，在此为 74390。由于仅考虑器件的逻辑功能，同类功能的器件，如 74LS390、74HC390 等，一律命名为 74390。然后单击 OK 按钮，即可将此元件调入编辑窗中。

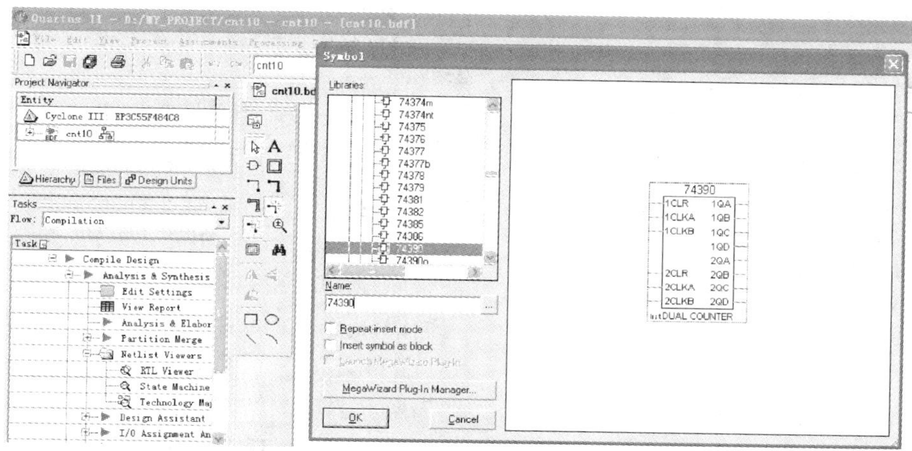

图 2.6 CNT10 工程管理窗（右侧是元件调用对话框调出需要的宏功能元件 74390 的图示）

再以同样方法调入一个 2 输入与门，名称是 AND2；一个 4 输入与门，名称是 AND4；一个 6 输入与门，名称是 AND6；四个反相器，名称是 NOT；以及数个输入输出端口，名称分别是 INPUT 和 OUTPUT。最后直接用鼠标拖出连线将它们按照所需的逻辑功能连接起来，完成的电路如图 2.7 所示。

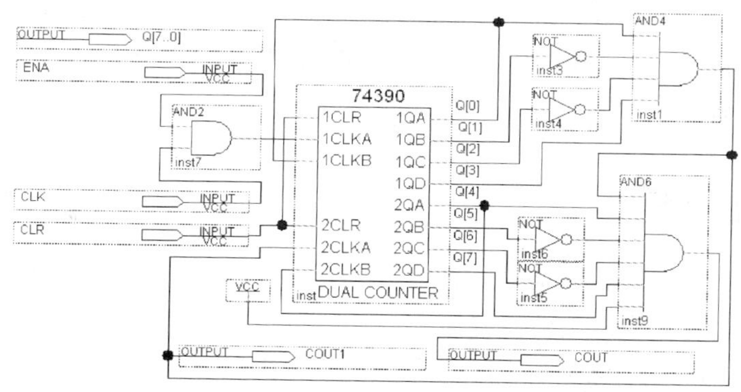

图 2.7 编辑好的 2 位十进制计数器 CNT10 的电路图

输入输出端口的名称可以通过双击相应端口元件，在弹出的对话框中键入，如 CLR。在全程编译前，可使用 Settings 对话框（由 Assignments 进入）作一些必要的设置。

2.2.3 功能初步分析

在此初步分析图 2.7 所示电路的功能。首先了解 74390 的功能。为此可以了解其真值表。首先打开帮助文件 Macrofunctions，打开后选择 Messages 项，继而选择其中的 Macrofunction 项和 Old_Style Macrofunctions 项，最后选择 Counters 中的 74390，即可见到其真值表（图 2.8）。注意 Macrofunctions 文件原本属于 MAX+plus II，而在 Quartus II 中已

74390 (Counter)

Macrofunctions

Dual Decade Counter

Default Signal Levels: GND--1CLR, 1CLKB, 2CLR, 2CLKB
VCC--1CLKA, 2CLKA

AHDL Function Prototype (port name and order also apply to Verilog HDL):

```
FUNCTION 74390 (1clr, 1clka, 1clkb, 2clr, 2clka, 2clkb)
   RETURNS (1qd, 1qc, 1qb, 1qa, 2qd, 2qc, 2qb, 2qa);
```

Inputs		Outputs			
CLR	CLK	QD	QC	QB	QA
H	X	L	L	L	L
L	↓	Count			

Possible Counting Configurations:

Decade: QA Connected to CLKB					Bi-Quinary QD Connected to CLKA				
Count	QD	QC	QB	QA	Count	QA	QD	QC	QB
0	L	L	L	L	0	L	L	L	L
1	L	L	L	H	1	L	L	L	H
2	L	L	H	L	2	L	L	H	L
3	L	L	H	H	3	L	L	H	H
4	L	H	L	L	4	L	H	L	L
5	L	H	L	H	5	H	L	L	L
6	L	H	H	L	6	H	L	L	H
7	L	H	H	H	7	H	L	H	L
8	H	L	L	L	8	H	L	H	H
9	H	L	L	H	9	H	H	L	L

图 2.8 来自 Macrofunctions 的 74390 的真值表

不存在。读者可以通过前言的网址或其他途径索取。

74390 是双计数器（Dual Counter）。图 2.7 的电路构成了一个 2 位十进制计数器。输出信号 COUT 是高位计数进位信号，而 COUT1 是低位进位信号；Q[7..0]是计数值的输出总线。注意原理图的总线表达方式，Q[7..0]中 7 与 0 之间的点是两个而非三个。Q[7..0]表示 8 根单线：Q[7]，Q[6]，…，Q[0]。鼠标双击元件 74390，可看到其内部的结构。

图 2.7 中，74390 连接成两个独立的十进制计数器。CLK 通过一个与门进入 74390 的计数器“1”端的时钟输入端 1CLKA。与门的另一端由计数使能信号 ENB 控制：当 ENB = '1' 时允许计数；ENB = '0' 时禁止计数。计数器 1 的 4 位输出 Q[3]、Q[2]、Q[1]和 Q[0]并成总线表达方式，即 Q[3..0]。同时由一个 4 输入与门和两个反相器构成进位信号，即当计数到 9(1001)时，输出进位信号 COUT1。此进位信号进入第二个计数器的时钟输入端 2CLKA。第二个计数器的 4 位计数输出是 Q[7]、Q[6]、Q[5]和 Q[4]；总线输出信号是 Q[7..4]。图右的与门与反相器一同分别构成两个计数器的进位信号。这两个计数器的总的进位信号可由一个 6 输入与门和两个反相器产生，由 COUT 输出；CLR 是计数器清零信号。

2.2.4 编译前设置

在对当前工程进行编译处理前，必须作好必要的设置，对编译加入一些约束，使编译结果更好地满足设计要求。具体步骤如下：

（1）选择 FPGA 目标芯片。目标芯片的选择也可以这样来实现：选择 Assignments 菜单中的 Settings 项，在弹出的对话框中（图 2.9）选择 Category 项下的 Device。选择需要的 FPGA 目标芯片，如 EP3C55F484C8（此芯片已在建立工程时选定了）。

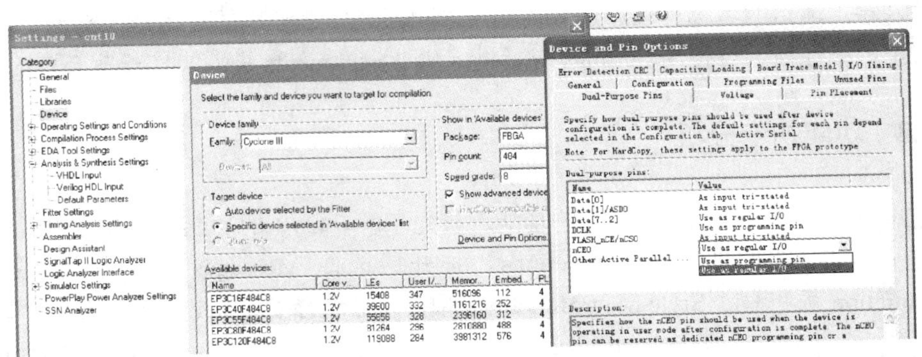

图 2.9 由 Settings 对话框选择目标器件 EP3C55F484C8 以及设定双功能引脚

（2）双功能输入输出端口设置。如果已将当前设计的某输出信号锁定于 FPGA 的某引脚上，编译后发现 Quartus II 给出编译报错："Can't place multiple pins assigned to pin Location Pin_D1（K22）"，则极有可能 D1（或 K22）属于 nCE0 双功能脚，而当前处于非 I/O 引脚功能状态。解决的方法是：单击图 2.9 中的 Device & Pin Options 按钮，进入 Device & Pin Options 选择窗（图 2.9 右侧的对话框）。在此选择双目标端口设置页 Dual-Purpose Pins，将 nCE0 或其他可能引脚原来的"Use as programming pin"改为"Use as regular I/O"（nCE0 端口作编程口时，可用于多 FPGA 配置）。这样可以将此端口也作普通 I/O 口来用了。

对不同封装的 FPGA 其双功能脚是不同的，例如 EP3C10E144 器件，其双功能脚 nCE0 是 Pin 101。这些信息要事先参阅相关器件的资料（Data Book）。

（3）选择配置器件的工作方式。在 Device & Pin Options 选择窗（图 2.9）选择 General 页。具体选择可参考下方对应的 Description 窗口中的说明。

（4）选择闲置引脚的状态（图 2.10）。FPGA 的引脚通常都很多，对于当前设计未使用的，即空闲引脚的状态的设定十分重要。选择图 2.9 右侧的 Device & Pin Options 选择窗的 Unused Pins 页。此页中可根据实际需要选择目标器件闲置引脚的状态，通常可选择为输入状态，如微上拉的高阻输入态等（推荐此项选择）。

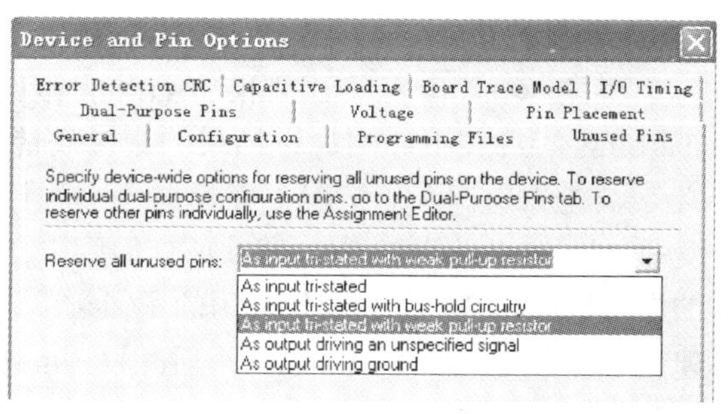

图 2.10 选择闲置引脚的状态

2.2.5 全程编译

Quartus II 编译器是由一系列处理模块构成的，这些模块负责对设计项目的检错、逻辑综合、结构综合、输出结果的编辑配置，以及时序分析等。启动编译后，编译器首先检查出工程设计文件中可能的错误信息，供设计者排除。然后产生一个结构化的以网表文件表达的电路原理图文件。此后，为了可以把设计项目适配到 FPGA 目标器件中，将同时产生多种用途的输出文件，如功能和时序信息文件、器件编程的目标文件等。

在此编译前，设计者可以通过各种不同的设置，指导编译器使用不同的综合和适配方案，以便在速度和资源利用方面优化设计项目。在编译过程中及编译完成后，可以从编译报告窗中获得所有相关的详细编译统计数据，以利于设计者及时调整设计方案。

编译前首先选择 Processing 菜单的 Start Compilation 项，启动全程编译。这里所谓的全程编译（Full Compilation）包括以上提到的 Quartus II 对设计输入的多项处理操作，其中包括排错、数据网表文件提取、逻辑综合、适配、装配文件（仿真文件与编程配置文件）生成，以及基于目标器件硬件性能的工程时序分析等。

编译过程中要注意工程管理窗下方的 Processing 栏中的编译信息。如果启动编译后发现有错误，在下方的 Processing 处理栏中会以红色显示出错说明文字，并告知编译不成功（图 2.11）。对于此栏的出错说明，可双击此条文，则在多数情况下即弹出对应层次的设计文件，并用深色标记指出错误所在。改错后再次进行编译直至排除所有错误。

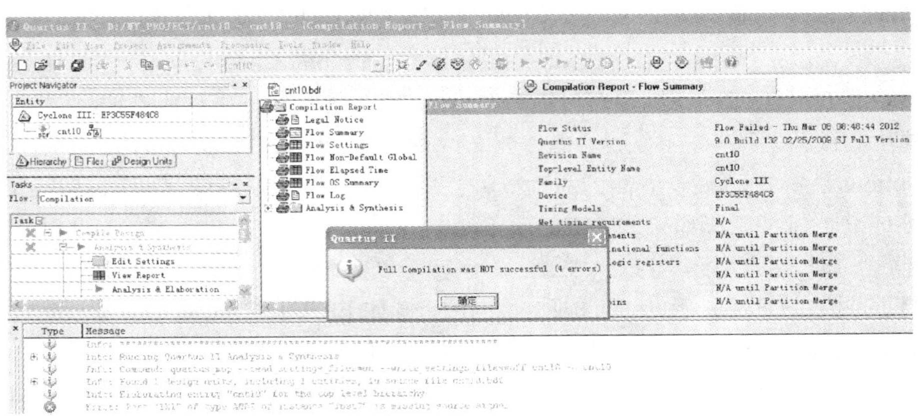

图 2.11 全程编译后出现报错信息

在 Processing 栏中出现的 Warning 报警信息以蓝色文字显示，但也要充分注意。有的 Warning 信息并不影响编译结果的正常功能，但有的则不然。如 LPM_ROM 的初始化数据文件未能成功调入等情况，编译器不会报错，只会报 Warning 信息，然而其硬件功能则大受影响。如果编译成功，可以见到如图 2.11 所示的工程管理窗的左上角显示出工程 cnt10 的层次结构和其中结构模块耗用的逻辑宏单元数；在此栏下是编译处理流程，包括数据网表建立、逻辑综合（Synthesis）、适配（Fittering）、配置文件装配（Assembling）和时序分析（Classic Timing Analysizing）等。最下栏是编译处理信息；中栏（Compilation Report 栏）是编译报告项目选择菜单，单击其中各项可以详细了解编译与分析结果。

例如单击 Flow Summary 项，将在右栏显示硬件耗用统计报告，其中报告了当前工程耗用了 0 个内部 RAM 位、15 个逻辑宏单元，并用了其中的 8 个 D 触发器等。

2.2.6 时序仿真测试电路功能

工程编译通过后，必须对其功能和时序性质进行测试和评估，以了解设计结果是否满足原设计要求，以及评判电路的性能。这部分内容对于计算机工作原理的了解、CPU 逻辑模块的功能测试，以及计算机系统设计都极为重要，需要重点关注和熟练掌握。

对以上工程项目的仿真测试流程的详细步骤如下：

（1）打开波形编辑器。选择菜单 File 中的 New 项，在 New 窗口中选择 Verification 项下的 Vector Waveform File（图 2.1），单击 OK 按钮，即出现空白的仿真波形编辑器，注意将窗口扩大，以利观察。

（2）设置仿真时间区域。对于时序仿真来说，将仿真时间轴设置在一个合理的时间区域上十分重要。通常设置的时间范围在数十微秒间：

在 Edit 菜单中选择 End Time 项，在弹出的窗口中的 Time 栏处输入 50，单位选“μs”，整个仿真域的时间即设定为 50μs（图 2.12），单击 OK 按钮，结束设置。

（3）波形文件存盘。选择 File 中的 Save as 项，将以默认名为 CNT10.vwf 的波形文件存入文件夹 d:\ MY_PROJECT 中。

（4）将工程 cnt10 的端口信号名选入波形编辑器中。方法是首先选择 View 菜单中 Utility Windows 项的 Node Finder 选项。弹出的对话框如图 2.13 所示，在 Filter 框中选“Pins : all”（通常已默认选此项），然后单击 List 按钮，于是在下方的 Nodes Found 窗口中出现设计中的 cnt10 工程的所有端口名。通常希望 Node Finder 窗是浮动的，可以用右键单击此窗边框，在弹出的小窗上消去 Enable Docking 选项即可。注意如果此对话框中的 List 不显示 cnt10 工程的端口引脚名，需要重新编译一次。

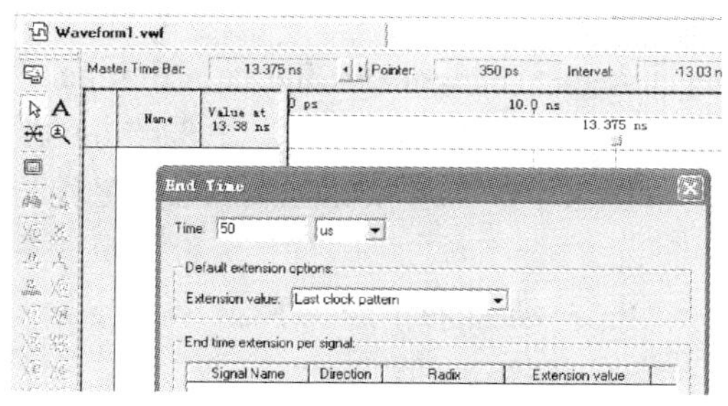

图 2.12　设置仿真时间长为 50μs

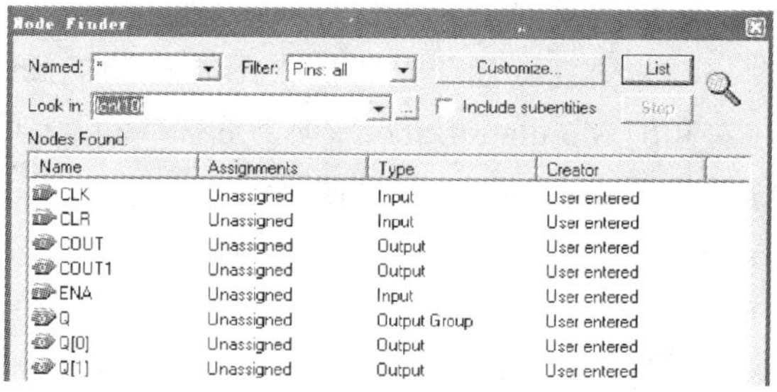

图 2.13　Node Finder 窗中待拖入的信号节点

最后，用鼠标将重要的端口名 CLK、CLR、ENB、COUT、COUT1 和输出总线信号 Q 分别拖到波形编辑窗，结束后关闭 Nodes Found 窗口。使波形编辑窗全屏显示。单击放大缩小按钮后，再用鼠标在波形编辑区域右键连续单击，使仿真坐标处于适当位置。

（5）编辑输入波形（输入激励信号）。单击（选中）图 2.14 所示窗口的时钟信号名 CLK，使之变成蓝色条，再单击左列的时钟设置按钮，在 Clock 设置窗口（图 2.14 右窗）中设置 CLK 的时钟周期为 1.2μs；Clock 窗口中的 Duty cycle 是占空比，默认为 50，即 50%占空比。然后再分别设置 CLR 和 ENB 的电平。

（6）总线数据格式设置。单击如图 2.14 所示的输出信号 Q 左边的“+”号，则能展开此总线中的所有信号；如果双击此“+”号左边的信号标记，将弹出对该信号数据格式设置的对话框（图 2.15）。在该对话框的 Radix 栏有七种选择，这里可选择十六进制整数 Hexadecimal 表达方式。最后设置好的激励信号波形图如图 2.16 所示。

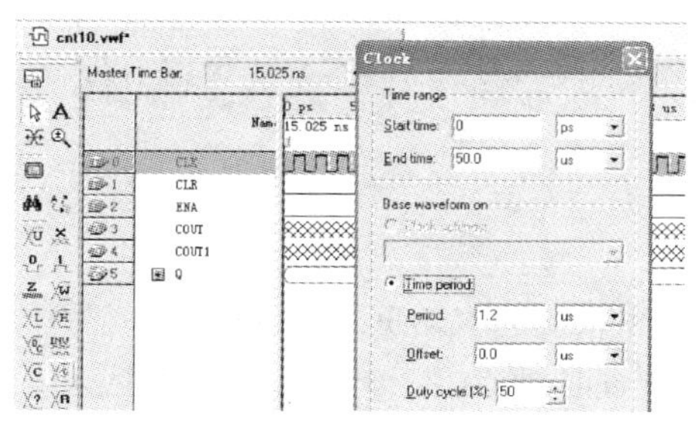

图 2.14　准备给 CLK 设置时钟（右窗为 CLK 设置周期）

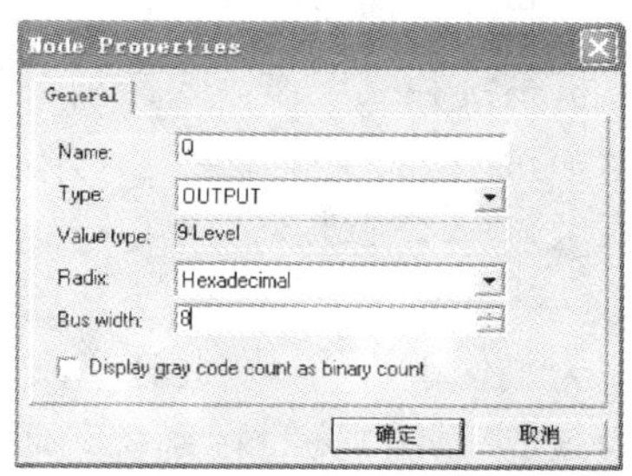

图 2.15　为总线 Q 设置十六进制数制

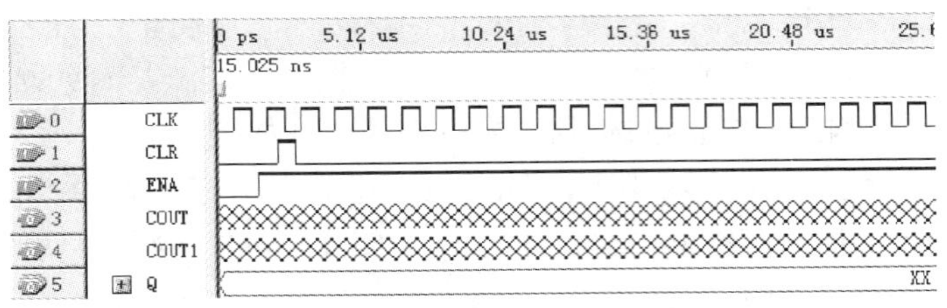

图 2.16　设置好的激励信号波形图

完成后须对波形文件再次存盘。

（7）仿真器参数设置。选择菜单 Assignment→Settings→Category→Simulator Settings，在右侧的 Simulation mode 项下选择 Timing（通常默认），即选择时序仿真，并选择仿真激励文件名 cnt10.vwf（通常默认）；选中 Run simulation until all vector stimuli are used 全程仿真等。

（8）启动仿真器。现在所有设置进行完毕。在菜单 Processing 项下选择 Start Simulation，直到出现 Simulation was successful，仿真结束，即弹出仿真报告（图 2.17）。

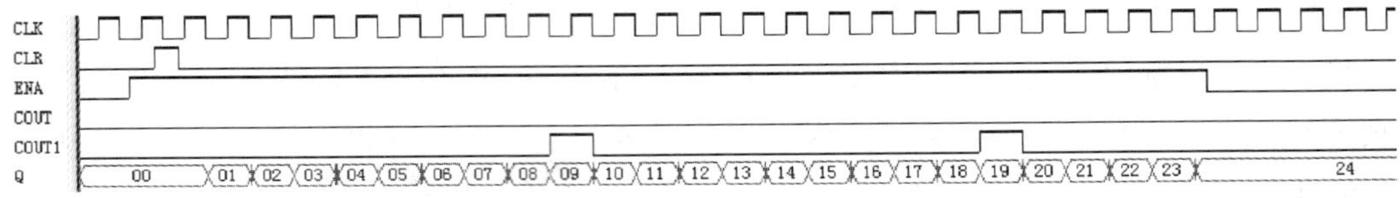

图 2.17　图 2.7 电路的仿真波形

（9）观察仿真结果。仿真波形报告文件 Simulation Report 通常会自动弹出。由图 2.17 可知，电路功能符合设计要求。CLR 对系统的清 0 是高电平有效；ENB 对 CLK 的计数使能也是高电平有效；低位进位信号 COUT1，逢 9 产生进位脉冲。

2.3　引脚设置和编程下载

为了能对此计数器进行硬件测试，应将其输入输出信号锁定在芯片确定的引脚上，编译后下载，以便对电路设计进行硬件测试。最后当硬件测试完成后，为了能使自己设计的计算机系统独立工作，还必须对配置芯片进行编程，完成基于 FPGA 的最终开发。

2.3.1　引脚锁定

为了便于说明，在此选择附录介绍的 KX-DN8 系统的 KX-3C55F+核心系统板（以下简称为 55F+系统）为目标系统。确定引脚分别为：主频时钟 CLK 接键 1：K1（对应 Pin AA3）；复位清 0 信号 CLR 则接键 2：K2（对应 Pin AB3），注意这些键按下为低电平，松开为高电平。所以，在实验中要始终按住键 K2，才能使计数正常进行，否则需要为电路中的 CLR 输入口加入一个反相器。计数使能 ENB 接键 3（对应 Pin V3）；高位进位 COUT 接发光管

D1（对应 Pin W22）；低位进位 COUT1 接发光管 D2（对应 Pin AA22）；双 4 位二进制数据输出 Q[7..0]可外接专用模块来显示；Q[7..0]分别接引脚的编号为 K21、H22、J21、A5、B6、A6、B7、A7。对于其他的 FPGA 开发板读者要作适当改变。

确定了锁定引脚编号后就可以完成以下引脚锁定操作：

（1）假设现在已打开了 cnt10 工程（如果刚打开 Quartus II，应在菜单 File 中选择 Open Project 项，并单击工程文件 cnt10，打开此前已设计好的工程）。

（2）选择 Assignments 菜单中的 Assignment Editor 项，即进入如图 2.18 所示的 Assignment Editor 编辑窗。在 Category 栏中选择 Locations。

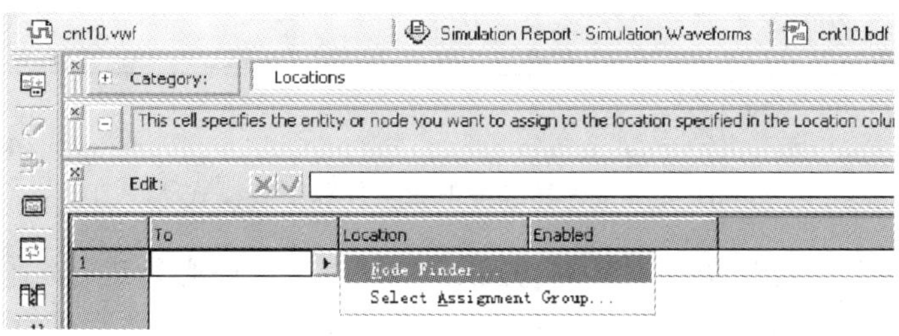

图 2.18 利用 Assignment Editor 编辑器锁定 FPGA 引脚

（3）双击 TO 栏的“new”，即出现一个按钮，单击此按钮，并在出现的菜单中选择 Node Finder 项（图 2.18）。在弹出的如图 2.19 所示的对话框中选择本工程要锁定的端口信号名，单击 OK 按钮后，所有选中信号名即进入图 2.20 的 TO 栏内。

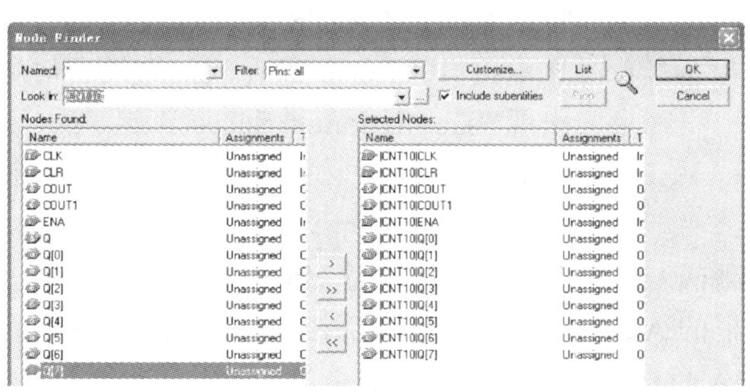

图 2.19 选择需要锁定的引脚信号

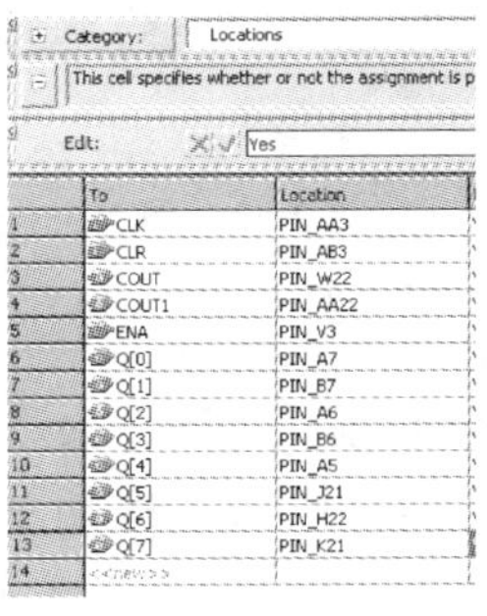

图 2.20 引脚锁定对话框

然后在每个信号对应的 Location 栏内键入引脚号即可。完成后即如图 2.20 所示。

（4）最后存盘这些引脚锁定的信息后，必须再编译（启动 Start Compilation）一次，才能将引脚锁定信息编译进编程下载文件中。此后就可以准备将编译好的 SOF 文件下载到实验系统的 FPGA 内去硬件验证了。

2.3.2 配置文件下载

引脚锁定并编译完成后，即可将 Quartus II 生成的目标文件通过 JTAG 口载入（配置进）

FPGA 中进行硬件测试了。步骤如下：

（1）打开编程窗和配置文件。首先将实验系统和 USB-Blaster 编程器连接，打开电源。在菜单 Tools 中选择 Programmer，于是弹出如图 2.21 所示的编程窗。在 Mode 栏中有四种编程模式可以选择。为了直接对 FPGA 进行配置，在编程窗的编程模式 Mode 中选 JTAG（默认），并打钩选中下载文件右侧的第一小方框。注意要仔细核对下载文件路径与文件名。如果此文件没有出现或有错，单击左侧 Add File 按钮，手动选择配置文件 cnt10.sof。

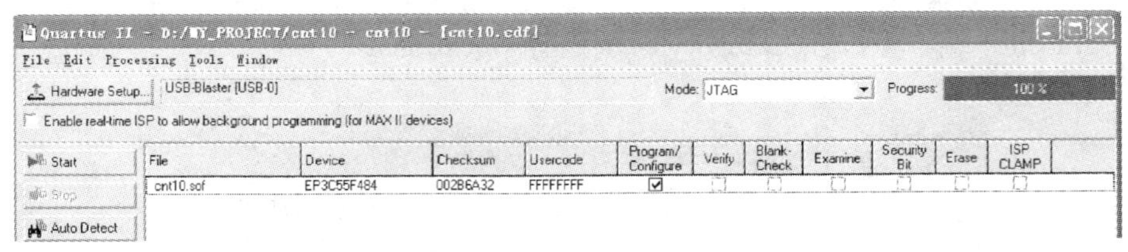

图 2.21 选择编程下载文件和下载模式

（2）设置编程器。若是初次安装的 Quartus II，在编程前必须进行编程器选择操作。若准备选择 USB-Blaster 编程器，单击 Hardware Setup 按钮（图 2.21）可设置下载接口方式，在弹出的 Hardware Setup 对话框中（图 2.22），选择 Hardware Settings 页，再双击此页中的选项 USB-Blaster 之后，单击 Close 按钮，关闭对话框即可。这时应该在编程窗右上显示出编程方式：USB-Blaster。

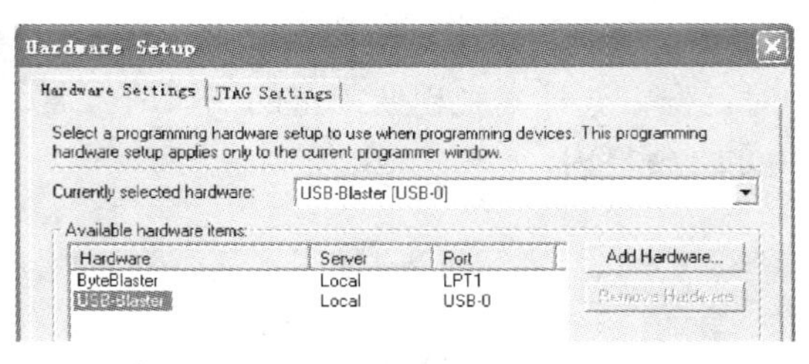

图 2.22 加入编程下载方式

最后单击下载标符 Start 按钮，即进入对目标器件 FPGA 的配置下载操作。当 Progress 显示出 100%，以及在底部的处理信息栏中出现“Configuration Succeeded”时，表示编程成功。注意，如果必要，可再次单击 Start 按钮，直至编程成功。

（3）测试 JTAG 接口。如果要测试 USB-Blaster 编程器与 FPGA 的 JTAG 口是否连接好，可以单击图 2.21 所示编程对话框的 Auto Detect 按钮（先删去图 2.21 窗的 SOF 目标文件），看是否能读出实验系统上 FPGA 目标器件的型号。

（4）硬件测试。成功下载 cnt10.sof 后，可根据对不同键所定义的功能进行操作测试，结合仿真波形图，观察数码管的显示数据和发光管的工作情况，通过硬件功能进一步了解此项设计的功能与性能，了解此计数器的工作情况。

2.3.3 JTAG 间接编程模式

为了能在开电后，FPGA 获得自动配置的 SOF 文件，从而构成独立系统，以下介绍利用 JTAG 口对 FPGA 的专用 Flash 配置器件进行配置的方法。具体方法是首先将 SOF 文件转化为 JTAG 间接配置文件，再通过 FPGA 的 JTAG 口，将此文件载入 FPGA 中，并利用

FPGA 中载有的对 EPCS 器件配置的电路结构，对该器件进行编程。

1. 将 SOF 文件转化为 JTAG 间接配置文件

选择 File→Convert Programming Files 命令，在弹出的窗口中作如下选择（图 2.23）：

（1）首先在 Programming file type 下拉列表框中选择输出文件类型为 JTAG 间接配置文件类型：JTAG Indirect Configuration File，后缀：.jic。

（2）然后在 Configuration device 下拉列表中选择配置器件型号，选择 EPCS16。

（3）再于 File name 文本框中输入输出文件名，如 CNT10_EPCS16_file.jic。

（4）单击最下方 Input files to convert 栏中的 Flash Loader 项，然后单击右侧的 Add Device 按钮，这时将弹出如图 2.24 所示的 Select Devices 器件选择窗口。在此窗口中首先于左栏中选定目标器件的系列，如 Cyclone III；再于右栏中选择具体器件：EP3C55。单击（选中）Input files to convert 栏中的 SOF Data 项，然后单击右侧的 Add File 按钮，选择 SOF 文件 cnt10.sof，结果如图 2.25 左侧所示。必要时可选择将此编程文件进行压缩，方法是选择按钮 Properties，在弹出的选择窗（图 2.25 右图）中选择 Compression，确认压缩，再单击 OK 按钮。

最后单击 Generate 按钮，即生成所需要的编程配置文件。

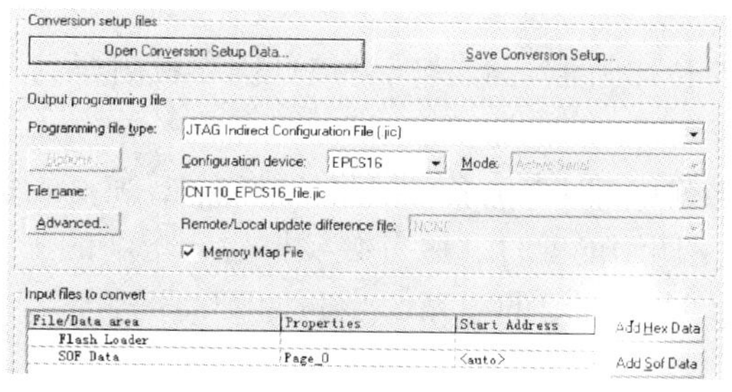

图 2.23 设定 JTAG 间接编程文件

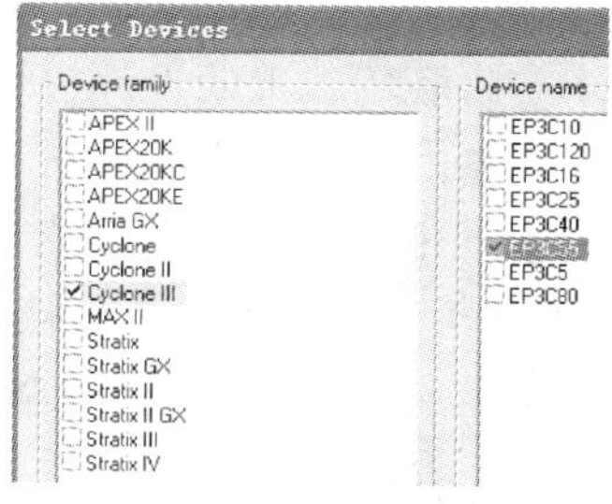

图 2.24 选择目标器件 EP3C55

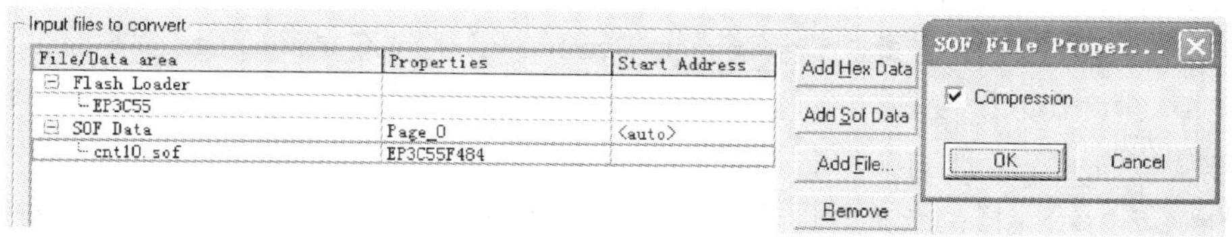

图 2.25 加入 SOF 文件，选择文件压缩（右图）

2. 下载 JTAG 间接编程文件

选择 Tool→Programmer 命令，选择 JTAG 模式，加入 JTAG 间接编程文件 CNT10_EPCS16_file.jic，如图 2.26 所示作必要的选择，单击 Start 按钮后进行编程下载。

为了证实下载后系统能正常工作，在下载完成后，必须关闭系统电源，然后再打开电源，以便启动 EPCS 器件对 FPGA 的配置。然后测试观察计数器的工作情况。

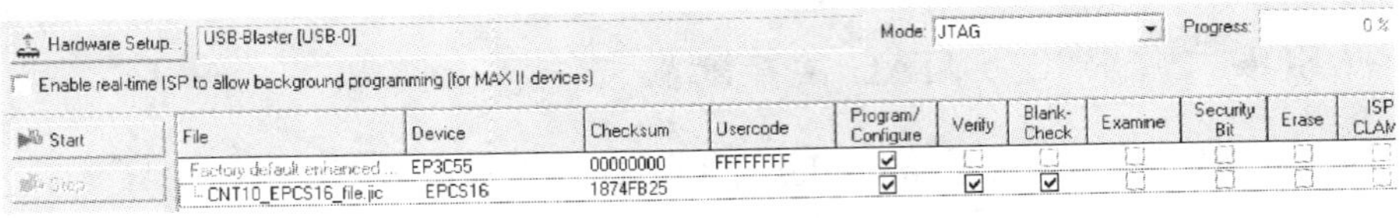

图 2.26 用 JTAG 模式对配置器件 EPCS16 进行编程

2.3.4 USB-Blaster 编程配置器安装方法

在初次使用 USB-Blaster 编程器前，需首先安装 USB 驱动程序：将 USB Blaster 一端插入 PC 机的 USB 口，这时会弹出一个 USB 驱动程序对话框。根据对话框的引导，选择用户自己搜索驱动程序，这里假定 Quartus II 安装在 E 盘，则驱动程序的路径为 E:\altera\quartus90\drivers\ usb-blaster。安装完毕后，打开 Quartus II，选择编程器，单击左上角的 Hardware Setup 按钮，在弹出的窗口中选择 USB-Blaster 项，双击之。此后就能按照前面介绍的方法使用了。

2.4 层次化设计

本节将利用以上的设计模块构建一个 6 位十进制计数器，并以此引导读者学习基于原理图编辑器的层次化设计方法。

为了利用以上完成的 2 位十进制计数器模块 CNT10 来构建此计数器，必须首先包装这个 CNT10 模块，成为一个可被上层电路方便调用的元件。这有必要构建一个新的工程，在此工程中调用已入库的元件 CNT10，以便构成所需要的电路。步骤如下。

1. 构建元件符号

打开以上的 CNT10 工程，然后打开此工程的原理图编辑窗（图 2.7）。选择菜单 File→Create/Update（图 2.27），在此栏选择 Create Symbol Files for Current File 选项，即可将当前原理图文件 CNT10.bdf 变成一个包装好的单一元件（Symbol），并被放置在工程路径指定的目录中以备调用，元件的文件名是 CNT10.bsf。

以图 2.27 所示同样的选择，也能把 Verilog HDL 或 VHDL 代码程序转化为元件符号入库。这在第 4 章后都会用到。注意将 HDL 程序转化为元件符号应该注意以下两点：

（1）必须在打开某一工程的条件下，打开需要转化的 HDL 程序文件；

（2）按图 2.27 的选择方式所生成的原理图元件进入了当前工程所在的文件夹。

2. 构建顶层文件

可以将前面 2.2 节的工作看成是完成了一个底层元件的设计的过程。现在可以利用这个设计好的元件完成更高一层次的项目设计，即设计一个 6 位十进制计数器。

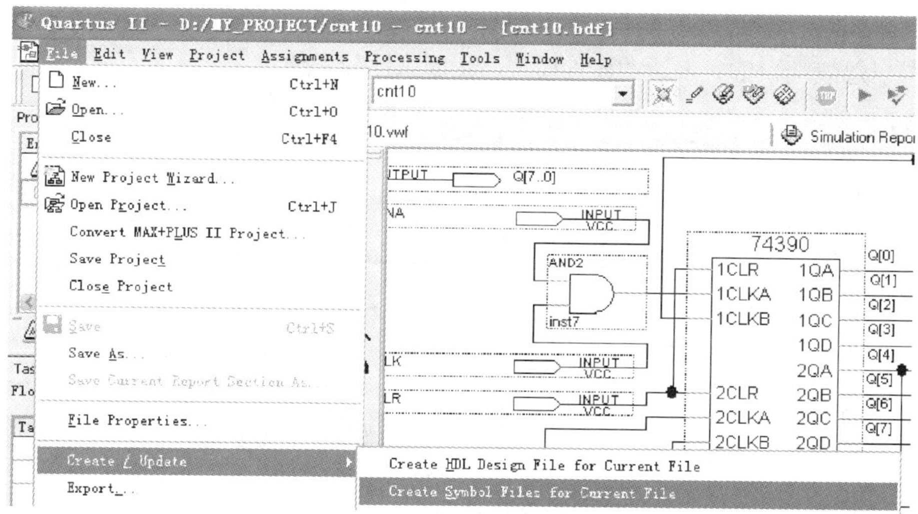

图 2.27 将当前电路原理图设计生成为一个元件（Symbol）模块

首先仿照 2.2.2 节和 2.2.3 节，选择 File→New，在 New 窗口中的 Design Files 条目中选择原理图文件类型 Block Diagram/Schematic File（图 2.1），打开原理图编辑窗；再选择 File→Save as，存盘这个原理图空文件，可取名为 TOP.bdf；最后选择菜单 File→New Project Wizard，创建一个新的工程，工程名即取 TOP。目标器件仍然为 EP3C55。此时 TOP.bdf 是一个没有元件的空的原理图文件。

然后在此新的原理图编辑窗中打开元件调用对话框（图 2.6），在左上角的 Libraries 栏的 Project 库中选中元件名 CNT10（图 2.28）。

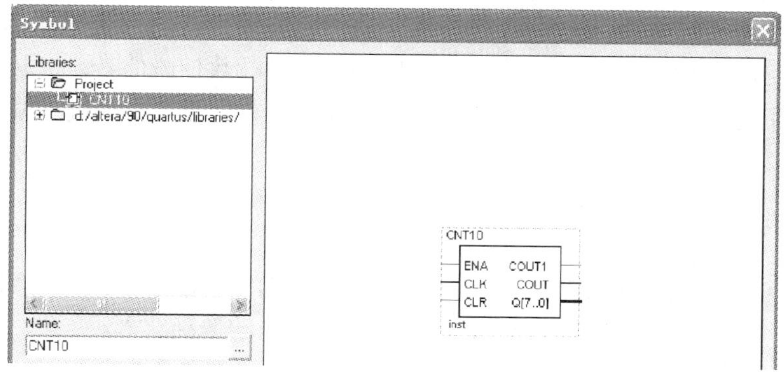

图 2.28 在高一层原理图的当前工程路径中调入元件 CNT10

其实若在当前工程被转化的 HDL 程序对应的元件符号也可在此工程库中找到。此后 HDL 元件与其他普通原理图元件的用法就完全一样了。

此元件即为已包装入库的 2 位十进制计数器 CNT10，将它调入原理图编辑窗中。这时如果对编辑窗中的元件 CNT10 双击，即可弹出此元件内部的原理图。最后根据图 2.29，再调入 74374b 等元件，在此原理图编辑窗构建一个 6 位十进制计数器（图 2.29）。注意在元件库中含有 74374 和 74374b 两种具有同类逻辑功能，但以不同端口表述的 74 系列器件。74374b 是以总线端口方式表达的器件模块，用起来比较方便。

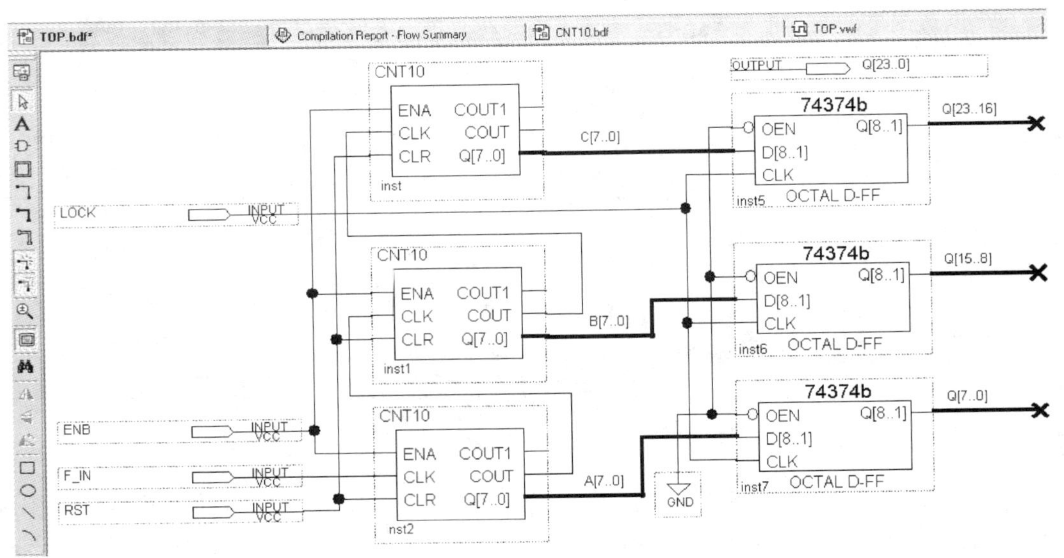

图 2.29 基于元件 CNT10 扩展的 6 位十进制计数器

3. 功能分析和全程编译

双击图 2.29 中的 74374b，可以看到此元件低层的电路结构，它是由 D 触发器、反相器 NOT 和三态门 TRI 构成的。TRI 的控制电平是，高电平允许输出，低电平时输出口呈高阻态。因此输出使能控制 OEN 统一接地，始终允许输出。输入信号 LOCK 控制三个 74374b 的锁存操作。RST 是全局清 0 控制信号。ENB 是计数使能信号，高电平允许对时钟脉冲计数。为了进一步详细了解 TOP 工程的逻辑功能，首先需要对其进行编译和综合，具体步骤可依照 2.2.5 节进行。

4. 时序仿真

现在对 TOP 工程进行仿真测试，详细了解其逻辑功能（图 2.30）。注意 F_IN、RST、LOCK 和 ENB 四个输入信号必须由设计者根据需要测试的情况加入。

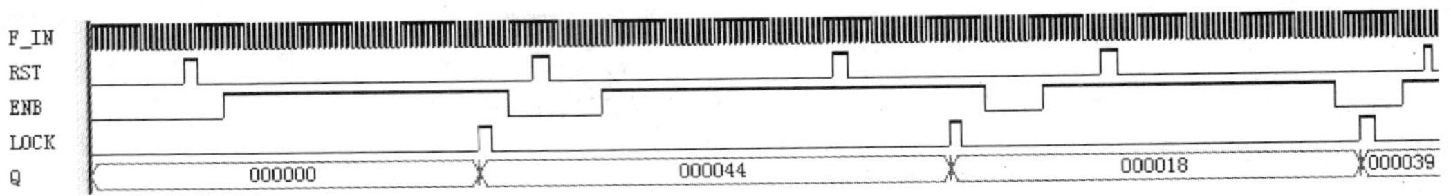

图 2.30 图 2.29 电路的仿真波形图

这些信号的设置顺序是：首先设置时钟，F_IN 的周期可以任意设置，只要容易辨认脉冲即可，这里的周期设定为 150ns；然后设定 ENB，它的控制功能是高电平时允许计数；接着设定计数锁存信号 LOCK，为了将 ENB 高电平期间计的脉冲数锁入 74374 中，LOCK 信号必须放在每一 ENB 之后；最后设置 RST 信号（高电平有效），为了了解每一 ENB 高电平期间所计的脉冲数，必须在把前一次的计数值锁存后，清除计数器中的值，故 RST 信号须在 LOCK 之后，且在下一次 ENB 高电平出现前。

图 2.30 是仿真结果。可以看到每一 LOCK 脉冲的上升沿后，74374 输出的 Q 将显示此前 ENB 高电平期间所计的数。由于有 RST 清 0 信号，每一次计数都是单独的，没有积累，不同的 ENB 高电平宽度将计不同的数值。显然，若 ENB 高电平的宽度相同，如长 1s，便能容易地获得 F_IN 的频率值。因此这个电路结构很容易构成数字频率计。

最后，可以在实验系统上对此项设计进行硬件测试，即编译成功后将生成的 SOF 文件下载于实验系统的 FPGA 中进行测试，此工作留给读者。

2.5 SignalTap II 的使用方法

随着逻辑设计复杂性的不断增加，仅依赖于软件方式的仿真测试来了解设计系统的硬件功能和存在的问题已远远不够了，而需要重复进行的硬件系统的测试也变得更为困难。为了解决这些问题，设计者可以将一种高效的硬件测试手段和传统的系统测试方法相结合来完成，这就是嵌入式逻辑分析仪。它的采样部件可以随设计文件一并下载于目标芯片中，用以捕捉目标芯片内部系统信号节点处的信息或总线上的数据流，却又不影响原硬件系统的正常工作。这就是 Quartus II 中嵌入式逻辑分析仪 SignalTap II 的目的。在实际监测中，SignalTap II 将测得的样本信号暂存于目标器件中的嵌入式 RAM 中，然后通过器件的 JTAG 端口将采得的信息传出，送入计算机进行显示和分析。

嵌入式逻辑分析仪 SignalTap II 允许对设计中所有层次的模块的信号节点进行测试，可以使用多时钟驱动，而且还能通过设置来确定前后触发捕捉信号信息的比例。在今后的学习和实验中，读者会发现对于计算机原理的学习、计算机功能模块的测试，特别是 CPU 等大型逻辑系统的实时工作情况的检测与跟踪，SignalTap II 的作用会显得特别重要。

本节将以图 2.7 的计数器为示例，介绍 SignalTap II 的最基本的使用方法。首先从以此电路为工程的 CNT10 工程出发，假定开发板选用附录的 55F+系统，选择引脚锁定情况是：CLK、CLR、ENA、COUT、COUT1 分别锁定于 G2、AB3（键 2）、V3（键 3）、W22（发光管 1）、AA22（发光管 2）。CLK 连接的 G2 引脚恰好与板上的 20MHz 时钟相接，故可利用 CLK 作为逻辑分析仪的采用时钟。注意，CLR 是高电平清 0，键 2 未按下时，输出是高电平。所以按下键 2，才能正常计数。其他引脚可以暂时不考虑。

使用 SignalTap II 的流程如下。

1. 打开 SignalTap II 编辑窗口

选择 File→New 命令，如图 2.1 所示，在 New 窗口中选择 SignalTap II Logic Analyzer File，单击 OK 按钮，即出现 SignalTap II 编辑窗口。

2. 调入待测信号

首先单击上排的 Instance 栏内的 auto_signaltap_0，更改其名，如改为 CNTS。这是其中一组待测信号名（图 2.31）。为了调入待测信号名，在 CNTS 栏下栏的空白处双击，即弹出 Node Finder 窗口，再于 Filter 栏选择“Pins: all”，单击 List 按钮，即在左栏出现此工程相关的所有信号。选择需要观察的信号：输出总线信号 Q、进位信号 COUT 和 COUT1。单击 OK 按钮后即可将这些信号调入 SignalTap II 信号观察窗口（图 2.31）。注意不要将工程的主频时钟信号 CLK 调入观察窗口，因为在本项设计中打算调用本工程的主频时钟信号 CLK 兼作逻辑分析仪的采样时钟，而采样时钟信号是不允许进入此窗的。

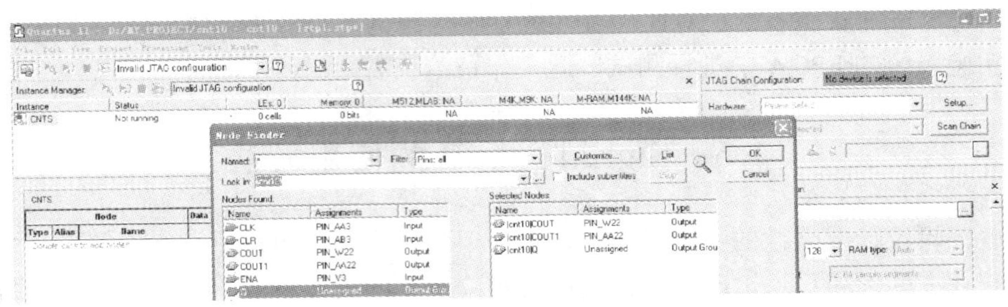

图 2.31 输入逻辑分析仪测试信号

此外，如果需要观察总线信号，只需调入总线信号名，如 Q 即可；慢速信号可不调入；调入信号的数量应根据实际需要来决定，不可随意调入过多的或没有实际意义的信号，这会导致 SignalTap II 无谓占用芯片内过多的存储资源。

3. SignalTap II 参数设置

单击全屏按钮和窗口左下角的 Setup 选项卡，即出现如图 2.32 所示的全屏编辑窗口，然后按此图设置。首先输入逻辑分析仪的工作时钟信号 Clock。单击 Clock 栏右侧的“…”按钮，即出现 Node Finder 窗口，为了说明和演示方便，选择计数器工程的主频时钟信号 CLK 作为逻辑分析仪的采样时钟。接着在 Data 框的 Sample Depth 栏选择采样深度为 16K 位（注意采样深度应根据实际需要和器件内部空余 RAM 大小来决定）。

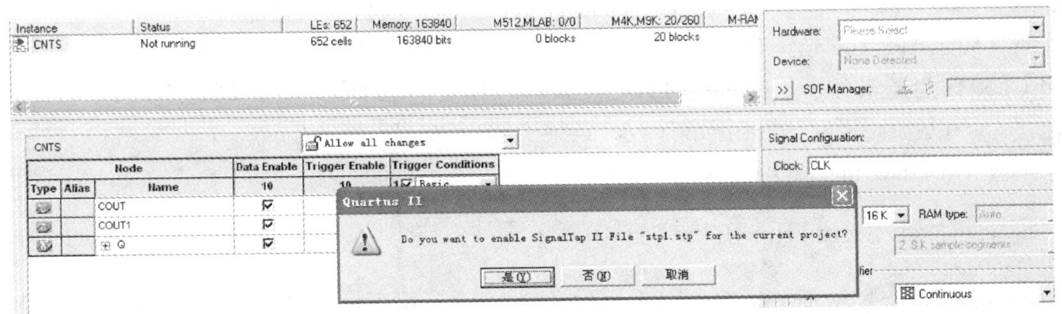

图 2.32 SignalTap II 编辑窗口

采样深度一旦确定，则 CNTS 信号组的每一位信号都获得同样的采样深度，所以必须根据待测信号采样要求、信号组总的信号数量，以及本工程可能占用 ESB/M9K 的规模，综合确定采样深度。然后是根据待观察信号的要求，在 Trigger 栏设定采样深度中起始触发的位置，比如选择前触发 Pre trigger position（默认）。

最后是触发信号和触发方式选择，这可以根据具体需求来选定。在右下的 Trigger 栏的 Trigger Condition 下拉列表框中选择 1；选中 Trigger in 复选框，并在 Source 框选择触发信号，在此选择此工程中的 ENA 作为触发信号；在触发方式 Pattern 下拉列表框中选择高电平触发方式，即当测得 EN 为高电平时，SignalTap II 在 CLK 的驱动下根据设置 CNTS 信号组的信号进行连续或单次采样。

另外请注意，图 2.32 的 CNTS 栏显示使用了 652 个逻辑宏单元和 163840 个内部 RAM 位，而此计数器实际耗用的逻辑宏单元只有 15 个，且没有使用任何 RAM 单元。显然这多用的资源是 SignalTap II 在 FPGA 内用在了构建逻辑分析仪的采样逻辑及信号存储单元上。

4. 文件存盘

选择 File→Save As 命令，输入此 SignalTap II 文件名为 stp1.stp（默认文件名和后缀）。单击“保存”按钮后，将出现一个提示（如图 2.32 所示）：“Do you want to enable SignalTap II”，应该单击“是”按钮，表示同意再次编译时将此 SignalTap II 文件与工程（CNT10）捆绑在一起综合/适配，以便一同被下载进 FPGA 芯片中去完成实时测试任务。如果单击“否”按钮，则必须自己去设置，方法是选择 Assignments→Settings 命令，在其 Category 栏中选择 SignalTap II Logic Analyzer（图 2.9），在右侧显示的 SignalTap II File 栏中选中已存盘的 SignalTap II 文件名，如 stp1.stp，并选中 Enable SignalTap II Logic Analyzer 复选框，单击 OK 按钮即可。但应该特别注意，当利用 SignalTap II 将芯片中的信号全部测试结束后，如在实现开发完成后的产品前，不要忘了将 SignalTap II 的部件从芯片中除去。方法也是在上述窗口中取消选中 Enable SignalTap II Logic Analyzer 复选框，再编译、编程一次即可。

5. 编译下载

首先选择 Processing→Start Compilation 命令，启动全程编译。编译结束后，选择 Tools→SignalTap II Analyzer 命令，打开 SignalTap II，或单击 Open 按钮打开。

接着用 USB-Blaster 连接 JTAG 口，设定通信模式。打开编程窗口准备下载 SOF 文件。最后下载文件 CNT10.sof。也可以利用 SignalTapII Analyzer 窗口来下载 SOF 文件。如图 2.33 所示，单击右侧的 Setup 按钮，确定编程器模式，如 USB-Blaster。然后单击下方的 Device 表框边的 Scan Chain 按钮，对开发板进行扫描。如果在栏中出现板上 FPGA 的型号名，表示系统 JTAG 通信情况正常，可以进行下载。

单击“...”按钮，选择 SOF 文件，再单击左侧的下载标号，观察左下角下载信息。下载成功后，设定控制信号（按键 3 默认 ENA=1），使计数器和逻辑分析仪工作。

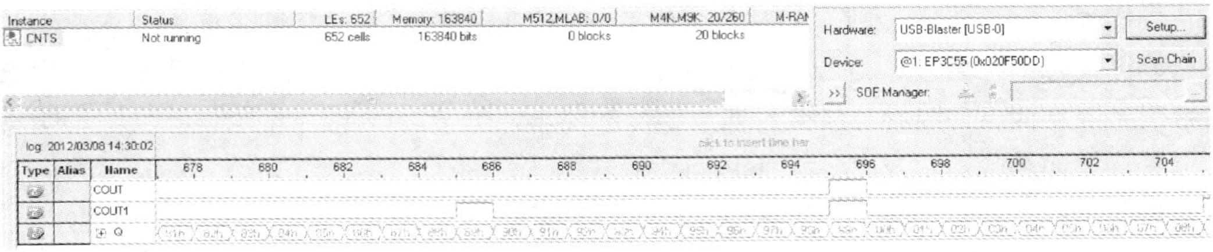

图 2.33 SignalTap II 数据窗口显示实时在系统采用获得的信号数据

6. 启动 SignalTap II 进行采样与分析

如图 2.33 所示，单击 Instance 名 CNTS，再单击 Processing 菜单的 Autorun Analysis 按钮，启动 SignalTap II 连续采样（注意一直要按住键 2，是 CLR=0，允许计数）。单击左下角的 Data 标签和“全屏控制”按钮。由于按键 3 对应的 ENA 为高电平，恰好作为 SignalTap II 的采样触发信号，这时就能在 SignalTap II 数据窗口通过 JTAG 口观察到来自开发板上 FPGA 内部的实时信号。如图 2.33 所示，用鼠标的左/右键放大或缩小波形（数据窗口的上沿坐标是采样深度的二进制位数），直至看到如图 2.33 所示的 Q 输出的计数值以及进位脉冲。

如果单击图 2.33 总线名左侧的“+”号，可以展开此总线信号（图 2.34）。此外，如果希望观察到可形成类似模拟波形的数字信号波形，可以右击所要观察的总线信号名（如 Q），在弹出的菜单中选择总线显示模式 Bus Display Format 为 Unsigned Line Chart，即可获得如图 2.34 所示的“模拟”信号波形——锯齿波。

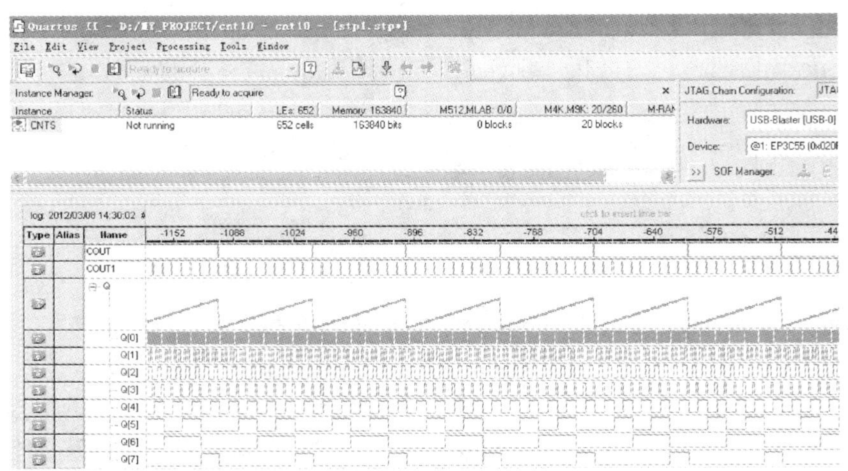

图 2.34 SignalTap II 数据窗口显示对硬件系统实时测试采样后的信号波形

在以上给出的示例中须注意，为了便于说明，SignalTap II 的采样时钟选用了被测电路的工作时钟。但在实际应用中，多数情况是使用独立的采样时钟，这样就能采集到被测系统中的慢速信号，或与工作时钟相关的信号（包括干扰信号）。

为 SignalTap II 提供独立采样时钟的方法是在顶层文件中增加一个时钟输入端口。如果顶层设计是原理图文件，可以加入一个输入端口 input，此端口可以锁定于需要的采样时钟上，而在此电路上，输入引脚却不必与其他任何信号或电路相接。

注意，这个采样时钟是专为逻辑分析仪准备的，它本身在计数器逻辑中没有任何连接和功能定义。当然，这个采样时钟并不一定必须来自外部时钟，它也可来自 FPGA 的内部逻辑，或内部的锁相环等，但它必须与系统工作时钟 CLK 没有任何相关性。如果顶层设计是 HDL 代码，则加入独立采用时钟端的方法可参阅参考文献[1]或[2]。

习　题

2.1　归纳在 Quartus II 平台上进行原理图输入设计的流程。

2.2　全程编译主要包括哪几个功能模块？这些功能模块各有什么作用？

2.3　详细说明通过 JTAG 口对 FPGA 的配置 Flash EPCS 器件的间接编程方法和流程。

2.4　用 74148 和与非门实现 8421BCD 优先编码器，用三片 74139 组成一个 5-24 译码器。

2.5　用 Quartus II 库中的逻辑模块设计一个 4 选 1 多路选择器。

2.6　用 74283 加法器和逻辑门设计实现一位 8421BCD 码加法器电路，输入输出均是 BCD 码，CI 为低位的进位信号，CO 为高位的进位输出信号，输入为两个 1 位十进制数 A，输出用 S 表示。

2.7　用原理图输入方式设计一个 5 人表决电路，参加表决者 5 人，同意为 1，不同意为 0，同意者过半则表决通过，绿指示灯亮；表决不通过，则红指示灯亮。在 Quartus II 上进行编辑输入、仿真、验证其正确性，然后在 EP3C55 芯片中进行硬件测试和验证。

实验与设计

2.1　用原理图输入法设计 8 位加法器

实验目的： 熟悉利用 Quartus II 的原理图输入方法设计简单电路，掌握层次化设计的方法，并通过一个 8 位加法器的设计掌握利用 EDA 软件进行电子线路设计的详细流程。

实验原理： 8 位加法器可以由 8 个全加器构成，加法器间的进位可以串行方式实现，即将低位全加器的进位输出 cout 与相邻的高位全加器的进位输入信号 cin 相接。而全加器可以由半加器构成。半加器的原理图如图 2.35 所示。图 2.36 是用半加器构成的全加器原理图。

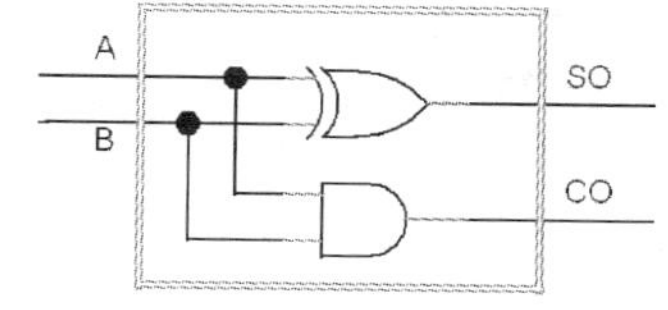

图 2.35　半加器 h_adder 电路图

实验任务 1： 根据本章介绍的设计流程，完成半加器和全加器的设计，包括原理图输入、编译、综合、适配、仿真、实验板上的硬件测试，并将此全加器电路设置成一个硬件符号入库。

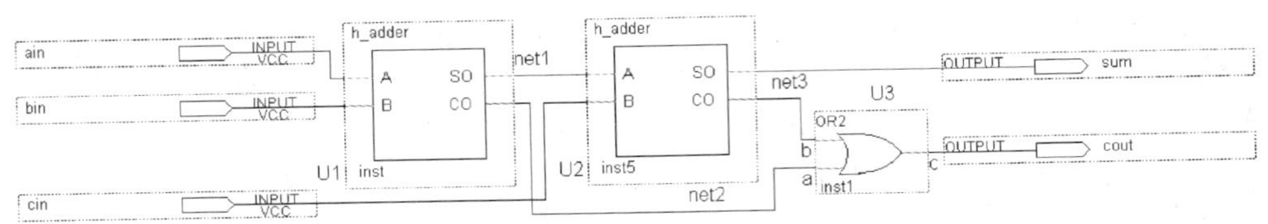

图 2.36　全加器 f_adder 电路图

实验任务 2，建立一个更高的原理图设计层次，利用以上获得的全加器构成 8 位加法器，并完成编译、综合、适配、仿真和硬件测试。

实验报告：详细叙述 8 位加法器的设计流程；给出各层次的原理图及其对应的仿真波形图；给出加法器的延时情况；最后给出硬件测试流程和结果。

2.2　用原理图输入法设计频率计

实验目的：熟悉原理图输入法中 74 系列等宏功能元件的使用方法，掌握更复杂的原理图层次化设计技术和数字系统设计方法，完成 6 位十进制频率计的设计。

实验原理：根据本章的介绍，对于 2 位十进制计数器模块，连接它们的计数进位，用三个计数模块就能完成一个 6 位有时钟使能的计数器，即图 2.29 所示的电路。其实只要为此电路配置一个测频控制电路模块，就能构成一个 6 位十进制显示的频率计。

图 2.37 就是一个测频控制电路。只需将此电路的三个输出信号 CLR、LOCK 与 CNT_EN 分别与图 2.29 电路的信号 RST、LOCK 与 ENB 相连，即可构成一数字频率计。这时图 2.29 的 F_IN 输入待测信号，图 2.37 电路的 clk 输入 8Hz 时钟即可。

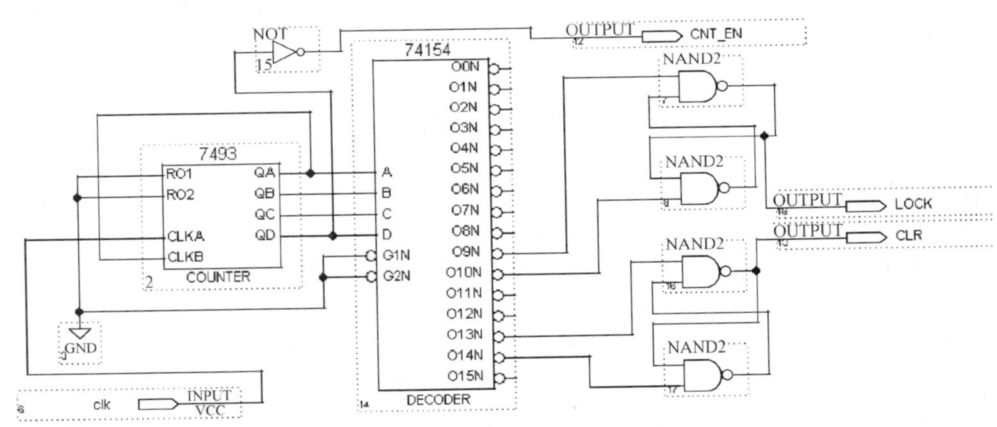

图 2.37　测频控制电路

实验任务 1：首先按照本章介绍的方法和流程，根据电路图 2.7 完成 2 位十进制计数器设计，给出仿真波形；然后进行硬件测试（在 FPGA 实验系统上显示结果），并用逻辑分析仪 SignalTap II 测试其实时工作情况。

实验任务 2：根据图 2.29，将电路扩展 6 位十进制计数器，并给出仿真波形。

实验任务 3：对图 2.37 电路进行仿真，说明其波形特点，进而说明，为什么将此电路接入图 2.29 后能构成频率计。

实验任务 4：完成 6 位十进制数字频率计设计、仿真、FPGA 硬件测试。

实验报告：给出各层次的原理图、工作原理、仿真波形，详述硬件实验过程和实验结果。

2.3 计时系统设计

实验目的：根据所学的知识，强化自主设计能力；同时通过基于 EDA 技术的时钟系统的设计调试和实现，进一步深化了解 EDA 技术工程设计流程。

实验任务 1：仿照本章给出的完整设计流程设计一个时钟，能计时、分、秒；时、分、秒分别用两位数码管显示；能用键校准时、分、秒。完成实验报告。

实验任务 2：设计一个定时器。能定时、分；能用键设定时和分。

实验任务 3：设计一个秒表。能显示分、秒。分的最大值是 59 分；秒的最大值是 59.99 秒，即计秒精度是百分之一秒。能用键控制秒表的清 0、开始计时和停止计时。

第 3 章 CPU 宏功能模块调用方法

在CPU 结构中，有许多通用的功能模块，如算术模块、数据缓冲寄存器、移位寄存器、指令寄存器、地址寄存器、程序计数器、微指令和指令存储器、数据存储器等，可以直接调用 LPM 库中的宏功能模块实现它们的功能。这极大地方便了 CPU 逻辑系统的构建和设计，也提高了对计算机原理的认识。本章将针对 CPU 中的一些通用功能模块，重点介绍 LPM 宏功能模块的调用、参数设置、性能测试、使用方法及相关的测试工具的用法。LPM 是 Library of Parameterized Modules（参数可设置模块库）的缩写，Quartus II 中提供了不同类型的性能优良的可参数设置的宏功能模块。

事实上，现在在许多实用设计和开发中，必须利用宏功能模块才可以使用一些 FPGA 器件中特定模块的硬件功能。例如各类片上存储器、高速硬件乘法器、LVDS 驱动器、嵌入式锁相环 PLL 模块等。这些可以以电路原理图形或 HDL 硬件描述语言模块形式方便调用的宏功能模块，使得基于 EDA 技术的电子设计的效率和系统性能有了很大的提高。设计者可以根据实际电路的设计需要，选择 LPM 库中的适当模块，并为其设定适当的参数，就能满足自己的设计需要，从而在自己的项目中十分方便地调用优秀的电子工程技术人员的硬件设计成果。

3.1 计数器宏模块调用

LPM 计数器的接口和功能特点是可以通过其参数设置来实现的，它很容易构成 CPU 中常用的程序计数器等逻辑模块。本节将通过介绍 LPM 计数器 LPN_COUNTER 的调用和测试的流程，给出 Quartus II 的 MegaWizard Plug-In Manager 管理器对同类宏模块的一般使用方法。此流程对后面的 LPM 模块调用具有示范意义，因此对于之后介绍的其他模块则主要介绍调用方法上的不同之处和不同特性的仿真测试方法。

3.1.1 调用 LPM 计数器及参数设置

流程如下：

（1）建立原理图为顶层设计的工程。这可以参考第 2 章 2.2 节，首先创建一个以空原理图文件为顶层设计的工程。原理图文件名可取为 CNT8B，工程名也取为 CNT8B。为了方便说明，目标器件仍选择 EP3C55F484C8（参见附录），并将此工程及其空文件存于文件夹 d:\LPM_MD 中。

（2）打开宏功能块调用管理器。进入图 2.6 所示的元件调用对话框，单击按钮

MegaWizard Plug-In Manager，打开如图 3.1 所示的对话框，选中 Create a new custom megafunction variation 单选按钮，即定制一个新的模块。

单击 Next 按钮后，将进入如图 3.2 所示的对话框，可以看到左栏中有各类功能的 LPM 模块选项目录。当单击算术项 Arithmetic 后（图 3.2），立即展示许多 LPM 算术模块选项，选择计数器 LPM_COUNTER。再于右上选择 Cyclone III 器件系列和 Verilog HDL 语言方式。最后键入此模块文件名：d:\LPM_MD \PCNT。

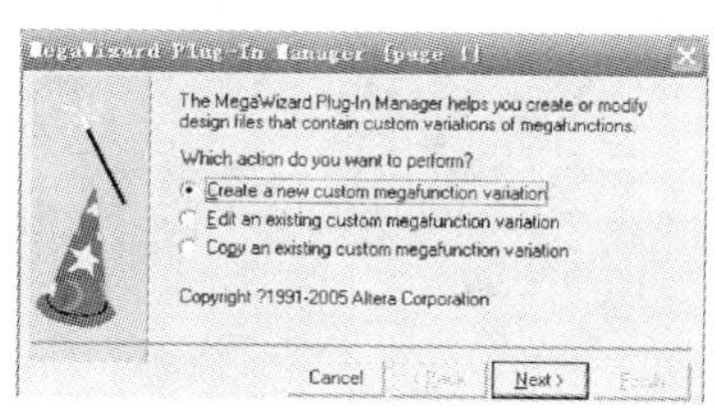

图 3.1 定制新的宏功能模块

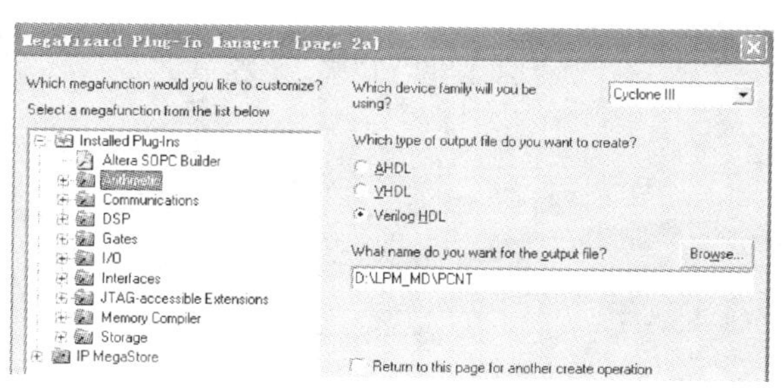

图 3.2 LPM 宏功能模块设定

（3）单击 Next 按钮后打开如图 3.3 所示的对话框。在对话框中选择 8 位计数器，再选择“Create an updown input…”使计数器有加减控制功能。

（4）再单击 Next 按钮，进入如图 3.4 所示的对话框。默认选择 Plain binary，表示是普通二进制计数器；然后选择进位输出 Carry-out。

（5）再单击 Next 按钮，打开如图 3.5 所示的对话框。在此选择 8 位数据同步加载控制 sload 和异步清 0 控制 aclr。最后结束设置。

以上的流程设置同步生成了 LMP 计数器的 Verilog 文件 PCNT.v，可被高一层次的 Verilog 程序例化调用。

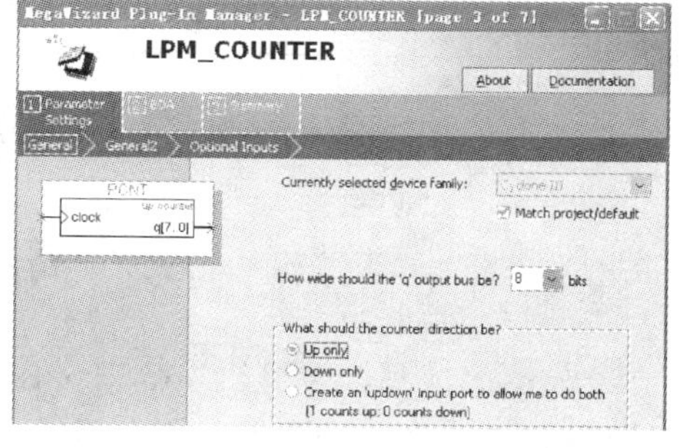

图 3.3 设置 8 位可加法计数器

对于选择 VHDL 代码形式，整个流程也一样。

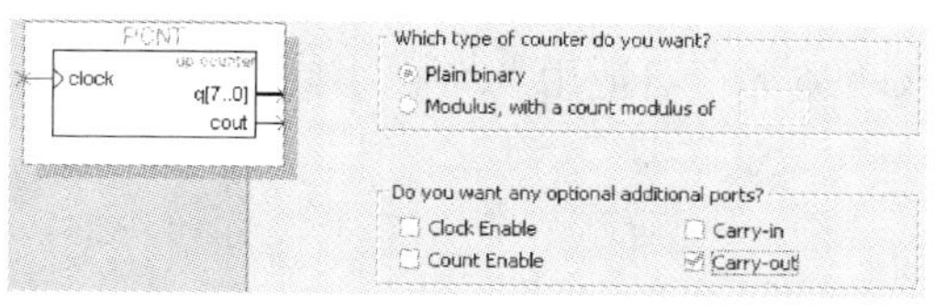

图 3.4 设置此计数器进位输出

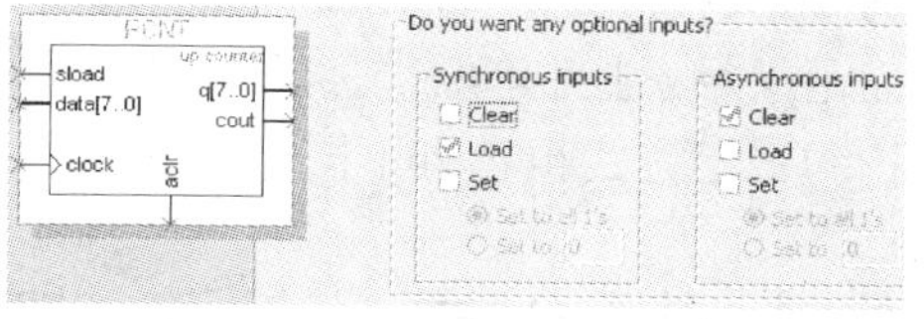

图 3.5 加入 8 位并行数据同步预置功能

3.1.2 对计数器进行仿真测试

最后单击图 2.6 右侧对话框左下角的 OK 按钮，即能将当前设定的计数器模块加入

CNT8B工程的原理图编辑窗中。为此计数器模块添加了必要的输入输出端口后的电路即如图3.6所示。图3.7即为此计数器的仿真波形。注意第1个加载信号LOAD并没能将d的数据69H加载进计数器；此时在此信号的有效时间内，没有CLK的上升沿。而第2个LOAD脉冲恰遇时钟有效边沿，故将d端数据F9加载进计数器。显然这是因为在设置时选择LOAD为同步控制信号。在计数到FF时，cout出现一个进位信号。注意清0信号RST是异步控制的，故在CLK非上升沿时也能起到清0作用。

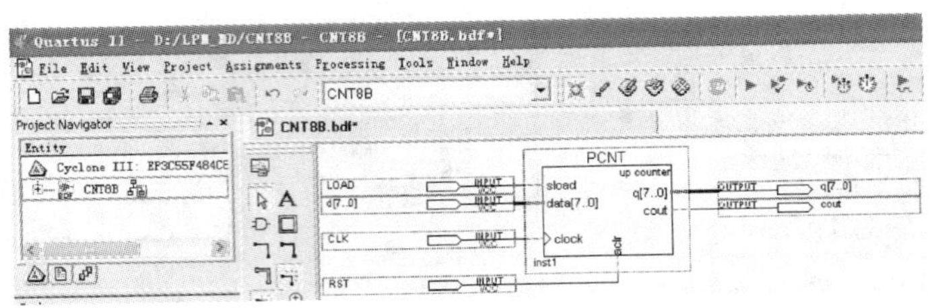

图3.6 计数器PCNT原理图

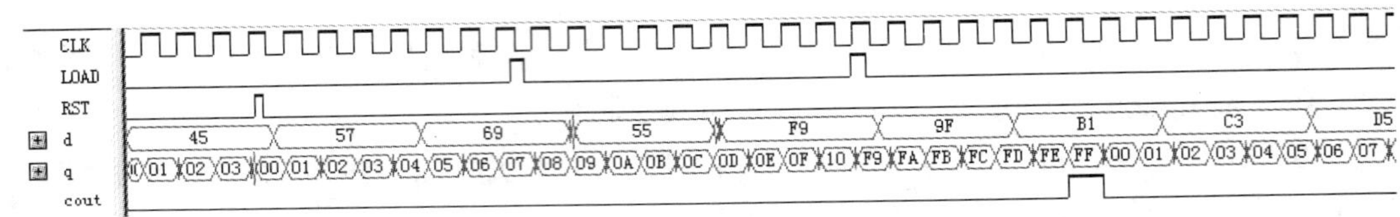

图3.7 计数器PCNT的仿真波形

3.2 寄存器与锁存器的调用

前面已谈到，计算机系统中寄存器与锁存器的应用十分普遍。在计算机系统设计中直接调用LPM库的寄存器或锁存器模块会使设计变得十分便利和高效。

习惯上将以时钟边沿控制数据存储的基本时序模块称为触发器，如D触发器；而将以时钟或门控信号的电平控制数据存储的基本时序模块称为锁存器。而以触发器或锁存器构建的数据暂存单元，多称为寄存器或缓存器，如地址寄存器、指令寄存器、数据缓存器等。然而由于触发控制的方式和时序特点不同，这两类寄存器适用场合也不同，同样，它们的结构和调用方式也稍有不同。

3.2.1 基于D触发器的寄存器的调用

基于D触发器构建的寄存器最为常用，其调用和测试步骤如下：

（1）进入LPM库。在进入LPM库调用此寄存器之前，为了便于时序仿真，验证其功能，前期工作最好仍然按照3.1节的流程，即创建一个原理图工程。然后进入图3.2的对话框。在此对话框中选择最下第二排的Storage项。在Storage的展开菜单中选择触发器类寄存器模块 LPM_FF。再于右上选择 Cyclone III 器件系列和 Verilog HDL 语言方式。最后键入此模块文件名：d:\LPM_MD \PREG。

（2）设置参数。单击 Next 按钮后，进入如图 3.8 所示的对话框。在此选择数据位宽为 8，D 触发器类型，以及选择 Asynchronous inputs 项下的 Clear，即异步清 0 控制。

（3）功能测试。最后将调入原理图编辑界面的 8 位寄存器 PREG 进行编译和仿真。其仿真波形如图 3.9 所示，波形显示出 PREG 清晰的时钟边沿控制特性，即仅在时钟的上升沿处，输出数据 q 才发生变化，以及 aclr 信号的异步清 0 功能，即无需时钟上升沿也能实现清 0。

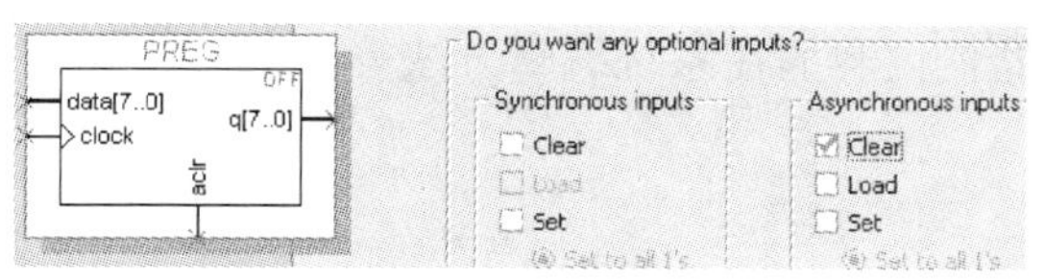

图 3.8 选择寄存器的触发器类型和位宽

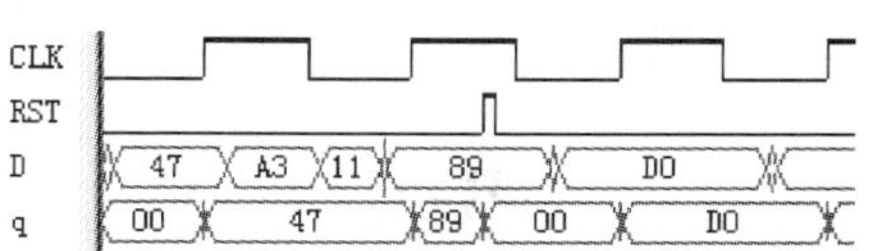

图 3.9 8 位触发器型寄存器的工作时序

3.2.2 基于锁存器的寄存器的调用

基于锁存器构建的寄存器的调用流程与以上给出的流程基本相同。取名为 PLATCH 的 8 位寄存器的参数设置对话框及其工作时序波形分别如图 3.10 和图 3.11 所示。

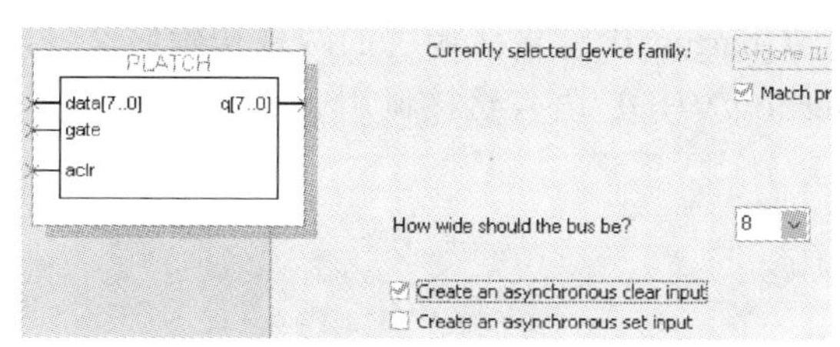

图 3.10 选择寄存器的位宽为 8

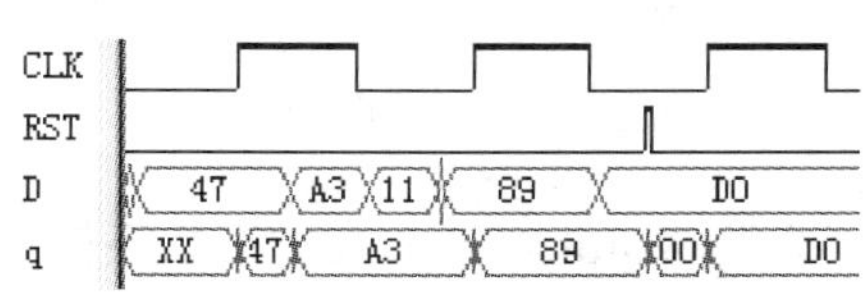

图 3.11 8 位锁存器型寄存器的工作时序

图 3.9 和图 3.11 的激励信号基本相同。图 3.11 显示，只有在 gate 为低电平时，输出的数据 q 才不随输入数据 D 的变化而变化。而在 gate 为高电平时，输入输出端的数据将同步变化。此外，异步复位 RST 在 CLK 为 0 时也能对输出端 q 清 0。

3.3 ROM/RAM 宏模块的调用与测试

即使在最初级的计算机系统构建中，ROM 和 RAM 的应用也同样十分广泛。例如，它们可用作数据存储器、数据缓冲器、显示缓冲器、程序存储器、微程序微指令存储器等。由于 LPM 存储器是由嵌入于 FPGA 内的高速可编辑存储单元构建的，而且它们与 FPGA 的 JTAG 口有独立的通信通道，这使得 ROM 和 RAM 等存储器在 EDA 设计开发中，调用

LPM 模块类存储器变得十分方便、经济和高效，而性能也最容易得到满足。与传统计算机系统中的存储器相比，LPM 模块类 ROM 或 RAM 有其独特的优势：

- 容易构成 SOC 单片系统。这是由于 LPM 存储器是嵌入在 FPGA 中的，从而使这个系统可以集成于一个芯片内，而传统计算机系统的存储器都是外挂的。
- 即使对于已定义于 FPGA 中的 LPM_ROM，也能利用 EDA 软件通过 FPGA 的 JTAG 口对其内容进行读写，实时改变其中的内容。这在系统设计中，无论对于计算机硬件系统的实时在系统控制还是软件程序的调试都十分方便。
- 由于存储器单元处于 FPGA 内部，所以其工作的可靠性和速度都很高。

本节主要介绍利用 Quartus II 调用 LPM_ROM/RAM 的方法和相关技术，包括初始化配置文件生成、参数设置、仿真测试，以及存储器内容的在系统编辑方法等。

3.3.1 存储器初始化文件

所谓存储器的初始化文件就是可配置于 RAM 或 ROM 中的数据或程序文件代码，这些代码可以是普通数据，也可以是计算机程序或微程序。而与传统 RAM 不同的是，LPM_RAM 也可以像 ROM 一样在启动系统后，为 RAM 加载数据文件。这些数据文件统称为初始化文件。从而 LPM_RAM 可以同时兼任 RAM 和 ROM 的功能。

在 EDA 设计中，通过 EDA 工具设计或设定的存储器中的代码文件必须由 EDA 软件在统一编译的时候自动调入。所以此类代码文件，即初始化文件的格式必须满足一定的要求。以下介绍两种格式的初始化文件及生成方法，其中 Memory Initialization File(.mif)格式和 Hexadecimal(Intel-Format)File(.hex)格式是 Quartus II 能直接调用的两种初始化文件的格式，而更具一般性的.dat 格式文件可通过 Verilog/VHDL 语言直接调用。

1. .mif 格式文件

生成.mif 格式的文件有以下多种方法：

（1）直接编辑法。首先在 Quartus II 中打开 mif 文件编辑窗，即选择 File→New 命令，并在 New 窗中选择 Memory File 栏（图 2.1）的 Memory Initialization File 项，单击 OK 按钮后产生 mif 数据文件大小选择窗口。在此根据存储器的地址和数据宽度选择参数。如果对应地址线为 8 位，选 Number 为 256；对应数据宽为 8 位，选择 Word size 为 8 位。按 OK 钮，即出现如图 3.12 所示的 mif 数据表格。然后可以在此键入数据。表格中的数据格式可通过右击窗口边缘的地址数据所弹出的窗口中选择，此表中任一数据对应的地址为左列与顶行数之和。填完此表后，选择 File→Save As 命令，保存此数据文件，如取名为 data8X8.mif。

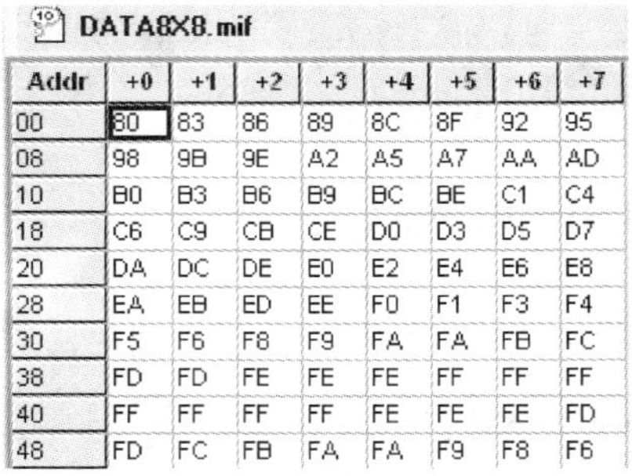

DATA8X8.mif

Addr	+0	+1	+2	+3	+4	+5	+6	+7
00	80	83	86	89	8C	8F	92	95
08	98	9B	9E	A2	A5	A7	AA	AD
10	B0	B3	B6	B9	BC	BE	C1	C4
18	C6	C9	CB	CE	D0	D3	D5	D7
20	DA	DC	DE	E0	E2	E4	E6	E8
28	EA	EB	ED	EE	F0	F1	F3	F4
30	F5	F6	F8	F9	FA	FA	FB	FC
38	FD	FD	FE	FE	FE	FF	FF	FF
40	FF	FF	FF	FF	FE	FE	FE	FD
48	FD	FC	FB	FA	FA	F9	F8	F6

图 3.12 mif 文件编辑窗

（2）文件直接编辑法。即使用 Quartus II 以外的编辑器编辑 mif 文件，其格式如例 3.1 所示。其中地址和数据都为十六进制，冒号左边是地址值，右边是对应的数据，并以分号结尾。存盘以 mif 为后缀，如取名 data8X8.mif。

【例 3.1】

```
DEPTH=256; 数据深度，即存储的数据个数
WIDTH=8;                  : 输出数据宽度
ADDRESS_RADIX = HEX;  : 地址数据类型，HEX 表示选择十六进制数据类型
DATA_RADIX = HEX;       : 存储数据类型，HEX 表示选择十六进制数据类型
CONTENT                   : 此为关键词
BEGIN                     : 此为关键词
0000      :     0080;
0001      :     0083;
0002      :     0086;
   …（数据略去）
00FE      :    0079;
00FF      :    007C;
END;
```

（3）专用 mif 文件生成器。参考附录 1.2 介绍的 mif 文件生成器的用法来生成不同波形、不同数据格式、不同符号（有符号或无符号）、不同相位的 mif 文件。例如希望建立一个储存正弦波波形数据的 ROM，此 ROM 的数据线宽度和地址线宽度都是 8 位，即可以放置 256 个 8 位数据。或者说，此 ROM 需要一个周期可分为 256 个点，每个点精度为 8 位二进制数，初相位为 0 的正弦信号波形数据文件，则此初始化配置文件应该如图 3.13 的设置。可以文件名 data8X8.mif 存盘。

如果用记事本打开此文件，其数据格式如图 3.14 所示，即例 3.1 的数据。

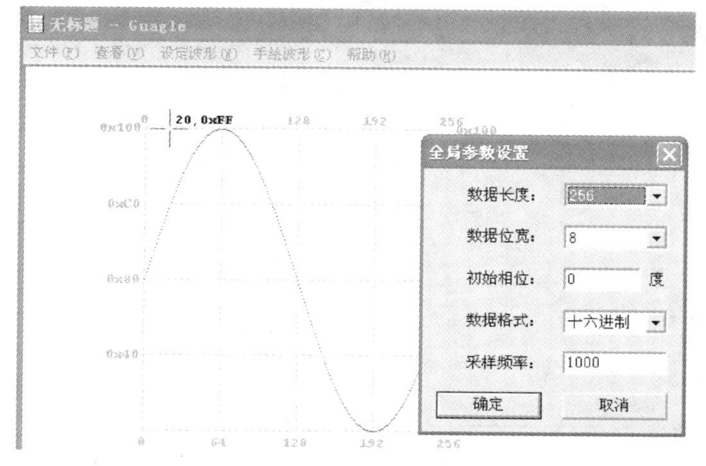

图 3.13 利用 mif 生成器生成 mif 正弦波文件

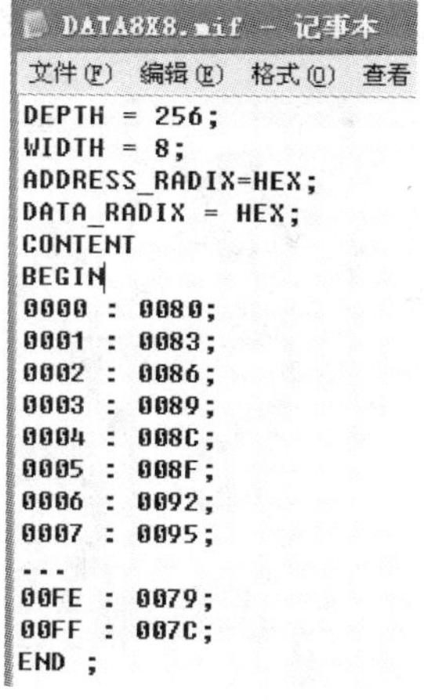

DATA8X8.mif - 记事本

文件(F) 编辑(E) 格式(O) 查看

```
DEPTH = 256;
WIDTH = 8;
ADDRESS_RADIX=HEX;
DATA_RADIX = HEX;
CONTENT
BEGIN
0000 : 0080;
0001 : 0083;
0002 : 0086;
0003 : 0089;
0004 : 008C;
0005 : 008F;
0006 : 0092;
0007 : 0095;
...
00FE : 0079;
00FF : 007C;
END ;
```

图 3.14 打开 mif 文件

（4）高级语言生成。mif 文件也可以用 C 或 MATLAB 等高级语言或软件工具生成，只

要使得这些数据文件的格式与例 3.1 一致就可以了。

2. .hex 格式文件

建立.hex 格式文件也有多种方法，例如也可类似以上介绍的那样，在 New 窗口中选择 Hexadecimal(Intel-Format)File 选项（图 2.1），加入必要的数据后，以.hex 格式文件存盘即可。或是用诸如单片机编译器来产生，方法是利用汇编程序编辑器将数据编辑于汇编程序中（图 3.15），然后用汇编编译器生成 .hex 格式文件。

```
ORG 0000H
DB 255 , 254, 252 , 249
DB 245 , 239 , 233 , 225
DB 217 , 207 , 197 , 186
DB 174 , 162 , 150 , 137
DB 124 , 112 , 99 , 87
DB 75 , 64 , 53 , 43
DB 34 , 26 , 19 , 13
DB 8 , 4 , 1 , 0
DB 0 , 1 , 4 , 8
DB 13 , 19 , 26 , 34
DB 43 , 53 , 64 , 75
DB 87 , 99 , 112 , 124
DB 137 , 150 , 162 , 174
DB 186 , 197 , 207 , 217
DB 225 , 233 , 239 , 245
DB 249 , 252 , 254 , 255
END
```

图 3.15 汇编程序数据块

这里提到的.hex 格式文件生成的第二种方法很容易应用到 8086 或 51 单片机 SOC 系统设计中。

3.3.2 ROM 宏模块的调用

基本流程与以上的计数器调用相同。为测试方便，首先仍打开一个原理图编辑窗，再存盘，文件取名假设为 ROMMD，并将其创建成工程。在此工程的原理图编辑窗，进入图 2.6 所示的 Symbol 对话框。单击左下的 MegaWizard Plug-In Manager 管理器按钮，进入图 3.2 所示的 LPM 模块编辑调用窗。在这里的左栏选择 Memory Compiler 项下的单口 ROM 模块“ROM：1-PORT”。文件名取为 ROM1P.v，设存在 D:\LPM_MD 中。

单击 Next 按钮后打开如图 3.16 所示的对话框。选择数据位 8 和数据深度 256，即 8 位数据线。对应 Cyclone III，存储器构建方式选择 M9K，及选择默认的单时钟方式。

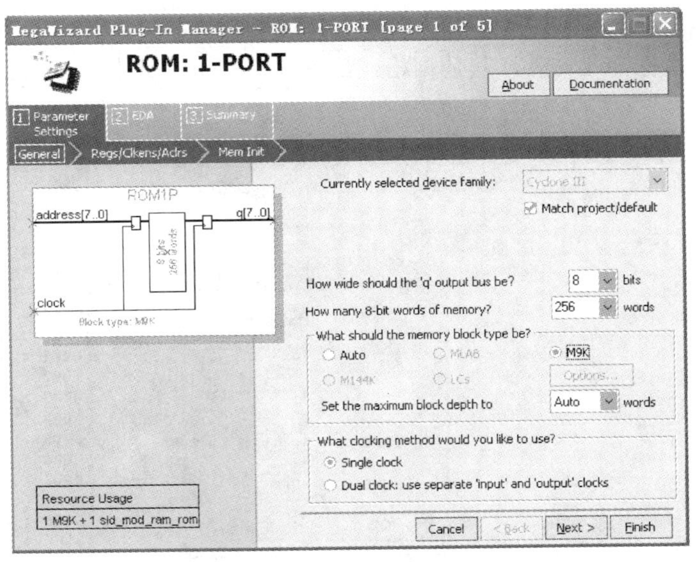

图 3.16 调用单口 LPM_RAM

单击 Next 按钮，直至进入如图 3.17 所示的对话框。在此对话框的 Do you want to specify the initial content of the memory 栏中选中“Yes，use this file for the memory content date”，并

单击 Browse 按钮，选择指定路径上的文件初始化文件 DATA8X8.mif。

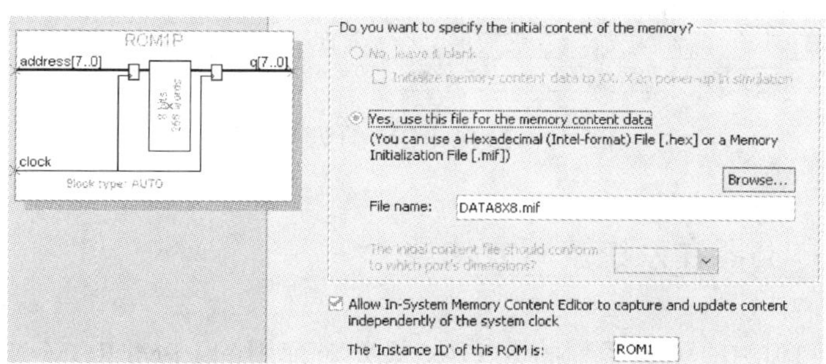

图 3.17 为 LPM_ROM 设置初始化文件

此文件假设就是图 3.14 所示的文件。在图 3.17 下面若选中“Allow In-System Memory...”复选框，并在“The Instance ID of this ROM is”文本框中输入 ROM1，作为此 ROM 的 ID 名称。通过这个设置，可以允许 Quartus II 通过 JTAG 口对下载于 FPGA 中的此 ROM 进行“在系统”测试和读写。如果需要读写多个不同的 LPM_ROM，则此 ID 号 ROM1 即作为此 ROM 的识别名称，而在“在系统”读写编辑中以作辨别。

3.3.3 ROM 宏模块的测试

最后单击 Finish 按钮后完成了 ROM 的定制。调入顶层原理图后，连接好的端口引脚即如图 3.18 所示。可以有两种方法来测试此 LPM_ROM 的功能，一种是基于软件的波形仿真，另一种是基于 FPGA 硬件的“在系统”数据读写编辑测试（下一节介绍）。

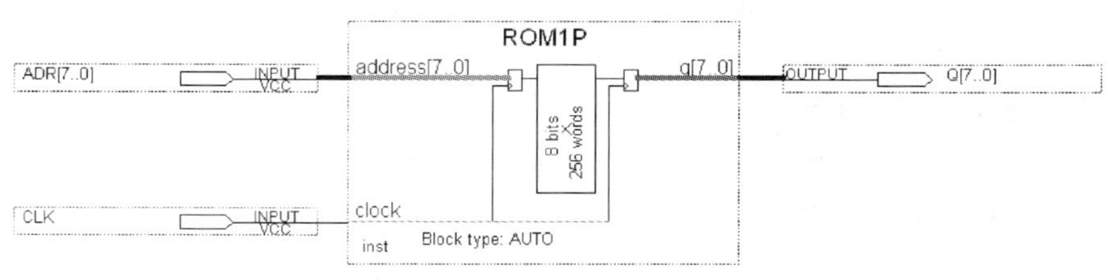

图 3.18 LPM_ROM 的测试原理图

图 3.19 所示的波形就是此 LPM_ROM 的仿真波形。从波形可以看出，随着时钟脉冲的出现和地址数据的递增，被读出的数据在每一个时钟上升沿后出现在输出端口 q 上。对应地址 00，01，02，…的输出数据分别是 80，83，86，…。这些数据显然与图 3.14 显示的 mif 文件的数据吻合。这说明，在编译后，Quartus II 已成功将指定的初始化文件加载于 ROM 中了。需要注意的是，如果设置不当，这种正确的加载并非总能发生，这也是进行仿真测试的目的之一。

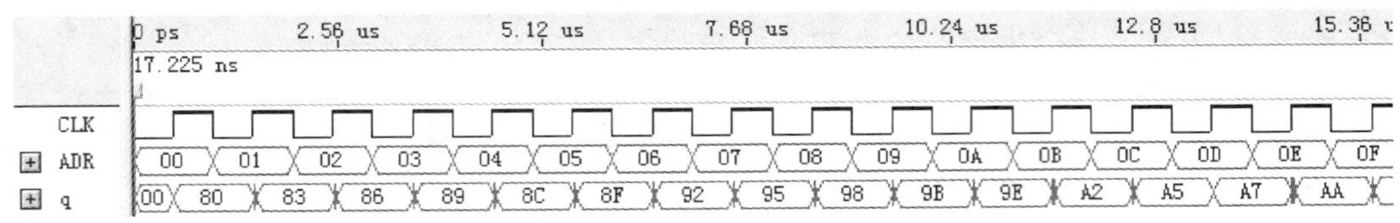

图 3.19 LPM_ROM 的仿真波形图

3.3.4 LPM 存储器在系统读写方法

对于 Cyclone I/II/III/IV 等系列的 FPGA，只要对使用的 LPM_ROM 或 LPM_RAM 等存储器模块作适当设置，就能利用 Quartus II 的在系统存储器读写编辑器（In-System Memory Content Editor）直接通过 JTAG 口读取或改写 FPGA 内处于工作状态的存储器（RAM 或 ROM）中的数据，读取过程不影响 FPGA 的正常工作。

此编辑器的功能有许多用处，如在系统了解存储器中加载的数据、读取利用不同方式来自外部且存储于 RAM 中的数据，以及对嵌入在由 FPGA 资源设计成的 CPU 中的数据 RAM 和程序 ROM 中的信息读取和数据修改等。这些功能对于调试和仿真计算机系统十分有用。

能对 LPM 的 RAM/ROM 内容在系统读写的先决条件是，在调用时就设定好允许在系统读写。设置方法在 3.3.2 节中已做了介绍。这里以上一节中给出的 LPM_ROM 的示例，介绍 In-System Memory Content Editor 的使用方法。

（1）硬件通信准备。使计算机与开发板上 FPGA 的 JTAG 口处于正常连接状态。首先下载图 3.18 电路的 SOF 目标文件于 FPGA 中。由于是通过 JTAG 口对存储器进行测试，所以对于图 3.18 电路的引脚是否作锁定，没有要求。

（2）打开在系统存储单元编辑窗口。选择 Tool→In-System Memory Content Editor 命令。对于弹出的编辑窗（图 3.20），单击右上角的 Setup 按钮，在之后弹出的 Hardware Setup 对话框中选择 Hardware Settings 选项卡，再双击此选项卡中的选项的 USB-Blaster 之后，单击 Close 按钮，关闭对话框。此时，编辑器右上角的 Hardware 栏和器件将分别出现编程器名 USB-Blaster 和目标器件名 EP3C55。这说明 JTAG 口通信成功。

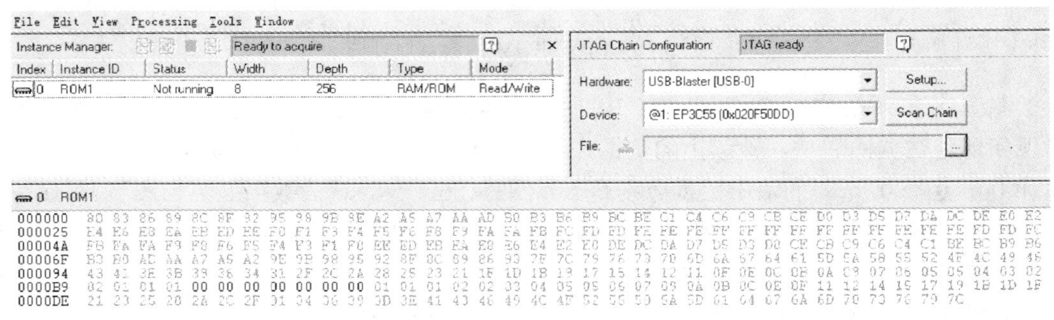

图 3.20 利用 In-System Memory Content Editor 读取 ROM 中的数据

（3）读取 ROM 中的数据。右击窗口左上角的数据文件名 ROM（此名称正是图 3.17 所示窗口中设置的 ID 名称：ROM1）。在弹出的快捷菜单中选择 Read Data from In-System Memory 命令，即出现 ROM/RAM 中被载入的数据，这些数据就是在系统正常工作的情况下通过 FPGA 的 JTAG 口从其内部 ROM/RAM 中读出来的数据，它们应该与加载进去的初始化文件（图 3.14 和图 3.17）中的数据完全相同。

（4）写数据。方法同读数据，首先是在 In-System Memory Content Editor 对话框编辑数据，然后选择 Write Data to In-System Memory 命令（也可单击上方含有下指箭头的按钮），即可将编辑后所有的数据通过 JTAG 口下载于 FPGA 中的 ROM 或 RAM 中，这时可以通过一些逻辑方法从示波器和 SignalTap II 上同时观察到输出数据或波形的变化。

（5）输入输出数据文件。用以上相同的方法通过选择快捷菜单中的 Export Data to File 或 Import Data from File 命令，即可将在系统读出的数据以 MIF 或 HEX 的格式文件存入计算机中，或将此类格式的文件“在系统”地下载到 FPGA 中去。显然，使用这种方法可以十分方便地调试 FPGA 中的计算机系统，特别是软件调试。

3.3.5 RAM 宏模块的调用

按照 3.3.2 节的流程，调用 LPM_RAM。进入图 3.2 所示对话框，在其左栏选择 Memory Compiler 项下的单口 RAM 模块“RAM：1-PORT”。文件名取为 RAM1P.v，设存在 D:\LPM_MD 中。再单击 Next 按钮后打开如图 3.21 所示的对话框，进行参数设置。仍选择数据位为 8 和数据深度为 256；存储器构建方式选择 M9K。对于 RAM 来说要特别注意控制时钟方式的设置。在这里选择图下方的双时钟控制方式：Dual clock。

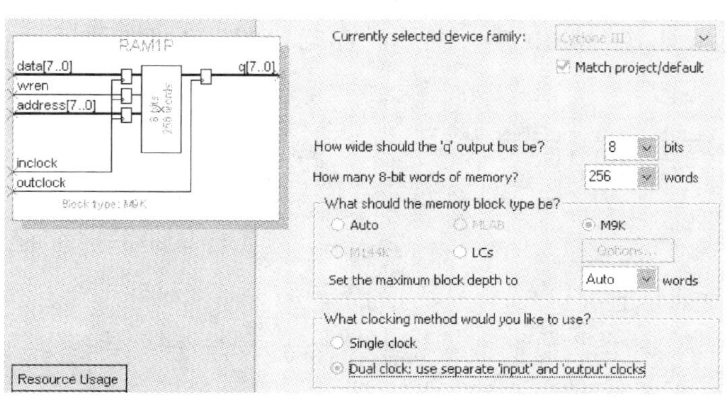

图 3.21 设置单口 LPM_RAM 结构参数

单击 Next 按钮后，进入如图 3.22 的对话框。消去“qoutput port”选项，即消除了输出端口的锁存器，使得此模块只有输入信号的控制时钟。

然后进入如图 3.23 的对话框。这里的选项有三个：Old Data、New Data 和 Don’t Care。即问，当允许同时读写时，读出新写入的数据（New Data）还是写入前的数据（Old Data），还是无所谓（Don’t Care）。这里选择 Old Data，即在向 RAM 某单元写入一个数据的同时，此单元原来的数据（Old Data）将自动向 RAM 端口输出。

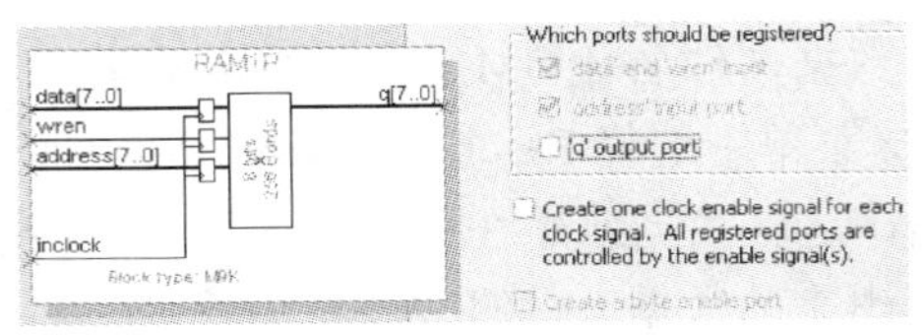

图 3.22 设定 RAM 仅输入时钟控制

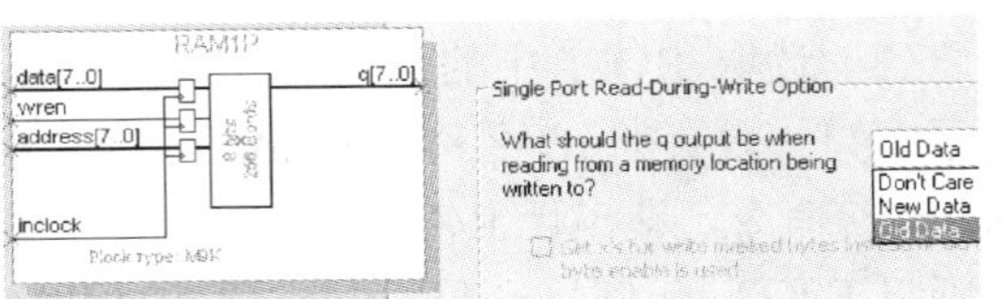

图 3.23 设定在写入同时读出原数据：Old Data

其实通过图 3.21 和图 3.22 的不同选择，可以使 RAM 的输入输出端口有三种不同的时钟控制方式（如图 3.24 所示）。与图 3.24（c）的电路相比，(a)、(b) 两个图中的 RAM 的输出口都含时钟同步控制的锁存器，所以都会导致输出数据比前者至少延迟一个时钟周期。

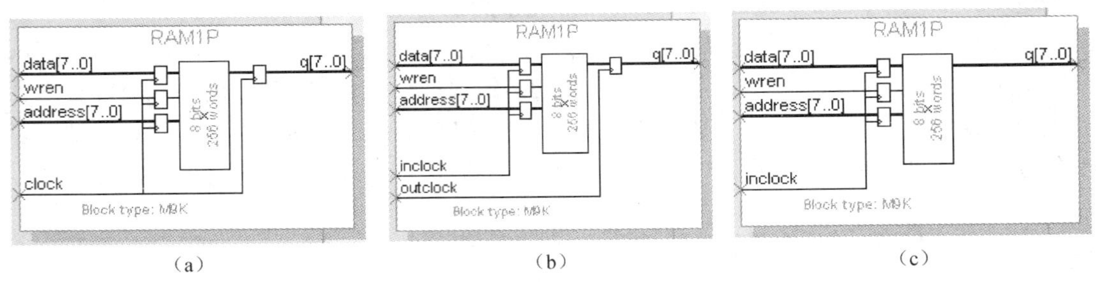

(a) (b) (c)

图 3.24 不同方式的端口控制时钟

接下去就是进入如图 3.25 所示的对话框。在此对话框同样可以像配置 ROM 那样选择加入初始化文件，即在 Do you want to specify the initial content of the memory 栏中选中“Yes，use this file for the memory content date”，并单击 Browse 按钮，选择指定路径上的初始化文件，如 DATA8X8.mif。其实，对于 RAM 来说，不一定加初始化文件，但在许多情况下，这样的选择会对某些功能需求带来诸多便利。在此，如果选择调入初始化文件，则系统于每次开启后，将像对待 ROM 一样自动向此 LPM_RAM 加载该 mif 文件。

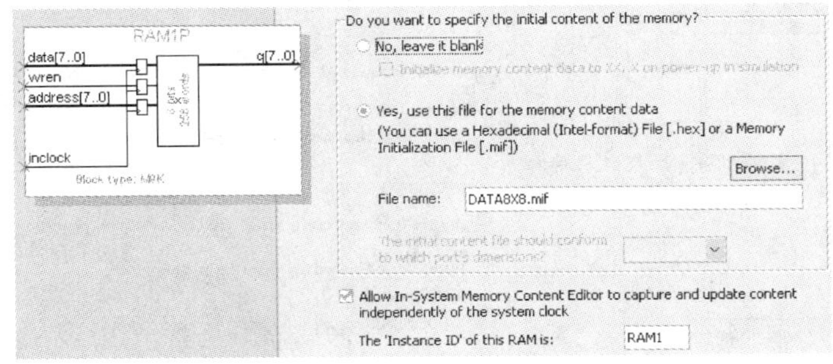

图 3.25 设定初始化文件和允许在系统编辑

至于对图 3.25 对话框以下的 Allow In-System Memory 选择，其功能已于 3.3.2 节介绍了。设在此对话框设置 RAM 的 ID 名称为 RAM1。

3.3.6 RAM 宏模块的测试

最后单击 Finish 按钮后即完成了 RAM 的定制。调入顶层原理图后，连接好端口引脚后的电路如图 3.26 所示。接下去的任务就是对图 3.26 所示的 RAM 模块进行测试。

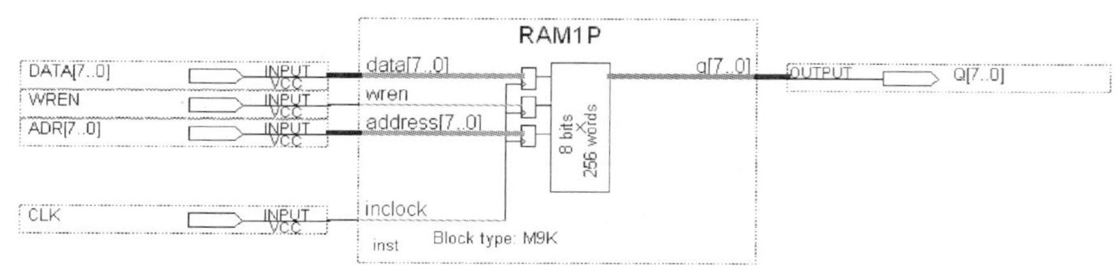

图 3.26 在原理图上连接好的 RAM 模块，以待测试

图 3.27 是此模块的仿真波形图。在 RAM 写允许控制 WREN 的高电平和低电平对应的两个不同电平段，分别安排的地址信号 ADR 都是从 0 开始递增。这样有利于了解随着地址的变化，数据的读写情况。

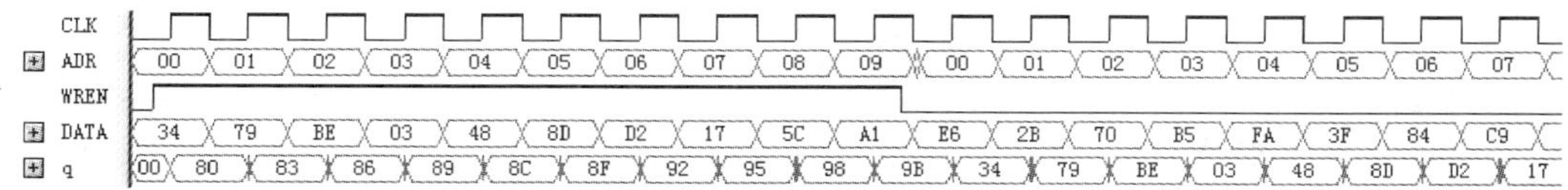

图 3.27 图 3.26 电路的仿真波形

由图 3.27 可见，在写允许 WREN=1 时段，随着地址的递增和时钟上升沿的出现，将输入数据 DATA 端口给出的一系列数据 34、79、BE、03 等，同步写入此时地址的对应单元；而就在同时，输出口 q 出现的数据，恰好是初始化文件的数据，如 80、83、86、89 等。这与配置进去的初始化文件的数据吻合（图 3.14）。显然，读出的是没有被新数据覆盖的原来的数据（Old Data），此结果与图 3.23 的设置相符。

而在写允许 WREN=0 时段，由于地址 ADR 的输入仍旧从 0 开始，随着地址的递增和时钟上升沿的出现，从 RAM 中读出的数据 34、79、BE、03 等，完全与写入的数据相同。显然，此 RAM 的各项功能符合要求。

图 3.28 的时序波形来自图 3.24（a）、（b）中 RAM 模块的仿真。与波形图 3.26 相比，其输出数据要落后一个时钟周期，这显然是由于输出口多了一个 8 位锁存器所致。

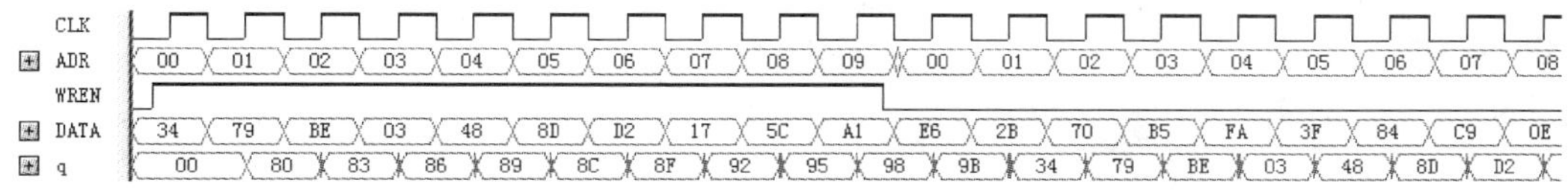

图 3.28 图 3.24 左侧电路的仿真波形，数据输出延迟一个时钟周期

此 RAM 模块同样可以利用 3.3.4 节介绍的 In-System Memory Content Editor 工具进行硬件测试和验证。

3.4 信号在系统测试与控制编辑器用法

第 2 章与本章分别介绍了两种硬件系统测试工具，即嵌入式逻辑分析仪 SignalTap II

和存储器内容在系统编辑器 In-System Memory Content Editor。这两个工具为计算机功能模块或 CPU 设计、测试与调试带来了巨大的方便。然而它们仍然存在一些不足之处，例如 SignalTap II 要占据大量的存储单元作为数据缓存，而且在工作时只能单向地收集和显示硬件系统的信息，且不能与系统进行双向对话式测试，特别是不能直接对未连接到端口的内部信号或数据通道进行测试；In-System Memory Content Editor 虽然能与系统进行双向对话式测试，但对象只限于存储器。

本节将介绍一种硬件系统的测试调试工具，它能有效克服以上两种工具的不足，这就是在系统信号与源编辑器 In-System Sources and Probes Editor。

这里以第 2 章介绍的计数器电路（图 2.7）为例说明此编辑器的使用方法。

（1）在顶层设计中嵌入 In-System Sources and Probes 模块。首先打开以图 2.7 电路为工程的电路原理图编辑界面。进入图 2.6 所示的元件调用对话框，单击按钮 MegaWizard Plug-In Manager，打开如图 3.1 所示的对话框，选中 Create a new custom megafunction variation 单选按钮，定制一个新的模块。

单击 Next 按钮后，将进入如图 3.2 所示的对话框。单击 JTAG 通信项 JTAG-accessible，即展示许多选项，选择 In-System Sources and Probes 项。再于右上选择 Cyclone III 器件系列和 Verilog HDL 或 VHDL 语言方式。最后键入此模块的文件名 d:\MY_PROJECT\ISP。

（2）设定参数。按 Next 按钮后进入 In-System Sources and Probes 对话框（图 3.29）。按图 3.29 所示，设置这个取名为 ISP 模块的测试口 probe 为 8 位，信号输出源 source 是 2 位。准备将此 8 位的 probe[7..0]与计数器的输出相接，了解计数情况；而将 2 位的 source[1..0]与外部的两个发光管相接，以便直观了解 In-System Sources and Probes Editor 的输出信号控制情况。这样就能够通过 JTAG 口利用 In-System Sources and Probes Editor，十分方便地在计算机上“在系统”实时了解 FPGA 内系统的信号变化情况，同时还能直接介入系统行为的控制。最后按 Finish 按钮，结束设置。

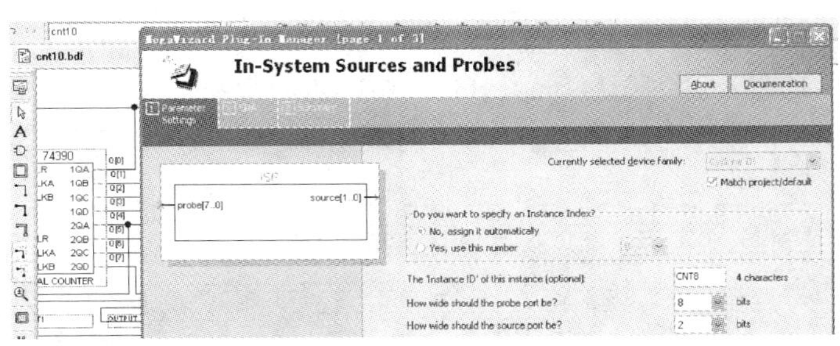

图 3.29　为 In-System Sources and Probes 模块设置参数

（3）与需要测试的电路系统连接好。将设定好的名为 ISP 模块加入进 cnt10 工程的原理图编辑界面，并与信号连接，最后如图 3.30 所示。图中显示，ISP 模块的数据探测口 probe 与计数器的技术输出相连，信号发生源 source 与外部两个发光管相连。这里假设选择的是附录介绍的 55F+板，LED[1..0]分别锁定于 W22 和 AA22 上。这只是为了说明而将问题简化了。在实际情况中，探测口 probe 与控制源 source 通常是与系统内部的电路相接，例如需要测试一个 CPU，可以将 probe 与某条数据总线相连，而 source 可以与某些单步控制信号相连。这时 source 信号就相当于多个可任意设定的电平控制键。

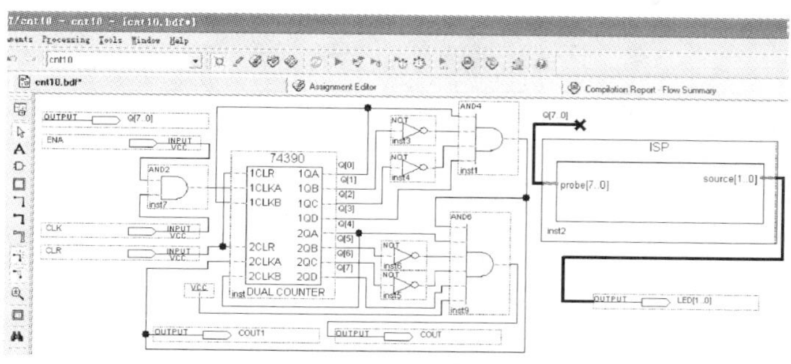

图 3.30 在 cnt10 计数器设计电路中加入 In-System Sources and Probes 测试模块

（4）调用 In-System Sources and Probes Editor。使用此编辑器的方法与在系统存储器内容编辑器的用法类似：选择 Tool→In-System Sources and Probes Editor。对于弹出的编辑窗（图 3.31），单击右上角的 Setup 按钮，在之后弹出的 Hardware Setup 对话框中选择 Hardware Settings 选项卡，再双击此选项卡中的选项 USB-Blaster 之后，单击 Close 按钮，关闭对话框。此时在窗口右上角的 Hardware 栏出现了 USB-Blaster（USB-0），而在下一栏的器件栏显示出测得的 FPGA 型号名，这说明此编辑器已通过 JTAG 口与 FPGA 完成了通信联系。下面就可以对指定的信号进行测试和控制了。

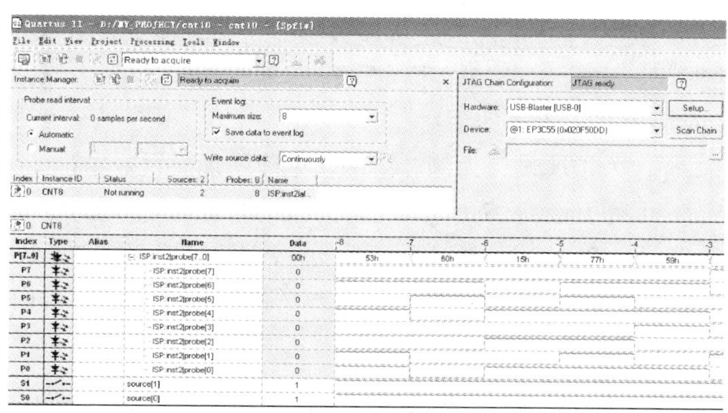

图 3.31 In-System Sources and Probes Editor 的测试情况

图 3.31 所示编辑窗下栏的 P7 至 P0 即是来自探测口 probe 的数据。如果希望以总线的形式看到这些数据，可以用鼠标把它们拉成块，再右键单击后选择 Group，其结果如图所示。如果还希望默认的二进制数以十六进制数格式表达，可右键单击图 3.32 所示的 ISP 总线表述处，在弹出的下拉菜单中选择 Bus Display Format；再于下级菜单选择 Hexadecimal 即可。如果信号比较多，可以重新命名这些信号名，以便容易辨认。

图 3.31 的 S1、S0 即可控制 source 输出的信号。若用鼠标单击 Data 栏的数据，则能交

替输出对应信号的不同电平。对于这里选择的实验板，可以看到对应的发光管的亮和灭。最后可以通过单击图 3.31 窗口上栏的不同按钮，选择一次性采样或连续采样。这里所谓采样只是针对 probe 读取信号的，对于 source 输出的信号，则随时可进行。

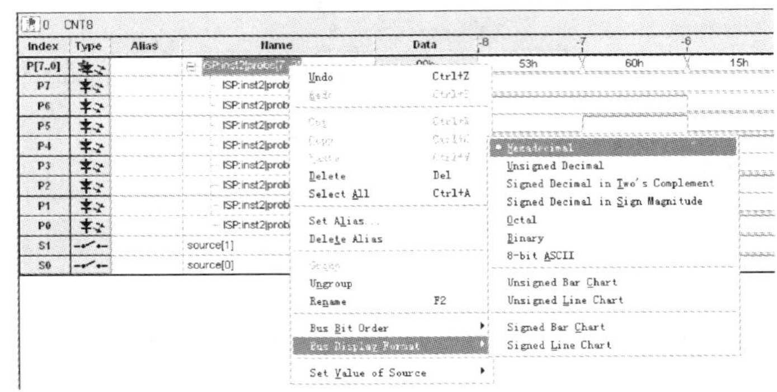

图 3.32　选择来自 probes 的数据表达格式为十六进制

3.5　嵌入式锁相环使用方法

Cyclone I/II/III/IV 等系列的 FPGA 中含有高性能的嵌入式锁相环。此锁相环 PLL 可以与输入的时钟信号同步，并以其作为参考信号实现锁相，从而输出一至多个同步倍频或分频的片内时钟，以供逻辑系统应用。与直接来自外部的时钟相比，这种片内时钟可以减少时钟延时和时钟变形，减少片外干扰；还可以改善时钟的建立时间和保持时间，是逻辑系统稳定高速工作的保证，也是高速 CPU 稳定运行的重要条件。

调用并设置片内锁相环的步骤如下：

（1）以原理图工程作为顶层设计为例，为了在原理图顶层设计中加入一个锁相环，在原理图编辑窗右键单击，选择 Insert→Symbol。在弹出的窗口选择 MegaWizard Plug-In Manager 按钮，进入图 3.2 窗口。在左栏选择 I/O 项下的 ALTPLL，再选择 Cyclone III 器件和 Verilog/VHDL 语言方式，最后输入设计文件存放的路径和文件名，如 d:\LPM_MD\PLL20.v。单击 Next 按钮后弹出如图 3.33 所示的窗口。

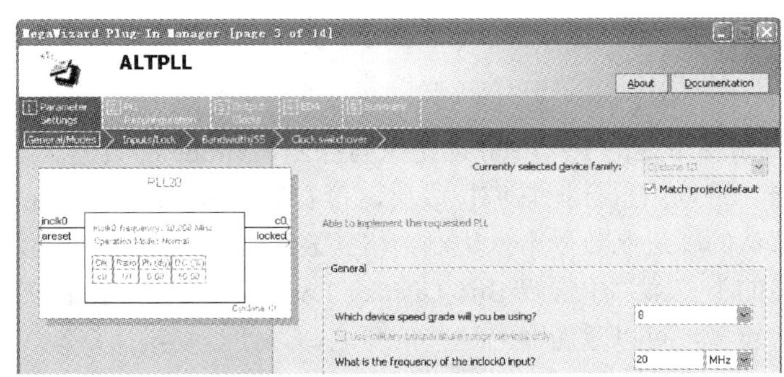

图 3.33　选择输入参考时钟 inclk0 为 20MHz

（2）在图 3.33 所示窗口中首先设置输入时钟频率 inclk0 为 20MHz。假设开发板（附录的 55F+系统）上已配置了此晶振。一般地，锁相环的外部输入时钟频率不要低于 10MHz，但也不要太高，以免干扰其他电路。20MHz 则能保持最佳的电磁兼容性。

（3）然后单击 Next 按钮。接着在如图 3.34 所示的窗口中选择锁相环的工作模式（选择内部反馈通道的通用模式）。在此窗口主要选择 PLL 的控制信号，如 PLL 的使能控制 pllena（高电平有效）、异步复位 areset、锁相标志输出 locked 等，通过此信号可以了解有否失锁（失锁为‘0’）。

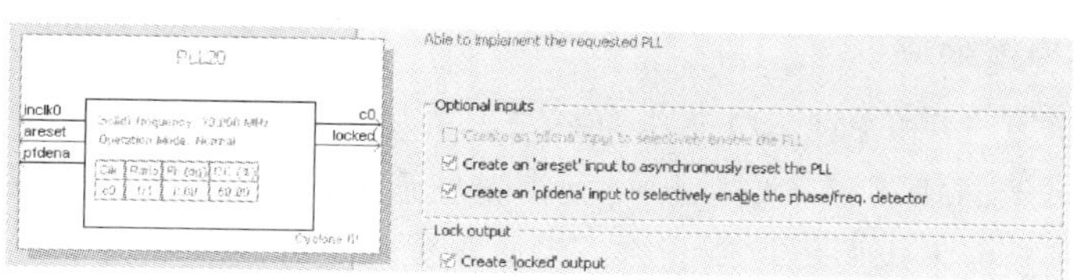

图 3.34 选择控制信号

（4）然后单击 Next 按钮，在不同的窗口进行设置。如进入某窗口，选中 Enter output clock frequency 单选按钮，输入 c0 的输出频率为 30MHz；再单击 Next 按钮后，选择 c1 的输出频率为 50MHz；以同样方法选择 e0 的输出频率为 200MHz；选择时钟相移和时钟占空比（通常选择不变）。

最后完成了文件 pll20.v 的建立。在设置参数的过程中必须密切关注编辑窗口右框上的提示句“Able to implement...”，此句表示所设参数可以接受，如出现“Can’t...”提示，表示不能接受所设参数，必须改设其他参数或频率值。

一般而言，Cyclone 系列 FPGA 的锁相环 PLL 输出频率的下限至上限的频域是：

Cyclone 系列 FPGA PLL：20M~270MHz（注，非 LVDS 时钟，以下同）；

Cyclone II 系列 FPGA PLL：10M~400MHz；

Cyclone III 系列 FPGA PLL：2k~1300MHz；

Cyclone IV 系列 FPGA PLL：2k~1000MHz。

可见 Cyclone III 系列 FPGA 不仅输出的上限频率大大提高，而且下限频率已延伸至非常低！整个输出频域大幅度提高，为高质量的数字系统设计提供了巨大的方便。

FPGA 中的锁相环的应用应该注意以下几点：

● 不同的 FPGA 器件，其锁相环输入时钟频率的下限不同，注意了解相关资料。

● 在仿真时，最好先删除锁相环电路。因为锁相的时钟输入需要一锁相跟踪时间，这个时间不确定。因此，如果电路中含有锁相环，则仿真的激励信号长度很难设定。

● 通常情况下，锁相环须放在工程的顶层文件中使用。

● 在硬件设置中，FPGA 中锁相环的参考时钟的引入脚不是随意的，只能是专用时钟输入脚，相关情况可参考相关系列 FPGA 的 DATA Book。例如 EP3C55F484 的专用时钟端口是 G21 和 G2 等（这两个脚在附录介绍的 55F+系统上已经接上了来自两个不同源的 20MHz 晶体振荡器）。

● 锁相环的输入时钟必须来自外部，不能从 FPGA 内部某点引入锁相环。

● 锁相环的工作电压也是特定的，如由 VCCA_PLL1 输入，电平为 VCCINT（1.5V/1.2V），电源质量要求高，因此要求有良好的抗干扰措施。另外，如果外部电路也需要 PLL 输出的高质量时钟，输出口是特定的，如 PLL1_OUT；普通情况下，设置的锁相环若为单频率输出，并希望将输出信号引到片外，可通过普通 I/O 口输出。

实验与设计

3.1 查表式硬件运算器设计

实验目的：学习应用 LPM_ROM 作为乘法器的使用方法。

实验原理：对于高速测控系统，影响测控速度最大的因素可能是，在测得必要的数据并经过复杂的运算后，才能发出控制指令。因此数据的运算速度决定了此系统的工作速度。为了提高运算速度，可以用多种方法来解决，如高速计算机、纯硬件运算器、ROM 查表式运算器等。用高速计算机属于软件解决方案，用纯硬件运算器属于硬件解决方案，而用 ROM 属于查表式运算解决方案。

方案一是用计算机的 CPU 完成需要的计算。一般地，如果只是处理不变的算式，由于使用软件方式完成，相比于其他两种方案，此方案的计算速度是最低的。因为对于每一个到来的数据，都必须利用大量的程序指令，通过计算机重复性地完成每一个计算细节。

方案二是利用逻辑器件构成能完成一切该算法的运算模块，从而构成一个“硬件运算器”。由于每一运算步骤都由硬件逻辑模块完成，没有了软件指令损失的大量指令周期，所以速度一定比方案一要快许多。

方案三就是预先将一切可能出现的，且需要计算的数据都计算好，装入 ROM 中（根据精度要求选择 ROM 的数据位宽和存储量的大小），然后将 ROM 的地址线作为测得的数据的输入口。测控系统一旦得到所测的数据，并将数据作为地址信号输入 ROM 后，即可获得答案。这个过程的时间很短，只等于 ROM 的数据读出周期。所以这种方案在这种特定情况中“运算”的速度最高！特别是在强电磁干扰情况下，在其“计算”过程中，比 CPU 的软件指令计算拥有好得多的抗干扰特性。

实验任务：设计一个 4×4 位查表式乘法器。包括创建工程，调用 LPM_ROM 模块，在原理图编辑窗中绘制电路图，全程编译，对设计进行时序仿真，根据仿真波形说明此电路的功能，引脚锁定编译，编程下载于 FPGA 中，进行硬件测试。完成实验报告。乘法表文件是例 3.2，其中的地址/数据表达方式是，冒号左边写 ROM 地址值，冒号右边写对应此地址放置的十六进制数据。如 47:28，表示 47 为地址，28 为该地址中的数据，这样，地址高 4 位和低 4 位可以分别看成是乘数和被乘数，输出的数据可以看成是它们的乘积。用 In-System Memory Content Editor 检测载入 FPGA 的数据。

【例 3.2】

```
WIDTH = 8 ;
DEPTH = 256 ;
```

```
ADDRESS_RADIX = HEX ;
DATA_RADIX = HEX ;
 CONTENT  BEGIN
00:00; 01:00; 02:00; 03:00; 04:00; 05:00; 06:00; 07:00; 08:00; 09:00;
10:00; 11:01; 12:02; 13:03; 14:04; 15:05; 16:06;  17:07; 18:08; 19:09;
20:00; 21:02; 22:04; 23:06; 24:08; 25:10; 26:12; 27:14; 28:16; 29:18;
30:00; 31:03; 32:06; 33:09; 34:12; 35:15; 36:18; 37:21; 38:24; 39:27;
40:00; 41:04; 42:08; 43:12; 44:16; 45:20; 46:24; 47:28; 48:32; 49:36;
50:00; 51:05; 52:10; 53:15; 54:20; 55:25; 56:30; 57:35; 58:40; 59:45;
60:00; 61:06; 62:12; 63:18; 64:24; 65:30; 66:36; 67:42; 68:48; 69:54;
70:00; 71:07; 72:14; 73:21; 74:28; 75:35; 76:42; 77:49; 78:56; 79:63;
80:00; 81:08; 82:16; 83:24; 84:32; 85:40; 86:48; 87:56; 88:64; 89:72;
90:00; 91:09; 92:18; 93:27; 94:36; 95:45; 96:54; 97:63; 98:72; 99:81;
 END ;
```

注意以上“CONTENT BEGIN”下所示的数据格式只是为了节省篇幅，实用中应该使每一数据组（如 01:00 ;）占一行。

思考题：给出一个实用项目，此查表算法拥有不可替代的优势。

3.2 计数器设计实验

实验目的：学习 LPM 计数器的调用、参数设置与使用方法。

实验任务：参考 3.1 节的全部流程，完成同类计数器的调用、参数设置、仿真和硬件验证。

3.3 简易正弦信号发生器设计

实验目的：进一步熟悉 Quartus II、LPM 计数器及 LPM_ROM 的综合运用技术。学习利用这些宏模块设计一个简易的正弦信号发生器。

实验原理：如图 3.35 所示的简易正弦信号发生器的结构由以下四个部分组成：①地址信号发生器：由 LPM 计数器构成。这里根据以上 ROM 的参数，选择 7 位输出；②正弦信号数据存储器 ROM。含有 128 个 8 位波形数据（一个正弦波形周期）；③顶层程序设计：原理图表述形式；④8 位 D/A（设此示例之实验器件选附录 1.1 的 DAC0832 或高速 DAC5650）。

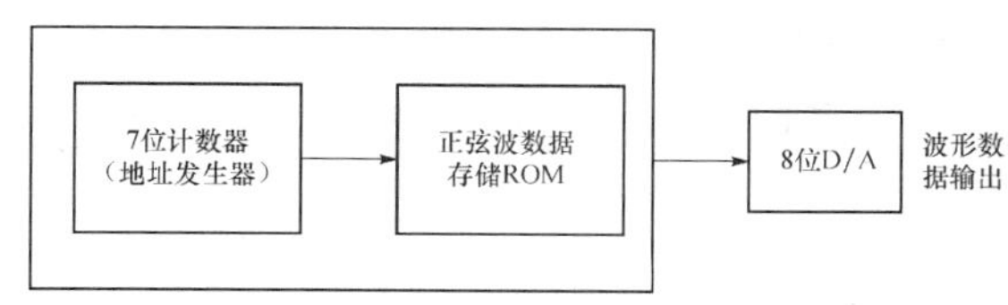

图 3.35　正弦信号发生器结构框图

图 3.35 所示的信号发生器结构图中，顶层文件是原理图文件，它包含两个模块：ROM 的地址信号发生器，由 7 位 LPM 计数器担任；正弦数据存储 ROM，由 LPM_ROM 模块构成。地址发生器的时钟 CLK 的输入频率 f0 与每周期的波形数据点数（在此选择 128 点），以及 D/A 输出的频率 f 的关系是：f = f0 /128 。若是 55F+系统，可选择时钟 CLK 接专用输入口 Pin G22，用短线接系统板的 65536Hz；信号输出 Q[7..0]锁定于十芯口的 8 个 I/O 端

口，再外接 DAC 模块，利用示波器观察波形的输出情况。

如果不准备通过 DAC 来观察波形，则可以使用嵌入式逻辑分析仪测试和观察输出波形。SignalTap II 的参数设置：采样深度是 4K；采用时钟是信号源的时钟 CLK；触发信号是计数使能控制 EN，触发模式是 EN=1 触发采样。

实验任务 1：在 Quartus II 上完成简易正弦信号发生器设计，包括建立工程、生成正弦信号波形数据、仿真等。然后在实验系统上实测，包括 SignalTap II 测试、FPGA 中 ROM 的在系统数据读写测试和利用示波器测试。最后完成 EPCS16 配置器件的编程。信号输出的 D/A 使用 DAC0832 模块，注意其转换速率是 1μs。

实验任务 2：要求系统时钟来自嵌入式锁相环。注意若对于 55F+系统，20MHz 输入时钟引脚分别来自 G2 和 G21。利用 In-System Sources and Probes Editor 观察此信号发生器内部地址信号的变化情况。

实验任务 3：设计一任意波形信号发生器（波形数据可使用附录 1.2 的软件），可以使用 LPM 双口 RAM 担任波形数据存储器，利用单片机产生所需要的波形数据，然后输向 FPGA 中的 RAM。

实验报告：根据以上的实验内容写出实验报告，包括设计原理、程序设计、程序分析、仿真分析、硬件测试和详细实验过程。

3.4　LPM 算术模块的调用实验

实验任务：分别调用 LPM 加减模块 LPM_ADD_SUB、LPM 比较器模块 LPM_COMPARE 和 LPM 乘法器模块 LPM_MULT。分别对它们进行仿真、硬件实现和硬件测试。特别是对乘法器的结构进行控制，使得尽可能使用 FPGA 中的嵌入式硬件乘法器，减少逻辑单元的耗用。有必要时可参阅参考文献[1]或[2]。

3.5　流水线乘法累加器设计

乘法累加器常在全硬件的数字信号处理中用到。本项实验要求，按照图 3.36 的电路结构完成一个 8 位流水线乘法累加器的设计与硬件实现，并说明此电路的工作过程、工作原理和性能特点。图 3.36 是原理图顶层设计，包含三种 LPM 模块：寄存器 LPM 模块、流水线加法器 LPM 模块和流水线乘法器 LPM 模块。

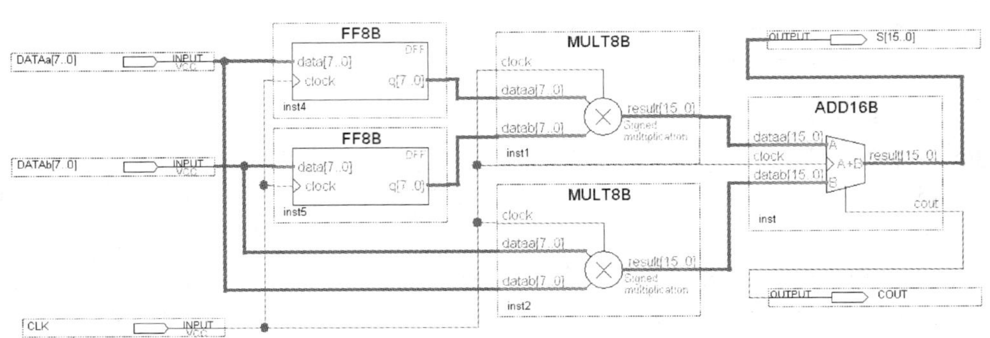

图 3.36　8 位乘法累加器顶层设计

第 4 章 计算机功能模块的原理与设计

微型计算机的硬件主要由控制器、运算器、存储器、输入设备和输出设备五部分组成。作为计算机的核心部件，即中央处理器(CPU)集成了运算器、控制器及部分接口电路。现在，随着集成电路集成度的不断提高，将微机中越来越多的部件集成于同一片集成电路上，即所谓片上系统。本章主要讨论传统计算机组成原理中涉及的 CPU 中的主要模块及相关的计算机功能模块的工作原理和设计方法，为使用这些模块构建一片完整的 CPU，乃至一台基于片上系统的模型计算机做必要的准备工作。

为了使尚不具备 HDL 知识的读者集中精力面对电路模块的基本原理和设计方法，除极个别的情况外，在本章及第 5 章中，对于功能模块及相关电路的表述形式尽可能限于 Quartus II 原理图的宏模块和原理图。至于极个别的 HDL 表述，只需关注其具体功能。

4.1 CPU 基本功能与结构

CPU 由基本的功能模块和与之相连接的数据通路所组成。对于 CPU 的设计，必须首先了解其结构细节及其基本模块的功能。然后对各模块电路进行编辑设计、逻辑综合、时序仿真和硬件测试，直至硬件实现。最后组装成一个完整的硬件系统，这个过程当然还包括指令系统的设计和软件程序调试等步骤。

1. CPU 的功能

为使计算机系统完成既定任务，就要使其各部件能协调工作。CPU 的功能是通过软件指令的执行，进而控制各部件协调工作来体现的，CPU 的功能主要包括：

（1）指令控制。为了使计算机解决某些问题，计算机程序员需要针对计算机编制程序，而这些程序就是指令的有序集合。按照“存储程序控制”的概念，程序被装入计算机的程序存储器，即主存后，启动的计算机即能按预先设定的要求有条不紊地执行指令，进而完成既定的任务。因此，严格控制程序的执行顺序，是 CPU 的首要任务。

（2）操作控制。一条具体指令的执行，需要涉及计算机中若干个部件或功能模块。控制这些部件协同工作，则需要靠一系列操作信号的默契配合。而 CPU 正是通过执行每一条指令来产生这些操作信号的，CPU 将操作信号传送给被控部件，并能检测各个部件发送的信号，从而协调各个工作部件，按指令要求完成规定的任务。

（3）时序控制。为使计算机按照程序员的要求有条不紊地工作，对各种操作信号的产生时间、稳定时间、撤销时间及相互间的关系都应有严格的要求。CPU 对操作信号施加时间上的控制，称为时序控制。只有严格的时序控制，才能保证各功能部件的合理配合，构成协调工作的计算机系统。严格合理的时序控制也是 CPU 的重要工作。

（4）数据处理。对涉及数值数据的算术运算、逻辑变量的逻辑运算以及其他非数值数据(如字符、字符串)的处理，可统称为数据加工或数据处理。数据处理是完成程序功能的基础，因此它也是 CPU 的基本任务。

2. CPU 结构

CPU 由运算器、控制器和数据通道三大部分有机组成。这三个部分功能各异，但工作配合密切，缺一不可。图 4.1 是 8 位 CPU 主要组成部件的功能模块图。

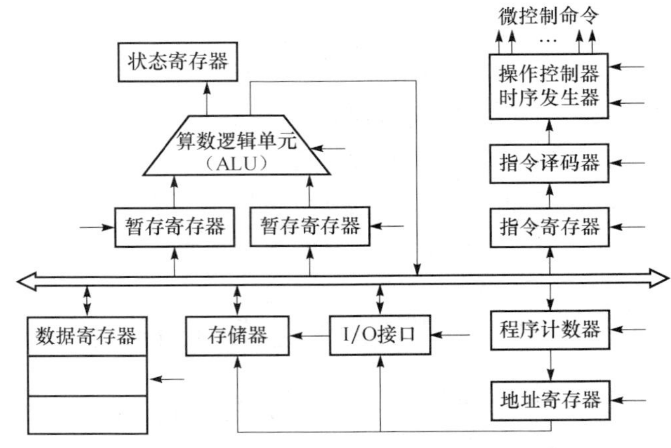

图 4.1 CPU 组成部件的功能模块图

运算器主要由算术逻辑单元 ALU、数据寄存器、暂存寄存器和状态条件寄存器等部件组成。它们属于数据加工处理部件，负责执行算术运算和逻辑运算操作。其中，运算器进行的全部操作都由控制器发出的控制信号来完成。从图 4.1 可以看到，控制器由程序计数器、指令寄存器、指令译码器、时序发生器和操作控制器五部分组成。控制器是协调和指挥整个计算机系统工作的“决策机构”。控制器的主要任务是：

（1）取指令。即从主存中取出一条指令，存放到指令寄存器中。指令的操作码部分送给指令译码器，并修改程序计数器，指出下一条指令在主存中的存放地址。

（2）指令译码。对译码器中指令操作码进行识别和解释，产生相应的操作控制信号，启动相应的部件，完成指令规定的动作。

（3）数据流控制。指挥和控制 CPU、主存及输入输出部件之间的数据流动方向。

运算器和控制器间的协调工作涉及大量的控制信息和数据信息的流通，这就需要一套高效的数据信息通道。控制信号和被处理的数据都将在这一通道中流动，这从图 4.1 也可大致看到，图中各功能模块的信息通道最终都汇集到一条总的通信线路上，来自各模块的信息，包括控制信息和数据信息将分时借用这条通道流向预定的方向及相应模块，这就是计算机的总线系统。

4.2 计算机中的基本部件

为了聚焦核心问题，这里所谓的计算机主要包括 CPU、程序存储器/数据存储器两大部分。本节主要讨论这两大部件中的基本组成模块的结构、功能及其实现方法，或者说设计与功能测试方法。

4.2.1 算术逻辑单元

前面已经谈到，CPU 中的一个重要部件是运算器，这是数据加工处理的部件。运算器由算术逻辑单元（ALU）、数据缓冲寄存器、寄存器组和状态寄存器组成。运算器接受控制器的命令，完成具体的数据加工任务。运算器对累加器和数据缓冲寄存器的内容进行算术运算或逻辑运算，运算的结果保存到累加器中，同时建立相应的状态标志，并将它们存放到状态寄存器中。

CPU 中的算术逻辑单元是计算机的核心部件之一，它能执行加法和减法等算术运算，也能执行“与”、“或”、“非”等逻辑运算。对于 8 位算术逻辑单元的基本功能可以根据由标准逻辑器件 74LS181（4 位）组合的电路结构的功能用硬件描述语言来表述。例 4.1 就是算术逻辑单元 ALU 的 Verilog HDL 程序，这是根据表 4.1 的 ALU 逻辑功能及 8 位处理部件的要求写出的。表 4.1 是 ALU 的基本算术与逻辑功能表。

表 4.1 ALU 的运算功能

选择端				M = H 逻辑操作	M = L 算术操作	
S3	S2	S1	S0	逻辑功能	Cn = L（无进位）	Cn = H（有进位）
0	0	0	0	$F=\overline{A}$	$F=A$	$F=A$ 加 1
0	0	0	1	$F=\overline{A+B}$	$F=A+B$	$F=(A+B)$ 加 1
0	0	1	0	$F=\overline{A}B$	$F=A+\overline{B}$	$F=A+\overline{B}+1$
0	0	1	1	$F=0$	$F=$ 减 1（2 的补码）	$F=0$
0	1	0	0	$F=\overline{AB}$	$F=A$ 加 $A\overline{B}$	$F=A$ 加 $A\overline{B}$ 加 1
0	1	0	1	$F=\overline{B}$	$F=(A+B)$加 $A\overline{B}$	$F=(A+B)$加 $A\overline{B}+1$
0	1	1	0	$F=A\oplus B$	$F=A$ 减 B	$F=A$ 减 B 减 1
0	1	1	1	$F=A\overline{B}$	$F=A+\overline{B}$	$F=(A+\overline{B})$ 减 1
1	0	0	0	$F=\overline{A}+B$	$F=A$ 加 AB	$F=A$ 加 AB 加 1
1	0	0	1	$F=\overline{A\oplus B}$	$F=A$ 加 B	$F=A$ 加 B 加 1
1	0	1	0	$F=B$	$F=(A+\overline{B})$加 AB	$F=(A+\overline{B})$加AB 加 1
1	0	1	1	$F=AB$	$F=AB$	$F=AB$ 减 1
1	1	0	0	$F=1$	$F=A$ 加 A^{*}	$F=A$ 加 A 加 1
1	1	0	1	$F=A+\overline{B}$	$F=(A+B)$加 A	$F=(A+B)$ 加 A 加 1
1	1	1	0	$F=A+B$	$F=(A+\overline{B})$ 加 A	$F=(A+\overline{B})$ 加 A 加 1
1	1	1	1	$F=A$	$F=A$	$F=A$ 减 1

注：① * 表示每一位都移至下一更高有效位，“+”是逻辑或，“加”是算术加。

② 在借位减法表达上，表 4.1 与 TTL 器件 74LS181 的真值表略有不同。

如表 4.1 所示，M 信号端是算术运算/逻辑运算的方式选择位。当 M=H（高电平）时，ALU 进行逻辑运算；当 M=L（低电平）时，ALU 进行算术运算。Cn 是低位的进位，当 Cn 为低电平时，作无进位运算；而当 Cn 为高电平时，作有进位运算。S3、S2、S1、S0 分别是 4 位运算操作方式的选择控制端，从 0000~1111 共有 16 种不同的选择。在算术运算方式下或逻辑运算方式下都分别具有各自不同的 16 种运算操作。

在例 4.1 中，各端口信号的作用分别是：S[3:0]是 ALU 的操作选择信号；A 和 B 分别是参加算术运算或逻辑运算的两个 8 位输入操作数；F 是 ALU 运算后的 8 位数据输出结果；CN 是进入 ALU 进行算术运算的低位进位位，或进行逻辑运算的进位标志；CO 是运算结果产生进位/借位的输出标志位；FZ 是运算结果为零的输出标志位；F 是运算输出结果。

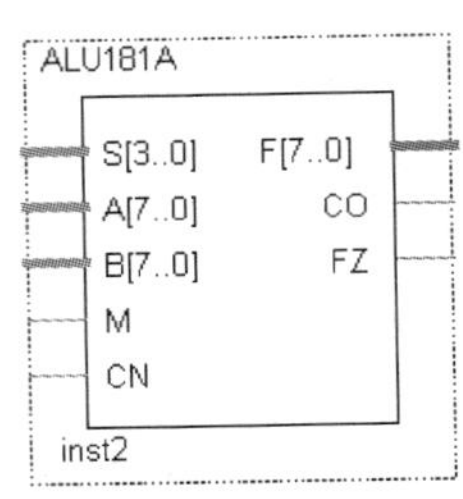

图 4.2 ALU 逻辑图

图 4.2 是例 4.1 的逻辑模块图，是利用第 2 章图 2.27 所示的选择项将例 4.1 变换成的元件符号，这个元件可以在今后的 CPU 设计的顶层原理图中直接调用。读者可以暂时只关注此模块的外部功能，即其时序特性。

例 4.1 描述的算术逻辑单元 ALU181A.v 的仿真测试波形如图 4.3 所示。读者可以将此波形图给出的计算结果逐项对照表 4.1，进行验证。例如根据表 4.1，当 M=0、S=1001(9)、Cn=1 时作含进位的普通算术加法，图 4.3 显示，在此数据对应下，输出结果 F=A+B+Cn=34H+ACH+1=E1H，且 CO=0。

【例 4.1】

```
module ALU181A (S, A, B, F, M, CN, CO, FZ);
input[3:0] S; input[7:0] A,B;  input M, CN;
output[7:0] F; output CO, FZ;
  wire[7:0] F;   wire CO;wire[8:0] A9, B9;
reg FZ;   reg[8:0] F9;
  assign A9={1'b0,A} ;  assign B9={1'b0,B};
  always @(M or CN or A9 or B9 or S) begin
   case (S)
     4'b0000 : if (M==0)  F9<=A9+CN ;          else  F9<=~A9;
     4'b0001 : if (M==0)  F9<=(A9|B9) + CN ;   else  F9<=~(A9|B9);
     4'b0010 : if (M==0)  F9<=(A9|(~B9))+ CN;  else  F9<=(~A9)&B9;
     4'b0011 : if (M==0)  F9<=9'b000000000-CN; else  F9<=9'b000000000;
     4'b0100 : if (M==0)  F9<=A9+(A9 & ~B9)+CN; else  F9<=~(A9 & B9) ;
     4'b0101 : if (M==0)  F9<=(A9|B9)+(A9& ~B9)+CN; else  F9<= ~B9 ;
     4'b0110 : if (M==0)  F9<= A9-B9-CN ;       else  F9<=A9^B9 ;
     4'b0111 : if (M==0)  F9<=(A9 &(~B9))-CN;   else  F9<=A9&(~B9) ;
     4'b1000 : if (M==0)  F9<=A9+(A9 & B9)+CN;  else  F9<=(~A9)|B9 ;
     4'b1001 : if (M==0)  F9<=A9+B9+CN;         else  F9<=~(A9^B9);
     4'b1010 : if (M==0)  F9<=(A9|(~B9))+(A9&B9)+CN; else  F9<=B9 ;
     4'b1011 : if (M==0)  F9<=(A9 & B9)-CN ;    else  F9<=A9&B9 ;
```

```
        4'b1100 : if (M==0)  F9<=A9+A9+CN;          else  F9<=9'b000000001 ;
        4'b1101 : if (M==0)  F9<=(A9|B9)+A9+CN;     else  F9<=A9|(~B9) ;
        4'b1110 : if (M==0)  F9<=(A9|(~B9))+A9+CN;  else  F9<=A9|B9 ;
        4'b1111 : if (M==0)  F9<=A9-CN ;   else  F9<=A9 ;
          default : F9<=9'b000000000;
        endcase
        if (A9==B9) FZ<=1'b0; else  FZ<=1'b1 ;
      end
     assign F=F9[7:0] ;
   assign CO=F9[8] ;
 endmodule
```

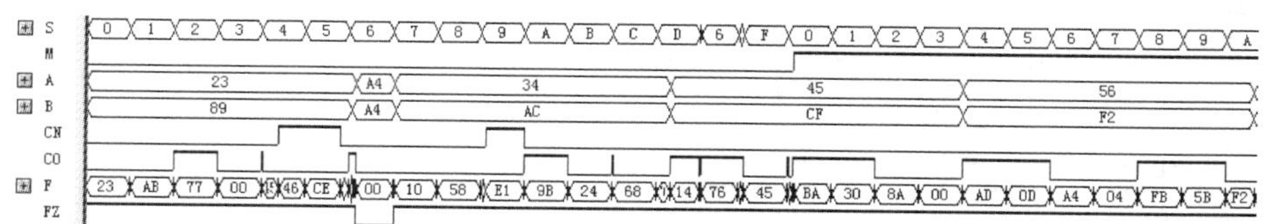

图 4.3 例 4.1 仿真波形

4.2.2 数据缓冲寄存器

数据缓冲寄存器(DR)的作用是存放 CPU 从主存，即程序存储器或数据存储器中读取的一个指令字或一个数据字。数据缓冲寄存器的作用包括：

（1）作为 CPU 与主存及外围设备间的信息中转站，对数据起暂存作用。

（2）作为暂存寄存器，为算术逻辑部件 ALU 提供一个或两个参加运算的操作数。

数据缓冲寄存器采用锁存器结构，图 4.4 所示的数据宽度为 8 位，data[7:0]是数据输入端；q[7:0]是数据输出端；gate 是数据锁存控制端。当 gate 为高电平时，数据进入锁存器；而当 gate 为低电平时，锁存器保持已输入的数据。

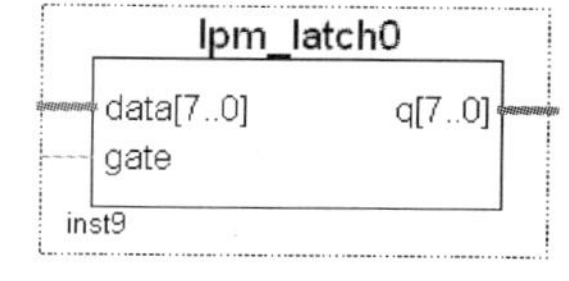

图 4.4 数据缓冲寄存器

此类寄存器中的状态寄存器是用来保存当执行算术运算指令、逻辑运算指令或各类测试指令时，自动产生的状态结果，这些结果为后续指令的正确执行提供了判断依据。这些状态结果主要包括运算结果进位标志和运算结果为零标志等。

寄存器也可以直接调用 LPM 模块来实现。在 3.2.2 节中已详细介绍了此类寄存器的调用方法和仿真测试波形。

4.2.3 移位运算器

移位运算器主要完成数据的移位和通过移位实现的运算功能。移位运算器有多种形式，这里介绍的移位运算器的功能如表4.2所示。表中显示，M、S_1、S_0分别控制移位运算的功能状态。移位运算器具有数据装入、数据保持、循环右移、带进位循环右移，循环左移、带进位循环左移等功能。移位运算器设计的最方便的途径是用硬件描述语言来实现。例4.2就是根据表4.2，用Verilog HDL描述的移位运算器。图4.5是其逻辑图符号，可在顶层原理图中调用。

表4.2　移位运算器的功能

M	S1	S0	功　能
0	0	任意	保持
0	1	0	带进位循环左移
0	1	1	循环左移
1	0	0	循环右移
1	0	1	带进位循环右移
1	1	1	加载待移位数
1	1	0	加载待移位数

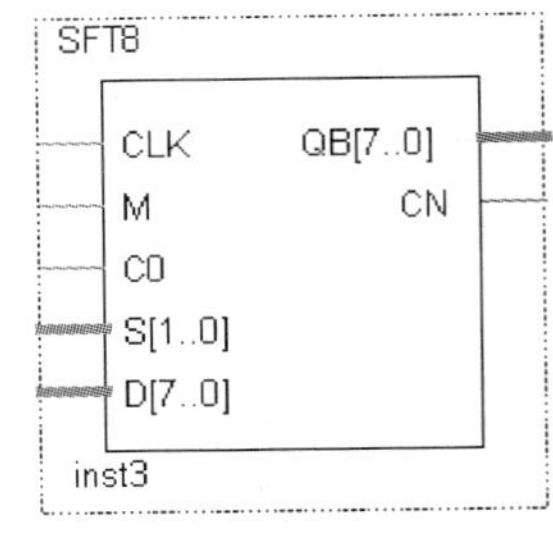

图4.5　移位运算器

【例4.2】

```
module SFT8 (CLK, M, C0, S, D, QB, CN);
  input CLK, M, C0; input[1:0] S;  input[7:0] D;
  output[7:0] QB; output CN;
  wire[7:0] QB;  wire CN;  wire[2:0] ABC;
  reg[7:0] REG;  reg CY;
  always @(posedge CLK)
    case (ABC)
     3'b011 : begin REG[0]<=C0; REG[7:1]<=REG[6:0];
              CY<=REG[7]; end
     3'b010 : begin REG[0]<=REG[7]; REG[7:1]<=REG[6:0]; end
     3'b100 : begin REG[7]<=REG[0]; REG[6:0]<=REG[7:1]; end
     3'b101 : begin REG[7]<=C0; REG[6:0]<=REG[7:1]; CY<=REG[0]; end
     3'b110 : begin REG[7:0]<=D[7:0]; end
     3'b111 : begin REG[7:0]<=D[7:0]; end
    default : begin REG <= REG ; CY<=CY;end
    endcase
   assign ABC={M,S};   assign CN=CY;   assign QB[7:0]=REG[7:0];
endmodule
```

例4.2中，CLK是时钟信号；M和S[1:0]控制移位运算的功能状态；D[7:0]是待加载数据的输入端；C0是进位位的输入端；CN是移位后的进位位输出端；QB[7:0]是此移位器的数据输出端。图4.6是例4.2的仿真波形图。

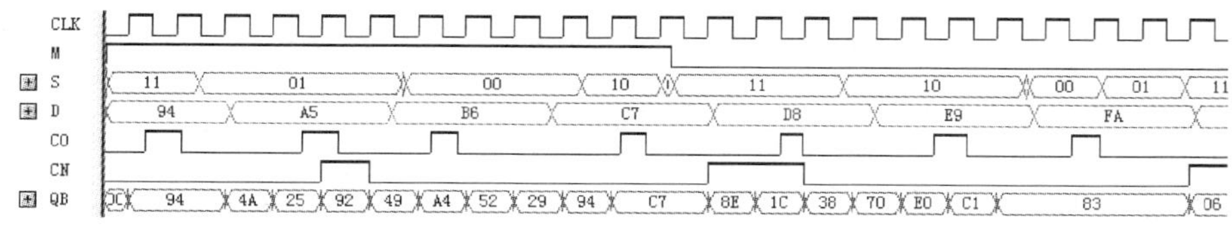

图 4.6 移位运算器 SFT8 的仿真波形

从仿真波形可以看出，例 4.2 程序的功能完全与表 4.2 对应。例如，当 M=1，S[1:0]=00，应该是右移；经历 3 个时钟脉冲后，QB 的输出分别为 A4、52、29。符合表 4.2 表述的功能。对于图 4.6 更详细的分析比较留给读者。

4.2.4 程序存储器与数据存储器

通常的程序存储器是用来存放用户程序的，但也有另一类程序存储器是用来存放 CPU 的各类控制信号赖以形成的数据代码的，这些数据代码可以是微程序，也可以是其他表格数据。这些程序、微程序或数据通常采用只读存储器 ROM 来存储。数据存储器存放运算数据及中间结果，一般采用随机存储器 RAM 来实现其功能。对于 SOC 结构的计算机系统，使用 LPM 模块来构建其程序存储器和数据存储器最为方便。具体的调用和测试方法已在第 3 章 3.3 节中作了详细的介绍，具体的应用将在第 5 章中给出。

4.2.5 程序计数器与地址寄存器

程序计数器 PC 和地址寄存器 AR 是 CPU 结构中的重要部件，PC 和 AR 组合可以产生程序中指令的地址，以及指令中操作数的地址。为了便于在此后章节中实现片上系统设计，以及充分利用先进的 EDA 硬件测试工具，以下主要基于对应的 LPM 模块的使用来介绍它们的设计方法。

1. 程序计数器

为确保程序能按其指令序列顺利执行下去，必须对下一条指令进行跟踪，以便取得下一条指令。程序计数器的功能就是用来确定下一条指令在程序存储器，即主存中的地址。当 CPU 取得当前要执行的指令后，通过修改程序计数器中的值来确定下一条指令在主存中的存放地址。

程序计数器值的修改分两种情况，一种是顺序执行指令的情况中的简单累加，另一种是分支转移指令的执行情况中的特定地址数据的预置。

当 CPU 顺序执行指令时，程序计数器值的修改十分简单。例如，若当前取得的指令是单字节指令，只需将程序计数器的值加 1(PC+1→PC)即可；若当前取得的指令是双字节指令，则将程序计数器的值加 2 即可。一般而言，如果当前取得的指令是 n 字节，则将程序计数器的值加 n。

而在执行分支转移指令时，由分支转移指令的寻址方式确定下一条指令在主存中的地址。若分支转移指令的寻址方式是相对寻址，则程序计数器的值就修改为当前地址加上相对偏移量；但若分支转移指令的寻址方式是绝对寻址，即将转移指令中绝对转移地址送给程序计数器，即对程序计数器加载入此地址；而当执行间接寻址方式的分支转移指令时，程序计数器的值从指令指定的寄存器或主存存储单元中提取。

程序计数器可以采用 LPM 库中的元件 LPM_COUNTER 来完成；8 位 LPM 计数器的使用与测试方法已在第 3 章 3.3 节中给出了详细介绍。

若使用图 3.6 所示的计数器作为程序计数器，它可以有三种工作状态：

（1）当 CPU 复位时，复位清 0 信号 RST 可以使程序计数器清 0。

（2）正常情况下，从程序存储器读取一个字节后，程序计数器在 CLK 脉冲信号作用下自动加 1。

（3）当发生程序转移时，在 LOAD 信号的作用下，从 d[7..0]向程序计数器加载新的计数器初值，进行程序转移。注意这个加载操作必须在 CLK 的有效边沿处。

2. 地址寄存器

地址寄存器用来保存当前 CPU 所要访问的主存单元或 I/O 端口的地址。当 CPU 要对存放在主存或外围设备的信息进行存取时，需要确定地址的定位。地址定位是通过 CPU 将地址信息传送到总线上，再经由地址译码电路给出的信号来实现。在对主存或 I/O 端口内的信息存取过程中，地址信号必须是稳定的。因此地址信息要由一个寄存器来保存，这个寄存器就是地址寄存器。

地址寄存器可采用单纯的锁存器结构。在对主存或 I/O 端口进行访问时，地址寄存器存放当前访问的地址，而数据缓冲器则实现数据的缓存。CPU 通过修改地址寄存器中的值，就可访问不同的存储器单元或不同的 I/O 端口。

地址寄存器可用 LPM 库中的元件 lpm_latch 锁存器来构成，即可采用在第 3 章 3.2 节中介绍的 PLATCH 模块来担任。其逻辑功能可参考此节的仿真波形图。

3. 地址信号产生电路

8 位模型计算机的程序计数器和地址寄存器构建的地址信号产生电路如图 4.7 所示。图中的 T2 是时钟发生器产生的 CPU 工作节拍信号。可以通过仿真波形图 4.8 来了解图 4.7 电路的功能。

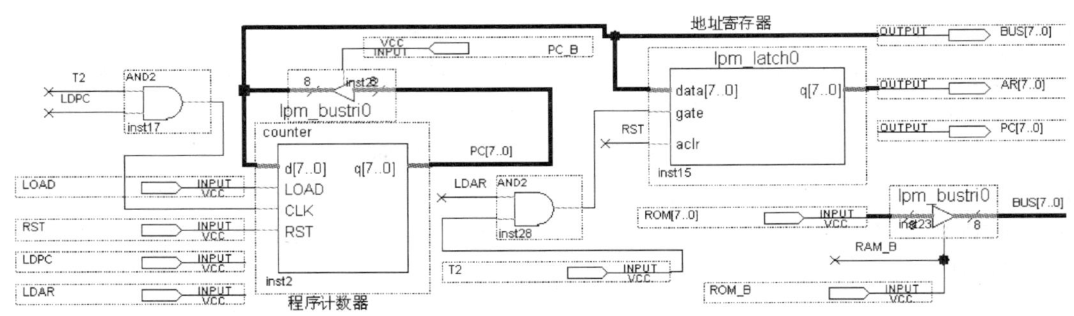

图 4.7　地址信号产生电路

从仿真波形图 4.8 可以看出，当 RST 为高电平时，程序计数器 PC 被清零，正常工作时 RST 为低电平。当 PC 允许计数信号 LDPC 为高电平阶段，在 T2 节拍信号上升沿到来时，PC+1→PC，完成程序计数器加 1 功能；当随后出现的地址寄存器 AR 的锁存允许信号 LDAR 为高电平阶段，且在 PC 端口与数据总线 BUS 间连接的三态总线控制器的允许信号 PC_B 也为高电平时（此时 PC 的数据接入总线 BUS），在 T2 节拍信号上升沿到来时，PC 计数器中的数据通过总线 BUS 的传送，被锁入 AR 中。这就实现了在普通情况下 PC 值的累加，而 CPU 又能从 AR 中获取所需地址的流程。

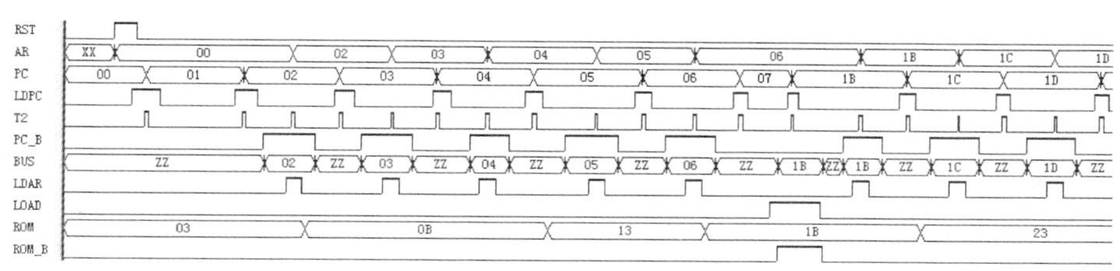

图 4.8 地址信号产生电路图 4.7 的仿真波形

如果遇到转移指令时，AR 需要获得对应地址的情况，则必须临时向 PC 加载适当的地址数据。这时在图 4.8 中，相当于程序 ROM 的读出允许控制信号 ROM_B 出现高电平，其中存有需要转跳的地址 1BH 进入总线 BUS；与此同时，PC 计数器的加载允许控制信号 LOAD 出现了高电平，于是在 LDPC 为高电平和 T2 脉冲到来时，将总线上的数据 1BH 加载到 PC 内。

最后以上述介绍的 AR 获取数据相同时序方法将此数据锁入 AR 寄存器中。即在 ROM_B 回到低电平，PC_B 转为高电平，LDAR 也为高电平时，当 T2 脉冲到来时，AR 即刻锁存来自总线的数据 1B。此后便改变了程序计数器指针 PC，以及 AR 的指向，从而实现了程序的转移。

4.2.6 指令寄存器

当 CPU 从主存中读取指令后，将取得的指令经缓冲寄存器转送给指令寄存器（IR）。因此，指令寄存器被用来保存当前 CPU 正在执行的一条指令。

一条指令由地址码和操作码两部分组成。为了执行某指令，必须先确定该指令的操作性质，即先要对指令中的操作码进行译码。译码的任务由指令译码器完成。因此，指令寄存器的入口是缓冲寄存器，操作码部分的出口，即指令寄存器的出口是指令译码器，而程序计数器或地址寄存器的出口是地址码部分。

指令寄存器同样可用 LPM 库中的元件 LPM_LATCH 锁存器来完成。

4.2.7 微程序控制器

微程序控制的概念是英国科学家威尔克斯（Wilkes）于 1951 年提出的，并在剑桥大学使用微程序的概念设计出了 EDSAC-2 计算机。威尔克斯提出的微程序控制原理是以保存在只读存储器内的专用程序代替逻辑控制电路。这种只读存储器被称为控制存储器，它以微程序形式保存控制信号。这种控制器就称为微程序控制器。其主要优点是能实现灵活可变的计算机指令系统。微程序控制的设计思想与更早期的组合逻辑的设计思想相比，具有规范性、灵活性、逻辑结构简单和可维护性等许多优点。因而在计算机设计中逐渐取代了早期采用的组合逻辑设计思想，并得到广泛的应用。在计算机系统设计中，微程序设计技术是利用软件方法来设计硬件的一门技术。

1. 微程序基本名词术语

为了能更好地说明微程序控制的概念，以下介绍一些相关的名词和术语：

（1）微命令。要使计算机能解决某个问题，程序员要编写相应的程序，程序是指令的有序集合。计算机在工作过程中，需要运行程序，就是通过 CPU 执行程序中的各条指令来完成工作。同样，CPU 在执行指令的过程中，控制器也要完成每条指令规定的各种基本命令和基本动作。这些最基本的命令称为微命令，它是构成控制信号序列的最小单位。微命令通常是指那些能直接作用于某部件具体控制操作的命令。

（2）微操作。工作部件接受微命令后进行的具体操作称为微操作。例如以某特定电平打开或关闭某部件通路的控制门，对触发器或寄存器进行同步数据置入、置位或复位的控制脉冲等。

（3）微程序。在计算机的一个 CPU 周期中，一组实现一定操作功能的微命令的组合，称为微指令。这对应于程序中指令的概念，微指令的有序集合则称为微程序。通常，一条机器指令的功能由对应的一段微程序来实现。一般地，CPU 运行的程序是存放在主存储器中的，而控制器运行的微程序则存放在 CPU 控制器的控制存储器中。一条指令从取指到执行的时间称为指令周期，而一条微指令从控制存储器读取到相应的操作所需的时间称为一个微周期。

（4）下址字段。通常在设计微指令时，此微指令的最低几位被规定为地址码，此地址码即为下一条将要执行的微指令所处的地址。于是将此地址码称为下址字段，或下址。

（5）相容性微操作和相斥性微操作。微操作是执行部件中最基本的操作。由于数据通路的关系，微操作可分为相容性微操作和相斥性微操作两种。所谓相容性微操作是指在同一个 CPU 周期内或指令周期内可以并行执行的一组微操作，而相斥性微操作是指不能在同一个 CPU 周期内并行执行的一组微操作。

指令是提供给计算机软件程序员为 CPU 规定各种具体操作的最基本单位，它表明了计算机能完成的一项基本功能；同样，微指令是 CPU 硬件设计师为各条计算机指令规定各种细化操作的最基本单位，是为实现指令操作的一系列微命令的组合。

2. 微程序控制的基本原理

微程序控制的基本原理如图 4.9 所示。能完成微程序控制的逻辑模块即微程序控制器，微程序控制器主要由控制存储器 ROM，即微程序存储器、微指令寄存器和微指令地址形成部件三个部分组成。控制存储器用以存放 CPU 指令系统所对应的全部微程序。

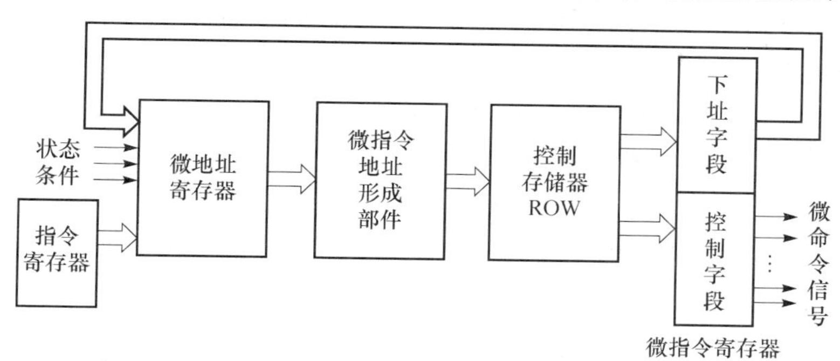

图 4.9 微程序控制的基本原理图

硬件设计中，为了不至过大影响计算机的工作速度，要求微指令读出时间尽可能短，包括存储微程序的存储器的读出时间短。为此对器件速度的要求比较高。事实上，FPGA 中的嵌入式 RAM 阵列块 EAB/M9K 是完全满足微指令读出高速要求的（Cyclone III 系列 FPGA 的 M9K 目前单字节读出速度大于 1000MHz），因此，完全可以选择 LPM_ROM 来构成微程序只读存储器。特别是其容量和字长是可随意设置的，因此可以根据指令系统、字长、控制命令的多少、微指令的编码格式及字段的宽度来确定 LPM_ROM 的具体设置方式。

利用 LPM_ROM 另一明显的好处是，LPM_ROM 可设置成可“在系统”访问通信模块，从而可以在系统（In-System）编辑和实时调试微指令和微程序，这是传统计算机设计技术无法企及的优势！

微指令寄存器（μIR）是用来存放从控制存储器读出的一条微指令信息的，此信息由下址字段和控制字段构成。控制字段则保存一条微指令中的操作控制命令。

微指令地址形成部件又称微指令地址发生器，用来形成将要执行的下一条微指令的地址（简称微地址）。通常情况下，下一条微指令的地址由上一条微指令的下址字段直接决定。但当微程序出现分支时，将由状态条件的反馈信息去形成转移地址。当取指令公共操作完成后，可以用操作码去产生执行阶段的微指令入口地址。根据计算机规模和结构的不同，可以有多种不同的微地址形成方式。显然，微地址与下址字段不是一个概念。

3. 微程序执行过程

根据微程序理论，可以将一条指令的执行分割为若干微操作序列，每一条微指令对应一段微操作，每一条指令都对应一小段微程序。而执行一条指令的过程，就是执行此指令对应的一段微程序的过程，其执行过程如下：

（1）从（微程序）控制存储器中取出一条“取指令”用的微指令，送到微指令寄存器中。这是一条公用的微指令，一般可存放在控制存储器的 0 号或 1 号地址单元。微命令字段产生相关的控制信号，从主存中读取指令，送到指令寄存器中。

（2）指令操作码通过微地址形成线路，产生对应的微程序入口。

（3）逐条取出对应的微指令。每一条微指令提供一个微命令序列，控制相关操作。根据指令的需要和微指令功能的强弱，一条指令可能需要对应一条微指令或多条微指令，即一段微程序。在微程序中，也可以有微子程序、微循环、微分支等形态。因此微程序中的有关部分可以是公用的。执行完一条微指令后，可根据微地址形成方法产生后续微地址，读取下一条微指令。

（4）执行完对应的一条指令的一段微程序后，返回 0 号或 1 号微地址单元，读取“取指令”的微指令，以便取下一条指令。

上述工作过程涉及两个层次：一个是软件程序员所看到的传统机器级，包括指令工作程序和主存储器；另一个是 CPU 硬件设计者看到的微程序级，包括微指令、微程序和控制存储器。

4. 指令译码器

指令译码器（Instruction Decoder，ID）又称为操作码译码器，它是分析指令的部件，即对现行指令进行分析。译码器的输出产生相应的操作控制信号，提供给微操作信号发生器。译码器是典型的多选一译码电路，即同一时刻与输入信息某一编码相对应的输出端产生有效的控制电平，其他输出端不起作用。

4.2.8 微程序控制器电路结构

微程序控制器是 CPU 结构中的重要元件，通常，微程序控制器中包括微地址控制电路、工作寄存器选择电路、微指令字段译码电路、输出选择译码和键盘功能选择译码电路。下一章中将要详细介绍的 8 位模型计算机的微程序控制器 uPC 内部的电路结构如图 4.10 所示。以下给出其中各主要模块的功能说明和设计方法。

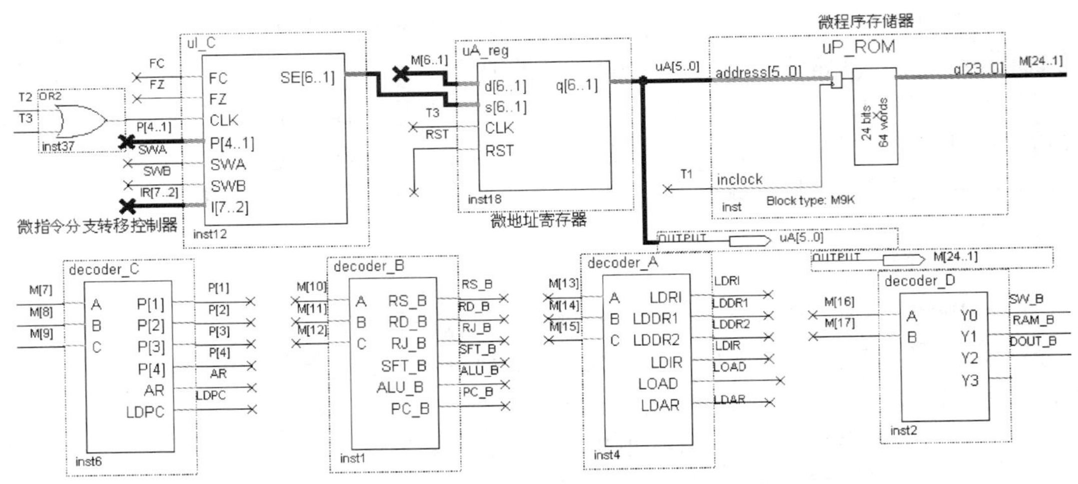

图 4.10　8 位模型计算机的微程序控制器 uPC 内部的电路结构

1. 微指令译码电路

对于 8 位模型计算机的 CPU 设计，其 24 位微指令中，M[15:13]、M[12:10]和 M[9:7]

字段分别称为 A、B、C 字段，对于此三字段的译码用了三个译码器 decoder _A、decoder _B 和 decoder _C 来完成，其输出分别用于数据加载控制、数据输出允许控制和微指令的分支转移控制等。例如，LDRI 是指令寄存器锁存允许信号，SFT_B 是移位运算器输出数据被读入总线的三态门控制信号，等等。这些信号的详细功能将于第 5 章中介绍。

这三个译码器模块内部电路主要由 3-8 译码器来担任，它们的电路结构分别如图 4.11、图 4.12 和图 4.13 所示。图 4.14 所示的译码电路则是用 2-4 译码器 74139 构成的。

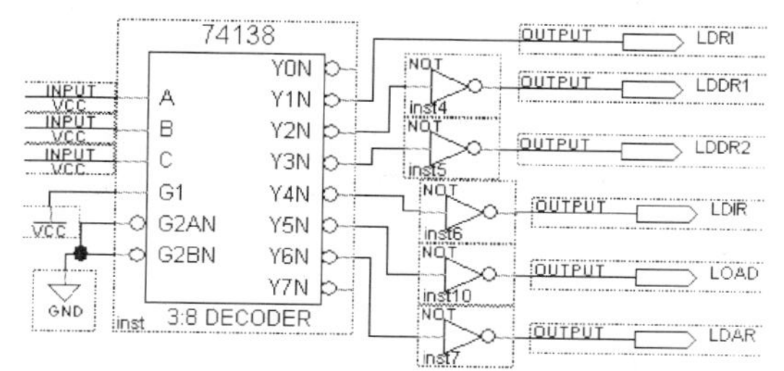

图 4.11 decoder_A 译码器电路

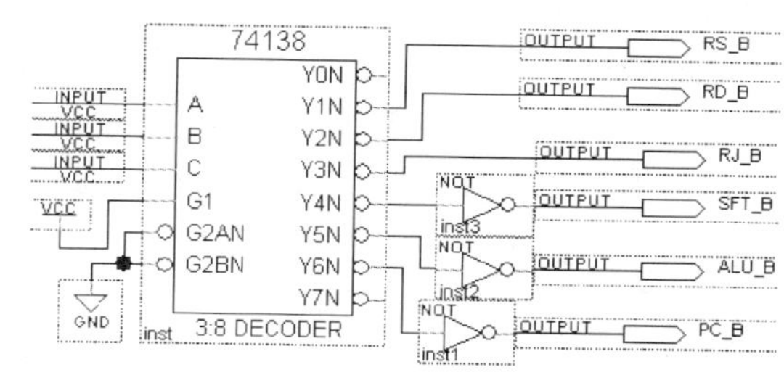

图 4.12 decoder_B 译码器电路

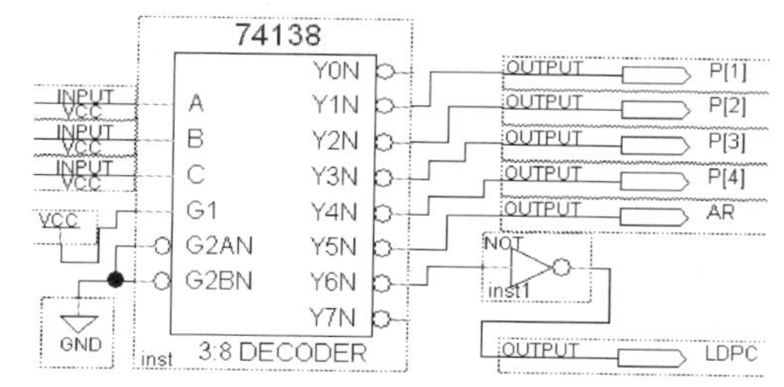

图 4.13 decoder_C 译码器电路

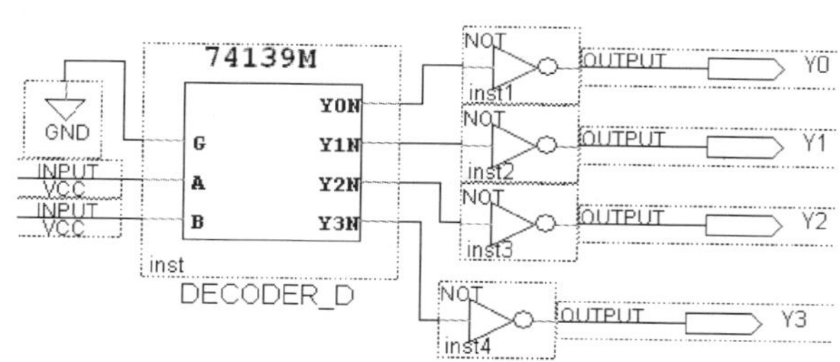

图 4.14 decoder_D 译码器电路

图 4.10 中的 decoder _D 也是一个微操作译码器，其内部电路由 2-4 译码器来担任，具体电路如图 4.14 所示。它对微指令的 M[17..16]段进行译码。译码后生成三个微控制信号：外设数据被读入总线的三态门控制信号 SW_B，主存 RAM 数据被读入总线的三态门控制信号 RAM_B，以及总线数据被锁入输出寄存器的允许信号 DOUT_B。

2. 微地址分支转移控制电路

从图 4.1 可以看出，CPU 要完成某一特定的功能，就要使信息在各寄存器之间流动。

通常把各寄存器之间信息流动的通路称为“数据通路”，或总线。根据设计方法的不同，操作控制器有多种形式，如可分为组合逻辑控制器、微程序控制器、门阵列控制器和有限状态机控制器等。组合逻辑控制器采用组合逻辑技术来实现；微程序控制器采用存储器中的微程序逻辑来实现；门阵列控制器则综合了前两种控制器的实现思想；而状态机控制器的应用实例将在第6章中介绍。下面主要介绍采用微程序控制器的电路结构。

微地址控制部件由微地址控制电路和微地址寄存器两部分组成。其结构如图4.10左上侧的电路所示，主要由微指令分支转移控制器，即微地址控制电路与微地址寄存器构成。微地址控制电路根据来自指令寄存器IR的控制指令操作码I[7..2]（图中是IR[7..2]）、控制台的控制信号SWA和SWB、分支转移条件控制标志P[4..1]和状态标志FC与FZ，生成下一个微地址的控制信号SE[6..1]，控制微程序按正常顺序执行微指令或者或实现分支转移。

这个微指令分支转移控制器内部的电路如图4.15所示。

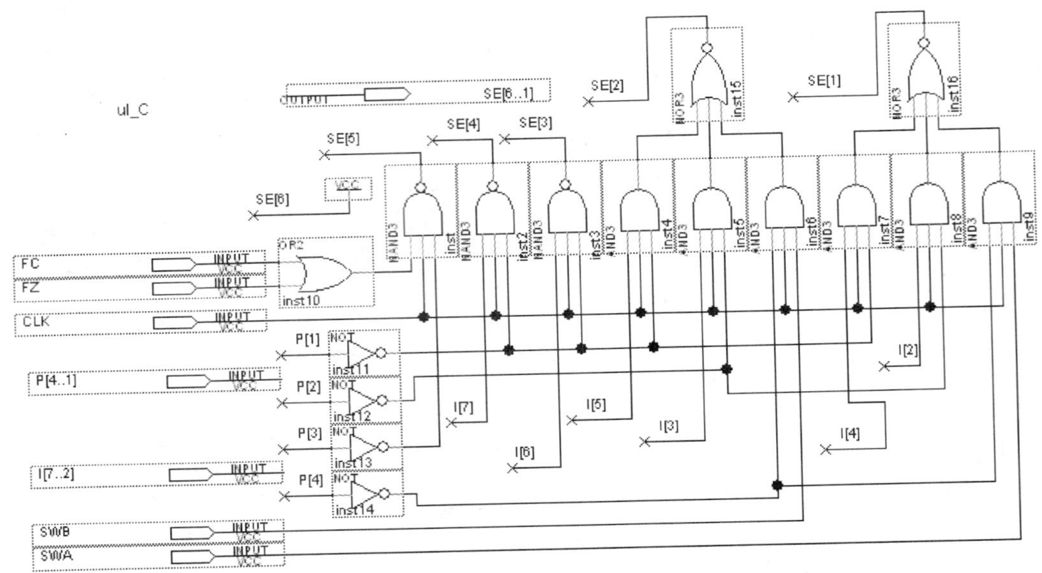

图4.15 分支转移控制电路原理图

3. 微地址寄存器

图4.10中的微地址寄存器模块内部的电路结构如图4.16所示。

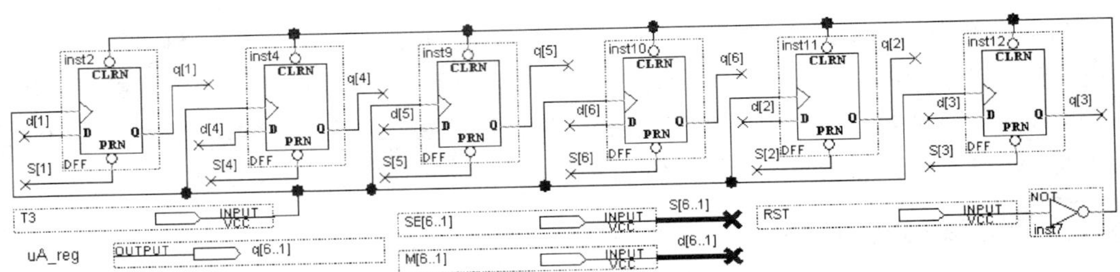

图4.16 微地址寄存器电路原理图

微地址寄存器的输入信号有微指令中的下址字段 M[6..1]、微地址控制电路输出的控制信号 SE[6..1]、同步时钟信号 CLK（即 CLK 产生的 T3 脉冲）以及复位信号 RST。当 CPU 复位时，RST 信号将微地址寄存器清零。在微程序正常运行时，若 SE 信号的所有位全部为 1，则下一个微操作的微地址由微指令中的字段 M[6..1]直接给出；而当 SE 信号中有 0 出现时，则将所对应的 D 触发器强行置 1，从而改变了下一个微操作的微地址，使微程序实现分支转移。图 4.17 是此微地址寄存器的时序仿真波形图，其时序分析留给读者。

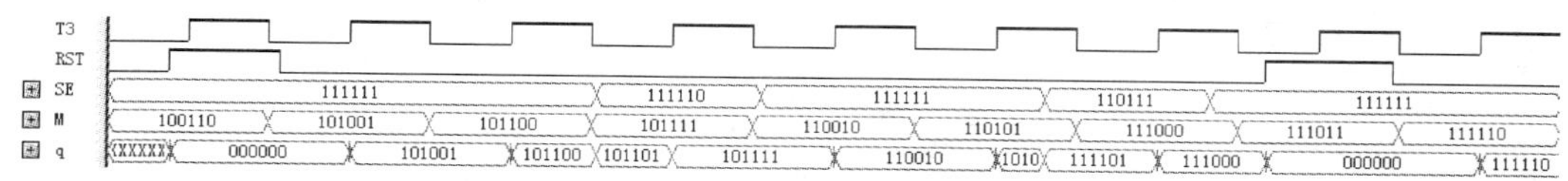

图 4.17 微地址寄存器仿真波形图

4. 数据寄存器存取控制逻辑

在指令编码中除了操作码以外，还有源操作数和目的操作数两部分，它们分别对应源操作数寄存器和目的操作数寄存器的编码。指令编码中的 I[1..0]是目的操作数寄存器的编码，I[3..2]是源操作数寄存器的编码。图 4.18 左侧的模块是数据寄存器存取控制模块 LDR0_2，右侧电路是其内部控制逻辑。此电路根据指令编码中的 I[1..0]和 RD_B 信号，产生目的数据寄存器的输入控制信号 LDR[2..0]；根据指令编码中的 I[3..2]和 RS_B、RJ_B 信号，产生源数据寄存器的输出控制信号 R[2..0]_B。

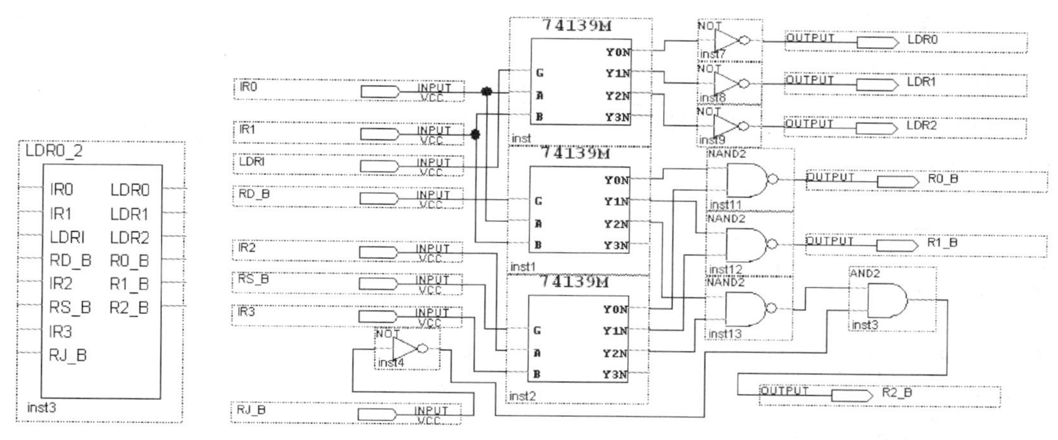

图 4.18 数据寄存器控制逻辑

4.2.9 时序发生器

高速工作的计算机系统对每个信号都有严格的时序要求，因此除了控制器外，CPU 还应有时序发生器。时序发生器的作用就是对各种操作信号在时间上施加严格的控制。

1. 连续节拍发生电路

连续节拍发生电路（图 4.19），由四个 D 触发器组成，可产生四个等间隔的时序信号 T1~T4。其中 CLK 为时钟信号。当 RST 为低电平时，T1 输出为“1”，而 T2、T3、T4 输出为“0”；当 RST 由低电平变为高电平后，T1~T4 将在 CLK 的输入脉冲作用下，周期性地轮流输出正脉冲，于是电路进入连续运行状态（EXEC）。T1~T4 以及 CLK、RST 的工作波形如图 4.20 所示。

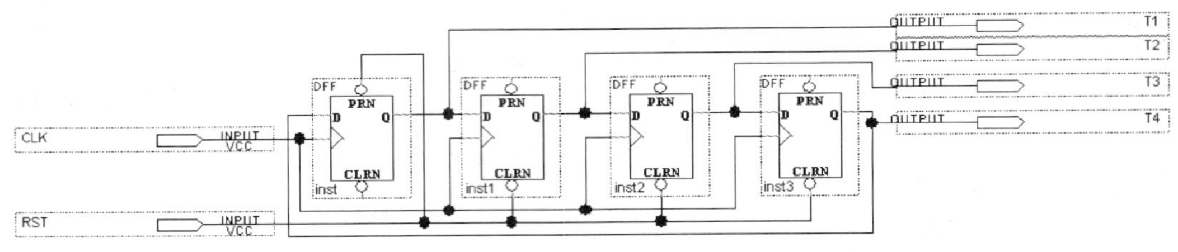

图 4.19 节拍脉冲发生器电路

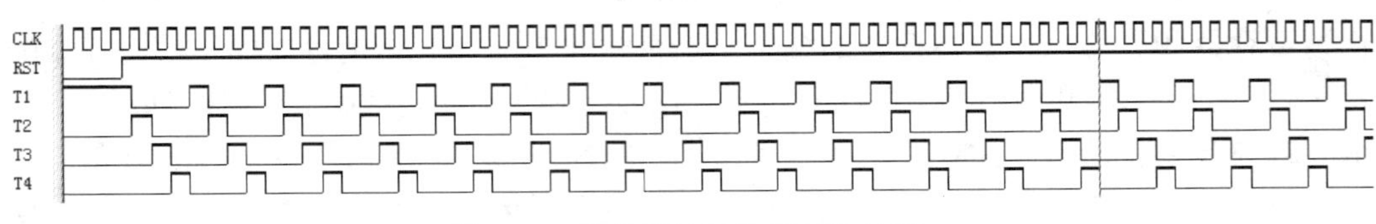

图 4.20 节拍脉冲发生器工作波形

2. 单步节拍发生电路

将图 4.19 电路稍加改变即可得到图 4.21 所示的单步运行电路。每当 STEP，即图 4.19 中的 RST，出现一个脉冲后，该电路仅输出一组 T1、T2、T3、T4 节拍信号，直到 STEP 出现下一个脉冲。图 4.21 电路的仿真波形如图 4.22 所示。

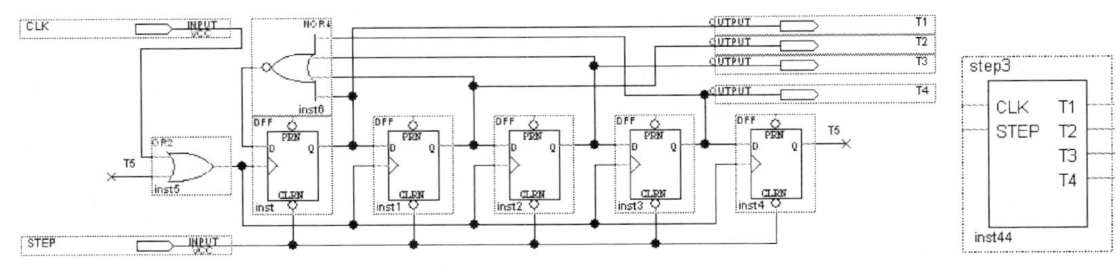

图 4.21 单步运行电路 step3 中的逻辑电路

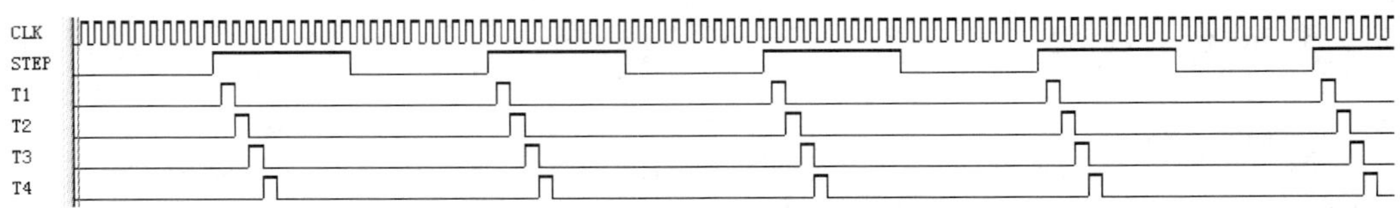

图 4.22 图 4.21 电路的单步运行电路工作波形

4.3 数据通路设计

计算机的信息（数据、指令代码、地址等）从一个部件传输到另一个部件所经过的路径，连同路径上的设备，如寄存器、暂存器、三态逻辑控制门、加工部件等，统称为数据通路（Data Path），也可称为总线系统。对此，在 4.1 节中已经提到过。不但如此，运算器是在控制器的控制下实现其功能的，它不仅可以完成数据信息的算术逻辑运算，而且还可以作为数据信息的传送通路，成为计算机数据通路的一个组成部分。

控制器执行一条指令所对应的微操作序列与 CPU 内部数据通路的形式密切相关。现代计算机广泛使用内部总线方式作为 CPU 内部各寄存器和运算器间的一束公共传输线路，使得内部数据通路结构规整简化、高速化，而且便于控制。

4.3.1 模型计算机的数据通路

单总线结构的模型机 CPU 的内部数据通路如图 4.23 所示。与内部总线相连的器件有数据发送端和接收端，各端口分别设有若干三态发送门和接收门，它能分时地发送和接收各部件的信息。当发送门打开时，便将信息代码送到内部总线上去，这时若接收门打开，便能接收总线上传送来的信息代码。由于在计算机中信息代码是用电平的高低来表示的，因此，在某一瞬时不允许几个发送门同时向内部总线送信息代码，即在某一瞬时只能允许打开一个发送门；不同的发送门需要在不同的时刻发送信息，这种性质称为发送端的分时性。具体实现方式是发送信息的部件通过集电极开路器件或三态门将信息送到总线（在 FPGA 中的总线开关都由三态门担任），总线再将信息同时送往各接受信息的部件，然后由打入脉冲将信息送入指定的部件。

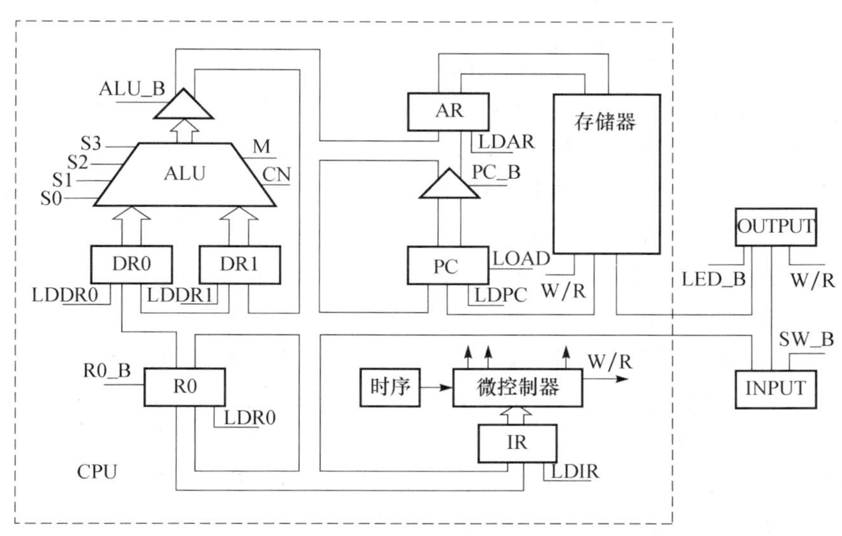

图 4.23 单总线结构的模型机 CPU 的内部数据通路

这种结构的特点是CPU的算术逻辑单元和所有寄存器通过一条公共总线连接起来，这条公共总线称之为内部单总线结构。注意，内部总线和系统总线是不同的，不可混淆；系统总线是用来连接CPU及其外部存储器和I/O设备的总线。

4.3.2 模型机的电路结构

图4.23是8位模型机CPU内部电路结构，图中的ALU是运算器，它的两个8位的数据输入端通过数据寄存器与数据总线相连接，寄存器数据的写入分别由LDDR0、LDDR1控制信号和时钟信号T2组合后进行控制；ALU输出的数据由控制信号ALU_B控制，通过三态缓冲器后送到数据总线上（即内部单总线上）；再通过数据总线将数据传送到与此总线连接的其他各个部件。

图4.24则是简单模型CPU的数据通路模型图，从图中可以看到，通过内部数据总线进行数据传输的各部件，与数据总线的连接和控制关系。其中各部件所需的所有控制信号则由控制器来产生。从图中还可注意到，在寄存器的输出与数据总线之间加入了三态缓冲器，即三态控制门。有了它们的隔离，就不至于使得所有的寄存器总把锁入的结果输送到数据总线上，导致CPU内部无法进行有效数据传输。

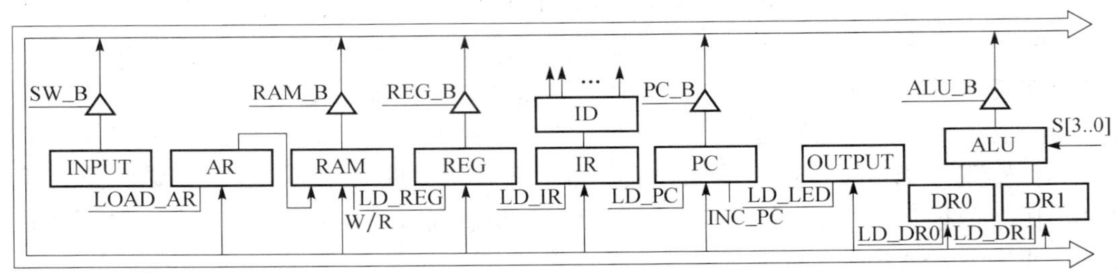

图4.24 简单模型CPU的数据通路

从总线上接收数据的部件主要有数据寄存器（DR0、DR1，也可命名为DR1和DR2）、随机存储器（RAM）、地址寄存器（AR）、程序计数器（PC）、指令寄存器（IR）、工作寄存器组（R0、R1、R2）、输出寄存器（OUTPUT）等。

将数据写入这些寄存器、计数器、锁存器和存储器时，是通过微程序控制器输出的控制信号和由时序信号发生器产生的T1~T4脉冲信号组合后，根据时序要求进行写入控制的。

向内部总线输出数据的主要部件有运算器ALU、程序计数器（PC）、随机存储器（RAM）、工作寄存器组REG（R0、R1、R2）。

为了避免在总线上产生数据冲突，各主要部件的输出口都通过三态控制器与数据总线连接。在微程序控制器的输出信号控制下，根据不同的时序要求将数据输出到数据总线上。

图4.24中，指令译码器ID是一个微程序控制器，前面已经提到，微程序控制器主要由微指令控制器uI_C、微地址寄存器uA_Reg、微程序存储器uP_ROM、微指令译码器（decode_A、decode_B、decode_C、decode_D），以及译码器LDR0_2构成，它们共同产生CPU各部件工作时所需的控制信号。

时序信号发生器 STEP 产生微程序控制器所需的同步时序信号 T1~T4。微指令代码存放在微程序存储器 uP_ROM 中，该器件是调用了 FPGA 中的嵌入式阵列块实现的，其中的数据则需要通过设计微指令和各微指令所需的控制信号来加以确定。

用户设计的应用程序和执行程序的中间数据及运算结果存放在随机存储器（RAM）中，设计实验中模型计算机的 RAM 也是调用了 FPGA 中的嵌入式存储器实现的。

习　题

4.1　简述微程序控制器和组合逻辑控制器的异同点。

4.2　简要说明图 4.1 中，CPU 各组成部件的作用。控制器由哪些部件组成。运算器由哪些部件组成？

4.3　在微程序控制器中，微程序计数器 uPC 可以用 uAR 来代替，试问是否可以用具有计数功能的存储器地址寄存器 AR 来代替程序计数器 PC？为什么？

4.4　试说明机器指令和微指令之间的关系。

4.5　机器指令包含哪两个基木要素？微指令含哪两个基本要素？程序靠什么实现顺序执行？靠什么实现转移？微程序中顺序执行和转移依靠什么方法？

4.6　完成下列数据传输功能，说明数据传输的具体操作步骤。

编　号	功　　能	助　记　符
1	从 INPUT 端口输入数据写入 R1	IN　R1，PORT
2	从 INPUT 端口输入数据写入 R2	IN　R2，PORT
3	从 INPUT 端口输入数据写入 RAM 某单元	IN　RAM，PORT
4	将 RAM 某单元内容读入 R1	LD　R1，RAM
5	将 RAM 某单元内容读入 R2	LD　R2，RAM
6	将 R1 内容写入 RAM 某单元	ST　RAM，R1
7	将 R2 内容写入 RAM 某单元	ST　RAM，R2
8	将 R1 内容传到 R2	MOV　R2，R1
9	将 R2 内容传到 R1	MOV　R1，R2
10	将 R1 内容输出到 LED 端口显示	OUT　LED，R1
11	将 R2 内容输出到 LED 端口显示	OUT　LED，R2
12	将 RAM 某单元内容输出到 LED 端口显示	OUT　LED，RAM
13	从 INPUT 端口输入数据送 LED 端口显示	OUR　LED，PORT

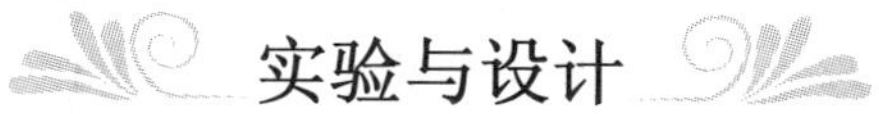

实验与设计

4.1　算术逻辑运算单元 ALU 设计实验

实验目的：①验证 ALU 的功能；②掌握算术逻辑运算加、减工作原理；③实验验证运算的 8 位加、减、与，及直通功能；④按给定数据，完成几种指定的算术和逻辑运算。

实验任务 1：给出 ALU 程序（例 4.1）的仿真波形，按照表 4.1，了解其所有算术逻辑功能。

实验任务 2：在 FPGA 硬件平台上硬件验证此 ALU 模块的功能，完成实验报告。

4.2 带进位算术逻辑运算单元 ALU 设计实验

实验目的：验证带进位控制的算术运算模块的功能；按指定数据完成几种指定的算术运算。

实验原理：在实验 4.1 的基础上增加进位控制电路，将运算器 ALU181A 的进位位送入 D 锁存器，由 T4 和 CN 控制其写入。实验电路如图 4.25 所示。在此，T4 可由无抖动键产生，这时，CN 的功能是电平控制信号（高电平时，CN 有效），控制是否允许将进位信号 CO 加入下一加法周期的最低进位位，从而可实现带进位控制运算。

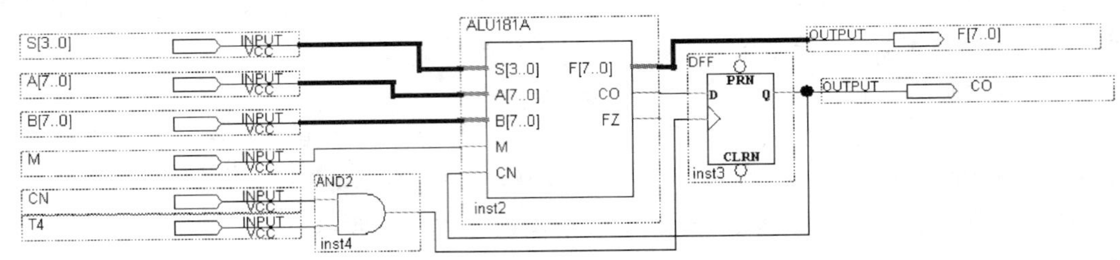

图 4.25 带进位控制的 ALU

实验任务：利用图 4.25 的电路验证带进位的 ALU 模块的功能。实验中可以利用带进位控制，控制 T4，分别由低到高输入三个 8 位加数和被加数，计算 24 位加法：7AC5E9H+BD5AF8H＝？最后按照表 4.3 完成实验，记录实验数据，给出对应仿真波形图。

表 4.3 带进位 ALU 实验数据

S3 S2 S1 S0	A[7..0]	B[7..0]	算术运算 M=0		逻辑运算（M=1）
			CN＝0（无进位）	CN＝1（有进位）	
0 1 0 1	F F	0 1	F=（ ）	F=（ ）	F=（ ）
0 1 1 0	F F	0 1	F=（ ）	F=（ ）	F=（ ）
0 1 1 1	F F	0 1	F=（ ）	F=（ ）	F=（ ）
1 0 0 0	F F	F F	F=（ ）	F=（ ）	F=（ ）
1 0 0 1	F F	F F	F=（ ）	F=（ ）	F=（ ）
1 0 1 0	F F	F F	F=（ ）	F=（ ）	F=（ ）

实验要求：做好实验预习，掌握带进位控制的算术运算功能发生器的功能特性。写出实验报告，内容是：①实验目的；②按理论分析值填写表 4.3；③列表比较实验数据的理论分析值与实验结果值，并对结果进行分析；④实验结果与理论分析值比较，有没有不同？为什么？

思考题：

① 带进位运算与不带进位运算有何区别？

② 如何实现带进位运算，将上一次运算的进位位用于下一次的运算当中，并实现多个 8 位数据的（如两个 24 位数据的加法）运算？在控制电路上应作怎样的改动？给出 24 位加法详细的仿真波形图。

4.3 移位运算器设计实验

实验目的：验证移位控制器的所有组合选择功能。

实验任务 1：下载示例配置文件到实验系统。示例工程文件是例 4.2 的程序。首先给出仿真波形，遍历所有选择控制，完整了解此移位器功能与时序。

实验任务 2：硬件测试验证此移位寄存器功能。对于移位寄存器，利用第 3 章介绍的 In-System Sources and Probes 工具进行测试比较方便。

思考题：如何实现有符号数的算术右移和算术左移？给出实验方案，修改以上的实验参考程序，进行时序仿真，并在实验台上调试验证。

4.4 LPM_ROM 实验

实验目的：①掌握 FPGA 中 lpm_ROM 的设置，作为只读存储器 ROM 的工作特性和配置方法；②用文本编辑器编辑 mif 文件（图 4.26）配置 ROM，学习将程序代码以 mif 格式文件加载于 lpm_ROM 中；③在初始化存储器编辑窗口编辑 mif 文件配置 ROM；④验证 FPGA 中 LPM_ROM 的功能。

Addr	+0	+1	+2	+3	+4	+5	+6	+7
00	018108	00ED82	00C050	00E004	00B005	01A206	959A01	00E00F
08	00ED8A	00ED8C	00A008	008001	062009	062009	070A08	038201
10	001001	00ED83	00ED87	00ED99	00ED9C	31821D	31821F	318221
18	318223	00E01A	00A01B	070A01	00D181	21881E	019801	298820
20	019801	118822	019801	198824	019801	018110	000002	000003
28	000004	000005	000006	000007	000008	000009	00000A	00000B
30	00000C	00000D	00000E	00000F	000010	000011	000012	000013
38	000014	000015	000016	000017	000018	000019	00001A	00001C

图 4.26　ROM 初始化文件 ROM_A.mif 的内容

实验任务：参考第 3 章中的 LPM_ROM 的调用流程，对设计进行仿真。然后下载示例文件至实验系统上的 FPGA，进行硬件功能验证。建议使用 In-System Memory Content Editor 工具对 FPGA 中的 LPM_ROM 的内容进行测试，以便了解其中载入的配置文件。

①具体要求用 LPM 元件库设计 LPM_ROM，地址总线宽度 address[]和数据总线宽度 q[]分别为 6 位和 24 位。②建立相应的工程文件，设置 lpm_rom 数据参数，lpm_ROM 配置文件的路径(ROM_A.mif)，并设置在系统 ROM/RAM 读写允许，以便能对 FPGA 中的 ROM 在系统读写。③锁定输入输出引脚。④完成全程编译。⑤记录实验数据，写出实验报告，给出仿真波形图。

4.5 LPM_RAM 实验

实验目的：①了解 FPGA 中 RAMlpm_ram_dq 的功能；②掌握 lpm_ram_dq 的参数设置和

使用方法；③掌握 lpm_ram_dq 作为随机存储器 RAM 的仿真测试方法、工作特性和读写方法。

实验任务：①设计数据宽度和地址宽度均为 8 位 lpm_ram_dq；②设计对 lpm_ram_dq 进行测试的波形文件，完成对 lpm_ram_dq 时序仿真和硬件测试；③利用在系统读写 RAM 的工具对其中的数据进行读、写、修改、加载新的数据文件操作；④写出实验报告，包括工作原理、仿真波形、调试和测试结果。

思考题：

① 如何建立 lpm_ram_dq 的数据初始化？如何导入和存储 lpm_ram_dq 参数文件？生成一个 mif 文件，并导入以上的 RAM 中。

② 使用 Verilog HDL 文件作为顶层文件，学习 lpm_ram_dq 的 Verilog HDL 语言的文本设计方法。

4.6 微控制器实验 1：节拍脉冲发生器时序电路实验

实验目的：掌握节拍脉冲发生器的设计方法，理解节拍脉冲发生器的工作原理。

实验任务 1：连续节拍发生电路设计和验证。根据电路图 4.19，完成时序仿真和硬件验证。

实验任务 2：单步节拍发生电路设计和验证。根据电路图 4.21，完成时序仿真和硬件验证。

思考题：

① 单步运行与连续运行有何区别？它们各自的使用环境怎样？

② 如何实现单步/连续运行工作方式的切换？

③ 用 Verilog HDL 设计实现节拍控制电路，并通过实验台验证其功能。

4.7 微控制器实验 2：程序计数器 PC 与地址寄存器 AR 实验

实验目的：①掌握地址单元的工作原理；②掌握 PC 的两种工作方式，加 1 计数和重装计数器初值的实现方法；③掌握地址寄存器 AR 从程序计数器 PC 获得数据和从内部总线 BUS 获得数据的实现方法。

实验原理：

（1）采用总线多路开关连接方式。地址单元主要由三部分组成：程序计数器 PC、地址寄存器 AR 和多路开关 BUSMUX。程序计数器 PC 用以指出下一条指令在主存中的存放地址，CPU 正是根据 PC 的内容去存取指令的。因程序中指令是顺序执行的，所以 PC 有自增功能。程序计数器提供下一条程序指令的地址，如图 4.27（程序计数器实验电路）所示，

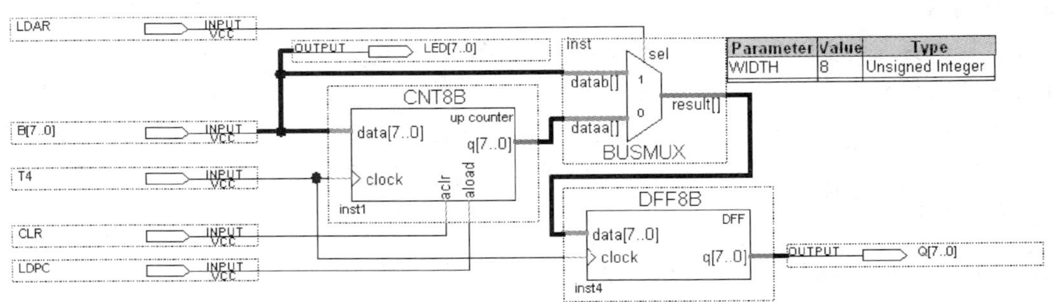

图 4.27 程序计数器实验电路原理图

在 T4 时钟脉冲的作用下具有自动加 1 的功能；在 LDPC 信号的作用下可以预置计数器的初值（如子程序调用或中断响应等）。当 LDPC 为高电平时，计数器装入 data[ ]端输入的数据。aclr 是计数器的清零端，高电平有效（高电平清零）；aclr 为低电平时，允许计数器正常计数。

地址寄存器 AR（DFF_8）锁存访问内存 SRAM 的地址。地址寄存器 AR 的地址来自两个渠道，一是程序计数器 PC 的输出，通常是下一条指令的地址；二是来自于内部数据总线的数据，通常是被访问操作数的地址。为了实现对两路输入数据的切换，在 FPGA 的内部通过总线多路开关 BUSMUX 进行选择。LDAR 与多路选择器的 sel 相连，当 LDAR 为低电平时，选择程序计数器的输出；当 LDAR 为高电平时，选择内部数据总线的数据。

（2）采用 PC、AR 通过三态门 lpm_bustri 与 BUS 连接。程序计数器 PC 与地址寄存器 AR 结合，产生对存储器 RAM 进行读写的地址。地址单元主要由三部分组成：程序计数器 PC、地址寄存器 AR 和三态门 BUSTRI，电路如图 4.28 所示。程序计数器 PC 用以指出下一条指令在主存中的存放地址，CPU 正是根据 PC 的内容去存取指令的。程序计数器提供下一条程序指令的地址，在时钟脉冲 PC_CLK 的作用下具有自动加 1 的功能；在 LOAD_PC 信号的作用下可以预置计数器的初值（如子程序调用或中断响应等）。当 LOAD_PC 为高电平时，计数器装入 data[7..0]端输入的数据。RST 是计数器的清零端，高电平有效（高电平清零）；RST 为低电平时，允许计数器正常计数。地址寄存器 AR 采用锁存器 LATCH8B 结构,锁存访问内存 SRAM 的地址。

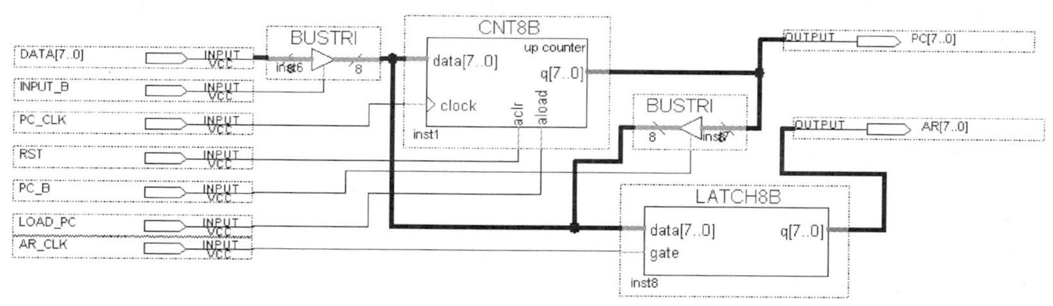

图 4.28　程序计数器与地址寄存器实验电路

实验任务 1：按照图 4.27，输入程序计数器原理图。对输入原理图进行编译、引脚锁定、并下载到实验台。然后继续硬件实验验证，并与仿真波形图 4.29 进行比较。

通过 B[7..0]设置程序计数器的预加载数据。如当 LDPC=0 时，观察程序计数器自动加 1 的功能；当 LDPC=1 时，观察程序计数器加载输出情况。

实验任务 2：按照图 4.28，输入电路原理图，采用 LPM 库中的元件 lpm_latch 锁存器、lpm_counter 计数器和 lpm_bustri 总线三态输出缓冲器进行设计。对输入原理图进行编译、引脚锁定、并下载到实验台进行硬件验证。

实验报告：写出实验原理；绘制相应的时序波形图；对实验结果进行分析、讨论。

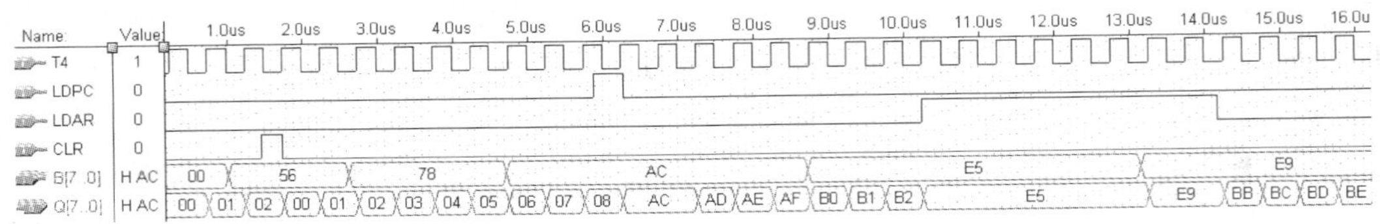

图 4.29　程序计数器工作波形

思考题：

① 说明顺序执行程序时，将 PC 的值送 AR，从 AR 所指向的 RAM 地址单元取出指令的操作步骤。

② 执行分支/转移程序与执行顺序程序时，对地址单元的操作有何区别？

③ 请说明实现 PC 值自动加 1，指向下一个地址单元的操作过程，给出控制信号的时序波形。

④ 请说明在图 4.28 电路中，在进行程序转移时，从 DATA[7..0]输入转移地址送 PC 和 AR，AR 输出新的转移地址的操作过程。

⑤ 要实现程序的分支和转移，需对图 4.27 中的程序计数器 PC 和地址寄存器 AR 作怎样的操作？应改变哪些控制信号？请给出控制信号的时序波形，并在实验台上实现程序分支和程序转移的功能。

⑥ 从存储器读取运算数据和执行取指令操作时，地址控制单元完成的操作有何不同？请给出对存储器进行读/写操作时控制信号的时序波形，并在实验台上完成对地址单元的相应操作。

4.8　微控制器实验 3：微控制器组成实验

实验目的：掌握微程序控制器的工作原理和构成原理；掌握微程序的编写、输入，观察微程序的运行。

实验原理：微程序控制电路是 CPU 控制器的核心电路，控制产生指令执行时各部件协调工作所需的所有控制信号，以及下一条指令的地址。微程序控制器的组成如图 4.10 所示，主要由三个部分组成，分别是微指令控制电路、微地址寄存器和微指令存储器 lpm_rom。其中微指令控制电路用组合电路对指令中的 I[7..2]、操作台控制信号 SWA 和 SWB 的状态、状态寄存器的输出状态 FC、FZ，产生微地址变化的控制信号，实现对微地址控制；微地址寄存器控制电路的基本输入信号是微指令存储器的下址字段 M[6..1]，同时还受微指令控制电路的输出信号 SE[6..1]和复位信号 RST 的控制，输出下一个微指令的地址；控制存储器由 FPGA 中的 LPM_ROM 构成，输出 24 位控制信号。

在 24 位控制信号中，微命令信号为 18 位，微地址信号为 6 位。在 T3 时刻将打入微地址寄存器 uA 的内容，即为下一条微指令地址。当 T4 时刻进行测试判别时，转移逻辑满足条件后输出的负脉冲，通过强制端将某一触发器置为“1”状态，完成地址修改。

微程序控制器中的微控制代码可以通过对 FPGA 中 LPM_ROM 的配置进行输入，通过编辑 LPM_ROM.mif 文件来修改微控制代码。详细情况可参考 LPM_ROM 的配置方法。

微指令控制电路内部结构如图 4.15、图 4.16 和图 4.18 所示。

实验任务 1：微指令控制电路实验。

下载 se5_1.sof 到实验台，或输入微指令控制电路，并按照图中说明锁定引脚，编译、下载到实验系统中。根据微程序控制器的内部结构，记录当 FC、FZ 变化时，微指令 I[7..2]的变化对输出微地址控制信号 SE[6..1]的影响；

观察、记录当微指令 I[7..2]的值变化时，SE[6..1]的变化情况；

观察、记录分支信号 P[4..1]有效时，微指令 I[7..2]的变化对输出微地址控制信号 SE[6..1]的影响；

观察、记录 SWA、SWB 对输出微地址控制信号 SE[6..1]的影响。

实验任务 2：微地址寄存器控制电路实验。

测试图 4.16 电路，给出仿真波形。观察记录微地址寄存器在正常工作情况下，由 d[6..1]输入、q[6..1]输出的微地址实验数据，以及在发生控制/转移情况下，当 s[6..1]信号有效时，q[6..1] 输出的微地址发生变化的情况。

实验任务 3：微程序存储器 LPM_ROM 应用实验。

定制一个 LPM_ROM，6 位地址存储器深度为 64，数据宽度为 24 位的微程序存储器。通过存储器初始化文件向其配置数据。存储器初始化文件建立。数据配置文件 ROM_EX7.mif 的内容如图 4.30 所示。

Addr	+0	+1	+2	+3	+4	+5	+6	+7
00	018108	00ED82	00C050	00A004	00E0A0	00E006	00A007	00E0A0
08	00ED8A	00ED8C	00A008	008001	062009	00A00E	01B60F	95EA25
10	00ED83	00ED85	00ED8D	00EDA6	001001	030401	018016	3D9A01
18	019201	01A22A	03B22C	01A232	01A233	01A236	318237	318239
20	009001	028401	05DB81	0180E4	018001	95AAA0	00A027	01BC28
28	95EA29	95AAA0	01B42B	959B41	01A42D	65AB6E	0D9A01	01AA30
30	0D8171	959B41	019A01	01B435	05DB81	B99B41	0D9A01	298838
38	019801	19883A	019801	070A08	062009	000000	000000	000000

图 4.30 存储器初始化文件的内容

思考题：

① 在微指令控制电路中，当 FC 或 FZ 有效时，对其输出 S[6..1]有何影响？对微地址寄存器的输出会有何影响？如何实现对程序的控制/转移功能？

② 说明 P[4..1]信号分别有效时，对微指令控制电路中输出 S[6..1]有何影响？

③ 当控制信号 SWA、SWB 取不同的值时，对微指令控制电路中输出 S[6..1]有何影响？

④ 如何建立存储器初始化文件？如何向 LPM_ROM 中配置初始化数据？

第 5 章 8 位模型计算机原理与设计

运算器和控制器是计算机系统的核心组成部件，称为中央处理器 CPU。将 CPU 集成在一块芯片上，称为微处理器。CPU 通过专门的数据通道，即内部总线，建立芯片内各部件之间的信息传送通路。前文已多次提到，计算机的核心部件 CPU 通常包含运算器、控制器和数据通路三大部分。组成 CPU 的基本部件有运算部件、寄存器组、微命令产生部件和时序系统等，这些部件通过 CPU 内部的总线，即数据通路连接起来，实现它们之间的信息交换。其中，运算部件和一部分寄存器属于运算器部分；另一部分寄存器、微命令产生部件和时序系统等则属于控制器部分。本章则是将这些已在第 3 章、第 4 章中分别介绍过的计算机部件综合起来，进行合理布局，构建一个完整的 8 位模型计算机。同时详细介绍整个设计流程、设计方法和测试方法，其中包括通过内部总线连接这些基本功能单元模块以构成数据通路，以及用微指令设计计算机指令系统的方法。

本章的学习目标是建立 CPU 这一层次的整机概念，它体现在 CPU 的逻辑组成和工作机制这两个方面。CPU 的主要功能是执行指令，控制完成计算机的各项操作，包括运算操作、传送操作、输入 / 输出操作等。作为模型计算机设计，将重点放在寄存器级，采取较简单的组成模式，以尽量简洁的设计帮助读者理解并掌握 CPU 的基本原理；与此同时，从系统构建、时序仿真到硬件实现多个层次上，能熟练掌握利用 EDA 工具完成整机设计技术及系统的软硬件调试方法，为更为实用的后续课程的学习奠定坚实的基础。

5.1 8 位模型 CPU 结构

8 位模型 CPU 的功能模块框图如图 5.1 所示。图中虚线框内部分包括运算器、控制器、程序存储器、数据存储器和微程序存储器等。实测时，它们都可以在单片 FPGA 中实现。虚线框外部分主要是输入/输出设备，包括键盘及各类显示器等人机对话设备，负责向 CPU 输入数据或向外输出数据，或利用各种设备观察 CPU 内部工作情况及运算结果。此 CPU 主要由算术逻辑单元 ALU，数据暂存寄存器 DR1、DR2，数据寄存器 R0~R2，程序计数器 PC，地址寄存器 AR，程序/数据存储器，指令寄存器 IR，微控制器 uC，输入单元 INPUT 和输出单元 OUTPUT 所组成。以下分别给予介绍。

1. 运算部件

CPU 中的运算器是由运算部件和一部分寄存器组成。运算部件的任务是对操作数进行加工处理。运算部件主要由三部分组成：

（1）输入逻辑。操作数可以来自各种寄存器，也可以来自 CPU 内部的数据线。每次运

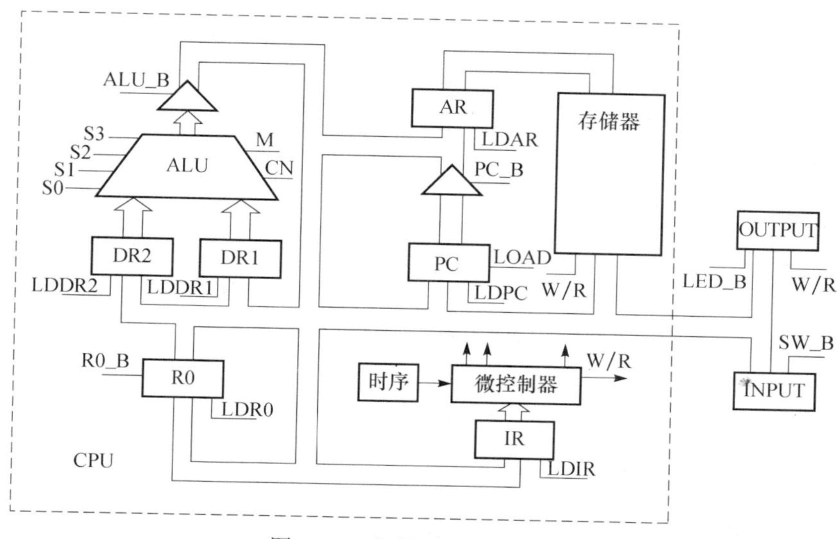

图 5.1　8 位模型 CPU 的结构

算最多只能对两个数据进行操作，所以运算部件设置了两个输入缓冲寄存器（DR1 和 DR2），分别选择两个操作数参加运算。

（2）算术/逻辑运算部件 ALU。ALU 是运算部件的核心，可根据用户需要选择具体功能，如算术运算或逻辑运算等，以完成具体的运算操作。例如若选择加法功能，则负责对两个操作数进行求和运算。两个数进行算术加时有时会产生进位，所以加法器除了具有求和逻辑以外，还提供进位信号传递的逻辑，称为进位链。

（3）输出逻辑。运算结果可以直接送往接收部件，也可以经左移或右移后再送往接收部件。所以输出逻辑往往具有移位功能。常用移位寄存器，通过移位传送实现左移、右移，并通过三态门，由控制信号 ALU_B 控制送往内部数据总线。

2. 寄存器组

计算机工作时，CPU 需要处理大量的控制信息和数据信息。例如对指令信息进行译码，以便产生相应控制命令，对操作数进行算术或逻辑运算加工，并且根据运算结果决定后续操作等。因此，在 CPU 中需要设置若干寄存器，暂时存放这些信息。在模型 CPU 中，寄存器组由 R0、R1、R2 所组成。

3. 指令寄存器

指令寄存器（IR）是用来存放当前正在执行的指令的，它的输出包括操作码信息、地址信息等，是产生微命令的主要逻辑依据。

4. 程序计数器

程序计数器（PC）也称指令指针，用来指示指令在存储器中的存放位置。当程序顺序执行时，每次从主存，即程序存储器中取出一条指令，PC 内容就被增量计数，指向下一条指令的地址。增量值取决于现行指令所占的存储单元数。如果现行指令只占一个存储单元，则 PC

内容加 1；若现行指令占了两个存储单元，那么 PC 内容就要加 2。当程序需要转移时，就要将转移地址送入 PC，使 PC 指向新的指令地址。因此，当现行指令执行完时，PC 中存放的总是后续指令的地址，将该地址送往主存的地址寄存器 AR，便可从存储器读取下一条指令了。

5. 地址寄存器

当 CPU 访问存储器时，首先需要找到要访问的存储单元，因此设置地址寄存器(AR)来存放被访单元的地址。当需要读取指令时，CPU 先将 PC 的内容送入 AR，再由 AR 将指令地址送往存储器的地址线。而当需要读取或存放数据时，也要先将该数据的有效地址送入 AR，再对存储器进行读写操作。

6. 标志寄存器

标志寄存器 F 是用来记录现行程序的运行状态和指示程序的工作方式的，标志位则用来反映当前程序的执行状态。一条指令执行后，CPU 根据执行结果设置相应特征位，作为决定程序流向的判断依据。例如，当特征位的状态与转移条件符合时，程序就进行转移；如果不符合，则顺序执行。在此后介绍的复杂模型计算机设计中就设置了二个标志位。

- 进位位 Fc：运算后如果产生进位，将 Fc 置为 1；否则将 Fc 清为 0。
- 零位 Fz：运算结果为零，将 Fz 置为 1，否则将 Fz 清为 0。

7. 微命令产生部件

表面上，计算机的工作体现为 CPU 对指令序列的连续执行。从计算机内部实现机制看，指令的读取与执行又体现为信息的传送，这相应地在计算机中形成了控制流与数据流这两大信息流。

实现信息传送要靠微命令对应的微操作的控制，因此在 CPU 中设置微命令产生部件。它们根据控制信息产生微命令序列，对指令功能所要求的数据传送进行控制，同时在数据传送至运算部件时控制完成运算处理。

微命令产生部件可由若干组合逻辑电路组成，也可由存储器单元构成的逻辑电路组成。产生微命令的方式可分为组合逻辑控制方式（这在下一章中将有所体现）和微程序控制方式两种。在本章所介绍的 8 位模型 CPU 设计中，采用微程序控制方式通过微程序控制器和微指令存储器产生微命令，因此此 CPU 属于复杂指令 CISC CPU。

8. 时序系统

计算机的工作常常是分时分步执行的，那么就需要有一种时间信号作为分步执行的标志，如周期、节拍等。节拍是执行一个单步操作所需的时间，一个周期可能包含几个节拍。这样，一条指令在执行过程中，根据不同的周期、节拍信号，就能在不同的时间发出不同的微命令，完成不同的微操作。

周期、节拍、脉冲等信号称为时序信号，产生时序信号的部件称为时序发生器或时序系统，它由一组触发器组成。由石英晶体振荡器输出频率稳定的脉冲信号，也称时钟脉冲，为 CPU 提供时钟基准。时钟脉冲经过一系列分频，产生所需的节拍（时钟周期）信号。时钟脉冲与周期、节拍信号和有关控制条件相结合，可以产生所需的各种工作脉冲。

5.2 指令系统结构及其功能的确定

计算机的性能与它所设置的指令系统有很大的关系。指令系统反映了计算机的主要属性，而指令系统的设置又与机器的硬件结构密切相关。指令是计算机执行特定操作的命令，而指令系统是一台计算机中所有机器指令的集合。通常，性能较好的计算机都设置有功能齐全、通用性强、指令丰富的指令系统，而指令功能的实现需要复杂的硬件结构来支持。因此在设计 CPU 时，首先要明确机器硬件应具有哪些功能，然后根据这些功能来设置相应指令，包括确定指令格式、寻址方式和指令类型。

5.2.1 模型机指令系统

为了实现指令系统的功能，在 CPU 中需要设置哪些类别的寄存器，设置多少寄存器，采用什么样的运算部件，以及如何为信息的传送提供通路等，都是确定 CPU 总体结构时需要考虑的问题。由于 CPU 的工作是分时分步进行的，所有操作需要严格定时控制，因此设置好时序控制信号，以便在不同的时间发出不同的微命令，控制完成不同的操作。

计算机是通过执行指令来处理各种数据的。为了指出数据的来源、操作结果的去向及所执行的操作，一条指令必须包含以下信息：

（1）操作码。它具体说明了操作的性质及功能。一台计算机可能有数十至数百条指令，每一条指令都有一个相应的操作码，计算机通过识别该操作码来完成不同的操作。

（2）操作数的地址。CPU 通过该地址就可以取得所需的操作数。

（3）操作结果的存储地址。把对操作数的处理所产生的结果保存在该地址中，以便再次使用。

（4）下一条指令的地址。执行程序时，大多数指令是按顺序依次从主存中取出执行的，只有在遇到转移指令时，程序的执行顺序才会改变。为了压缩指令的长度，可以用一个程序计数器（Program Counter，PC）存放指令地址。每执行一条指令，PC 的指令地址就自动加 1（假设该指令只有一个主存单元），指出将要执行的下一条指令的地址。当遇到执行转移指令时。则用转移地址来修改 PC 的内容。由于使用了 PC，指令中就不必明显地给出下一条将要执行指令的地址了，这一点与微指令有很大不同。

显然，—条指令实际上包括了两种信息，即操作码和地址码。操作码（Operation Code）用来表示该指令所要完成的操作（如加、减等），其长度取决于指令系统中的指令条数。

地址码则用来描述该指令的操作对象，或者直接给出操作数，或者指出操作数的存储器地址或寄存器地址（即寄存器名）。

一条指令就是计算机机器语言的一个语句，它是一组有意义的二进制代码。指令的基本格式可以如表 5.1 所示。其中操作码 OP-CODE 指明了指令的操作性质及功能，地址码则给出了操作数本身或操作数对应的地址。其中，rs 为源寄存器，rd 为目的寄存器。表 5.2 规定了寄存器操作数的格式。

表 5.1 指令的基本格式

位	7 6 5 4	3 2	1 0
功能	OP-CODE	rs	rd

表 5.2 寄存器操作数

rs 或 rd	00	01	10
选定的寄存器	R0	R1	R2

为了便于理解如何设计 CPU 的指令系统，这里设此模型机指令系统中包含五条基本指令，分为算术运算指令、存 / 取指令和控制转移指令等三种类型。其功能如表 5.3 所示。五条机器指令分别是：IN（输入）、ADD（二进制加法）、STA（存数）、OUT（输出）、JMP（无条件转移），指令格式如表 5.1 所示（高 4 位二进制数为操作码）。其中 IN 为单字长（8 位二进制），其余为双字长指令，XX H 为 addr 对应的十六进制地址码。

表 5.3 模型机指令系统及其指令编码形式

指令助记符	机器指令码	addr 地址码	功能说明
IN	80H		"INPUT"中的数据→R0
ADD addr	90H	XX H	R0+[addr] →R0
STA addr	A0H	XX H	R0 → [addr]
OUT addr	B0H	XX H	[addr] → BUS
JMP addr	C0H	XX H	addr →PC

5.2.2 拟定指令流程和微命令序列

这是计算机设计中的关键步骤，因为需要根据这一步的设计结果形成最后的控制逻辑。拟定指令流程就是将指令执行过程中的每步传送操作（寄存器间的信息传送）用流程图的形式描述出来，拟定微命令序列则是用操作时间表列出每步操作所需的微命令及其产生条件。这些工作涉及 CPU 的控制机制，是本课程需要重点了解和掌握的内容。

1. 微程序控制概念

微程序设计技术的本质是将程序设计技术和存储技术相结合，用程序设计的方法来组织微操作控制逻辑，即如编制程序那样编制微命令序列，从而使设计规范化。另一方面，将包含存储的微控制结构引入 CPU 设计，取代组合逻辑作为微操作信号发生器，这有助于减少逻辑资源的耗用。此项设计是将微命令表示为二进制代码直接存入一个高速存储器（该高速存储器即为控制存储器，简称控存，可以由 FPGA 中的 EAB 等嵌入式模块组成），只要修改所存储的代码，即微命令信息，就可修改此指令有关的功能和执行方式。

微程序控制的基本概念和名词如下：

（1）微命令和微操作。一条机器指令可以分解成一个微操作序列，这些微操作是计算机中最基本的、不可再分解的操作。在微程序控制的计算机中，将控制部件向执行部件发出的各种控制命令叫做微命令，它是构成控制序列的最小单位。例如，打开或关闭某个控制门的电平信号，对某寄存器的数据锁存的脉冲等。因此，微命令是控制计算机各部件完成某个基本微操作的命令。

微命令和微操作是一一对应的。微命令是微操作的控制信号，微操作是微命令的操作过程。微命令有兼容性和互斥性之分。兼容性微命令是指那些可以同时产生，共同完成某一些微操作的微命令；而互斥性微命令是指，在机器中不允许同时出现的微命令。兼容和互斥都是相对的，一个微命令可以和一些微命令兼容，和另一些微命令互斥。

（2）微指令和微地址。微指令是指控制存储器中的一个单元的内容，即控制字，是若干个微命令的集合，存放控制字的控制存储器的单元地址就称为微地址。

一条微指令通常至少包含两大部分信息：

- 微操作码字段，又称操作控制字段，该字段指出微指令执行的微操作；
- 微地址码字段，又称顺序控制字段，指出下一条要执行的微指令的地址。

（3）微周期。是指从控存中读取一条微指令并执行规定的相应操作所需的时间。

（4）微程序。一系列微指令的有序集合就是微程序。若干条有序的微指令构成了微程序。微程序可以控制实现一条机器指令的功能，或者说一条机器指令可以分解为特定的微指令序列。一旦机器的指令系统确定以后，每条指令所对应的微程序被设计好并且存入控存后，控存总是处于只读的工作状态。所以控存一般采用只读存储器（ROM）存放。重新设计控存内容就能增加、删除或修改机器指令系统。

在 FPGA 中通常采用嵌入式阵列块构成的 LPM_ROM 作为控存，存放微指令。

2. 微指令格式

微指令可以分为垂直型微指令和水平型微指令。垂直型微指令接近于机器指令的格式，每条微指令完成一个基本操作。水平型微指令则具有良好的并行性，每条微指令可以完成较多的基本操作。

（1）水平型微指令。一次能定义并执行多个并行操作微命令的微指令，叫做水平型微指令。水平型微指令的一般格式如下：

控制字段	判别测试字段	下址字段

控制字段相当于指令的操作码，用于识别微指令；判别测试字段用于译码生成各种微控制信号；下址字段是指出下一条要执行的微指令的微地址，这样省去了普通指令的 PC 控制电路。按照控制字段的编码方法不同，水平型微命令又可分为三种：全水平型（不译码法）微指令、字段译码法水平型微指令、直接和字段译码相混合的水平型微指令。

（2）垂直型微指令。垂直型微指令中设置操作码字段，由微操作码规定微指令的功能。垂直型微指令的结构类似于机器指令的结构。在一条微指令中只存 1~2 个微命令，每条微指令的功能比较简单。因此，实现一条机器指令的微程序要比水平型微指令编写的微程序长得多，它是采用较长的微程序结构去换取较短的微指令结构。

（3）水平型微指令与垂直型微指令的比较：

- 水平型微指令并行操作能力强，效率高，灵活性强，垂直型微指令则较差。

在一条水平型微指令中，设置有控制机器中信息传送通路以及进行所有操作的微命令，因此在进行微程序设计时，可以同时定义比较多的并行操作的微命令，控制尽可能多的并行信息传送，从而使水平型微指令具有效率高，使用灵活等优点。

在一条垂直型微指令中，一般只能完成一个微操作，控制一两个信息传送通路，因此垂直型微指令的并行操作能力低，效率也较低。

- 水平型微指令执行一条指令的时间短，垂直型微指令执行时间长。

由于水平型微指令的并行操作能力强，因此与垂直型微指令相比，可以用较少的微指令数来实现一条指令的功能，从而缩短指令的执行时间。而且当执行一条微指令时，水平型微指令的微命令一般直接控制对象，而垂直型微指令要经过译码，这就影响了执行速度。

- 由水平型微指令解释指令的微程序，具有微指令字比较长，但微程序短的特点。而垂直型微指令则相反，微指令字比较短而微程序长。

此外，水平型微指令与机器指令差别很大，一般需要对机器的结构、数据通路、控制时序以及微命令比较熟悉才能进行设计。对于设计者来说，只需掌握机器已有的指令系统就可以编写应用程序，然而某些计算机允许用户自行设计指令并扩充指令系统，此时就会涉及微程序是否容易编写的问题。

实际上，水平型和垂直型微指令两者之间并无明显的界限。一台机器的微指令也往往不局限于一种类型的微指令。混合型微指令兼有两者的特点，它可以采用不太长的微指令又具有一定的并行控制能力，但微指令格式相对复杂。

3. 模型机的微指令

本章介绍的模型机 CPU 的微指令采用水平型微指令，共 24 位，由操作控制字段和下址字段组成。编码时将微操作控制字段划分为若干个小字段，每个小字段独立译码，每个码表示一个微命令。其微指令结构如表 5.4 所示。

表 5.4 24 位微代码定义

24	23	22	21	20	19	18	17	16	15 14 13	12 11 10	9 8 7	6	5	4	3	2	1
S3	S2	S1	S0	M	Cn	WE	A9	A8	A	B	C	uA5	uA4	uA3	uA2	uA1	uA0
操作控制信号									译码器	译码器	译码器	下址字段					

微指令的功能及表 5.5 中 A、B、C 各字段功能说明如下：

（1）S3、S2、Sl、S0：由微程序控制器输出的对 ALU 功能进行选择的信号，以控制执行 16 种算术操作与 16 种逻辑操作中的某一种操作。

（2）M：微程序控制输出的 ALU 操作方式选择信号。M=0 执行算术操作，M=1 执行逻辑操作。

（3）Cn：微程序控制器输出的进位标志信号。Cn=0 表示 ALU 运算时最低位无进位，Cn=1 则表示有进位。

（4）WE：微程序控制器输出的对外部 RAM 进行读写的控制信号。WE=0 为存储器读，WE=1 为存储器写。

（5）A9、A8：译码后产生读外设允许控制信号 SW_B、RAM 数据读入总线控制信号 RAM_B 和输出允许控制 OUT_B。

（6）A 字段（15、14、13）：译码后产生与总线相连接的各单元的输入选通信号

（表 5.5）。

（7）B 字段（12、11、10）：译码后产生与总线相连接的各单元的输出选通信号。

（8）C 字段（9、8、7）：译码后产生分支判断测试信号 P(1)~P(4)和 LDPC 信号。

（9）uA5~uA0：微程序控制器的微地址输出信号，是下一条要执行的微指令的微地址。

表 5.5 A、B、C 各字段功能说明

A 字段				B 字段				C 字段			
15	14	13	选择	12	11	10	选择	9	8	7	选择
0	0	0		0	0	0		0	0	0	
0	0	1	LDRi	0	0	1	RS_B	0	0	1	P(1)
0	1	0	LDDR1	0	1	0	RD_B	0	1	0	P(2)
0	1	1	LDDR2	0	1	1	RJ_B	0	1	1	P(3)
1	0	0	LDIR	1	0	0	SFT_B	1	0	0	P(4)
1	0	1	LOAD	1	0	1	ALU_B	1	0	1	LDAR
1	1	0	LDAR	1	1	0	PC_B	1	1	0	LDPC

4. 微指令的执行方式

执行一条微指令的过程类似于机器指令的执行过程。首先，将微指令从控存中取出，称为取微指令。然后，执行微指令所规定的各个微操作。根据微指令的执行方式可分为串行执行和并行执行两种方式。

5. 时序安排

由于 CPU 的工作是分步进行的，而且需要严格定时控制，因此设置时序信号，以便在不同的时间发出不同的微命令，控制完成不同的操作。组合逻辑控制方式和微程序控制方式在时序安排上有所区别，前者多采用三级时序划分，而后者往往采用两级时序。

6. 拟定指令流程和微命令序列

这是设计中关键的步骤，因为需要根据这一步的设计结果形成最后的控制逻辑。拟定指令流程是将指令执行过程中的每步传送操作(寄存器之间的信息传送)，用流程图的形式描述出来；拟定微命令序列是用操作时间表列出每步操作所需的微命令及其产生条件。

7. 形成控制逻辑

采用组合逻辑控制方式或采用程序控制方式，有各自不同的设计方法。在组合逻辑控制方式中，纯粹由逻辑单元构成控制器的核心逻辑电路；而在微程序控制方式中，则是根据微命令来编写微指令，组成微程序，从而形成以控制存储器为核心的控制逻辑。

5.2.3 微程序设计方法

图 5.2 是一个具有五条指令 IN、ADD、STA、OUT 和 JMP 指令的微程序流程图。方

框代表基本的微操作，菱形框为分支判断框。每条指令都是由不同微操作来完成的，微操作的数量各不相同，因此每条指令所需的执行时间也是不同的。以下分别介绍各指令的功能和微操作流程。

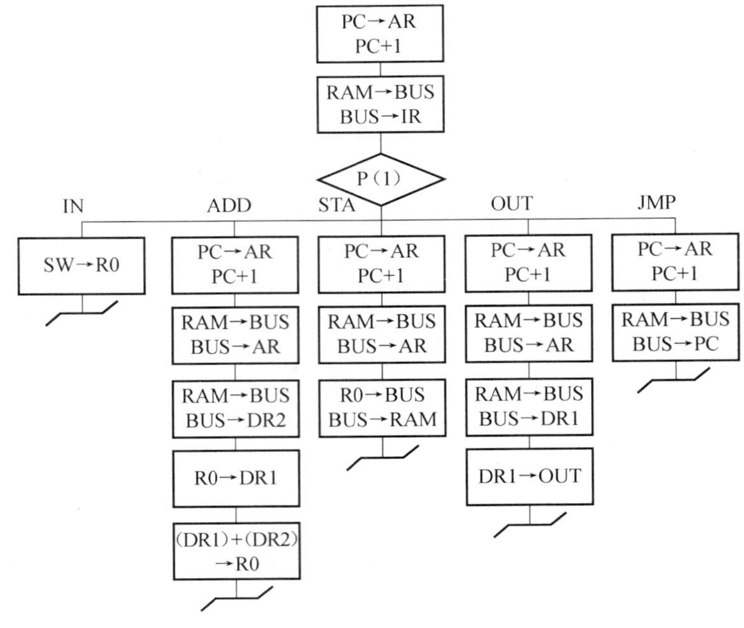

图 5.2 微程序流程图

1. IN 指令

为了执行输入指令，CPU 要做两件事情。首先控制开关 SW，允许 INPUT 输入装置将数据送到数据总线上，其次通过总线将输入的数据写入寄存器 R0 中。这其中包括两个步骤，即 BUS←SW 和 R0←BUS。由于输入到数据总线上的数据就是要写入寄存器的数据，因此可以将这两个操作合并成一个操作：R0←SW。

执行完输入指令的整个周期后，程序返回到取指令周期，开始取下一条指令。

2. ADD 指令

加法指令执行的操作是将寄存器 R0 的内容与存储单元内容相加后，存回寄存器 R0：

R0←R0+（MEM）

执行加法运算时，需要分别将 R0 的内容送寄存器 DR1，将存储单元的内容送 DR2；而在 ALU 中进行加法运算后，将运算结果写回到寄存器 R0。而存储单元的地址是存放在紧跟在操作码后的字节当中的，因此，首先要以该字节的内容为地址，即将该单元内容送地址寄存器 AR；然后，从 AR 所指向的 RAM 存储单元取出操作数送给 DR2。由于在取指令操作码时，PC 已经自动加 1，指向下一字节，该地址就是存放需要做加数的操作数的存储单元的地址。于是通过执行以下三步骤，可以从存储器中取出操作数送到 DR2：

AR←PC，PC←PC+1　　　　；以 AR 的内容作为取操作数的地址
BUS←RAM，AR←BUS　　　　；AR 指向存放操作数的 RAM 单元
BUS←RAM，DR2←BUS　　　　；RAM 中的数据通过 BUS 送 DR2

将 R0 中的数据送 DR1，即

DR1←R0

在 ALU 中进行加法运算，运算结果送 R0，即

R0←（DR1）+（DR2）

3. STA 指令

向 RAM 写数据操作的 STA 指令已紧跟在操作码后的字节作为存放操作数的地址，将 R0 中的数据存入该地址单元。首先将紧跟在操作码后的字节的内容送地址寄存器 AR：

AR←PC，PC←PC+1　　　　；以 PC 的内容作为存数据的地址
BUS←RAM，AR←BUS　　　　；AR 指向存放操作数的 RAM 单元

然后将 R0 的内容写入该地址的 RAM 单元中：

BUS←R0，RAM←BUS

4. OUT 指令

输出指令 OUT，以紧跟在操作码后的字节作为读出数据的地址，将该单元的内容通过 DR1 输出到 OUT 端口。首先将紧跟在操作码后的字节的内容送给地址寄存器 AR：

AR←PC，PC←PC+1　　　　；以 PC 的内容作为取数据的地址
BUS←RAM，AR←BUS　　　　；AR 指向存放操作数的 RAM 单元

然后将 RAM 单元的内容读出到 DR1，并送往输出端口 OUT：

BUS←RAM，DR1←BUS
OUT←DR1

5. JMP 指令

无条件转移指令 JMP，以紧跟在操作码后的字节的内容作为转移地址。将该字节的内容送给程序计数器 PC，实现程序的转移：

AR←PC，PC←PC+1　　　　；以 PC 的内容作为取数据的地址
BUS←RAM，PC←BUS　　　　；将 RAM 内容送 PC，实现程序转移

将每一条指令的微操作编辑在一起，就得到全部指令的微程序流程图，如图 5.2 所示。

5.3 CPU 硬件系统设计

在这一节中，将采用 EDA 技术在 FPGA 中硬件实现此 8 位模型 CPU。工程的顶层文件用直观的原理图来表述，设计过程将通过以下步骤来完成。

（1）用图形编辑工具设计模型 CPU 的顶层电路原理图。

（2）根据微程序的微操作，对于所需的控制信号，确定微指令，并确定微地址。

（3）微程序流程图按微指令格式转化为“二进制微代码表”。

（4）设计控制存储器 LPM_ROM。

（5）对模型 CPU 的整机硬件电路进行编译、波形仿真和调试。

（6）根据仿真波形，查找故障原因，排除故障，重新编译。

（7）将编译通过的电路和应用程序下载到实验系统上的 FPGA 中，在实验台上单步跟踪微程序的执行过程。

（8）最终完成模型 CPU 的硬件电路设计和应用程序及微程序的设计和调试。

5.3.1 CPU 顶层设计

根据图 5.1 所示的 CPU 结构框图，在 Quartus II 环境下用图形编辑工具，将第 4 章中所介绍的基本功能模块，通过内部总线 BUS 和控制电路连接起来，就得到了 8 位 CPU 的整机电路图，如图 5.3 所示。顶层全部用原理图表述，其中的各模块及内部各部件都尽量使用原理图模块或 LPM 宏模块。但为了获得本项设计所希望的功能，其中的 ALU（名称是 ALU181A）是用 Verilog HDL 代码表述的。图 5.3 中的算术与逻辑运算模块 ALU_MD、寄存器和数据通路模块 REGS_MD 和微程序控制模块 uPC 的内部电路原理图分别示于图 5.4、图 5.5 和图 4.10 中。

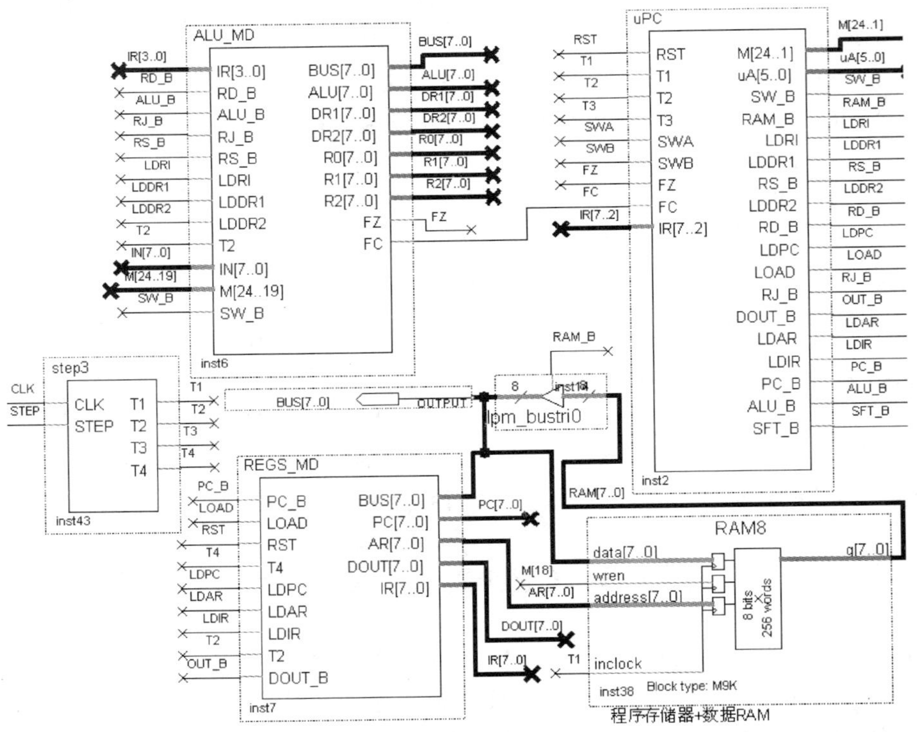

图 5.3　8 位模型机 CPU 的顶层设计电路原理图

顶层设计图 5.3 显示，电路的程序存储器和数据存储器采用统一编址，即程序存储器和数据存储器共用一个存储器。存储器用 LPM_RAM 模块，其数据线为 8 位，地址线也为 8 位。存储器的数据输入端直接与内部总线相连，数据输出端则通过三态缓冲器与内部总线相连，地址总线来自于 REGS_MD 模块中的地址寄存器 AR。其中 REGS_MD 模块输出的 PC[7..0]是用于测试的，不与其他任何功能模块相连。图 5.3 中的 STEP3 模块内部电路如图 4.21 所示，它用于产生程序运行时所需的时钟节拍。

1. 主要功能模块电路结构介绍

ALU_MD 模块的电路图见图 5.4，其中 ALU181A 模块的 Verilog 代码是例 4.1。此 ALU 的两个 8 位数据输入端的数据暂存器 DR1 和 DR2，是用 LPM 模块数据锁存器 LPM_LATCH 构成，分别为 ALU 提供两个操作数。由图 5.4 还可以看到，数据寄存器组由 REG0_2 模块内 R0、R1 和 R2 组成（内部电路如图 5.6 所示），它们主要用于存放源操作数 Rs、目的操作数 Rd、运算结果和输入/输出数据。数据寄存器的输入端与内部总线 BUS[7..0]相连，数据输出端通过三态门与数据总线相连，寄存器的读/写控制信号来自于微程序控制模块 uPC。图 5.4 中的 LDR0_2 内部的电路如图 4.18 所示，已在第 4 章中作了介绍。

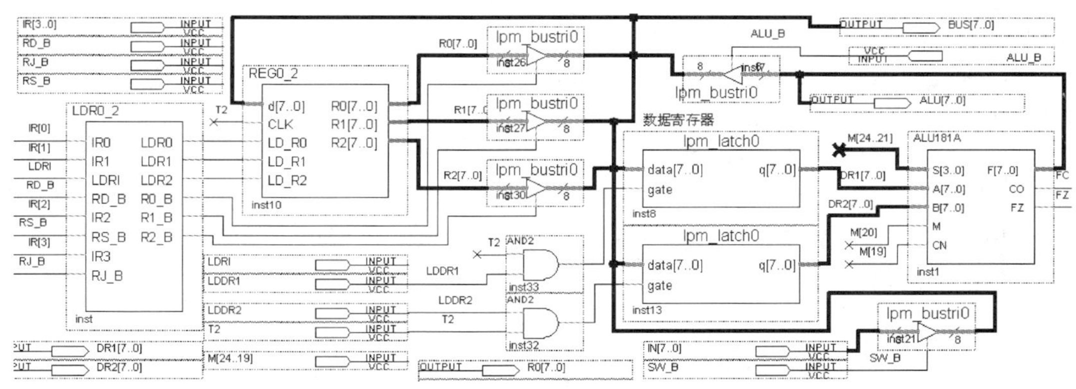

图 5.4 图 5.3 的顶层设计中模块 ALU_MD 内部的电路原理图

REGS_MD 模块电路图（图 5.5）中的地址寄存器 AR 向存储器提供地址信号，AR 调用 LPM_LATCH 实现，模块中的其他寄存器，即指令寄存器 IR 和输出锁存器也都采用相同形式的锁存器担任；程序计数器 PC 是用 LPM 的可预置计数器担任的。其中异步时序复位端 RST，高电平时将 PC 清零，低电平时允许计数器工作；CLK 为计数时钟，由来自 uPC 模块的 LDPC 和 T4 通过一个与门共同控制；数据预置同步加载控制端为 LOAD，当 LOAD 端为低电平时，计数器正常计数；当 LOAD 端为高电平时，且时钟有效时向计数器加载数据。数据输入端 d[7..0]直接与内部总线 BUS[7..0]连接，数据输出端 q[7..0]通过三态门与内部总线相连。

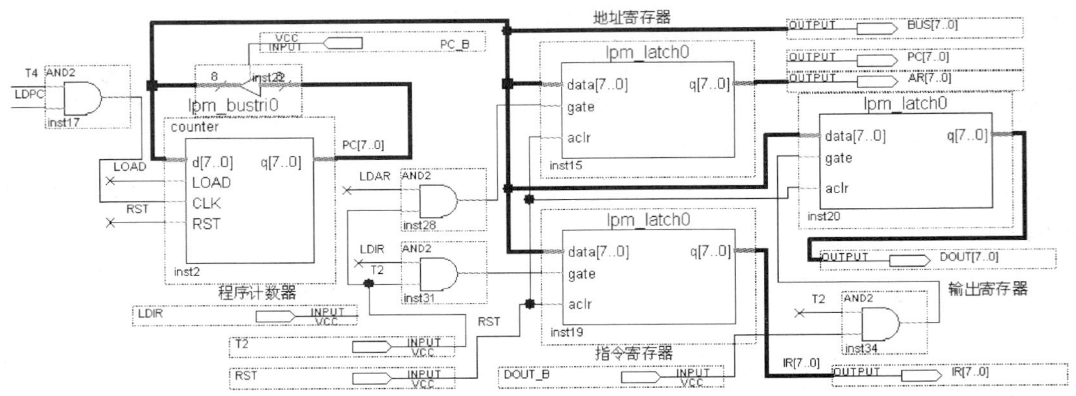

图 5.5 图 5.3 的顶层设计中模块 REGS_MD 内部的电路原理图

图 5.6 中的微程序控制器模块 uPC 是模型 CPU 中的重要部件。其中包括微地址控制模块 uI_C，即分支转移控制电路（内部电路：图 4.15）、微指令 ABC 字段译码电路模块 decoder_A_B_C（内部电路：图 4.11、图 4.12、图 4.13）、微操作译码器 decoder_D（内部电路：图 4.14）、微地址寄存器 uA_reg（内部电路：图 4.16）等。微程序控制器与外界的联系信号主要有 24 位微指令 M[24..1]、指令寄存器输出信号 IR[7..0]、操作台功能选择信号 SWA 和 SWB、分支转移及进位标志信号 FC 和 FZ，以及大量用于微控制的控制信号。译码器 decoder_A、decoder_B、decoder_C 的作用是对 24 位微指令中的 A、B、C 字段进行指令译码。A 字段译码后输出的信号主要用于控制向寄存器或锁存器输入数据；B 字段译码后输出的信号主要用于控制运算器、寄存器或锁存器，并通过三态门向内部数据总线输出数据；C 字段译码后输出的信号主要用于指令分支判断。decoder_D 译码器是对 24 位微指令中的第 16 位和第 17 位进行指令译码，产生对输入装置 SW、存储器 RAM、输出装置 LED 的输出允许控制信号。

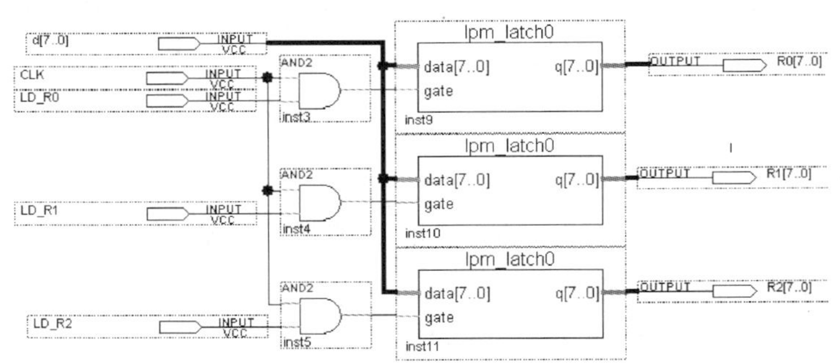

图 5.6 图 5.4 中 REG0_2 内部的电路图

uPC 模块的输入信号 SWA、SWB，是用于操作台工作方式选择控制的。在此设定为：当（SWB，SWA）=00 时，可以通过操作控制台键盘，从存储器中读出数据；当（SWB、SWA）=01 时，可以通过操作控制台键盘，向存储器中写入数据；当（SWB，SWA）=11 时，可以通过操作控制台上的 STEP 键，执行程序。

2. REGS_MD 模块时序性能仿真测试

在第 3 章、第 4 章中已经把图 5.3 模型机中一些基本模块和底层电路的结构与时序特性作了介绍。由于过于局部，尚无法从整体上了解模型机的时序性能。以下首先对图 5.3 中的三个主功能模块的主要功能和时序性能作一些仿真测试研究，为最后介绍的模型机整机功能的测试与了解做一些铺垫工作。

首先研究 REGS_MD 模块。为了模拟与外界总线的通信联系，为此模块增加了一个受三态控制门控制的、来自外部 RAM 的数据总线。将图 5.5 修改后的电路示于图 5.7。

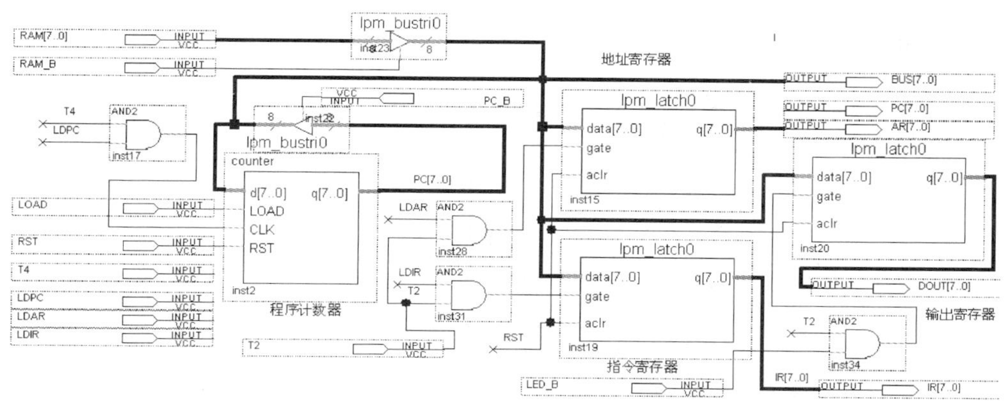

图 5.7 加了 RAM 数据线的 REGS_MD 模块的电路原理图

对于 REGS_MD 模块测试的重点是了解其 PC 在常规情况下的增值，及在执行转跳指令时的 PC 值变化时序。图 5.8 给出了相应的时序波形情况，注意其中的激励信号。

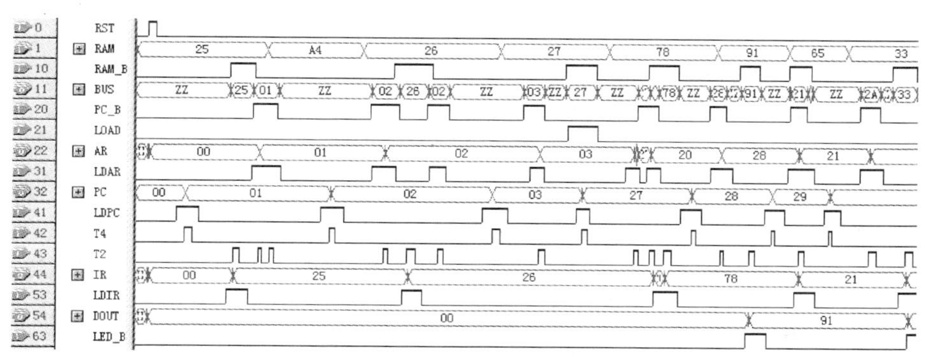

图 5.8 测试图 5.7 电路的时序仿真波形图

从图 5.8 可以看出，当加载允许控制 LOAD 为 0 时，每当 LDPC 和 T4 同时出现脉冲时，PC 就加 1，而地址寄存器 AR 的数据也将跟随 PC，但时序上要落后 PC；这可以看成是 CPU 在执行正常指令时的情况，因为 AR 将为下一条指令的出现作地址准备。

而当 PC=03 快结束前，RAM_B 出现的高电平将 RAM 中的数据 27 读到总线 BUS 中，与此同时 LOAD 出现了高电平，之后 LDPC 和 T4 同时出现脉冲，脉冲没有像常规那样为

PC 加 1，而是将总线上的 27 锁入 PC，此后 PC 将在 27 基础上加 1，实现了分支转移。

从波形图可以看出 AR 地址的获得途径：PC_B 高电平时，PC 值进入总线，而此时 LDAR 和 T2 脉冲的出现，将总线上的 PC 值锁入地址寄存器 AR 中。

通过图 5.8 还能看到 RAM 通过总线将指令 78 读入指令寄存器的时序过程，以及看到 RAM 通过总线将数据 91 输出的时序过程。相关的详细分析都留给读者。

3. ALU_MD 模块时序性能仿真测试

为了便于仿真测试，ALU_MD 模块也增加了与图 5.7 类似的电路。修改后的电路如图 5.9 所示，它对应的仿真波形图如图 5.10 所示。

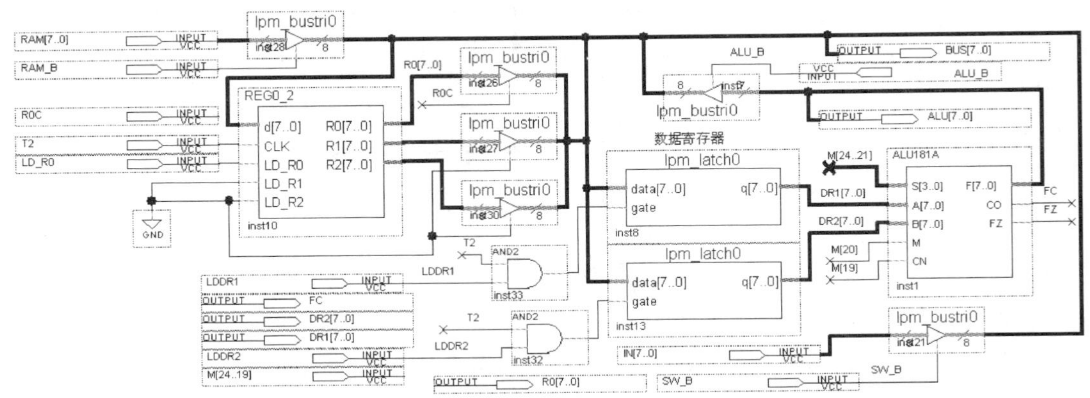

图 5.9 加了 RAM 数据线的 ALU_MD 模块的电路原理图

对 ALU_MD 模块的测试主要是对 ALU181A 的功能选择控制、功能实现及数据传输的测试。

图 5.10 给出的波形告诉读者 ALU_MD 模块进行的一次加法运算时序过程。即将 RAM 中的数据 D5 与来自外部输入的 56 进行相加，其和放到寄存器 R0 的过程。

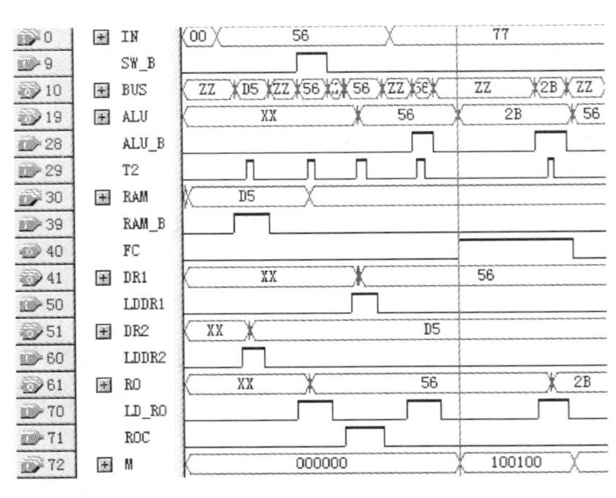

图 5.10 测试图 5.9 电路的时序仿真波形图

首先 RAM_B 脉冲将 RAM 输出的 D5 送入总线，几乎同时 LDDR2 与 T2 脉冲将此数锁入数据寄存器 DR2；之后，SW_B 信号的高电平将 IN 端口的数据 56 送入总线，随即随 LD_R0 和 T2 脉冲的出现被送入寄存器 R0；之后在 ROC、LDDR1 和 T2 脉冲的作用下被锁入寄存器 DR1。注意此时 ALU 并没有将已在 DR1 和 DR2 中的数据作加法。ALU 是直到 M[24..19]=100100 的出现，才选择作加法运算的（100100 符合 ALU181A 作加法的设计控制）。此时时序图的 ALU 即可输出 2B，且进位 FC 出现高电平。显然，

D5H+56H=12BH。之后，ALU_B 将计算数据 2B 送入总线，而 LD_R0 和 T2 脉冲将总线上的 2B 锁入 R0 寄存器中。

4. uPC 模块时序性能仿真测试

为了测试 uPC 模块，也作了一点改动，改动后的电路如图 5.11 所示，其仿真波形是图 5.12。从图中可以看到，随着指令寄存器中数据，及 T1、T2 脉冲的出现，从微程序存储器中输出了 24 位微指令码，同时微地址寄存器也根据 M 的低 6 位下址段及来自 uI_C 模块的 SE 而输出了相应的微地址 uA[5..0]。其实，在此微程序存储器中已根据表 5.6 的数据安排预先存入的微程序代码。所以可以将图 5.12 与表 5.6 对照起来看。

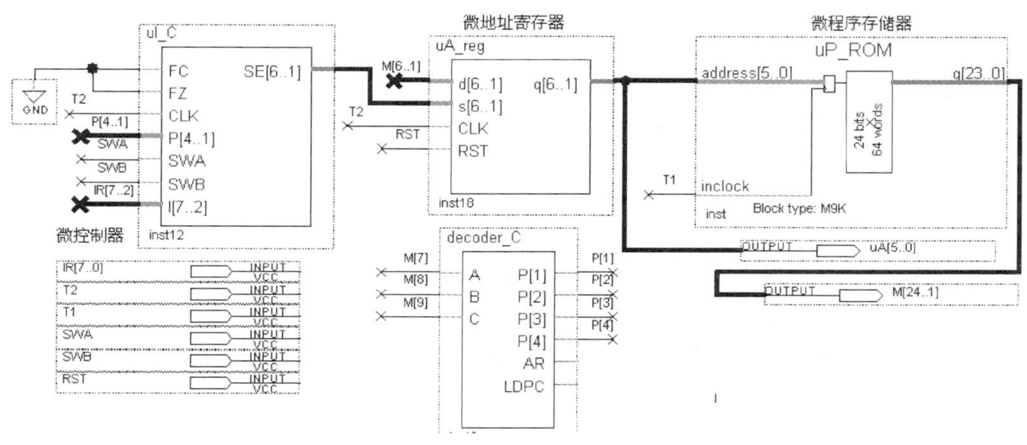

图 5.11 uPC 模块的测试电路图

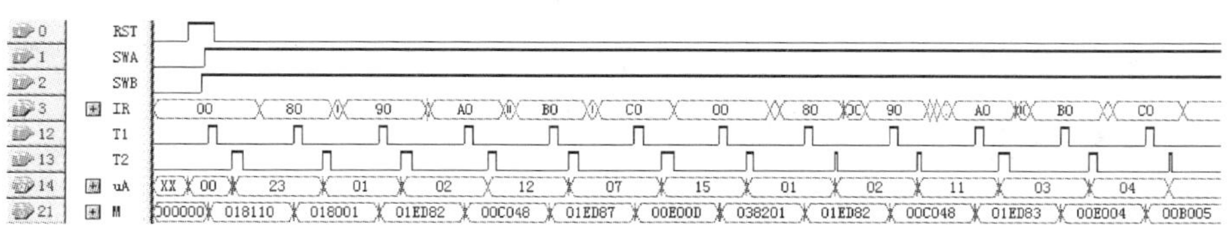

图 5.12 测试图 5.11 电路的时序仿真波形图

表 5.6 微代码表

微地址	微指令	S3	S2	S1	S0	M	CN	WE	A9	A8	A	B	C	uA5～uA0
0 0	018110	0	0	0	0	0	0	0	1	1	000	000	100	010000
0 1	01ED82	0	0	0	0	0	0	0	1	1	110	110	110	000010
0 2	00C048	0	0	0	0	0	0	0	0	1	100	000	001	001000
0 3	00E004	0	0	0	0	0	0	0	0	1	110	000	000	000100
0 4	00B005	0	0	0	0	0	0	0	0	1	011	000	000	000101
0 5	01A206	0	0	0	0	0	0	0	1	1	010	001	000	000110
0 6	919A01	1	0	0	1	0	0	0	1	1	001	101	000	000001
0 7	00E00D	0	0	0	0	0	0	0	0	1	110	000	000	001101
1 0	001001	0	0	0	0	0	0	0	0	0	001	000	000	000001

续表

微地址	微指令	S3	S2	S1	S0	M	CN	WE	A9	A8	A	B	C	uA5～uA0
1 1	01ED83	0	0	0	0	0	0	0	1	1	110	110	110	000011
1 2	01ED87	0	0	0	0	0	0	0	1	1	110	110	110	000111
1 3	01ED8E	0	0	0	0	0	0	0	1	1	110	110	110	001110
1 4	01ED96	0	0	0	0	0	0	0	1	1	110	110	110	010110
1 5	038201	0	0	0	0	0	1	1	1	0	000	001	000	000001
1 6	00E00F	0	0	0	0	0	0	0	0	1	110	000	000	001111
1 7	00A015	0	0	0	0	0	0	0	0	1	010	000	000	010101
2 0	01ED92	0	0	0	0	0	0	0	1	1	110	110	110	010010
2 1	01ED94	0	0	0	0	0	0	0	1	1	110	110	110	010100
2 2	01A018	0	0	0	0	0	0	0	1	1	010	000	000	011000
2 3	018001	0	0	0	0	0	0	0	1	1	000	000	000	000001
2 4	002017	0	0	0	0	0	0	0	0	0	010	000	000	010111
2 5	010A01	0	0	0	0	0	0	0	1	0	000	101	000	000001
2 6	00D181	0	0	0	0	0	0	0	0	1	101	000	110	000001
2 7	068A11	0	0	0	0	0	1	1	0	1	000	101	000	010001
3 0	010A10	0	0	0	0	0	0	0	1	0	000	101	000	010000

例如当微指令 uA[5..0]=12（八进制），即指出下一条微指令在 ROM 中的地址后，在 T1 脉冲作用下，ROM 输出了微指令码 01ED87（末 6 位等于 07）；之后分别对应 uA[5..0]=07、15，M 分别输出 00E00D（末 6 位等于 15）和 038201。对照表 5.6，显然完全一致。

5.3.2 取指令和指令译码

一条指令运行过程可以分为三个阶段，即取指令阶段、分析取数阶段和执行阶段。

1. 取指令阶段

在取指令阶段中完成的任务是将现行指令从主存中取出来并送至指令寄存器中。具体的操作如下：

（1）将 PC 中的内容送至存储器地址寄存器(AR)，由此送往地址总线。

（2）PC 的内容递增，为取下一条指令做好准备。

（3）由控制单元经控制总线向存储器发读命令。

（4）从主存中取出的指令通过数据总线送到指令寄存器(IR)中。

以上这些操作对任何一条指令来说都是必须要执行的操作，所以称为公共操作。完成取指阶段任务的时间称为取指周期，图 5.13 给出了在取指周期中 CPU 各部分的工作流程。

图 5.13 左侧的图是将微指令和微地址分别标注于每一对应微操作框图的结果，这样就可以根据这些数据编辑微程序和设计微代码表。图 5.13 右侧的图是操作台微指令流程图。

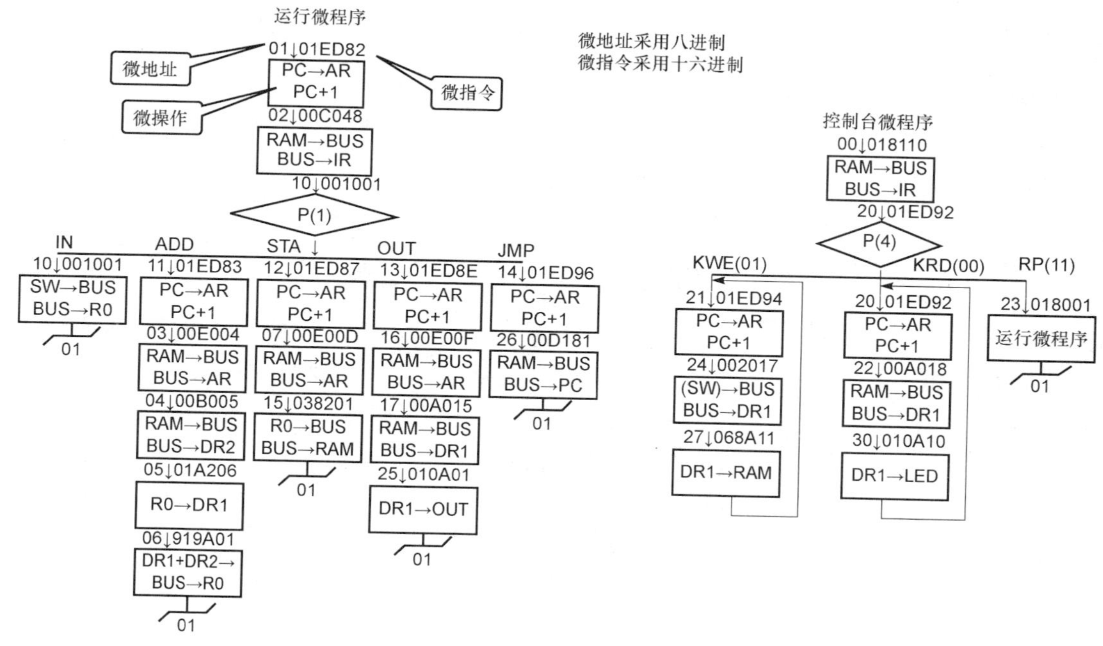

图 5.13 微程序及微指令流程图

2. 分析取数阶段

取出指令后，指令译码器 ID 可识别和区分出不同的指令类型。此时计算机进入分析取数阶段，以获取操作数。由于各条指令功能不同，寻址方式也不同，所以分析取数阶段的操作也各不相同。以下是一条指令运行接下去的流程：

（5）指令寄存器（IR）中的内容送指令译码器（ID）进行指令译码。

（6）指令译码器（ID）的内容送操作控制器。

（7）操作控制器根据微程序产生执行指令的微控制。

对于无操作数指令，只要识别出是哪条具体的指令，即可直接转至执行阶段，而无需进入分析取数阶段。对于带操作数指令，为读取操作数首先要计算出操作数的有效地址。如果操作数在通用寄存器内，则不需要再访问主存；如果操作数在主存中，则要到主存中去取数。对于不同的寻址方式，有效地址的计算方法是不同的，有时要多次访问主存才能取出操作数，即间接寻址。

此外，对于单操作数指令和双操作数指令，由于需要的操作数的个数不同，分析取数阶段的操作也不同。

3. 执行阶段

执行指令阶段就是完成指令规定的各种操作。执行阶段完成任务的时间称为执行周期。计算机的基本操作过程就是取指令、取操作数、执行指令，然后再取下一条指令……如此周而复始，直至遇到停机指令或外来的干预为止。

5.3.3 设计微代码表

如图 5.13 所示的微程序流程图是根据每条指令的微操作流程所绘制的，操作框内给出的是该微操作要执行的动作。当拟定“取指”微指令时，该微指令的判别测试字段为 P(1)测试，根据 P(1)的测试结果将出现多路分支（对应不同指令的分支）。由于操作码的位数已在表 5.1 中确定为 4 位，所以可直接将操作码与微地址码的部分对应。本节介绍的模型机用指令寄存器 IR 的高 4 位（IR7~IR4）与微地址码的后 4 位对应。模型机的微地址码共有 6 位，微地址码的高 3 位已固定为 001，低 3 位从 000~111 共有八种状态，现设计了五条指令，需要五个分支入口，因此，将低 3 位中的 000B~100B 这五个地址分配给这五条指令，就得到五个分支入口微地址。这五个分支入口（以八进制表示）分别是 10、11、12、13 和 14，占用五个固定的微地址单元。其余的微操作单元的微地址，可以将还未使用的微地址按照从小到大的顺序依次分配给这些微操作单元，微地址的分配情况见图 5.13。微地址标注在每个微操作框的左上角，右上角标注的是微指令码。

指令的设计过程可以归纳如下：

（1）画微指令流程图。根据每条指令的功能及操作步骤，画微程序流程图，每条指令对应一个微程序。

（2）确定微地址。先确定分支处的微地址，然后确定其他后续操作的微地址。

（3）确定微指令。根据微指令流程图中每一个步骤所需操作控制信号和下地址，确定微指令代码。

微指令代码的设计方法是，首先设计如表 5.6 所示的微代码空表，然后逐项确定其中内容。步骤如下：

（1）填写微地址。从 00 开始，按顺序依次填写表中的第 1 列微地址（八进制）。

（2）确定下地址 uA5~uA0。根据微指令流程图中设定的微地址，将每一条微指令的下一条微指令的微地址填入该微指令的 uA5~uA0 栏内。

（3） 确定操作控制信号。根据表 5.4 和表 5.5 中规定的 24 位微代码的定义，确定每一条微指令的操作控制信号字段和 A、B、C 译码字段，将控制信号的编码填入表中对应栏内。

（4） 确定微指令码。将已确定的 24 位微代码转换成十六进制形式，写入表中第 2 列微指令栏内，并将其标注在微程序流程图每一个微操作框的右上角。

这样就得到了前面图 5.13 所示完整的微程序流程图和表 5.6 所示的微代码表。

根据微代码表，将微指令码写成存储器初始化文件（.mif），并将其放在 uPC 模块中的 LPM_ROM 中，就能在该 CPU 的指令系统范围内设计各种应用程序。例如，此 CPU 设定的指令系统共由五条指令组成，则应用程序可以由这五条指令中的任何几条指令组成。

5.3.4 建立数据与控制通路

图 5.14 是 8 位模型机 CPU 的数据通路框图，主要由运算器 ALU、控制器、存储器和

输入/输出装置组成，它们通过内部的数据总线相互连接起来。图 5.14 中，ALU 为运算器；DR1 和 DR2 为其输入端的两个暂存寄存器；R0 是数据寄存器，用来保存数据和运算结果；PC 为程序计数器；IR 和 ID 分别为指令寄存器和指令译码器；AR 和存储器分别为地址寄存器和存储数据的模块；INPUT 为输入装置；OUTPUT 为输出装置。

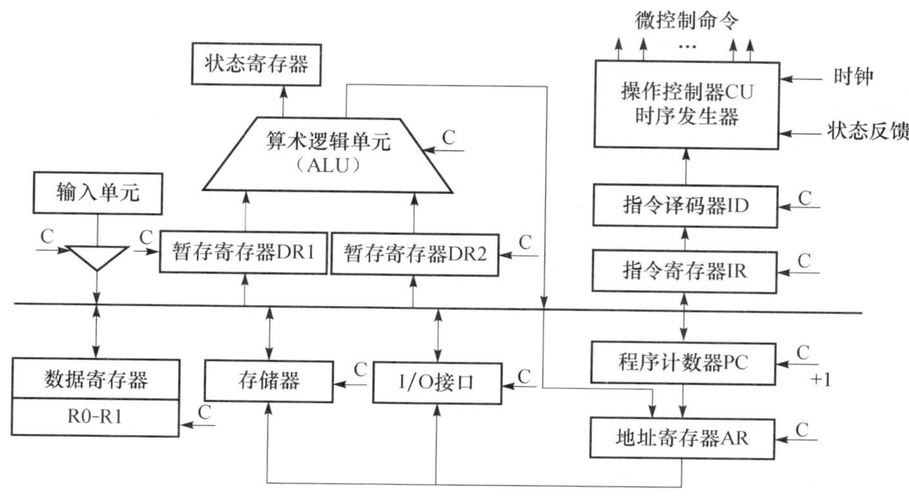

图 5.14 模型机 CPU 的数据通路框图

各基本单元模块的输出端通过三态门控制与数据总线相连接；微控制器按照时序发生器的节拍，对指令进行译码后产生同步的控制信号。各部件旁边的 C 表示由微指令译码器输出的控制信号，用于控制数据的输入和输出。

在图中与数据总线相连的信号有些是单向的，有些则是双向的。如数据寄存器、存储器、I/O 接口的数据信号是双向的，而指令信号、地址信号、控制信号是单向的。在实际情况中，FPGA 中双向端口元件的表述方法是：输入和输出端口采用了两个不同的端口，这时各基本元件的输出端口不能直接与内部总线连接在一起，否则会发生数据冲突，而是需要通过三态门控制以后再连接到总线上。在向总线输出数据时，不能同时有两路或两路以上数据一起输出，否则会发生数据冲突。因此在设计微程序，确定微操作时，应注意数据传输中控制信号对时序的要求，不能发生总线数据冲突的现象。

5.3.5 控制执行单元

如图 5.15 所示，微程序控制器主要由控制存储器 ROM、微指令寄存器 uIR 和微指令地址形成部件 uAR 三部分组成。

前文已经介绍了控制存储器是用于存放指令系统所对应的全部微程序的，其字长由控制命令的多少、微指令的编码格式及下地址字段的宽度而定（对应此模型机，取 24 位）。微指令寄存器（uIR）用来存放从控制存储器读出的一条微指令的信息，由下地址字段和控制字段构成。下地址字段指出将要执行的下一条微指令的地址，控制字段则保存一条微指

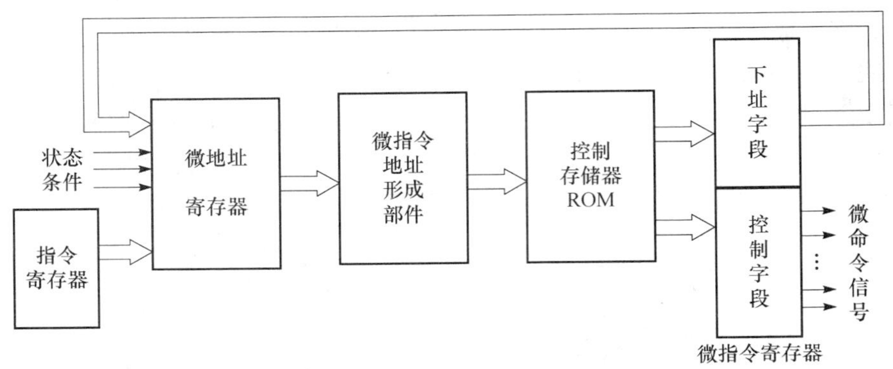

图 5.15 微程序控制的基本模块与控制流程

令中的操作控制命令。微指令地址形成部件又称微指令地址发生器，用来形成将要执行的下一条微指令的地址，简称微地址。

一般情况下，下一条微指令的地址由上一条微指令的下地址字段直接决定。但当微程序出现分支时，将由状态条件的反馈信息去形成转移地址。当取指令公共操作完成后，可以用操作码去产生执行阶段的微指令入口地址。

5.3.6 在模型机中运行软件

以下将以表 5.3 的指令编码形式编写一段程序（表 5.7），作为此模型机运行的示例程序。以下仅对程序中的指令 IN 和指令 ADD 进行分析，来了解此模型机执行指令的过程。

1. 输入指令 IN 的执行过程

表 5.7 中的第一条指令 IN 是一条输入指令，指令周期如图 5.16 所示。它需要两个 CPU 周期，其中取指令阶段需要一个 CPU 周期，执行指令阶段又需要一个 CPU 周期。

表 5.7 示例程序：模型机的指令及编码形式

地 址	内容（十六进制）	助记符	说 明
00H	80	IN R0	“INPUT” → R0，键盘输入数据
01H	90	ADD [0AH]	[R0]+[0AH] → R0，作加法后结果送 R0
02H	0A		
03H	A0	STA [0BH]	[R0] → [0BH]，将 R0 的内容送 RAM 的 0B 单元
04H	0B		
05H	B0	OUT [0BH]	[0BH] “OUTPUT”，显示输出数据
06H	0B		
07H	C0	JMP [08H]	[09H] → PC ，以[08H]内容为转移地址
08H	00		
09H	00		
0AH	D5	DB D5H	被加数（自定）
0BH	AC		此地址将放求和结果，但此时的数据是 AC

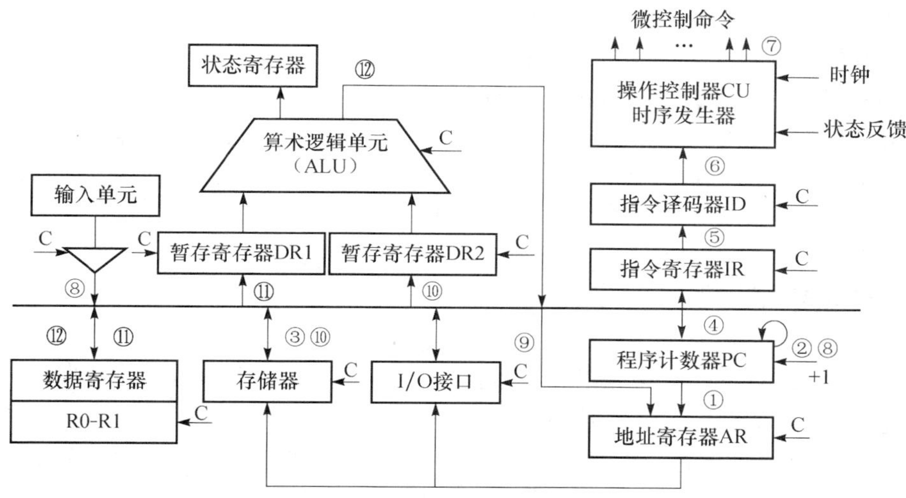

图 5.16　IN 指令的执行过程

（1）取指令阶段 CPU 的动作如下：

① 将程序计数器 PC 的内容 00H 装入地址寄存器 AR。

② PC 的内容加 1，变成 01H，为取下一条指令做好准备。

③ 地址寄存器 AR 指向内存 00H 单元，取出此单元中的内容，即指令码或操作码：80H，传送到数据总线。

④ 来自 00H 单元的内容 80H 从总线传送到指令寄存器 IR。

⑤ IR 中的内容送到指令译码器 ID 进行译码。

⑥ 译码结果送操作控制器（时序发生器）。

⑦ 操作控制器识别出是一个输入指令，于是输出控制命令。取指令阶段在此结束。

（2）执行指令阶段 CPU 的动作如下：

⑧ 操作控制器送出控制信号给输入单元，打开输入三态门，输入数据送到数据总线。

⑨ 将输入的数据送数据寄存器 R0。至此，IN 指令执行完毕。

2. 加法指令 ADD 的执行过程

表 5.7 中的第二条指令 ADD 是一条访问内存指令，指令周期也如图 5.16 所示，指令的执行过程如图 5.2 所示。它需要三个 CPU 周期，其中第一个 CPU 周期为取指令阶段，第二个和第三个 CPU 周期为执行指令阶段。

（1）取指令阶段 CPU 的动作如下：

①～⑦ CPU 动作的①至⑦步和 IN 指令相同，为取指令的操作码阶段。取指令阶段结束时，指令寄存器 IR 中已经存放好 ADD 指令并进行了指令译码，译码结果已送往操作控制器。同时，程序计数器 PC 的内容又加 1，变为 02H，为取下一条指令做好准备。

（2）取操作数地址时 CPU 的动作如下：

⑧ 把程序计数器 PC 中的地址码部分[02H]装入地址缓冲寄存器 AR。

（3）取出操作数并相加，CPU 的动作如下：

⑨ 从内存 02H 单元中读出操作数 0AH，装入地址缓冲寄存器 AR。

⑩ 从内存 0AH 单元中读出操作数 D5H，经数据总线 DB 传送到数据缓冲寄存器 DR2。

⑪ 从数据寄存器 R0 中读出操作数，经数据总线 DB 传送到数据缓冲寄存器 DR1。

⑫ DR1 中的数据和 DR2 中的数据在 ALU 中相加，结果送数据寄存器 R0。

至此，ADD 指令执行完毕。

5.3.7 模型机整机系统时序仿真

在完成模型 CPU 的硬件电路设计和微程序设计以后，还需要通过时序仿真来了解 CPU 的工作情况。通过时序仿真可以发现设计中存在的问题，及早进行解决。

在进行时序仿真时，首先要建立仿真波形文件。编译通过后，将工程中主要输入/输出端口信号加入到 VWF 仿真文件中，给输入信号加入合理的激励信号，启动仿真编译后即能生成仿真报告文件。

在这之前，可以先按照表 5.6、表 5.7 以及图 5.13 所给出的应用程序的微操作详细运行过程，按照表 5.8 那样，依据 CPU 以单步 STEP 运行方式运行时微指令的详细执行情况列表，详细展示 CPU 在执行这段程序过程中的所有动作细节，在表中给出每条微指令的功能和执行后的结果。从而能通过此表更清楚地了解 CPU 内部每条指令的执行情况，以及每条微指令的执行情况。此后就可以将模型机在执行表 5.7 程序的全程仿真波形与表 5.8 的描述进行对照，更详细具体地了解模型机的工作情况。

所有表中 STEP 为微指令按先后顺序执行的步序；MC 是微指令的编码（按十六进制编码）；后续 uA 微地址是微指令中的下地址段部分（按八进制编码）；PC 为程序计数器的内容；IR 是指令的机器代码。

图 5.17(a)和(b)即为此模型 CPU 执行表 5.7 程序的整机硬件时序仿真波形图。

图 5.17 中显示了输入数据（56H）与存储器中的数据 D5 相加执行的流程，以及输入指令 IN 和加法指令 ADD 的程序运行情况。建立此仿真波形文件时需要注意：

- CLK 是 FPGA 的系统时钟，STEP 是单步运行的节拍控制信号，每一个 STEP 脉冲执行一条微指令。一个节拍中分为 T1、T2、T3、T4 共四拍，因此，根据 STEP3 模块的仿真波形，若 STEP 的占空比是 50%，则 CLK 的频率必须大于 STEP 频率的 8 倍。
- RST 是复位信号，高电平时 CPU 复位，程序运行时应为低电平。
- 控制台信号 SWB、SWA 为 11 时，CPU 进入程序运行方式。
- M 是微指令的机器码，由 24 位二进制数组成，以 6 位十六进制数表示。

图 5.17(a)和(b)给出的 CPU 执行程序中，所有相关信号的动作以及数据结果与表 5.8 吻合的很好。读者可以依据表 5.8 的叙述，仔细分析图 5.17 中显示的模型机执行指令的整个过程和动作细节，包括各种在微指令控制下的微操作脉冲，加深对计算机工作原理的理解。此外，学会分析和了解 CPU 内部各组成部件输入/输出信号的仿真工作波形，有助于理解计算机的组成原理和工作原理，也能有效提高设计 CPU 的工程技术水平。

表 5.8 微指令执行情况

STEP	后续 uA 微地址	MC 微指令	PC	IR 指令	完成功能	执行结果
1	00	018110	00	00	控制台（读/写/运行）功能判断	控制台操作：转入程序运行方式
2	23	018001			SWB、WSA=（11）转 RP，分支转移	转程序执行方式
3	02	01ED82	01		执行第 1 条指令（输入 IN）	PC→AR=00H，PC+1=01H，AR 指向指令地址
4	10	00C048		80	取指令，将 RAM 中的指令送指令寄存器	RAM(00H)=00→BUS→IR=00H
5	01	001001	02		按收来自 IN 输入的数据，送 R0 寄存器	R0=56H，键 1、键 2 输入数据 56H
6	02	01ED82			执行第 2 条指令（加法 ADD）	PC→AR=01H，PC+1=02H，AR 指向指令地址
7	11	00C048		90	取指令	RAM（01H）=90H→BUS→IR=90H
8	03	01ED83	03		间接寻址，AR 指向取数的间接地址	PC→AR=02H，PC+1=03H，RAM=90H
9	04	00E004			取数地址送 AR	RAM（02）=0AH→BUS→AR=0AH
10	05	00B005			从 RAM 中取数送 DR2	RAM（0AH）=D5H→BUS→DR2=D5H
11	06	01A206			将 R0 的数据送 DR1	（R0）=56H→BUS→DR1=56H
12	01	919A01			加法运算：（DR1）+（DR2）→R0	56H+ D5H=12BH→R0=2BH，进位 FC=1
13	02	01ED82	04		执行第 3 条指令（存储 STA）	PC→AR=03H，PC+1=04H
14	12	00C048		A0	取指令	RAM（03H）=20H→BUS→IR=A0H
15	07	01ED87	05		间接寻址，AR 指向存数的间接地址	PC→AR=04H，PC+1=05H
16	15	00E00D			存数的地址送 AR	RAM（04）=0BH→BUS→AR=0BH
17	01	038201			R0 的内容存入 RAM（0BH）单元	(R0)=2BH→BUS→RAM(0BH)=2BH，此时 RAM 输出 RAM 0B 单元的原数据 ACH
18	02	01ED82	06		执行第 4 条指令（输出 OUT）	PC→AR=05H，PC+1=06H
19	13	00C048		B0	取指令	RAM（05H）=B0H→BUS→IR=B0H
20	16	01ED8E	07		间接寻址，AR 指向取数的间接地址	PC→AR=06H，PC+1=07H
21	17	00E00F			取数地址送 AR	RAM（06）=0BH→BUS→AR=0BH
22	25	00A015			从 RAM 中取数送 DR1	RAM（0BH）=2BH→BUS→DR1=2BH
23	01	010A01			DR1 的内容送输出单元 DOUT	DR1=2BH→BUS→DOUT=2BH
24	02	01ED82	08		执行第 5 条指令（转移 JMP）	PC→AR=07H，PC+1=08H
25	14	00C048		C0	取指令	RAM（07H）=C0H→BUS→IR=C0H
26	26	01ED96	09		间接寻址，AR 指向转移的间接地址	PC→AR=08H，PC+1=09H
27	01	00D181	00		转移地址送 PC，转到 00H	RAM(08H)=00→BUS→PC=00H
28	02	01ED82	01	00	执行第 1 条指令——程序循环	PC→AR=00H，PC+1=01H
29	10	00C048			取指令	
…						

图 5.17 是时序仿真图，它是针对具体硬件的，即与具体 FPGA 器件的时序特性相关。对应此图的目标器件是附录中介绍的 Cyclone III 系列 FPGA EP3C55F484。对于此器件的编译报告显示了此项设计共耗用了 991 个逻辑单元，占总数的 2%，使用的内部 RAM 单元为

3584 位，占存储器资源总数的 1%。

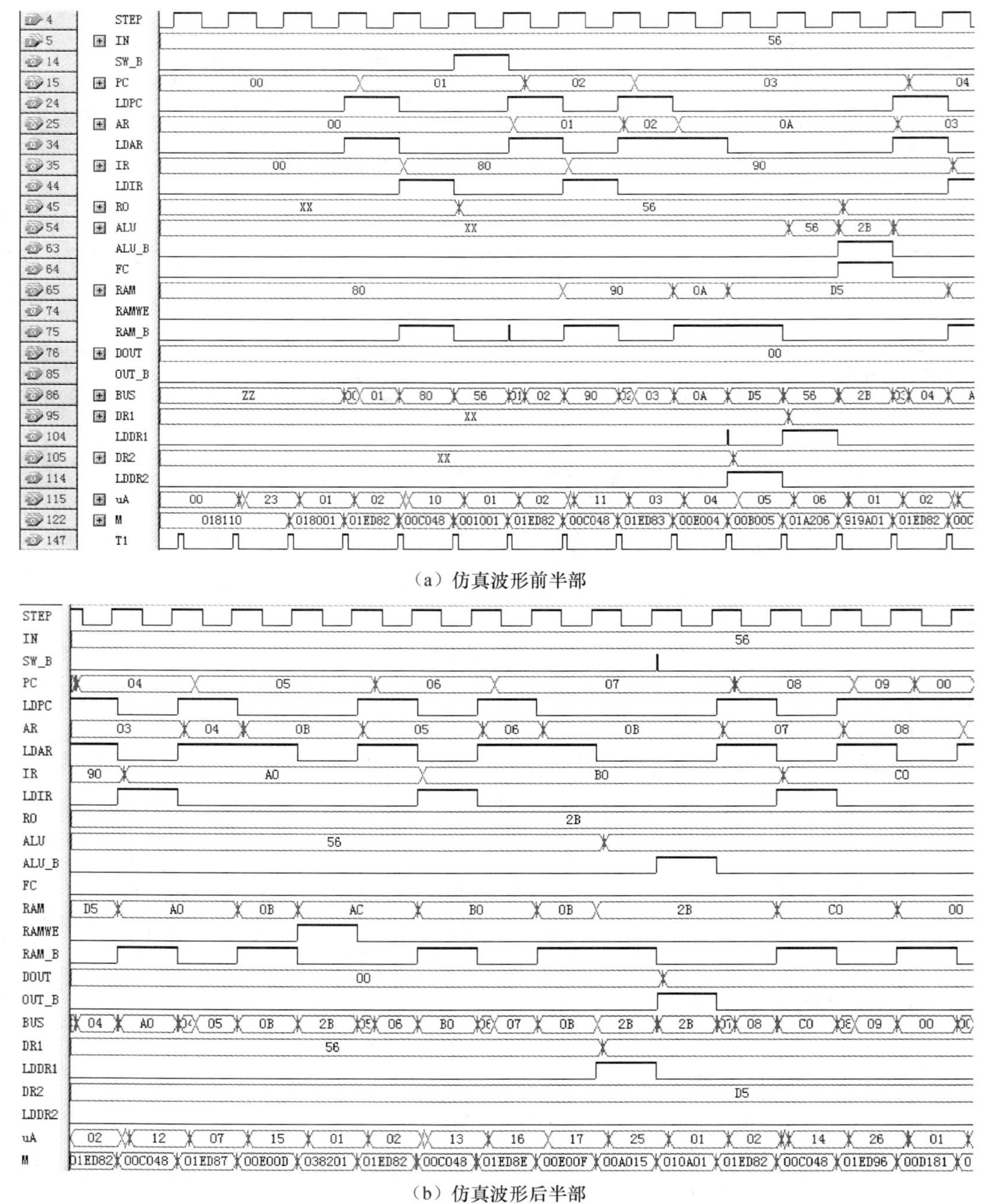

（a）仿真波形前半部

（b）仿真波形后半部

图 5.17　模型机运行表 5.7 程序的整机仿真波形

5.3.8 模型机系统硬件功能测试

尽管时序仿真的结果能与硬件行为有足够好的对应，但始终无法直接替代硬件验证，特别是与外界一些在仿真中难以模拟和无法预测的信号，如真实的时钟信号、含抖动的键信号、不同速度的输入/输出信号等。

硬件功能的测试与验证有许多方法，也常常不能相互代替。因此希望能使用尽可能多的工具和方法测试和验证数字系统的功能与硬件行为，特别是对于类似 CPU 这样的复杂数字系统，更需要在真实环境下谨慎测试。以下对几种硬件测试工具的应用分别讨论。

1. 嵌入式逻辑分析仪 SignalTap II 测试与分析

由 Quartus II 提供的比较方便的硬件测试工具就是 SignalTap II。它的用法已在第 2 章中作了介绍。但要注意，由于是硬件测试，如果用法不得当，或信号安排不对，或采样时钟频率不相称等因素都有可能无法得到正确结果。

为了能顺利使用锁相环，图 5.18 和图 5.19 给出了两种加入锁相环的电路方案。图 5.18 中，锁相环的输入时钟来自 FPGA 实验系统的 20MHz 有源晶体振荡器，其中锁相环的 c1 输出作 CPU 系统的 CLK 时钟，频率是 1MHz。为了获得较低频率的 STEP 信号，以利于在锁相环上的观察，c0 输出一个最低频率信号，再由一个 12 位计数器分频后作为 STEP 信号。图中的 ERZP 是一个键消抖动模块，用于对外来的复位键信号的抖动消除。它一端接 CLK，作为工作时钟，另一端接复位键信号；输出信号作 RST。此模块的设计和原理可参阅参考文献[1]或[2]。

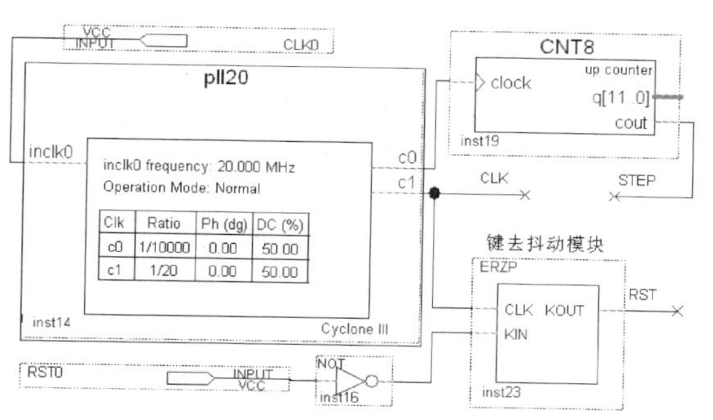

图 5.18 加入锁相环的电路方案 1

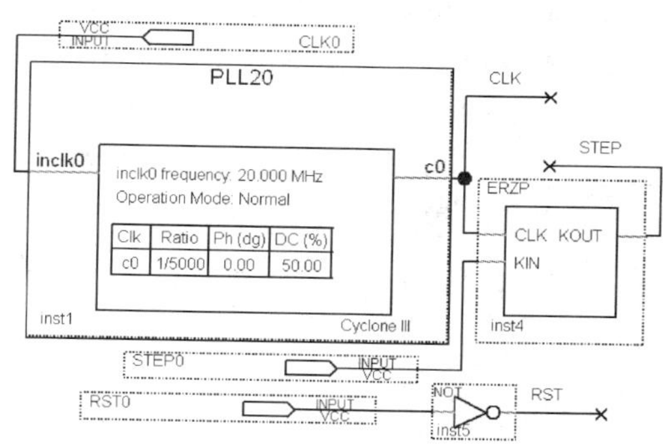

图 5.19 加入锁相环的电路方案 2

在对 SignalTap II 的使用设置中，选择 CLK 兼作其采样时钟，STEP 兼作采样触发信号，选择上升沿触发。对于这个电路方案，在启动锁相环后，按一下复位键，就能看到 8 位 CPU 实时工作波形按 STEP 的节拍自动出现在逻辑分析仪的波形观察界面上。

图 5.19 给出的是 STEP 手动输出，这样可以在逻辑分析仪的波形观察界面上，按自己的需要逐个状态观察波形和数据的变化。图中的锁相环只输出一个 4kHz 的频率作 CLK 及键消抖动工作时钟，STEP 由实验板上的键控信号 KEY 产生。这时来自键的复位信号就无需消抖动了。图中复位信号加反相器的原因是，实验系统上的按键是按下呈低电平。

本节所有测试都选择图 5.19 所示的方案 2。

来自逻辑分析仪 SignalTap II 对模型机向 RAM 写数据 2B 时的实时测试波形示于图 5.20。在这种时序情况下，逻辑分析仪一次只能显示最多两个 STEP 周期的采样波形。

图 5.20 的实时测试波形显示了存数指令 STA 在对 RAM 发出写允许信号 RAMWE(=1) 前后两个 STEP 周期的主要通道上的数据情况。虚线以左的是 RAMWE=1 以前的信号，以右是进入写操作的时序。对于图 5.20 的虚线左右的数据变化情况与图 5.17(b)的第 3 和第 4 个 STEP 脉冲的时序进行比较，可以发现时序和数据完全相同。

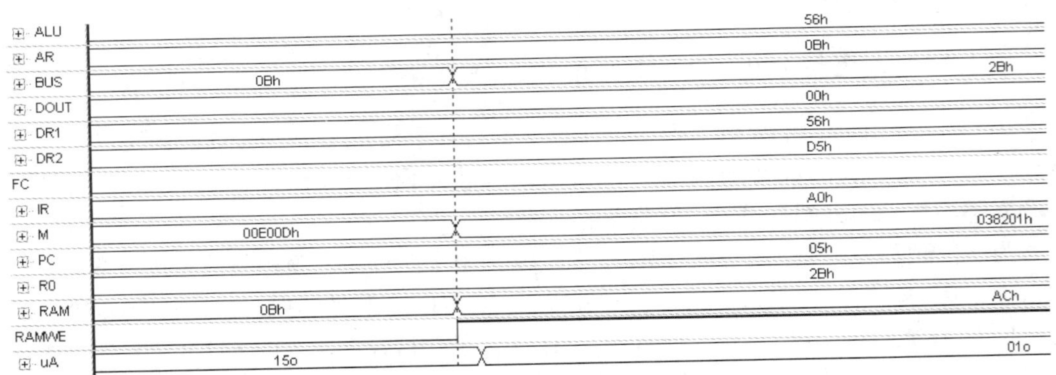

图 5.20 嵌入式锁相环对模型机执行向 RAM 写数据 2BH 时的实时测试波形

2. 利用 In-System Sources & Probes 进行实时测试

相比于 SignalTap II，In-System Sources and Probes 测试工具在测试中除了具有双向对话控制的优势外，还能同时观察到此 CPU 多个 STEP 周期的时序变化情况。

关于利用 In-System Sources and Probes 及其编辑器对逻辑相同硬件进行实时测试的方法已在第 3 章中作了介绍。在此项测试中，时钟生成方案也采用图 5.19 的电路，手动产生 STEP 信号。在图 5.3 所示的模型机系统中加入的 In-System Sources and Probes 在系统测试模块如图 5.21 所示，其中设置了 121 个探测端口（probe），可以对所有有关的模型 CPU 的控制信号和数据线进行采样观察。

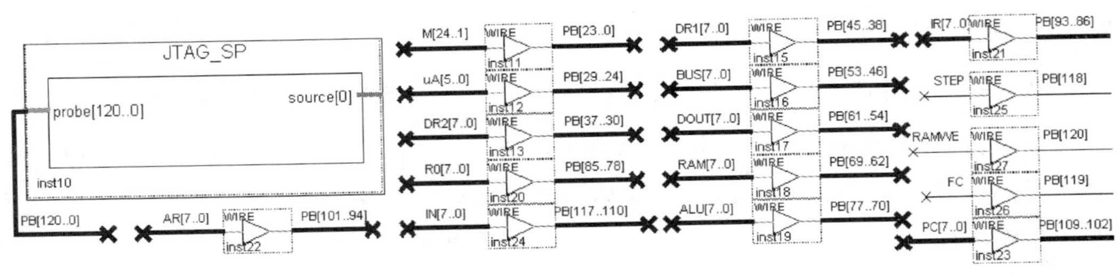

图 5.21 In-System Sources and Probes 与模型机的待测信号连接情况

图 5.22 是 S/P 在系统测试模块对模型机在执行加法运算和 STA 指令时的实时测试情况。对照图 5.17(a)和图 5.17(b)的仿真波形图，图 5.22 展示的数据和时序完全一致！从图 5.22 左侧可见，当 DR1 和 DR2 分别出现 56H 和 D5H 时，ALU 即输出 2BH，同时进位 FC 出现高电平；而在最右侧时序中，RAM 写允许信号 WE 为高电平时，RAM 输出 ACH。这恰好是 2BH 将要写入单元 0BH 中原来的数据。而在写入新数据时将原来的数据输出

RAM，符合对此 RAM 设置参数时选择“Old Data”的特性。显然，对于 CPU 测试，S/P 在系统测试工具的优势十分明显。

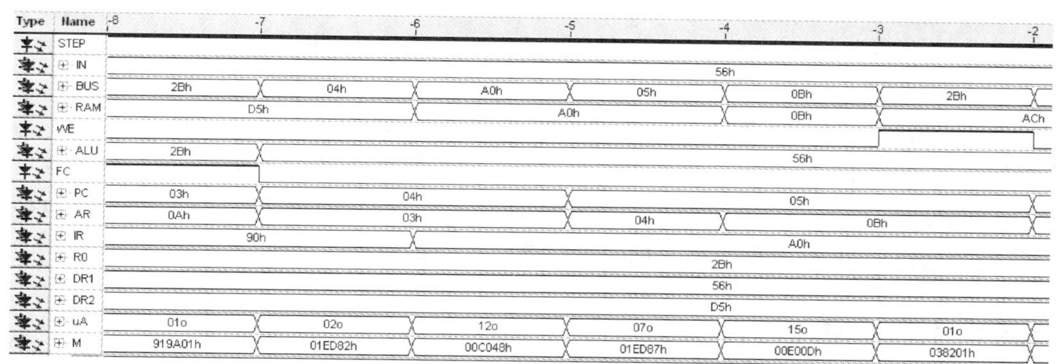

图 5.22 In-System Sources and Probes 测试模型机的实时信号界面

3. 利用 In-System Memory Content Editor 实时测试内部 RAM

第 3 章已介绍了使用 In-System Memory Content Editor 对存储器进行读写的方法。利用这个工具可以了解 CPU 在运行过程中，其内部的 LPM_RAM 中数据的实时变化情况。图 5.23 就是利用 In-System Memory Content Editor 读取模型内存储器的数据情况。

图中上方 ROM5 对应的数据是微指令表的全部数据。ROM5 是微程序存储 LPM_ROM 的名称，设置方法如图 3.17 最下方所示。

图下方 RAM2 对应的数据是模型机内部的 LPM_RAM 内的数据情况。其中最上一排的数据是指令代码，在 0AH 单元的 D5 是参与加法计算的数据，而 0BH 单元的 2BH 是 CPU 执行上述程序机器码后向 RAM 写入的数据。RAM2 也是此 RAM 的 ID 名。

```
Quartus II - C:/EDA_FOR_PC_BOOK/CH5_MD1_CPU8B_BASIC/CPU5A - CPU5A - [In-System Memory Content Editor]
File  Edit  View  Processing  Tools  Window
Instance Manager:   Ready to acquire                                  JTAG Chain Configuration:  JTAG re
Index  Instance ID  Status       Width  Depth  Type     Mode          Hardware:  USB-Blaster [USB-0]
0      ROM5         Not running  24     64     RAM/ROM  Read/Write    Device:    @1: EP3C55 (0x020F50DD
1      RAM2         Not running  8      256    RAM/ROM  Read/Write

0  ROM5:
000000  01 81 10  01 ED 82  00 C0 48  00 E0 04  00 B0 05  01 A2 06  91 9A 01  00 E0 0D  00 10 01  01 ED 83  01 ED 87
00000B  01 ED 9E  01 ED 96  03 82 01  00 E0 0F  00 A0 15  01 ED 92  01 ED 94  01 A0 10  01 80 01  06 20 11  01 0A 01
000016  00 D1 81  06 20 11  07 0A 10  00 00 00  00 00 00  00 00 00  00 00 00  00 00 00  00 00 00  00 00 00  00 00 00
000021  00 00 00  00 00 00  00 00 00  00 00 00  00 00 00  00 00 00  00 00 00  00 00 00  00 00 00  00 00 00  00 00 00
00002C  00 00 00  00 00 00  00 00 00  00 00 00  00 00 00  00 00 00  00 00 00  00 00 00  00 00 00  00 00 00  00 00 00
000037  00 00 00  00 00 00  00 00 00  00 00 00  00 00 00  00 00 00  00 00 00  00 00 00  00 00 00
1  RAM2:
000000  80 90 0A A0 0B B0 0B C0 00 00 D5 2B 00 00 00 00 00 00 00 00 00 00 00 00 00 00 00 00 00 00 00 00 00 00 00 00 00
000025  00 00 00 00 00 00 00 00 00 00 00 00 00 00 00 00 00 00 00 00 00 00 00 00 00 00 00 00 00 00 00 00 00 00 00 00 00
00004A  00 00 00 00 00 00 00 00 00 00 00 00 00 00 00 00 00 00 00 00 00 00 00 00 00 00 00 00 00 00 00 00 00 00 00 00 00
```

图 5.23 In-System Memory Content Editor 对模型机内 RAM/ROM 数据的实测情况

4. 利用外接液晶显示器进行实时观察

除了使用以上给出的各种测试工具来了解模型机系统的工作情况外，还能在顶层电路中设计一些驱动外部液晶显示器的模块，液晶显示器包括黑白点阵液晶或彩色数字液晶等。

这些模块就可以将模型 CPU 工作时的数据通过这些模块发送到外部液晶显示器显示出来。由于篇幅问题，相关设计略去，有兴趣的读者可免费索取相关源程序。

5.4 具有移位功能的 CPU 设计

在基本模型计算机的基础上，增加移位运算单元，使得模型 CPU 除了具有基本的算术/逻辑运算功能外，还增加了移位运算的功能。这一节将介绍移位运算单元与算术逻辑单元 ALU 的组合、运算标志位控制电路的设计、涉及移位操作的指令的设计，以及含有移位模块的模型机对含有移位指令汇编程序运行的整机测试和硬件实现。

5.4.1 移位运算器与 ALU 的结合设计

增加移位运算器以后，在模型 CPU 中就有了两个数据加工单元，算术/逻辑单元 ALU 和移位运算器。图 5.24 就是含有移位运算功能的 CPU 数据通路框图。

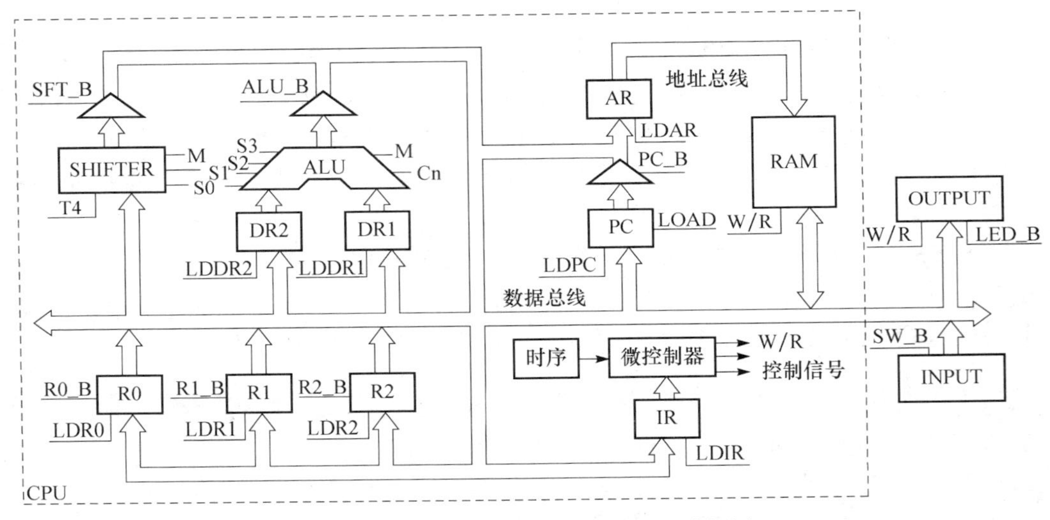

图 5.24 带移位运算的 CPU 数据通路框图

ALU 和 SHIFTER 都能够对输入的数据 D[7..0]和进位标志 Fc 进行加工处理，实现带进位运算和不带进位运算。其输出结果通过数据总线输出，运算后的标志位可用于下一次运算和控制程序的转移，因此需要相应的辅助电路来控制标志位的输出。图 5.25 是原来图 5.3 中的 ALU_MD 模块加了移位寄存器 SHIFT_1 模块的新电路。这是图 5.3 所示系统增加移位运算功能的唯一改变。此外，图 5.25 还增加了通过来自 uPC 模块的 SFT_B 信号控制的三态总线控制器构成的辅助电路，实现标志位 Fc 的选择输出控制。

事实上，图 5.3 所示的基本模型机系统已经包含通过微指令控制移位寄存器的电路。这在图 4.10 的 decoder_B 模块和图 5.3 的 uPC 模块的输出信号，以及表 5.5 中 B 字段的译码等都可以看到。

图 5.25 中的移位运算模块 SHIFT_1 内部电路的结构如图 5.26 所示。电路中的模块

SFT8 是移位寄存器，在第 4 章的例 4.2 已给出其 Verilog HDL 表述及相关仿真波形。

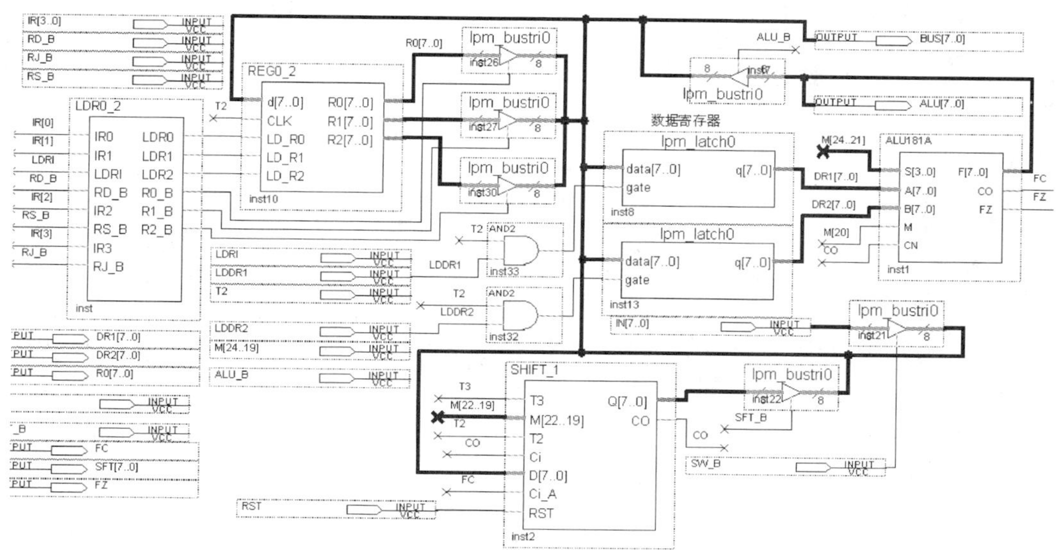

图 5.25　原来图 5.3 中的 ALU_MD 模块增加了移位寄存器等辅助电路的新电路

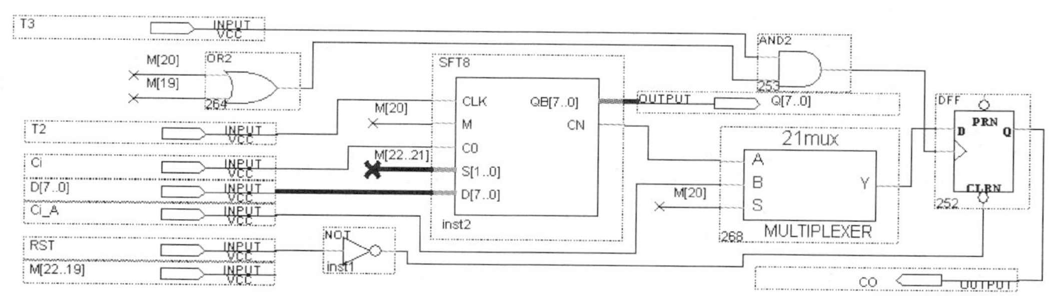

图 5.26　移位运算模块 SHIFT_1 内部电路的结构

加入了移位运算器相关的硬件电路后，就能设计含移位操作的指令了。为此，首先根据 5.3 节，并参考带移位运算功能的模型计算机的数据通路框图（图 5.24），设计控制台微程序流程图（图 5.27）和运行微程序流程图（图 5.28）。

由图 5.28 可见，这次为模型 CPU 设计了含有九条指令的指令系统。除曾经已设计的五条指令（即 IN、ADD、STA、OUT、JMP）外，还有四条移位指令 RR、RRC、RL 和 RLC，它们的功能分别是自循环右移、带进位循环右移、自循环左移和带进位循环左移。

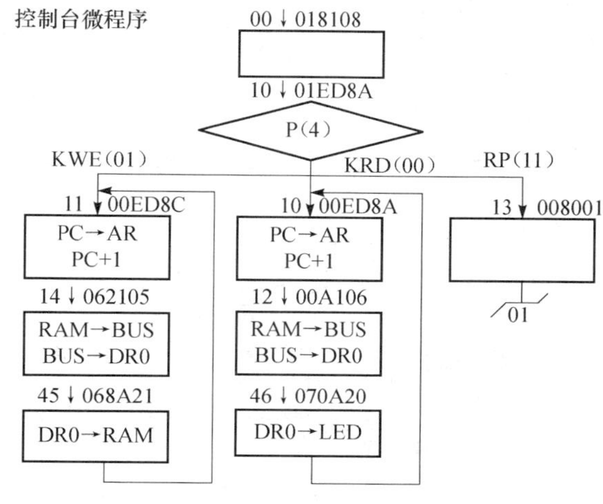

图 5.27　控制台微程序

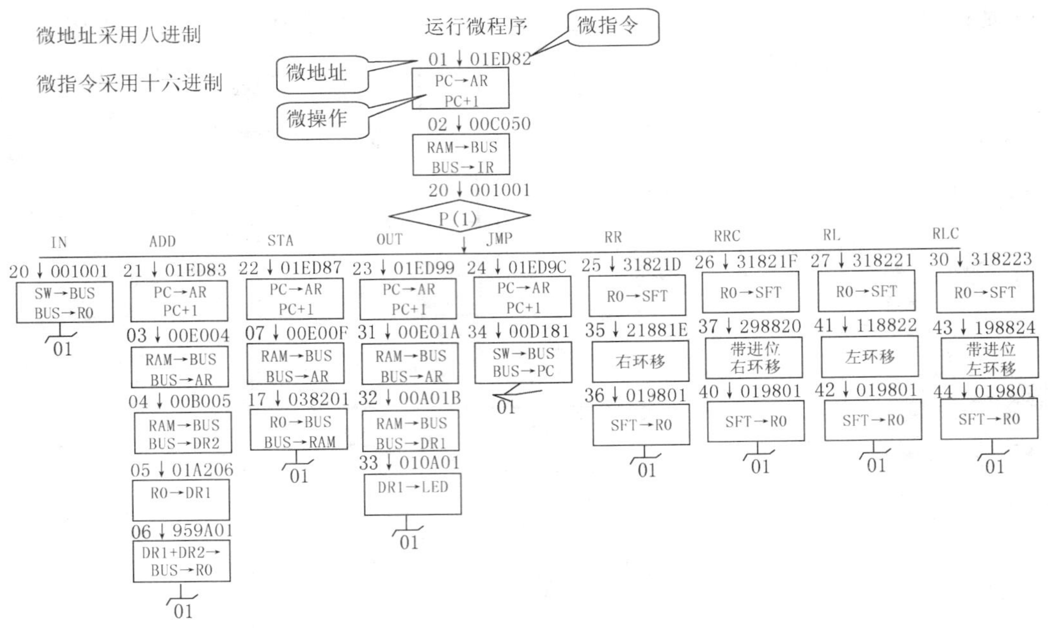

图 5.28　含移位运算指令的微程序流程图

根据图 5.28 和 5.3.3 节介绍的流程，可以编制出对应的微程序代码表，为利用这些指令设计应用程序奠定基础。简略形式的微代码表如表 5.9 所示。将这些数据利用 Quartus II 编制成的 mif 文件形式如图 5.29 所示，此图给出了详细的微代码数据，文件名取为 ROM_16.mif，此文件需加载进模型机的 uPC 模块中的 LPM_ROM 存储器中。

表 5.9　带移位运算模型机微程序代码表

微地址	微指令	S3	S2	S1	S0	M	CN	WE	A9	A8	A	B	C	uA5…uA0
00	018108	0	0	0	0	0	0	0	1	1	000	000	100	0 0 1 0 0 0
01	01ED82	0	0	0	0	0	0	0	1	1	110	110	110	0 0 0 0 1 0
02	00C050	0	0	0	0	0	0	0	0	1	100	000	001	0 1 0 0 0 0
⋮（略，详见本实验工程文件 LPM_ROM 中的文件 rom_6.mif）														
22	019801	0	0	0	0	0	0	0	1	1	001	100	000	0 0 0 0 0 1
23	198824	0	0	0	1	1	0	1	1	1	000	100	000	1 0 0 1 0 0
24	019801	0	0	0	0	0	0	0	1	1	001	100	000	0 0 0 0 0 1

ROM_6.mif

Addr	+0	+1	+2	+3	+4	+5	+6	+7
00	018108	01ED82	00C050	00E004	00B005	01A206	959A01	00E00F
08	01ED8A	01ED8C	00A008	008001	062009	062009	070A08	038201
10	001001	01ED83	01ED87	01ED99	01ED9C	31821D	31821F	318221
18	318223	00E01A	00A01B	070A01	00D181	21881E	019801	298820
20	019801	118822	019801	198824	019801	018110	000000	000000

图 5.29　含移位运算指令的模型机微代码表对应的 mif 文件：ROM_6.mif

读者可根据图 5.28 的各循环指令的微程序中所有微操作对应的微指令代码，参照图 5.3、图 5.25 和图 5.26，详细了解循环指令及其微程序的运行情况和控制时序，了解每一个微操作细节，从而加深了解指令的执行与硬件电路微操作间的关系，掌握模型机工作原理和指令设计技术。

为了深入验证图 5.28 中循环指令对应的微程序的准确性，可以编制一些应用程序来进一步考察模型机软硬件的工作情况。

5.4.2 测试程序设计和模型机时序仿真

表 5.10 给出了测试程序及对应的指令表述、指令机器码、功能说明及对应指令的存储单元地址。在表 5.10 中还给出了存放于指定单元的要用于计算的常数 45H。

表 5.10 测试程序：指令及编码形式

RAM 地址	内 容	助记符	说 明
00H	00H	IN	IN 端口数据→R0
01H	10H	ADD [0DH]	R0+[0DH] →R0
02H	0DH		
03H	80H	RLC	带进位循环左移
04H	00H	IN	IN 端口数据→R0
05H	60H	RRC	带进位循环右移
06H	70H	RL	自循环左移
07H	20H	STA [0EH]	R0→[0EH]
08H	0EH		
09H	30H	OUT [0EH]	[0EH]→OUTPUT
0AH	0EH		
0BH	40H	JMP [addr]	00→PC
0CH	00H		自定存数单元
0DH	45H		常数

为将表 5.10 对应存储器地址的所有指令的机器码代码和相关常数载入模型机的主存中，也必须将这些数据编辑成 mif 文件。Quartus II 中的 mif 文件表格如图 5.30 所示，文件名取为 RAM_6.mif。

RAM_6.MIF

Addr	+0	+1	+2	+3	+4	+5	+6	+7
00	00	10	0D	80	00	60	70	20
08	0E	30	0E	40	00	45	00	00
10	00	00	0E	40	00	00	00	00

图 5.30 测试程序的 mif 文件

最后将文件 ROM_6.mif 和 RAM_6.mif 分别配置于模型系统的微程序存储器和主存 RAM 中，进行编译，并完成仿真。

图 5.31 是模型机运行表 5.10 所示程序的部分时序仿真波形。其中包括了执行 RLC 指令至 RL 指令间的时序。读者可根据表 5.10 的程序和图 5.28 对时序图作详细的分析。

其实，仅凭这些信息而无需仿真波形图也能给出模型机执行此测试程序的全部微操作步骤，即微指令详细执行表。此表示于表 5.11。将表 5.11 与整个仿真波形比较可以发现，它们对应得非常好，几乎可以认为，表 5.11 就是时序仿真波形图的详细说明书。

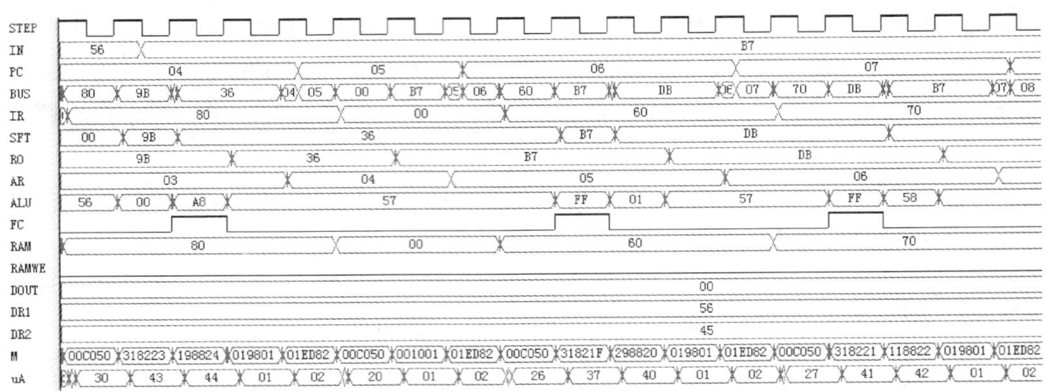

图 5.31　模型机运行表 5.10 程序的部分时序仿真波形

表 5.11　微指令执行情况

STEP	后续 uA 微地址	MC 微指令	PC	IR 指令	完成功能	执行结果
1	00	018108	00	00	控制台（读/写/运行）功能判断	控制台操作，微指令从 00H 开始执行
2	13	018101			SWB、WSA=（11）转 RP，分支转移	
3	01	008001			转程序执行方式	
4	02	01ED82	01		执行第 1 条指令（输入 IN）	PC→AR=00H，PC+1=01H
5	20	00C050		00	取指令，将 RAM 中的指令送指令寄存器	RAM（00H）=00→BUS→IR=00H
6	01	001001			接收 IN 输入端口的数据，送 R0 寄存器	R0=56H，键 1、键 2 输入数据 56H
7	02	01ED82	02		执行第 2 条指令（加法 ADD）	PC→AR=01H，PC+1=02H，指向指令地址
8	21	00C050		10	取指令，将 RAM 中的指令送指令寄存器	AR=01H，RAM=10H→BUS→IR=10H
9	03	01ED83	03		指向操作数地址	PC→AR=02H，PC+1=03H
10	04	00E004			间接寻址，以 RAM 内容作操作数地址	RAM(02H)=0DH→BUS→AR=0DH
11	05	00B005			将操作数送 DR2	RAM（0DH）=45H→BUS→DR2=45H
12	06	01A206			将 R0 的内容送 DR1	（R0）=56H→BUS→DR1=56H
13	01	959A01			完成加法运算：（DR1）+（DR2）→R0	56H+45H=9BH，ALU=9BH，R0=9BH
14	02	01ED82	04		执行第 3 条指令，指向指令地址	PC→AR=03H，PC+1=04H
15	30	00C050		80	取指令（带 C 左循环 RLC）	IR=80H
16	43	318223			R0 的内容送移位寄存器 SFT	（R0）=9BH→BUS→SFT=9BH
17	44	198824			带进位 C 左循环	SFT=36H，BUS=36H
18	01	019801			结果送 R0	SFT=36H→BUS→R0=36H
19	02	01ED82	05		执行第 4 条指令，指向指令地址	PC→AR=04H，PC+1=05H，键入数据 B7H
20	20	00C050		00	取指令（输入 IN）	IN=B7H，指令 IR=00H
21	01	001001			接收键 1、2 输入的数据，送 R0 寄存器	R0=B7H
22	02	01ED82	06		执行第 5 条指令，指向指令地址	PC→AR=05H，PC+1=06H
23	26	00C050		60	取指令（带 C 右循环 RRC）	指令 IR=60H
24	37	31821F			R0 的内容送移位寄存器 SFT	（R0）=B7H→BUS→SFT=B7H

续表

STEP	后续 uA 微地址	MC 微指令	PC	IR 指令	完成功能	执行结果
25	40	298820	06	60	SFT 带进位 C 右循环	SFT=DBH
26	01	019801			结果送 R0	SFT=DBH→BUS→R0=DBH
27	02	01ED82	07		执行第 6 条指令，指向指令地址	PC→AR=06H，PC+1=07H
28	27	00C050		70	取指令（左循环 RL）	指令 IR=70H
29	41	318221			R0 的内容送移位寄存器 SFT	（R0）DBH→BUS→SFT=DBH
30	42	118822			SFT 不带进位左循环	SFT=B7H
31	01	019801			结果送 R0	SFT=B7H→BUS→R0=B7H
32	02	01ED82	08		执行第 7 条指令，指向指令地址	PC→AR=07H，PC+1=08H
33	22	00C050		20	取指令（存储 STA）	指令 IR=20H
34	07	01ED87	09		间接寻址，以 RAM 内容作存数地址	PC→AR=08H，PC+1=09H，RAM=20H
35	17	00E00F			RAM 内容送地址寄存器 AR	RAM（08H）=0EH→BUS→AR=0EH
36	01	038201			将 R0 的内容存入 RAM（0EH）地址单元	R0=B7H→BUS→RAM（0EH）=B7H
37	02	01ED82	0A		执行第 8 条指令，指向指令地址	PC→AR=09H，PC+1=0AH
38	23	00C050		30	取指令（输出 OUT）	RAM（09）=30H→BUS→IR=30H（指令）
39	31	01ED99	0B		间接寻址，以 RAM 内容作取数地址	PC→AR=0AH, PC+1=0BH
40	32	00E01A			RAM 内容送地址寄存器 AR	RAM(0AH)=0EH→BUS→AR=0EH
41	33	00A01B			从 RAM（0EH）取数，送 DR1	RAM(0EH)=B7H→BUS→DR1=B7H
42	01	070A01			DR1 的内容送 OUT 输出端口	(DR1)=B7H→BUS→OUT=B7H
43	02	01ED82	0C		执行第 9 条指令，指向指令地址	PC→AR=0BH, PC+1=0CH
44	24	00C050		40	取指令（转移 JMP）	指令 IR=40H
45	34	01ED9C	0D		间接寻址，以 RAM 内容作转移地址	PC→AR=0CH, PC+1=0DH
46	01	00D181	00		将 RAM 内容送 PC，实现程序转移	RAM(0CH)=00→BUS→PC=00H
47	02	01ED82	01		执行第 1 条指令，程序循环	PC→AR=00H, PC+1=01H
48	20	00C050		00	取指令	指令 IR=00H
…	01	001001			输入数据……	

例如，图 5.31 显示，第一个 STEP 脉冲内（即表 5.11 的第 15 个 STEP），对应的微指令和下段微地址分别是 00C050h 和 30o。这时 PC=04，RLC 指令码 80H 刚进入 IR 中。而在下一 STEP 中，R0 中的数据 9B 刚通过总线 BUS 被送入移位寄存器 SFT 中。在第三个 STEP 内，SFT 中的 9B 发生了带进位的左移，其最高位移入 FC，此时波形显示 FC=1，而移位器中的 9B 变为 36。最后此 36 通过 BUS 被送入 R0，…。不难发现，波形图 5.31 与表 5.11 吻合得非常好。

最后根据 5.3.8 节的流程和接入的相关电路，利用 Quartus II 提供的硬件测试工具，对模型机系统在执行程序时进行实时测试，并把结果与仿真波形对照，给出详细报告。

5.5 含更多指令的模型机设计

本节将基于 5.4 节含移位功能的模型 CPU 的设计系统，设计具备较复杂功能的指令系统的 CPU，包括进行指令系统的设计和微指令的设计，使此 CPU 的指令系统增加到 16 条指令，并具有四种不同的寻址方式。

5.5.1 指令系统的格式与指令

（1）数据格式。模型机采用定点补码表示法来表示数据，字长为8位，其格式如表5.12所示。其中第7位为符号位，数值表示范围是-1≤X<1。

（2）指令格式。这里设计的指令分为四大类共16条，其中包括算术逻辑指令、I/O指令、访问指令、转移指令和停机指令。

① 算术逻辑指令：设计9条算术逻辑指令，并用单字节表示，采用寄存器直接寻址方式，其格式如表5.13所示。其中高4位是操作码，第3、第2位是源寄存器Rs，第1、第0位是目的寄存器Rd。这两类寄存器各自的编码规定，或者说是各自的地址码如表5.14所示。

表5.12　数据格式

7	6 5 4 3 2 1 0
符号	尾　数

表5.13　算术逻辑指令格式

7 6 5 4	3 2	1 0
操作码	rs	rd

② 访问指令及转移指令。访问指令有2条，即存数（STA）和取数（LDA）；2条转移指令，即无条件转移（JMP）和结果为零或有进位转移指令（BZC）。这些指令格式如表5.15所示。其中的第3、第2位构成操作码，Rd为目的寄存器地址（用于LDA、STA指令），D为位移量（正负均可），第5、第4位构成的M为寻址模式，具体的定义如表5.16所示。

表5.14　寄存器编码

rs或rd	00　01　10
选定的寄存器	R0　R1　R2

表5.15　访问、转移指令格式

7 6	5 4	3 2	1 0
00	M	opcode	rd
D			

在本模型机中规定变址寄存器RI为寄存器R2。

表5.16　寻址模式的定义

寻址模式M	有效地址E	说　明
00	E=D	直接寻址
01	E=（D）	间接寻址
10	E=（RI）+D	RI变址寻址
11	E=（PC）+D	相对寻址

③ I/O指令：输入（IN）和输出（OUT）指令采用单字节指令，其格式如表5.17所示。表中，addr=01时选中输入，如外部的键盘输入设备；addr=10时选中输出，如将LCD点阵液晶屏作为输出设备。

④ 停机指令：停机指令格式如表5.18所示。低4位都是0，而其操作码都一样，使用最高4位来表达。

表5.17　I/O指令格式

7 6 5 4	3 2	1 0
操作码	addr	rd

表5.18　停机指令格式

7 6 5 4	3 2	1 0
操作码	00	00

此模型机在指令系统中设计了四种寻址方式，即直接寻址、间接寻址、变址寻址和相对寻址。设置指令系统共有16条基本指令，其中算术逻辑指令7条，访问内存指令和程序

控制指令 4 条，输入/输出指令 2 条，其他指令 1 条。各条指令的格式、汇编符号和功能如表 5.19 所示。

表 5.19 含有移位功能 CPU 的指令系统

助记符号	指令格式	功 能
CLR rd	0111 | 00 | rd	0 → rd
MOV rs，rd	1000 | rs | rd	rs → rd
ADC rs，rd	1001 | rs | rd	rs + rd + cy → rd
SBC rs，rd	1010 | rs | rd	rs –rd – cy → rd
INC rd	1011 | | rd	rd + 1 → rd
AND rs，rd	1100 | rs | rd	rs ∧ rd → rd
COM rd	1101 | | rd	$\overline{rd}$ → rd
RRC rs，rd	1110 | rs | rd	在 rs 中带进位右移后送 rd
RLC rs，rd	1111 | rs | rd	在 rs 中带进位左移后送 rd
LDA M，D，rd	00 | M | 00 | rd D	E → rs
STA M，D，rd	00 | M | 01 | rd D	rd → E
JMP M，D	00 | M | 10 | rd D	E → PC
BZC M，D	00 | M | 11 | rd D	当 CY=1 或 Z=1 时，E → PC
IN addr，rd	0100 | 01 | rd	addr → rd
OUT addr，rd	0101 | 10 | rd	rd → addr
HALT	0110 | 00 | 00	停机

5.5.2 微程序控制流程图设计

微程序流程图的设计按以下步骤进行。

（1）设计微操作流程图。如前所述，每条指令的执行都可以分成两个部分，即取指令部分和执行指令部分。取指令部分是所有指令都必须经过的，这是微操作流程图中公共的部分。但执行部分对每条指令都不一样，因此每条指令的执行部分都用一段微程序来完成。设计微程序时，要根据指令系统要求，分别对每一条指令进行仔细的分析，从而确定指令的微操作步骤，并画出该指令的微操作流程，在流程图中微操作用方框来表示。当所有指令的微操作步骤都确定后，便可画出整个指令系统的微操作流程图了。微操作流程图如

图 5.32 所示。

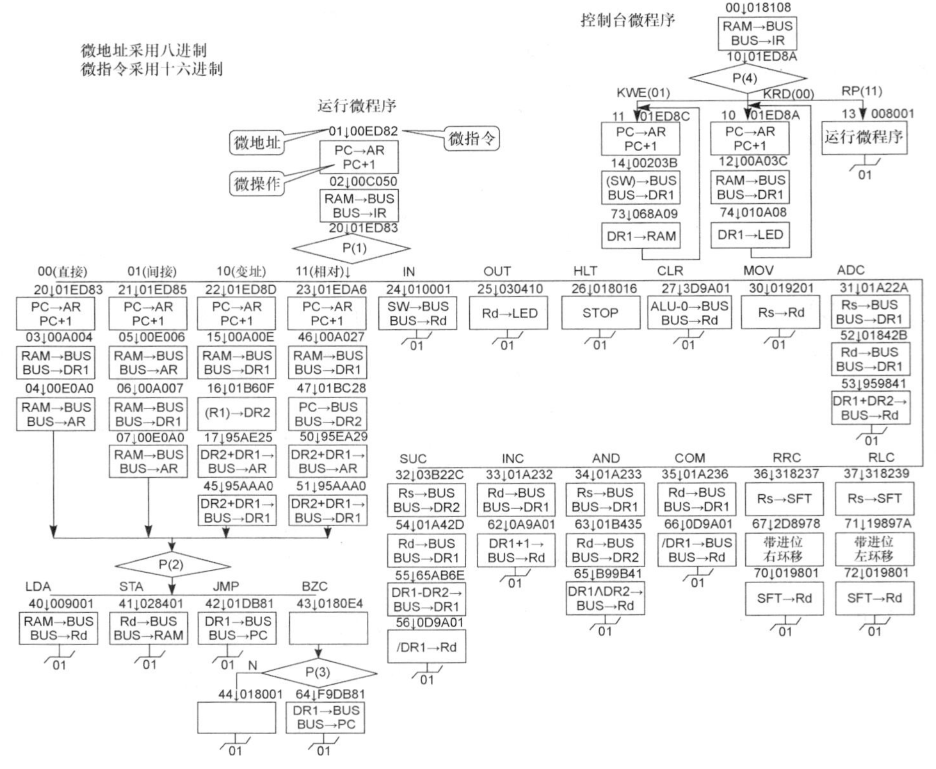

图 5.32　微程序流程图

（2）确定微地址。微地址的确定与指令寄存器和指令译码电路的连接方式有直接的关联。本模型机中，指令寄存器（IR7~IR0）的高 4 位（IR7~IR4）与微地址码的后 4 位（uA3~uA0）相对应。模型机的微地址码共有六位，微地址码的高 2 位已固定为 01，低 4 位有待确定。当前的指令系统中有 16 条指令，因此，微程序就需要 16 个分支入口。在指令译码时，将 IR7~IR4 的每一种状态对应一条指令，那么，这 16 个分支的微地址入口 uA5~uA0 就表示成 20O~37O（八进制），共占用了 16 个固定的微地址单元。对于其余的微操作单元的微地址设置，可以将那些除已被占用的微地址以外的，剩下的微地址按照从小到大的顺序分依次配给这些微操作单元。微地址的分配情况也如图 5.32 所示，微地址标注在每个微操作框的左上角。

（3）确定微指令码。微指令码应根据表 5.4 和表 5.5 中规定的 24 位微代码的定义来确定。先准备一张表 5.6 所示的空微指令表，即微程序代码表，该表中设有微地址、操作控制信号、译码字段和下地址字段。将微地址按顺序填写。然后根据微操作流程图中的每一个微操作步骤，确定微操作所需的控制信号，并按该微操作所对应的微地址，将控制信号的编码填入表中的操作控制信号栏内。

（4）确定下地址。将微操作流程图中当前微操作之后的下一个微操作的微地址写入

uA5~uA0 即可。

（5）确定微指令。将已确定的 24 位微代码转换成十六进制形式，写入微指令栏内，并将其标注在每一个微操作框的右上角。这样得到了如图 5.32 所示的完整微程序流程图，对应的微程序代码表如表 5.20 所示（只显示了部分数据）。

表 5.20 微程序代码表

微地址	微指令	S3	S2	S1	S0	M	CN	WE	A9	A8	A	B	C	uA5～uA0
0 0	018108	0	0	0	0	0	0	0	1	1	000	000	100	001000
0 1	01ED82	0	0	0	0	0	0	0	1	1	110	110	110	000010
0 2	00C050	0	0	0	0	0	0	0	0	1	100	000	001	010000
⋮（略，详见本实验工程文件 \CPU7.bdf 中元件 LPM_ROM0 中的文件 rom_7.mif）														
7 1	19897A	0	0	0	1	1	0	0	1	1	000	100	101	111010
7 2	019801	0	0	0	0	0	0	0	1	1	001	100	000	000001
7 3	068A09	0	0	0	0	0	1	1	0	1	000	101	000	001001
7 4	010A08	0	0	0	0	0	0	0	1	0	000	101	000	001000

为了能将表 5.20 的微指令代码加载进模型机系统的 LPM_ROM，须将它们编辑成 mif 格式的文件。图 5.33 是编辑好的完整的 mif 数据显示窗，文件名是 rom_7.mif。

ROM_7.mif

Addr	+0	+1	+2	+3	+4	+5	+6	+7
00	018108	01ED82	00C050	00A004	00E0A0	00E006	00A007	00E0A0
08	01ED8A	01ED8C	00A008	008001	062009	00A00E	01B60F	95EA25
10	01ED83	01ED85	01ED8D	01EDA6	001001	030401	018016	3D9A01
18	019201	01A22A	03B22C	01A232	01A233	01A236	318237	318239
20	009001	028401	01DB81	0180E4	018001	95AAA0	00A027	01BC28
28	95EA29	95AAA0	01B42B	959B41	01A42D	65AB6E	0D9A01	01AA30
30	0D8171	959B41	019A01	01B435	F9DB81	B99B41	0D9A01	2D8978
38	019801	19897A	019801	068A09	010A08	000000	000000	000000

图 5.33 rom_7.mif 中的数据

图 5.3 系统将利用载于 uPC 模块的 LPM_ROM 中的 rom_7.mif 文件，对所设计的所有指令进行译码，输出产生 CPU 内部各组成单元工作时所需的控制信号，完成对 CPU 的控制，这样用户就能在该 CPU 的指令系统范围内设计各种应用程序了。

5.5.3 程序编辑与系统仿真

在完成了整个模型机的硬件系统设计后（微程序的设计和对应的 mif 文件的编辑输入也属于 CPU 硬件设计范围），就可以进行应用软件程序设计了。本节给出的示例程序如表 5.21 所示。将表 5.21 所示程序的代码依据对应的地址，编辑成 mif 文件的 Quartus II 的文件窗如图 5.34 所示。文件名是 RAM_7.mif，此文件载于模型机的主存 RAM 中。

最后，模型机运行表 5.21 所示程序的时序仿真波形如图 5.35 所示，这只截取了部分波形。仔细分析此时序波形图，会发现所有细节与实验 5.3 的表 5.23 所示的微指令执行流程表的描述完全一致。

表 5.21 示例程序及代码表

RAM地址	机器码	助记符	说 明
00H	44H	IN 01，R0	IN 端口数据→R0
01H	46H	IN 01，R2	IN 端口数据→R0
02H	98H	ADC R2，R0	（R0）+（R2）→R0
03H	81H	MOV R0，R1	（R0）→R1
04H	F5H	RLC R1，R1	R1 带进位左移→R1
05H	0CH	BZC 00，00	Cy，Z 为 1 时，循环
06H	00H		
07H	08H	JMP 00	GOTO 00
08H	00H		

RAM_7.MIF

Addr	+0	+1	+2	+3	+4	+5	+6	+7
00	44	46	98	81	F5	0C	00	08
08	00	00	00	00	00	00	00	00
10	00	00	00	00	00	00	00	00
18	00	00	00	00	00	00	00	00
20	00	00	00	00	00	00	00	00

图 5.34 程序代码的 mif 文件窗

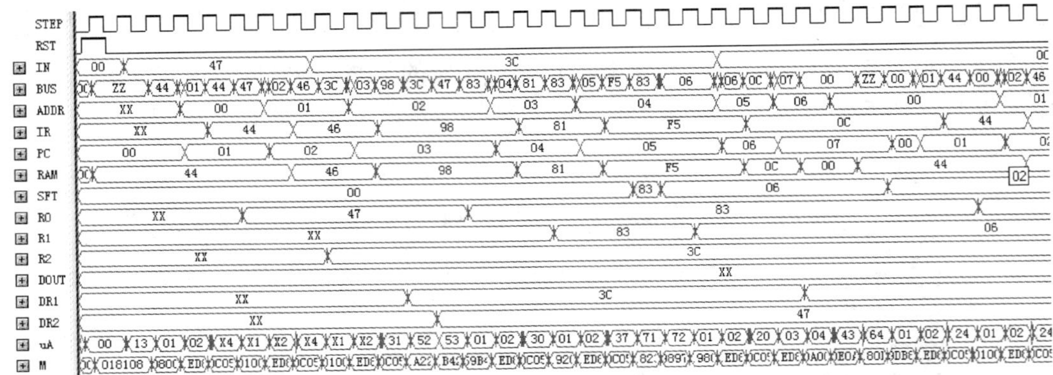

图 5.35 模型机运行表 5.21 程序的仿真波形图

剩下的任务就是硬件测试了，这留给读者自己完成。

习 题

5.1 简要解释名词术语：通用寄存器，暂存器，指令寄存器 IR，程序计数器 PC，时序系统，微命令，组合逻辑控制，微程序控制，数据通路结构，指令周期，时钟周期，微指令周期，微指令，微程序，控制存储器。

5.2 简要说明指令周期、时钟周期和操作节拍三种时间参数的含义及相互关系。

5.3 叙述微程序控制器，并解释执行一条加法指令的步骤（从取指令开始）。

5.4 说明微指令的下地址字段的组成和用法。

5.5 用模型机指令设计方法，设计并调试原码一位乘法和补码一位除法两个子程序。

5.6 用模型机指令设计并调试子程序：输入正或负的十进制整数，输出它的二进制补码表示。

5.7 设计并调试一条完成两个内存单元内容相加并写回其中一个单元的指令格式和相应的微程序。

5.8 设计两个主存单元内容相加的指令，寄存器内容右移的指令，写出指令的格式和相应的微程序，说明微程序的执行过程。

5.9 写出在模型机上指令 LOAD Rd，（mem）的执行过程，其含义是将存储单元 mem 中的数据送寄存器 Rd。

5.10 写出在模型机上指令 STA Rs，（mem）的执行过程，其含义是将寄存器 Rs 中的数据存入存储单元 mem 中。

5.11 在原模型 CPU 电路的基础上增加一个乘法器和一个除法器，使 CPU 能够完成加、减、乘、除运算。乘法器和除法器可采用 LPM 宏单元来实现。

在指令系统中目的操作数采用寄存器寻址，源操作数具有寄存器寻址、寄存器间接寻址和存储器间接寻址方式，试设计一个包含这些执行过程的流程图。例如：Op Rd，Rs；其中操作码 Op 是加、减、乘、除运算（ADD、SUB、MUL、DIV）中的一种，源操作数 Rs，目的操作数 Rd。

直接寻址: Op Rd，Rs ；Rd Op Rs → Rd

寄存器间接寻址: Op Rd，[Rs] ；Rd Op [Rs] → Rd

存储器间接寻址: Op Rd，（mem）；Rd Op （mem）→ Rd

5.12 写出在模型机上指令 MOV mem1，mem2 的执行过程，其含义是将存储单元 mem2 中的数据存入存储单元 mem1 中。

5.13 写出在模型机上指令 ADD Rd，（Rs）的执行过程，其含义是将寄存器 Rd 的数据与以寄存器 Rs 中的内容为地址的存储单元中的数据相加，结果存入寄存器 Rd。

实验与设计

5.1 基本模型计算机设计与实现

实验目的：通过对 5.2 节和 5.3 节介绍的基本模型机设计的验证性实验，达到以下目标：① 深入理解基本模型计算机的功能和组成；② 深入了解计算机各类典型指令的执行流程；③ 学习微程序控制器的设计和相关技术，掌握 LPM_ROM 的配置方法；④ 在掌握部件单元电路实验的基础上，进一步将单元电路组成系统，构造一台基本模型计算机；⑤ 定义五条机器指令，并编写相应的微程序，上机调试，掌握计算机整机概念，掌握微程序的设计方法，学会编写二进制微指令代码表；⑥ 通过完整的计算机设计，全面了解并掌握微程序控制方式计算机的设计方法。

实验原理：参考 5.2 节和 5.3 节。验证性地完成其中给出的关于基本模型机的所有设计和测试。

实验任务：

① 根据图 5.3 及其中各模块内部电路，在 Quartus II 上编辑完成自己的完整的模型电路。

② 对图 5.3 中各功能模块进行仿真，给出对应图 5.8、图 5.10 和图 5.12 的仿真波形图，并通过详细分析这些波形，说明各模块的功能和特点及在整机系统中的作用。

③ 设计微程序。根据 5.2 节，设计对应五条指令的微程序流程图及对应的微代码表，并完成相关的 mif 文件。

④ 根据表 5.7 的应用程序，编辑对应主存地址的机器码 mif 文件，并通过 Quartus II 将这两个 mif 文件载入相应的存储器中。

⑤ 参考图 5.17 的仿真波形图，对模型机整机在执行表 5.7 程序的完整过程进行仿真。并参照表 5.8，将仿真波形图的所有细节给出更详细的报告。

⑥ 根据 5.3.8 节，利用其中介绍的所有硬件测试工具完成对模型机执行应用程序的测试，并将测试结果与仿真波形图仔细对照，给出报告。各测试工具的设置情况及加入主系统的电路模块也完全按照该节的介绍。

⑦ 编辑通信模块，将模型机运行时的信息传输至外部液晶显示器显示出来，并能通过 STEP 键，逐段了解 CPU 的运行情况，包括微指令的每一步运行情况。

对于附录介绍的实验系统的液晶显示屏如图 5.36 所示，其中各名称的含义列于表 5.22 中。

```
    现代计算机组成原理实验
IN   00    OUT  00   ALU    00
R0   00    R1   00   R2     00
DR1  00    DR2  00   BUS    00
PC   00    AR   00   RAM    00
IR   00    uA   00   MC     018110
```

图 5.36 LCD 液晶显示屏

表 5.22 LCD 液晶显示屏功能说明

名 称	作 用	名 称	作 用
IN	输入单元 INPUT	DR1	暂存器 DR1
OUT	输出单元 OUTPUT	DR2	暂存器 DR2
ALU	算术逻辑单元	PC	程序计数器
BUS	内部数据总线	AR	地址寄存器
R0	寄存器 R0	RAM	程序/数据存储器
R1	寄存器 R1	IR	指令寄存器
R2	寄存器 R2	MC	微程序控制器

实验要求：

① 了解所有控制信号的作用；掌握在 Quartus II 环境下采用图形编辑方法的设计技术。

② 掌握在微程序控制下机器指令的写入、读出和程序执行方法。

③ 掌握 LPM_RAM 的配置方法，实现对机器指令输入。

④ 掌握微程序的设计方法，学会编写二进制微指令代码表。

⑤ 掌握对 LPM_ROM 的配置方法，实现微指令代码表的输入。

⑥ 通过 Quartus II 中提供的硬件测试工具及外部的液晶屏，观察各相关寄存器、ALU、DR1、PC、IR、AR、BUS、MC 等内容的变化情况，根据表 5.8 微程序控制流程，单步跟踪微程序的执行情况。通过 INPUT 输入运算数据，跟踪程序的执行情况，并详细记录每条微指令执行后，相关单元输出数据的变化情况，依次执行机器指令，从而验证所设计的正确性。在完成基本验证实验后，根据这五条指令，自行设计程序、输入和调试，记录实验数据。

⑦ 设计新的指令和包含新指令的程序，在此 CPU 中运行。

思考题与自主实验题：除了已有的 IN、ADD、STA、OUT、JMP 指令外，再设计减法指令 SUB、带进位加 ADDC、逻辑与 AND、逻辑或 OR 和异或 XOR 共 10 条指令，编写相应微程序流程图，写出微程序代码表和相应的 mif 文件，并配置进 LPM_ROM 中；编写由程序代码组成的三个程序，并用此 CPU 完成相应的程序功能。

适当修改 ALU181.V，使之对不同操作产生的进位都能保留（锁存）。

5.2 带移位运算的模型机设计与实现

实验目的：① 在基本模型 CPU 基础上，增加移位运算单元，构建一台具有移位运算功能的模型 CPU；② 在实验 5.1 的五条指令基础上，增加四条移位运算指令，并编写相应的微程序，上机调试，掌握 CPU 整机概念；③ 进一步熟悉较完整的 CPU 设计，全面了解掌握微程序控制方式 CPU 的设计方法。

实验原理：参考 5.4 节，完成其中给出的关于带移位功能模块的模型机的设计和测试。

实验任务 1：根据图 5.25，改进图 5.3 中 ALU_MD 模块内的电路，在其中加入移位模块，并对所加入的模块及对应的 ALU_MD 模块进行仿真测试。最后在 Quartus II 上完成含移位功能的模型机的设计任务。

实验任务 2：设计微程序。根据电路结构和图 5.28，设计对应九条指令的微程序流程图及对应的微代码表，并完成相关的 mif 文件。

实验任务 3：根据表 5.10 的应用程序，编辑对应主存地址的机器码 mif 文件，并载入相应的存储器中。

实验任务 4：参考图 5.31 的仿真波形图，对模型机整机执行表 5.10 程序的完整过程进行仿真。参照表 5.11，将仿真波形图的所有细节给出更详细的报告。

实验任务 5：根据 5.3.8 节，利用其中介绍的所有硬件测试工具完成对模型机执行应用程序的测试，并将测试结果与仿真波形图仔细对照，给出报告。各测试工具的设置情况及加入主系统的电路模块也完全按照此节的介绍。

思考题与自主实验题：

① 参考直接转移指令“JMP [直接地址]”，编写出实现其他寻址方式的控制转移指令：

- 立即寻址。转移地址为用立即数表示的绝对地址：JMP 绝对地址
- 相对寻址。转移地址为在当前 PC 基础上加上相对转移偏移量：JMP 偏移地址
- 条件转移。根据运算标志 FC、FZ 的状态进行转移：JC 相对地址 JZ 相对地址

试设计相应微程序流程图，确定微程序代码，在实验台上验证所设计的功能。

② 设计一条比较指令“CMP rs，rd”，比较源操作数 rs 和目的操作数 rd 的大小，运算结果会影响标志位 FC 和 FZ，将标志位保存在标志寄存器中。试编写相应微程序流程图，确定相应的微程序代码。

③ 加法指令采用双地址格式，一个操作数采用隐含寻址方式，存放在寄存器 R0 中，另一个操作数在存储器中：

- 若另一个操作数采用寄存器间接寻址，设计出指令的格式，并画出其微程序流程图。
- 若另一个操作数采用存储器间接寻址，设计出指令的格式，并画出其微程序流程图。
- 若另一个操作数采用变址寻址，设计出指令的格式，并画出其微程序流程图。
- 若另一个操作数采用基址加变址寻址，设计出指令的格式，并画出其微程序流程图。

5.3 含16条指令的CPU设计与实现

实验目的：综合运用所学计算机原理知识，设计并实现较为完整的计算机；设计指令系统；编写简单程序，在所设计的复杂模型计算机上调试运行。

实验原理：参考5.5节。根据5.4节的模型机系统及机器指令系统要求，设计微程序流程图及确定微地址。

实验任务1：设计微程序。根据表5.19的指令系统表和图5.32，设计对应16条指令的微程序流程图及对应的微代码表，并完成相关的mif文件。

实验任务2：根据表5.21的应用程序，编辑对应主存地址的机器码mif文件，并载入相应的存储器中。

实验任务3：参考图5.35的仿真波形图，对模型机整机在执行表5.21程序的完整过程进行仿真。参照表5.23，将仿真波形图的所有细节给出更详细的报告。

表5.23 实验5.3微指令执行流程表

STEP	后续uA微地址	MC微指令	PC	IR指令	完成功能	执行结果
1	00	018108	00	44	控制台（读/写/运行）功能判断	控制台操作，微指令从00H开始执行
2	13	01ED8A			SWB、SWA=（11）转RP，分支转移	P（4）分支检测
3	01	008001			转程序执行方式	键1、键2输入数据45H
4	02	01ED82	01		执行第1条指令（输入IN 01，R0）	PC→AR=00H 指向指令地址，PC+1=01H
5	24	00C050		45	取指令，将RAM中的指令送指令寄存器	RAM（00H）=44→BUS→IR=44H
6	01	001001			接收IN输入端口的数据，送寄存器R0	R0=45H
7	02	01ED82	02		执行第2条指令（输入IN 01，R2）	PC→AR=01H 指向指令地址，PC+1=02H
8	24	00C050		46	取指令，将RAM中的指令送指令寄存器	AR=01H，RAM=46H→BUS→IR=46H
9	01	001001			接收IN输入端口的数据，送寄存器R2	R2=3CH，键1、健2输入数据3CH
10	02	01ED82	03		执行第3条指令（ADC R2，R0）	PC→AR=02H 指向指令地址，PC+1=03H
11	31	00C050		98	取指令，将RAM中的指令送指令寄存器	AR=02H，RAM=98H→BUS→IR=98H
12	52	01A22A			取源操作数	R0=45H→BUS→DR1=45H
13	53	01B42B			取目的操作数	R0=3CH→BUS→DR2=3CH
14	01	959B41			R2+R0→R0	R2+R0=81H→BUS→R0=81H
15	02	01ED82	04		执行第4条指令（MOV R0，R1）	PC→AR=03H 指向指令地址，PC+1=04H
16	30	00C050		81	取指令，将RAM中的指令送指令寄存器	AR=03H，RAM=81H→BUS→IR=81H
17	01	019201			R0R1	R0=81H→BUS→R1=81H

续表

STEP	后续 uA 微地址	MC 微指令	PC	IR 指令	完成功能	执行结果
18	02	01ED82	05	81	执行第 5 条指令（RLC R1，R1）	PC→AR=04H 指向指令地址，PC+1=05H
19	37	00C050		F5	取指令，将 RAM 中的指令送指令寄存器	AR=04H，RAM=F5H→BUS→IR=F5H
20	71	318239			R1 的数据送移位寄存器 SFT	R1=81→BUS→SFT=81H
21	72	19897A			带进位循环左移	SFT 带进位循环左移=02H
22	01	019801			移位运算后的结果送 R1	SFT=03H→BUS→R1=02H
23	02	01ED82	06		执行第 6 条指令（BZC 00，00）	PC→AR=05H 指向指令地址，PC+1=06H
24	14	00C050		0C	取指令，将 RAM 中的指令送指令寄存器	AR=05H，RAM=0CH→BUS→IR=0CH
25	03	01ED83	07		直接地址转移，从 RAM 中取转移地址	PC→AR=06H 指向指令地址，PC+1=07H
26	04	00A004			转移地址→DR1	RAM=00H→BUS→DR1=00H
27	43	00E0A0			转移地址→地址寄存器 AR	RAM=00H→BUS→AR=00H
28	44	0180E4			分支转移失败，顺序执行	PC=07
29	01	018001	08		执行第 7 条指令（JMP 00）	PC→AR=07H 指向指令地址，PC+1=08H
30	02	01ED82		08	取指令，将 RAM 中的指令送指令寄存器	AR=07H，RAM=08H→BUS→IR=08H
31	14	00C050	09		从 RAM 中取转移地址	PC→AR=08H 指向指令地址，PC+1=09H
32	03	01ED83			转移地址→DR1	AR=08H，RAM=00H→BUS→DR1=00H
33	04	00A004			转移地址→地址寄存器 AR	RAM=00H→BUS→AR=00H
34	42	00E0A0	00		无条件转移 GOTO 00	DR1=00→BUS→PC=00
35	01	01DB81			执行第 1 条指令（IN 01，R0）	PC→AR=00H 指向指令地址，PC+1=01H
36	02	00C048		44	取指令，将 RAM 中的指令送指令寄存器	AR=0AH，RAM=D1H→BUS→IR=D1H
37	…					

实验任务 4：根据 5.3.8 节，利用其中介绍的所有硬件测试工具完成对模型机执行应用程序的测试，并将测试结果与仿真波形图仔细对照，给出报告。各测试工具的设置情况及加入主系统的电路模块也完全按照此节的介绍。

自主设计实验题：

① 输入任意几个整数，求其和并存储、输出显示。

② 求 1 到任意一个整数之间的所有奇数之和并输出显示；求 1 到任意一个整数之间的所有偶数之和并输出显示；以及求 1 到任意一个整数之间的所有能被 3 整除的数之和并输出显示。

③ 编写程序，实现实验台上的 8 个发光二极管 D1~D8 从左向右依次轮流循环显示。

④ 让实验台上的 8 个发光二极管中的两个发光二极管从右向左依次轮流循环显示。

⑤ 让模型 CPU 输出设备 OUTPUT 显示数据加 1 计数，用实验台上的 LED 数码管显示结果。

⑥ 对存储器 RAM 中 40H~4FH 单元的数据求和，结果存放到 50H~51H 中，计算其平均值存放到 52H 单元并输出显示。

⑦ 存储器中存放在从 40H 和 50H 开始的两个多字节数相加，将结果存放在 60H 开始的存储单元中。

⑧ 为增加微程序的存储空间，对现有的模型机结构需作哪些改动？哪些控制部件需要改？怎样改？

5.4 较复杂 CPU 应用程序设计

实验目的：① 进一步熟悉和掌握利用较复杂模型 CPU 进行应用程序设计的方法；② 掌握模型机的汇编语言程序设计。根据应用程序的要求，编写出相应的汇编语言程序；③ 掌握指令系统的设计方法。根据汇编程序中出现的指令语句，设计能满足指令功能要求的微程序；④ 完成应用程序在 FPGA 中的调试和运行。将设计好的应用程序和微指令代码编写成存储器初始化文件 rom.mif 和 ram.mif，与模型 CPU 的硬件电路一起编译后，下载到实验台的 FPGA 中进行调试。

实验任务：在较复杂模型 CPU 上，完成应用程序设计。设计题目是：求 1 到任意一个整数之间的所有奇数之和并输出显示。

设计过程：

（1）编写汇编源程序。根据设计要求编写实验程序，如表 5.24 所示。

表 5.24 实验程序

	汇编语言源程序	功　能
LP0:	IN　R0	从开关输入任意一个整数 n→R0
	MOV　R1，1	将立即数 1→R1（R1 存放参与运算的奇数）
	MOV　R2，0	将立即数 0→R2（R2 存放累加和）
LP1:	CMP　R0，R1	将 R0 中的整数 n 与 R1 中的奇数进行比较
	JB　LP2	若 R1<R0，则转到 LP2 处执行
	ADD　R1，R2	否则，累加求和
	INC　R1	R1 的内容加 2，形成下一个奇数
	INC　R1	
	JMP　LP1	跳转到 LP1 继续执行
LP2:	OUT　R2	输出累加和
	JMP　LP0	重新开始

（2）确定指令格式。为了完成求和功能，需要使用 8 条指令，其中包括算术指令、I/O 指令、转移指令和加 1 指令等。

① I/O 指令。输入（IN）和输出（OUT）指令采用单字节指令，其格式如表 5.25 所示。其中，addr=01 时选中“INPUT DEVICE”中的键盘输入设备，addr=10 时，选中“OUTPUT DEVICE”中的 LCD 点阵液晶屏作为输出设备。

② 比较和相加指令。比较指令（CMP）和相加指令（ADD）用单字节表示，采用寄存器直接寻址方式，其格式如表 5.26 所示。其中 rs 为源寄存器，rd 为目的寄存器，其地址编码如表 5.27 所示。

表 5.25 I/O 指令格式

7 6 5 4	3 2	1 0
操作码	Addr	目的寄存器

表 5.26 比较与加法指令格式

7 6 5 4	3 2	1 0
操作码	rs	rd

表 5.27 寄存器对应的编码

rs 或 rd	00 01 10
选定的寄存器	R0 R1 R2

③ 转移指令。无条件转移（JMP）和结果为零或有进位转移指令（JB），指令格式如表 5.28 所示。

④ MOV 指令。指令格式如表 5.29 所示。

表 5.28 转移指令格式

7 6 5 4	3 2 1 0
操作码	× × × ×
地 址	

表 5.29 MOV 指令格式

7 6 5 4	3 2	1 0
操作码	× ×	rd
立 即 数		

⑤ 加 1 指令 INC。指令格式如表 5.30 所示，而数据格式如表 5.31 所示。

表 5.30 INC 指令格式

7 6 5 4	3 2	1 0
操作码	× ×	rd

表 5.31 数据格式

7	6 5 4 3 2 1 0
符号位	尾 数

（3）设计指令系统。此模型机有 8 条基本指令。每条指令的格式、汇编符号、功能如表 5.32 所示。

表 5.32 指令系统

助记符号	指令格式	功 能
IN rd	1000 | ×× | rd	input → rd 寄存器
OUT rd	1111 | ×× | rd	rd → output
ADD rs，rd	1100 | rs | rd	rs + rd → rd
CMP rs，rd	1010 | rs | rd	rs –rd → rd
INC rd	1101 | ×× | rd	rd +1→ rd
MOV data，rd	1001 | ×× | rd data	data rd
JMP addr	1110 | ×××× addr	addr →PC
JB addr	1011 | ×××× addr	若小于，则 addr → PC

（4）将汇编语言源程序编译成机器代码。按照指令格式与汇编语言源程序对应的机器语言源程序如表 5.33 所示。

表 5.33 实验程序

	助记符	地 址	机器代码	功 能
LP0:	IN R0	00H	80H	Input → R0
	MOV R1，1	01H	91H	1→R1
		02H	01H	
	MOV R2，0	03H	92H	0→R2
		04H	00H	
LP1:	CMP R0，R1	05H	A1H	R0-R1→R1
	JB L2	06H	B0H	（LP2）→PC
		07H	0DH	
	ADD R1，R2	08H	C6H	R1+R2→R2
	INC R1	09H	D1H	R1+1→R1
	INC R1	0AH	D1H	R1+1→R1
	JMP L1	0BH	E0H	（LP1）→PC
		0CH	05H	
LP2:	OUT R2	0DH	F2H	R2→output
	JMP LP0	0EH	E0H	（LP0）→PC
		0FH	00H	

（5）设计微程序流程图。根据应用程序中所用到的汇编语言指令（共八条指令），确定各条指令所需的微操作流程，设计微程序流程图如图 5.37 所示。

（6）确定微地址和微指令。微地址和微指令如表 5.34 所示。

（7）设计 LPM_rom 的初始化文件。根据微指令表编写.mif 文件（示例文件在 CPU8.bdf 中元件 LPM_ROM0 的文件 rom_8.mif）

（8）重新编译。在 Quartus II 环境下设计模型机电路的工程文件。将模型机电路图文件与微指令 LPM_rom 的初始化文件一起重新编译，并下载到实验台目标系统中。

（9）时序仿真。在 Quartus II 环境下针对输入的程序，进行完整的仿真。给出图 5.38 所示的仿真波形，并对照表 5.35 和实验程序表 5.33，详细分析模型机系统的运行时序和微指令的操作细节。

（10）硬件测试。根据 5.3.8 节的流程和接入的相关电路，利用 Quartus II 所能提供的所有硬件测试工具，对模型机系统在执行实验程序时，进行实时测试，并把结果与仿真波形对照，给出详细报告。

（11）单步运行调试程序。实验系统设置同实验 5.1。SWB、SWA=11，记录程序执行过程中的实验数据、通过 LCD 显示屏跟踪程序的执行情况，观察、分析所设计的微指令是否正确，发现问题及时调整、修改，重新进行编译、下载和单步调试。微指令详细执行情况如表 5.35 所示。

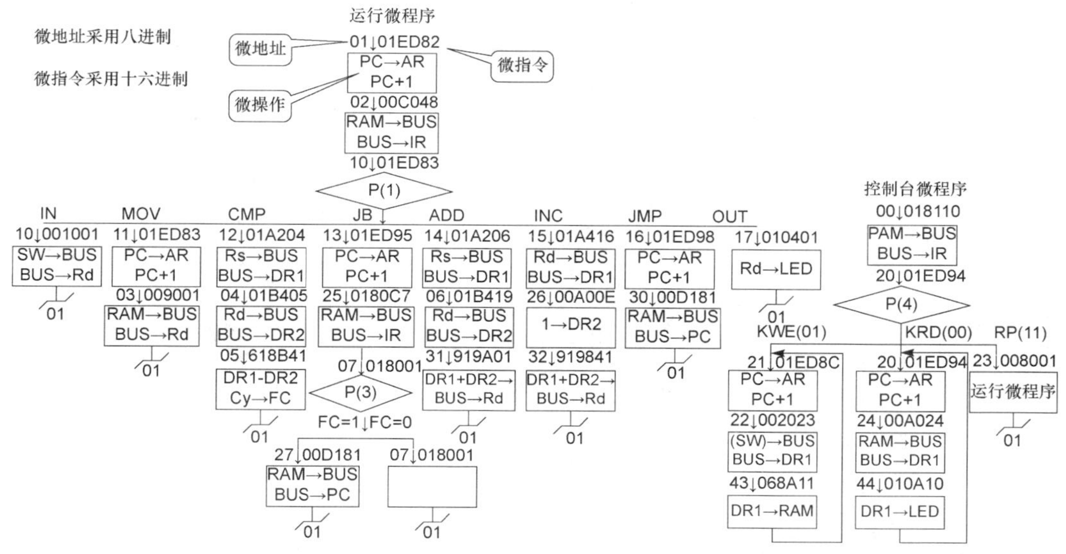

图 5.37 实验 5.4 的微程序流程图

表 5.34 微地址和微指令表

微地址	微指令	S3	S2	S1	S0	M	CN	WE	A9	A8	A	B	C	uA5～uA0
0 0	018110	0	0	0	0	0	0	0	1	1	000	000	100	010000
0 1	01ED82	0	0	0	0	0	0	0	1	1	110	110	110	000010
0 2	00C048	0	0	0	0	0	0	0	0	1	100	000	001	001000
⋮（略，详见本实验工程文件 rom_8.mif）														
2 7	00D181	0	0	0	0	0	0	0	0	1	101	000	110	000001
3 0	00D181	0	0	0	0	0	0	0	0	1	101	000	110	000001
3 1	919A01	1	0	0	1	0	0	0	1	1	001	101	000	000001
3 2	919B41	1	0	0	1	0	0	0	1	1	001	101	100	100001

应用程序的功能是对从 1 开始的奇数进行累加，相加结果存放在 R2 中，即 R2=1+3+5+…。表 5.35 给出了程序的详细执行过程，当循环程序 LP1 执行了两次以后，R2=1+3=04H。

表 5.35 微指令执行情况

STEP	后续 uA 微地址	MC 微指令	PC	IR 指令	完成功能	执行结果
1	00	018110			控制台（读/写/运行）功能判断	控制台操作，微指令从 00H 开始执行
2	13	018110	00	80	SWB、SWA=11，转 RP，分支转移	P(4)分支检测
3	01	008001			转程序执行方式	
4	02	01ED82			**执行第 1 条指令（IN R0）**	PC→AR=00H,指向指令地址，PC+1=01H
5	10	00C048	01		取指令，将 RAM 中的指令送指令寄存器	RAM(00)=00→BUS→IR=80H
6	01	008001		80	接收 IN 输入口的数据，送 R0 寄存器	R0=07H,键 1、键 2 输入数据 07H
7	02	01ED82			**执行第 2 条指令（MOV R1,1）**	PC→AR=01H,指向指令地址，PC+1=02H
8	11	00C048	02		取指令，将 RAM 中的指令送指令寄存器	AR=01H ,RAM(01)=91H→BUS→IR=91H
9	03	01ED83		91	指向操作数地址	PC→AR=02H,指向操作数地址，PC+1=03H
10	01	008001			RAM 内容送 R1	RAM(02)=01→BUS→R1=01H

续表

STEP	后续 uA 微地址	MC 微指令	PC	IR 指令	完成功能	执行结果
11	02	01ED82	04	91	**执行第 3 条指令（MOV　R2,0）**	PC→AR=03H,指向指令地址，PC+1=04H
12	11	00C048		92	取指令，将 RAM 中的指令送指令寄存器	AR=03H, RAM(03)=92H→BUS→IR=92H
13	03	01ED83			指向操作数地址	PC→AR=04H,指向操作数地址，PC+1=05H
14	01	008001			RAM 内容送 R2	RAM(04)=00→BUS→R2=00H
15	02	01ED82	06		**执行第 4 条指令（CMP　R0,R1）**	PC→AR=05H,指向指令地址，PC+1=06
16	12	00C048		A1	取指令，将 RAM 中的指令送指令寄存器	AR=05H, RAM(05)=A1H→BUS→IR=A1H
17	04	01A204			取源操作数→DR1	R0→BUS→DR1=07H
18	05	01B405			取目的操作数→DR2	R1→BUS→DR2=01H
19	01	008001			R0-R1，标志位→FC	DR1- DR2=06H,FC=0
20	02	01ED82	07		**执行第 5 条指令（JB　LP2）**	PC→AR=06H,指向指令地址，PC+1=07
21	13	00C048		B0	取指令，将 RAM 中的指令送指令寄存器	AR=06H, RAM(06)=B0H→BUS→IR=B0H
22	25	01ED95			PC 指向转移地址存放单元	PC→AR=07H
23	07	0180C7			分支检测 FC=1?	P(3)检测，FC=1?
24	01	008001			FC=0，顺序执行	FC=0，PC 内容不变
25	02	01ED82	08		**执行第 6 条指令（ADD　R1,R2）**	PC→AR=07H,指向指令地址，PC+1=08
26	14	00C048		C6	取指令，将 RAM 中的指令送指令寄存器	AR=07H ,RAM(07)=C6H→BUS→IR=C6H
27	06	01A206			取源操作数→DR1	R2→BUS→DR1=00H
28	31	919B41			取目的操作数→DR2	R1→BUS→DR2=01H
29	01	008001			DR1+DR2→R2	DR1+ DR2→BUS→R2=01H
30	02	01ED82	09		**执行第 7 条指令（INC　R1）**	PC→AR=08H,指向指令地址，PC+1=09
31	15	00C048		D1	取指令，将 RAM 中的指令送指令寄存器	AR=08H, RAM(08)=D1H→BUS→IR=D1H
32	26	01A416			取源操作数→DR1	R1→BUS→DR1=01H
33	32	C9BA1A			取目的操作数→DR2	1→DR2
34	01	008001			R1+1→R1	DR1+DR2→BUS→R1=02H
35	02	01ED82	0B		**执行第 8 条指令（INC　R1）**	PC→AR=0AH,指向指令地址，PC+1=0BH
36	15	00C048		D1	取指令，将 RAM 中的指令送指令寄存器	AR=0AH, RAM(0A)=D1H→BUS→IR=D1H
37	26	01A416			取源操作数→DR1	R1→BUS→DR1=02H
38	32	C9BA1A			取目的操作数→DR2	1→DR2
39	01	008001			R1+1→R1	DR1+ DR2→BUS→R1=03H
40	02	01ED82	0C		**执行第 9 条指令（JMP　LP1）**	PC→AR=0BH,指向指令地址，PC+1=0CH
41	16	00C048		E0	取指令，将 RAM 中的指令送指令寄存器	AR=0BH, RAM(0B)=E0H→BUS→IR=E0H
42	30	01ED98			指向转移地址	PC→AR=0CH,指向转移地址，PC+1=0DH
43	01	008001			转移地址→PC	RAM(0CH)=05H→BUS→PC=05H
44	02	01ED82	06		**执行第 4 条指令（CMP　R0,R1）**	PC→AR=05H,指向指令地址，PC+1=06H
45	12	00C048		A1	取指令	AR=05H, RAM(05)=A1H→BUS→IR=A1H
46	04	01A204			取源操作数→DR1	R0→BUS→DR1=07H
47	05	01B405			取目的操作数→DR2	R1→BUS→DR2=03H
48	01	008001			R0-R1，标志位→FC	DR1- DR2=04H,FC=0
49	02	01ED82	07		**执行第 5 条指令（JB　LP2）**	PC→AR=06H,指向指令地址，PC+1=07H
50	13	00C048		B0	取指令，将 RAM 中的指令送指令寄存器	AR=06H, RAM= B0H→BUS→IR=B0H
51	25	01ED95			PC 指向转移地址存放单元	PC→AR=07H ,PC+1=08H
52	07	0180C7			分支检测 FC=1?	P(3)检测，FC=1?
53	01	008001			FC=0，顺序执行	FC=0，PC 内容不变
54	02	01ED82	08		**执行第 6 条指令（ADD　R1,R2）**	PC→AR=07H,指向指令地址，PC+1=08
55	14	00C048		C6	取指令	AR=07H ,RAM(07)=C6H→BUS→IR=C6H
56	06	01A206			取源操作数→DR1	R2→BUS→DR1=01H
57	31	01B419			取目的操作数→DR2	R1→BUS→DR2=03H
58	01	008001			R1+ R2→R2	DR1+ DR2→BUS→R2=04H
…	…	…				

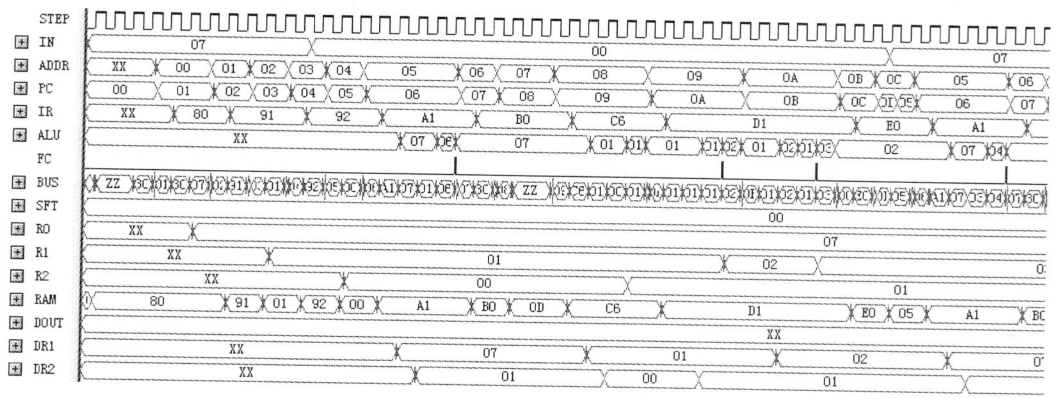

图 5.38 模型机时序仿真波形（截取其中部分）

实验中，从键盘输入的整数 07H 存放在 R0 中，在对 R2 内容进行累加之前，首先要判断相加的奇数是否小于输入的整数 07H。若奇数小于 07H，则对 R2 进行累加；若奇数大于或等于 07H，则退出循环程序。当循环程序执行到第 4 次时，奇数变为 07H，与输入的整数相等，因此程序退出循环。程序最终的执行结果是：R2=1+3+5=09H。

（12）连续运行。若单步调试正确，可在键盘（input）输入程序所需数据后将实验台从单步切换到连续运行方式。为了连续运行，可以将 STEP 锁定在连续时钟上。

实验报告：

① 设计过程。包括指令系统、微程序流程图、汇编语言源程序和对应的机器语言源程序、模型机原理图、工作原理。

② 实验数据。包括调试过程、问题排查、数据处理、结论。

③ 对设计过程的分析和总结。

第 6 章

16 位实用 CPU 原理与创新设计

本章将详细介绍一款具有实用意义的 16 位复杂指令微处理器系统的工作原理和设计方法，主要包括此系统的结构设计、基本组成部件设计、指令系统设计、优化方案及相关的仿真测试，直至在 FPGA 上的调试运行。这里为此 CPU 命名为 KX9016v1。

相比于前两章介绍的 8 位模型机，从设计角度看，KX9016v1 的特色有四点：

（1）全部由硬件描述语言表述，无需任何内部存储器放置微程序，因此修改便捷；由于整个指令控制系统由状态机构建，所以各类复杂指令的加入只涉及几条语句的增加，从而容易提高 KX9016 的实用性，而无须像模型机那样必须更改具体电路结构和设计微程序。

（2）系统优化特别容易，包括指令功能优化、速度优化和整个系统的设计优化。

（3）适应性强。整个体系结构和指令系统能方便地为特定的工作对象量身定做。

（4）由于全部由逻辑单元构建，结构单一，因此设计 ASIC 专用芯片成本低。

从性能和实用性方面看，KX9016 的特色有两点：

（1）工作可靠性好。在随机的强电磁干扰信号下，一般计算机都有可能跳出正常运行状态出现所谓死机现象而无法自动恢复。这是执行软件指令导致的不可抗拒的现象，而利用微程序工作的计算机在运行时，实际上是在同时运行两套软件程序，所以其不可靠性加倍。相比之下，KX9016 的指令系统及译码控制系统完全由状态机担任，而用硬件描述语言表述的状态机是可以通过 HDL 综合器的优化自动生成安全状态机。

（2）速度高。由于状态机具有并行和顺序同时进行的工作特点，容易构建高速指令。

本章根据不同模块的描述特性采用了不同的硬件描述语言：Verilog HDL 或 VHDL。

6.1　KX9016 结构原理及其特色

KX9016v1 的顶层结构如图 6.1 所示。这是一个采用单总线结构的复杂指令系统的 16 位 CPU。此处理器中包含了各种最基本的功能模块，它们有：由寄存器阵列构建的八个 16 位的寄存器 R0~R7、一个运算器 ALU、一个移位运算器 Shifter（注意，不是移位寄存器）、一个缓冲寄存器 OutReg、一个程序计数器 ProgCnt（PC，其实只是一个 PC 值的锁存器）、一个指令寄存器 InstrReg、一个比较器 Comp、一个地址寄存器 AddrReg 和一个总控制单元 Control；还有一些对外部设备的输入输出电路模块。所有这些模块共用一组 16 位的三态数据总线，在上面传送指令信息和数据信息。系统的控制信息由控制器通过单独的通道分别向各功能模块发出。

控制器模块中包含了此 CPU 的所有指令系统硬件设计电路，全部由状态机描述。控制器负责通过总线从外部程序存储器读取指令，其操作码通过指令寄存器进入控制器中进行判断，最后根据指令的要求向外部各功能模块发出对应的控制信号。

为节省资源，图 6.1 中的程序计数器实际上仅仅是一个普通的寄存器，因为可以通过控制器将加 1 计数的任务让 ALU 来完成。在计数完成后将结果通过移位器和输出寄存器锁入程序寄存器中（用作 PC）。当然这个过程中，控制器须选择移位器对数据处于直通状态。

由 R0~R7 组成的八个寄存器构建的寄存器阵列的优势也是节省资源，且使用方便。它们公用一个三态开关，由控制器选择与数据总线相连。这些寄存器地位平等，任何一个寄存器都可用作累加器。

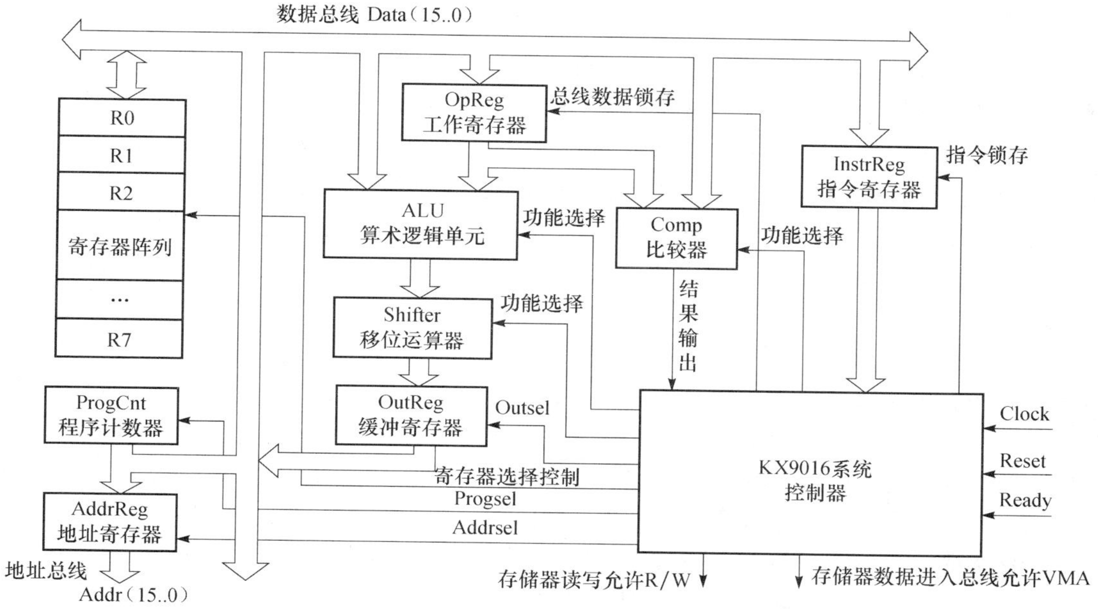

图 6.1　16 位 KX9016v1 CPU 结构框图

此 CPU 的工作寄存器 OpReg 作为缓存单元，分别为比较器 Comp 和算术逻辑单元 ALU 提供一组操作数，而另一操作数则直接来自数据总线。

这种省资源、高效率的电路结构特色还在许多方面表现出来。如从图 6.1 可见，有一组电路结构是这样的，将 ALU、移位器和缓冲寄存器 OutReg 串接起来，由控制器统一控制来共同完成原本需要更复杂模块完成的任务。例如需要缓存总线上的某个数据，控制器可以选择 ALU 和移位器 Shifter 为直通状态；而若仅需要移位时，可使 ALU 为直通状态；或需要将运算操作后的数据作锁存，则可令移位器为直通状态。特别是这个缓冲寄存器向总线输出的输出端上含有三态开关，由控制器决定是否向总线释放寄存器的数据。

又如，移位器可以是纯组合电路，速度高且省去一个寄存器，因为输出口的缓冲寄存器可以帮助存储数据。移位器是纯组合电路的另一好处是，如果某项运算同时需要计算和移位，不但不需要传统情况下的两条指令完成，甚至一条指令也用不完，因为只需一个状态，即一个并行微操作就实现了，速度显然很高。

此CPU结构中，比较器的电路也很有特色。比较器的功能由控制器直接控制，而其输出结果直接进入控制器，速度很快；而传统CPU的比较结果通常需经过总线或特定寄存器才能获得，反应速度要慢好几个节拍。

此 CPU 速度快的另一结构特点是，各功能模块全部由控制器通过单独的通道直接控制，并行工作特色明显，而不像传统CPU那样通过数据总线或控制总线来传输控制信息。

此系统只安排了一个地址寄存器，因此程序存储器与数据存储器共用一套地址，程序和数据可以只放在一个存储器中。如果利用FPGA中的嵌入式RAM模块，即调用LPM RAM来担任这个存储器是很方便的事情。因为尽管是RAM，但FPGA上电后，其程序会自动从配置Flash ROM向FPGA中的RAM加载，而此RAM在工作中又可随机读写，从而使得基于KX9016v1的系统可以在FPGA中实现单片系统SOC。

这种单一存储器系统对于传统的外部储存器显然是不可行的，因为还没有一个单片存储器既能保证程序掉电后不丢，又能接受CPU的高速数据的随机存取。

由于此CPU的表述全部是用HDL写的，因此可以根据控制对象，便捷地改变和优化电路结构，增减其中部分模块，或改变其中某些模块的结构和功能。

整个CPU可以采用自顶向下的方法进行设计。CPU和存储器间通过一组双向数据总线连接，系统中所有存在向总线输出数据的模块，其输出口都用三态总线控制器隔离。地址总线则是单独的，也是单向的，所以没有加三态控制器。

系统运行的过程与普通CPU的工作方式基本相同，对于一条指令的执行也分多个步骤进行：首先，地址寄存器AR保存当前指令的地址，当一条指令执行完后，程序寄存器PC指向下一条指令的地址。如果是执行顺序指令，PC+1就指向下一条指令地址；如果是分支转移指令，则直接跳到该转移地址。方法是控制单元将转移地址写入程序寄存器 PC 和地址寄存器AR，这时在地址总线上就会输出新的地址。然后，控制单元将读写存储器的控制信号R/W置0，执行读操作；此时告诉存储器地址有效，于是存储器就开始地址译码；之后VMA被置1，将存储单元中的数据传给数据总线。控制单元将存储器输出的数据（指令操作码）写入指令寄存器IR中，接着控制器对IR中的指令进行译码和执行指令。CPU的整个运行进程就这样循环进行下去了。

6.2 KX9016基本硬件系统设计

本节将根据图 6.1 的结构框图详细介绍 KX9016v1 的整体硬件构建及各功能模块的HDL功能描述，以及它们各自在系统中被控制的细节。由于控制器涉及所有指令的设计，所以关于它的HDL表述及其说明放在指令系统设计一节。

为了便于表达和原理说明，系统顶层设计文件采用直观的原理图来描述。在Quartus II环境下用原理图编辑方法设计的顶层文件为TOP_16.bdf，其电路原理图如图6.2所示。其中粗线是16位数据总线或地址总线，多于一位的控制线也用粗线表示。

为了方便仿真，系统的许多接口引脚端没有在图中显示出来，特别是用于时钟控制的锁相环也没有在图中加入。图中的CLK和STEP并非两个时钟源，它们可以由一个锁相环产生，要求CLK的频率大于STEP的4倍。CLK的最高频率可大于100MHz。

6.2.1 单步节拍发生模块

图6.2左下角的节拍发生模块STEP2的电路结构如图6.3所示。由图6.3右侧的仿真波形可知，如果STEP的周期大于CLK周期4倍，则输入的STEP信号及T1、T2三者在时间上呈连续落后情况，因此可以让STEP作为控制器的状态机运行驱动时钟，使得控制器每一个STEP时钟变换一个状态，这样不但可以将T1、T2去控制相关功能模块在时序上进行更精准操作，而且，若不涉及同一总线上的数据读写，则可在一个状态中（相当于一个微操作），完成两个顺序控制操作，从而提高了CPU的工作速度。

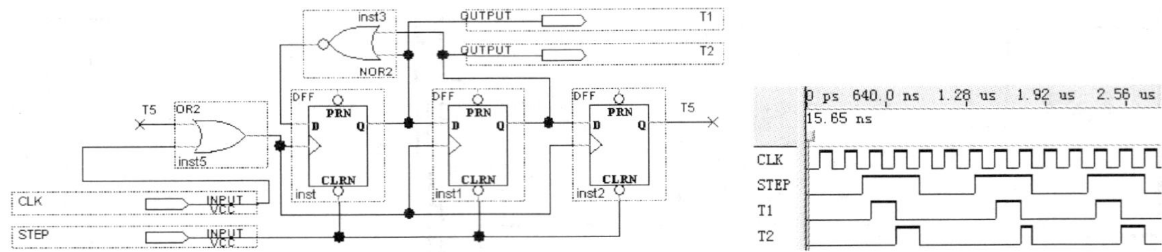

图6.3 节拍脉冲发生器STEP2的电路及其仿真波形图

6.2.2 运算器ALU

算术逻辑单元ALU的模块符号如图6.4所示。a[15..0]和b[15..0]是运算器的操作数输入端口，a[15..0]直接与数据总线相接；b[15..0]与工作寄存器的输出相接。c[15..0]为运算器运算结果输出端口，直接与移位器输入口连接。四位控制信号sel[3..0]来自控制器，由此选择运算器的算法功能。ALU可完成加、减等算术运算，也可进行逻辑运算，如与、或、非、异或等。运算器ALU的Verilog代码如例6.1所示。由程序可见，这是一个纯组合电路。

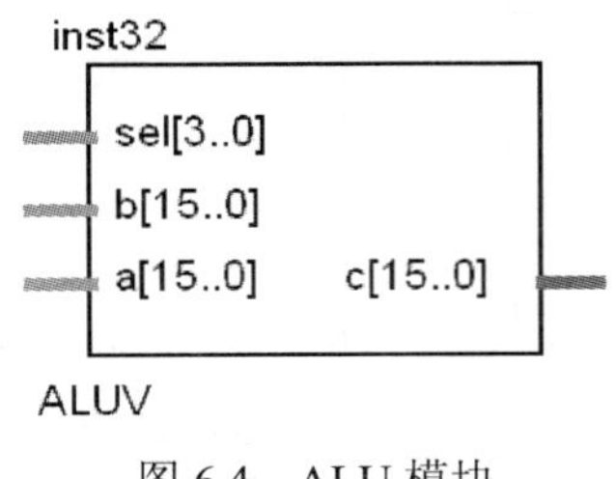

图6.4 ALU模块

【例6.1】

```
module ALUV (a, b, sel, c);
   input[15:0] a, b;  input[3:0] sel;  output[15:0] c;   reg[15:0] c;
   parameter  alupass=0, andOp=1, orOp=2, notOp=3, xorOp=4, plus=5,
  alusub=6,  inc=7, dec=8, zero=9;
   always @(a or b or sel)   begin
      case  (sel)
         alupass : c <= a ;          //总线数据直通ALU
           andOp : c <= a & b ;     //逻辑与操作
            orOp : c <= a | b ;     //逻辑或操作
           xorOp : c <= a ^ b ;     //逻辑异或操作
```

```
            notOp : c <= ~a ;          //取反操作
             plus : c <= a + b ;       //算术加操作
           alusub : c <= a - b ;      //算术减操作
              inc : c <= a + 1 ;      //加 1 操作
              dec : c <= a - 1 ;      //减 1 操作
             zero : c <= 0 ;          //输出清 0
          default : c <= 0 ;
      endcase    end
endmodule;
```

6.2.3 比较器 COMP

比较器的实体名为 CMP_V。CMP_V 模块对两个 16 位输入值进行比较，输出结果是 1 位，即 1 或 0，这取决于比较对象的类型和值。比较器模块符号如图 6.5 所示。

对两个数进行比较的类型方式，及输出值含义都取决于来自控制器的选择信号 sel[2..0] 的值。例如，欲比较输入端口 a 和 b 的值是否相等，控制器须先将 eq=3'b000 传到端口 sel，这时如果 a 和 b 的值相等，则 compout 的值为 1；如果不相等，则为 0。显然，两个输入值的比较操作将得到一个位的结果，这个位是执行指令时用来控制进程中的操作流程的。

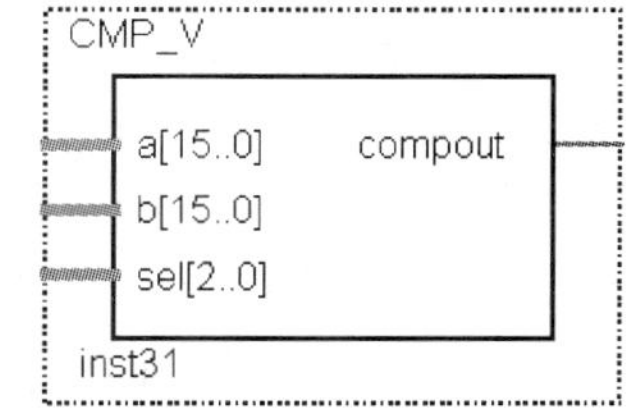

图 6.5　比较器模块符号

比较器程序代码如例 6.2 所示。程序中含有 case 语句，针对每一个来自控制器的 sel 的 case 选项，还含有一个 if 语句；如果条件为真，输出 1；否则，输出 0。

【例 6.2】

```
module CMP_V (a, b, sel, compout);
input[15:0] a, b;  input[2:0] sel;  output compout;   reg compout;
 parameter eq=0, neq=1, gt=2, gte=3, lt=4, lte =5;
always @(a or b or sel)   begin
  case (sel)
    eq : if (a==b)  compout<=1; else  compout<=0; //a 等于 b，输出为 1，负责是 0
   neq : if (a!=b)  compout<=1; else  compout<=0; //a 不等于 b，输出为 1
    gt : if (a>b)   compout<=1; else  compout<=0; //a 大于 b，输出为 1
   gte : if (a>=b)  compout<=1; else  compout<=0;//a 大于等于 b，输出为 1
    lt : if (a<b)   compout<=1; else  compout<=0;//a 小于 b，输出为 1
   lte : if (a<=b)  compout<=1; else  compout<=0;//a 小于等于 b，输出为 1
   default :        compout<=0;
   endcase   end
endmodule
```

6.2.4 基本寄存器与寄存器阵列组

在CPU中，寄存器常被用来暂存各种信息，如数据信息、地址信息、指令信息、控制信息等，以及与外部设备交换信息。图6.1中的CPU结构中的寄存器有多种用途及多种不同结构，以下将分别给予介绍。

1. 基本寄存器

由图6.2可见，KX9016使用三种不同控制方式的基本寄存器。

（1）只有锁存控制时钟的寄存器。这是最简单的寄存器（图6.6），在此CPU中担任缓冲寄存器和指令寄存器。程序如例6.3所示，它也可直接调用LPM_FF模块取代。

对于指令寄存器的锁存时钟端，注意图6.2中还接了一个与门，一端接来自控制器的指令写允许instrWr信号，另一端接节拍时钟信号T2。

同样，对于输出寄存器的锁存时钟端，电路中也接了一个与门，但一端接RAM的写允许控制信号WE，另一端接地址信号的最高位AR[15]。设计输出指令时要注意控制。

（2）含三态输出控制的寄存器（图6.7）。此寄存器没有对应的LPM模块，它实际上就是例6.3的寄存器在输出端加上一个三态控制门，程序如例6.4所示。在系统中此寄存器担任运算结果寄存器，即缓冲寄存器。注意此寄存器的数据输入口接移位器的数据输出口，输出口接数据总线；三态输出允许控制端接来自控制器的读寄存器允许信号outRegRd；锁存时钟端也同样接有一个与门；与门的一端接寄存器写允许控制信号outRegWr，另一端接T2，设计运算或移位指令时要注意这些控制信号。

（3）含清0和数据锁存同步使能控制的寄存器（图6.8）。程序如例6.5所示。这个寄存器的功能就是图6.6的寄存器加上一个清0功能，再于时钟端加一个与门，而与门的一端接允许控制load，另一端接clk。

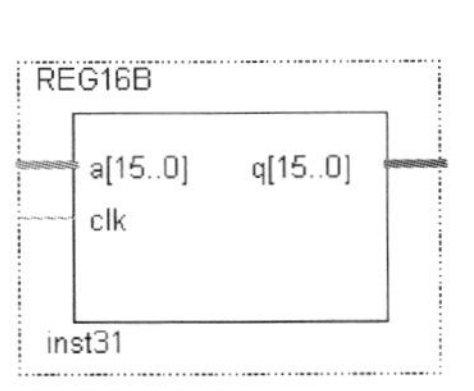

图6.6 基本寄存器

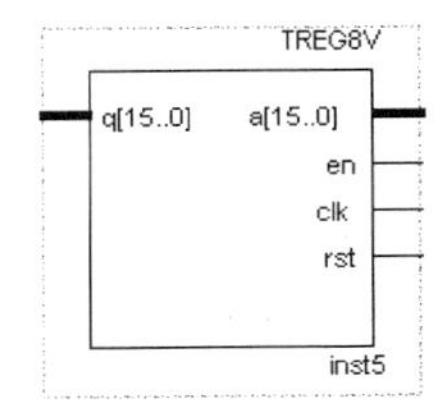

图6.7 含三态门的寄存器

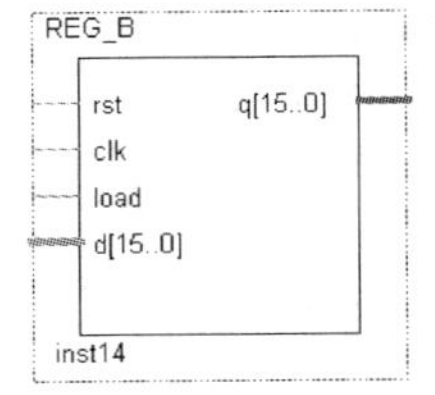

图6.8 含加载的寄存器

在此CPU中此寄存器有三个角色，地址寄存器、PC寄存器和工作寄存器。

对于地址寄存器，其数据输出口接地址总线，数据输入口接数据总线；同步加载允许load端接来自控制器的地址寄存器写允许信号addrRegWr；锁存时钟端clk接T2。

对于PC寄存器，其数据输出口接三态门输入口，三态门输出至数据总线；三态门的控制端接来自控制器的PC值读允许信号progCntrRd；数据输入口直接接数据总线；同步加载允许load端接来自控制器的progCntrWr信号；锁存时钟端clk接T1。

其实可以用一个LPM计数器模块来替代这个寄存器，这样可以使PC+1的操作速度更快。图 6.9 的电路就是这样一个替代方案。当然，如果使用了这个替代方案，控制器的状态机程序要作对应的改变。

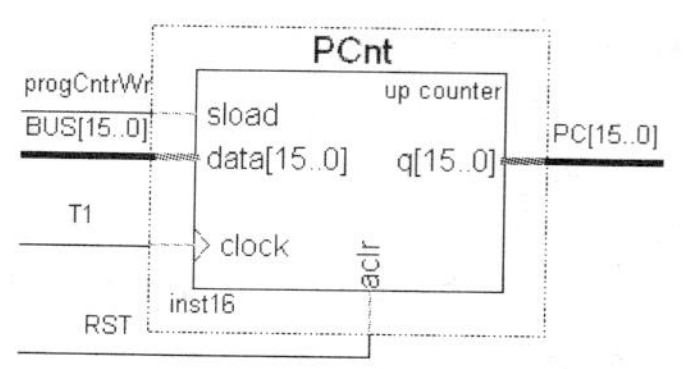

图 6.9 PC 替代电路

对于工作寄存器，其数据输出口接 ALU 和比较器的一个数据输入端；数据输入口接数据总线；同步加载允许 load 端接来自控制器的 opRegWr 信号；锁存时钟端 clk 接 T1。

【例 6.3】

```
module REG16B (a, clk, q);
  input[15:0] a; input clk; output[15:0] q; reg[15:0] q;
  always @(posedge clk)    q <= a ;
endmodule
```

【例 6.4】

```
module TREG8V (a, en, clk,rst, q);
  input rst,en, clk; input[15:0] a;  output[15:0] q;  reg[15:0] q, val;
  always @(posedge clk or posedge rst)
    if (rst==1'b1)  val <= {16{1'b0}} ;  else  val <= a ;
  always @(en or val)
    if (en == 1'b1)  q <= val ;  else  q <= 16'bZZZZZZZZZZZZZZZZ ;
endmodule
```

【例 6.5】

```
module REG_B (rst, clk, load, d, q);
  input rst, clk, load; input[15:0] d; output[15:0] q;  reg[15:0] q;
  always @(posedge clk or posedge rst)  begin
    if (rst==1'b1)  q <= {16{1'b0}} ; else
    begin  if (load == 1'b1)  q <= d ;  end
  end
endmodule
```

2. 寄存器阵列

寄存器阵列是 KX9016 中颇具特色的寄存器。寄存器阵列符号 REG_AR7 如图 6.10 所示。在执行指令时，此寄存器中存储指令所处理的立即数，可对寄存器进行读或写操作。

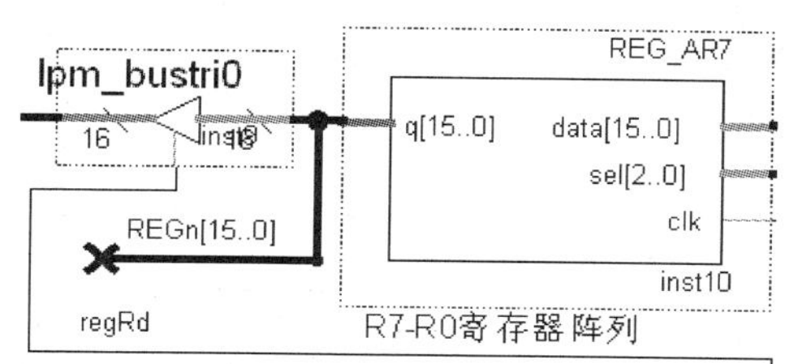

图 6.10 寄存器阵列元件与三态控制门电路

此类寄存器组相当于一个 8×16 位的 RAM。对于其操作也像一个 RAM 存储器，如当向 REG_AR7 的一个单元，即其中一个寄存器写入数据时，首先要输入寄存器选择信号 sel 作为单元地址，即此寄存器的地址码；当 clk 上升沿到来时，输入数据就被写入到该单元中。

当从 REG_AR7 的一个地址单元，即某一寄存器中读出数据时，也必须首先输入对应的sel选择数据作为读的单元地址，然后使得在其输出端的三态输出允许控制信号为1，这时数据就会输出至总线。此寄存器的Verilog表述如例6.6所示。

程序首先用语句 reg[15:0] ramdata[0:7] 定义了一个二维寄存器变量ramdata。在时序过程语句中，它模拟RAM存储数据，在时钟有效时，将输入的数据按指定地址（即sel）锁入二维寄存器变量ramdata中；而在其以下的赋值语句中，它的动作正好相反，它模拟从RAM中按地址sel读取数据，然后输出。

【例6.6】

```
module REG_AR7 (data, sel, clk, q);
  input[15:0] data;  input[2:0] sel; input clk;   output[15:0] q;
  reg[15:0] ramdata[0:7];
  always @(posedge clk)    ramdata[sel] <= data;
  assign q = ramdata[sel] ;
endmodule
```

此寄存器阵列模块的接口情况是这样的，由图6.2可见，此寄存器的数据输入口接数据总线；输出口接三态门输入端，三态门的控制端接来自控制器的regRd信号；三态门输出与总线相接；寄存器组选择信号sel[2..0]来自控制器的regSel[2..0]。寄存器的时钟clk端接有一个与门；与门的一端接寄存器写允许控制信号regWr，另一端接T2。

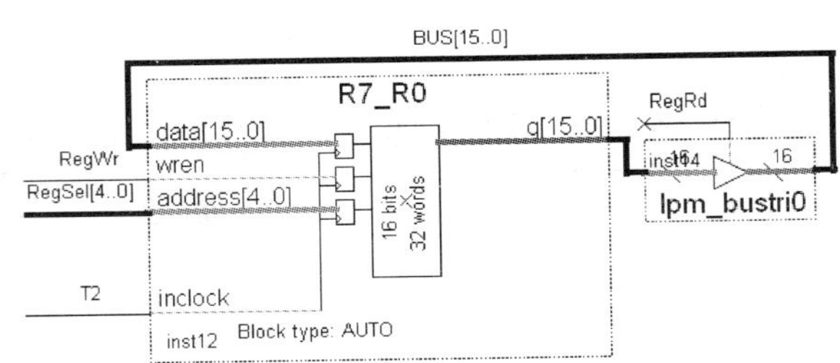

图6.11 用LPM_RAM替代寄存器阵列的电路

其实很容易用一个数据宽为16，深度为8，即3位地址线宽的LPM_RAM模块来替代这个寄存器阵列，这样可以至少节省128个逻辑宏单元。图6.11就是这样一个替代方案。此LPM_RAM模块与外围电路的接口方式如图所示，由于这是最小深度的RAM，所以在使用中可以将地址线的高二位置0。

6.2.5 移位器

移位器模块符号如图6.12所示，移位器在CPU中实现单向移位和循环移位操作。移位器输入信号sel决定执行哪一种移位方式。移位器对输入的16位数据的移位操作类型有四种：左移或右移、循环左移或循环右移。此移位器还有一个功能就是通过控制，可以允许输入数据直接输出，即数据直通，不执行任何移位操作；ALU也有类似的直通功能，这个功能在许多操作中十分方便，不但速度提高而且节省了许多硬件资源。移位器的Verilog代码如例6.7所示。在系统中移位器的接口比较清晰，在此就不再叙述了。

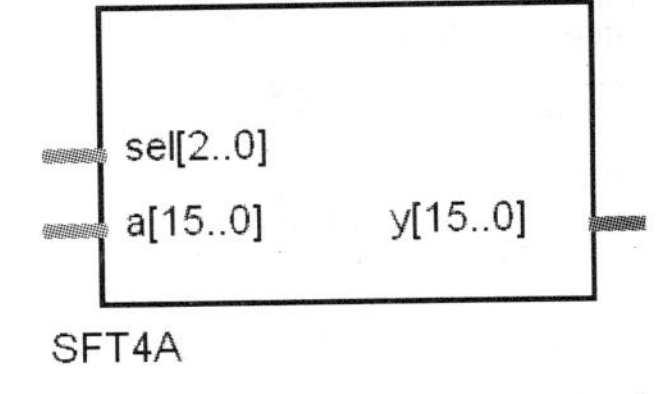

图6.12 移位器符号

应特别注意这个移位器在 KX9016 这样的系统结构中作为组合电路的必要性（因此它不可能有使用 LPM 模块的替代方案），但同时也导致了一个巨大缺点，即如果某数据需要移两位或多位，则必须重复执行两次或多次移位指令。从电路结构上可以看出，多次移位将多次占用总线，这是非常浪费时间的，将严重降低 CPU 的工作效率。

【例 6.7】

```
module SFT4A (a, sel, y);
input[15:0] a;  input[2:0] sel;  output[15:0] y; reg[15:0] y;
parameter shftpass=0, sftl=1, sftr=2,rotl=3, rotr=4;
always @(a or sel)   begin
  case (sel)
 shftpass :  y<=a ;                //数据直通
     sftl :  y<={a[14:0], 1'b0}; //左移
     sftr :  y<={1'b0, a[15:1]}; //右移
     rotl :  y<={a[14:0], a[15]};//循环左移
     rotr :  y<={a[0], a[15:1]}; //循环右移
   default :  y<=0 ;
 endcase    end
endmodule
```

6.2.6 程序与数据存储器

此 CPU 接口的存储器采用 LPM 模块，容量规格和端口选择如图 6.13 所示，16 位数据宽度，128 位深度。其数据输入端 data[15..0]接数据总线，输出端接三态控制门；三态门的输出端仍接数据总线。地址端口 address[6..0]接地址总线；wren 接来自控制器的 RAM 读写控制信号 rw；时钟输入端 inclock 接 T1。

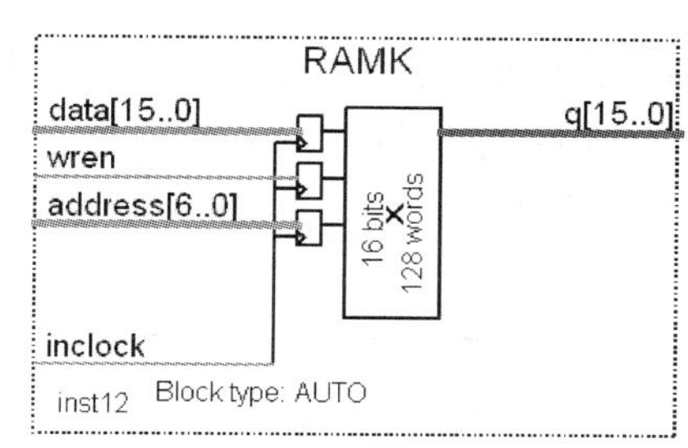

图 6.13 存储器符号

注意在此项目的实验测试示例中，对此 LPM_RAM 模块在写数据设置上，选择了写允许信号 wren 有效时，同时读出原数据“Old Data”。具体设置可参考第 3 章的图 3.23。RAM 的这项选择将使其每写入一个数据，将同时向输出口输出同一 RAM 单元的写入新数据前的老数据，即“Old Data”。这个性能可以在以后的 CPU 仿真波形中看到。

需要注意的是，RAM 存储单元中这种新写入数据不会即刻覆盖老数据的性能，只有 Cyclone III 或更高版本系列的 FPGA 才具备。

6.3 指令系统设计

如果要设计一款专用处理器（即面向特定用途的处理器），必须要确定此处理器的工作

(或控制)对象是什么、需要完成哪些任务、需要怎样的CPU程序特性，从而确定此处理器的CPU应该具有哪些功能，并针对这些功能采用哪些指令，然后再确定指令的具体格式。

通常为了使所设计的CPU具有最基本的功能，其指令将设计成以下类别的指令：

- 装载指令。对指定寄存器或存储器进行装载数据或对立刻数赋值。
- 存储指令。将寄存器的值写到存储器。
- 分支指令。使CPU在运行中转到其他地址；要求一些分支指令为条件转移，另外一些为无条件转移。
- 移位指令。用移位寄存器执行可控的不同方式的移位操作。
- 运算指令。对指定寄存器单元的数据进行算术或逻辑运算。
- 输入输出指令。负责对外设进行数据交换。

本节将重点介绍针对KX9016的指令格式、指令设计方案、指令系统要求、软件编程加载方法，以及控制器的原理和设计。最后以实例形式给出指令设计的详细流程。

6.3.1 指令格式

可以假设KX9016的控制工作不是很复杂，最多30条指令就能包括所有可能的操作。所以可以设定所有的指令都包含5位操作码，使控制器用于判别具体指令类别。

设单字节指令在其低6位中包含两个3位来指示寄存器名，如R3（011），R4（100）。其中一个3位指示源操作数寄存器，另一个3位指示目的操作数寄存器。

某些指令，如INC（加1）指令只用到其中的一部分；但是另外一些单字节指令，如MOVE（转移）指令，用到从一个寄存器传送到另外一个寄存器的功能，这就要用到两个操作数。

设双字节指令中第一个字节中包含目标寄存器的地址，第二个字节中包含指令地址或者立即操作数。它们的常用指令格式如下：

（1）单字指令。16位指令的高5位是操作码，最低的6位指示出源操作数寄存器和目的操作数寄存器。指令码格式如下所示：

操作码						源操作数			目的操作数		
Opcode						SRC			DST		
15	14	13	12	11	…	5	4	3	2	1	0

当然也可以利用其他闲置的位为单字节指令设置成含3个操作数寄存器指示值。例如可以设计这样一条加法指令：ADD R_d，R_{s1}，R_{s2}；具体指令如ADD R1，R2，R3。即将R1、R2寄存器的内容相加后存入寄存器R3。于是可以用第三个3位来指示此寄存器名。此时，若加法指令的操作码是01101，则对于这条指令的指令码可以是01101 00 **011** 010 001 = 68D1H。

显然，指令设计完全可以不拘一格。

（2）双字指令。第一个16位字中包含操作码和目标寄存器的地址，第二个字中包含了指令地址或者操作数。指令码格式如下所示：

操作码						目的操作数		
Opcode						DST		
15	14	13	12	11	…	2	1	0

16 位操作数															
15	14	13	12	11	10	9	8	7	6	5	4	3	2	1	0

例如，立即装载指令 LDR 可以有这样的表述：LDR R1，#0015H。这条指令表示，将十六进制数 15H 装载到寄存器 R1 中。设这条指令的高 5 位操作码是 00100；在低 3 位中指示寄存器 R1 的目的操作数代码是 001。于是指令码如下所示，这条指令的十六进制指令码是：2001H，0015H。

操作码						目的操作数		
0	0	1	0	0	…	0	0	1

0	0	0	0	0	0	0	0	0	0	0	1	0	1	0	1
0				0				1				5			

在控制器对此双字节指令进行译码时，第一个字的操作数决定了该指令的长度为两个字，因而在装载第二个字后，才成为完整的指令。

6.3.2 指令操作码

本章为此 KX9016 处理器中设计的指令和相应的操作码已列于表 6.1 中。主要的指令有数据存/取、数据搬运、算术运算、逻辑运算、移位运算和控制转移类。如果需要还可以加入其他功能的指令。

表 6.1 KX9016 预设指令及其功能表

操作码	指 令	功 能	操作码	指 令	功 能
00000	NOP	空操作	01111	IN	数据输入指令
00001	LD	装载数据到寄存器	10000	JMPLTI	小于时转移到立即数地址
00010	STA	将寄存器的数存入存储器	10001	JMPGT	大于时转移
00011	MOV	在寄存器间传送操作数	10010	OUT	数据输出指令
00100	LDR	将立即数装入寄存器	10011	MTAD	16 位乘法累加
00101	JMPI	转移到由立即数指定的地址	10100	MULT	16 位乘法
00110	JMPGTI	大于转移至立即数地址	10101	JMP	无条件转移
00111	INC	加 1 后放回寄存器	10110	JMPEQ	等于时转移
01000	DEC	减 1 后放回寄存器	10111	JMPEQI	等于时转移到立即地址
01001	AND	两个寄存器间与操作	11000	DIV	32 位除法
01010	OR	两个寄存器间或操作	11001	JMPLTE	小于等于时转移
01011	XOR	两个寄存器间异或操作	11010	SHL	左逻辑移位
01100	NOT	寄存器求反	11011	SHR	右逻辑移位
01101	ADD	两个寄存器加运算	11100	ROTR	循环右移
01110	SUB	两个寄存器减运算	11101	ROTL	循环左移

表 6.2 给出了由几条指令组成的程序示例。在这些指令中有单字指令和双字指令，操作码都是 5 位。对于源操作数寄存器 SRC 和目的操作数寄存器 DST，分别用 3 位二进制数表示，指出寄存器的编号。双字指令中的第 2 个字是立即数操作数。表中的“x”表示可以是任意值，可取为 0。

表 6.2 的汇编程序的功能是，将 RAM 地址区域 0025H 至 0036H 段的数据块，搬运到地址区域以 0047H 开头的 RAM 存储区域中。此系统的存储器可分成两个部分，第一部分是指令区，第二部分是数据区。指令部分包含了将被执行的指令，开头地址是 0000H。CPU 指令从 0000 开始到 000DH 结束。实际程序可以将此汇编程序代码与 0025H 至 0036H 段的数据块一并安排在 RAM 的初始化.mif 配置文件中。

表 6.2　示例程序

指　令	机器码	字长	操作码	闲置码	源操作数	目的操作数	功能说明
LDR　R1，0025H	2001H	2	00100	xxxxx	xxx	001	立即数 0025H 送 R1
	0025H		0000 0000 0010 0101				
LDR　R2，0047H	2002H	2	00100	xxxxx	xxx	010	立即数 0047H 送 R2
	0047H		0000 0000 0100 0111				
LR　R6，0036H	2006H	2	00100	xxxxx	xxx	110	立即数 0036H 送 R6
	0036H		0000 0000 0011 0110				
LD　R3，[R1]	080BH	1	00001	xxxxx	001	011	从 R1 指定的 RAM 存储单元取数送 R3
STA　[R2]，R3	101AH	1	00010	xxxxx	011	010	将 R3 的内容存入 R2 指定 RAM 单元
JMPGTI　[0000]	300EH	2	00110	xxxxx	001	110	若 R1>R6，则转向地址[0000H]
	0000H		0000 0000 0000 0000				
INC　R1	3801H	1	00111	xxxxx	xxx	010	R1+1→R1
INC　R2	3802H	1	00111	xxxxx	xxx	010	R2+1→R2
JMPI [0006]	2800H	2	00101	xxxxx	xxx	xxx	绝对地址转移指令：转向地址 0006H
	0006H		0000 0000 0000 0110				

6.3.3　软件设计实例

为了便于说明和实验演示，本章列出的控制器程序（例 6.8）中只包含了 7 条指令。现将这 7 条指令组织成的一个简单的汇编程序示例列于表 6.3 中。

该程序的功能是将置于 R1 和 R2 寄存器的两个数据相加后放到 R3 中，再将 R3 的内容转移到 R1，并将 R2 的内容加 1 后放回到 R2。再将 R3 的内容存入 R2 指定地址的 RAM 单元中，并将 R1 指定地址的 RAM 单元的数据放进 R3 单元。表中列出了对应的地址。

这 7 条指令的一般形式如下：

- 立即数装载指令的一般形式是：LDR　Rd，Data

  其中的 Rd 代表 R7~R0 中任何一个寄存器；Data 是十六位立即数。

- 根据例 6.8 的控制器程序，此加法指令的一般形式是：ADD　R_{s1}，R_{s2}，R3
  其中的 R_{s1} 和 R_{s2} 代表 R7~R0 中任何一对不同的寄存器，而目标寄存器 R3 是固定的。以下 R_s 、R_d 等也是相同情况。
- 数据搬运指令的一般形式是：MOV　R_{d1}，R_{s2}
- 加 1 指令的一般形式是：INC　R_s
- 存储指令的一般形式是：STA　[R_d]，R_s
- 取数指令的一般形式是：　LD　R_d，[R_s]

表 6.3　7 条指令的汇编程序示例

地 址	机器码	指 令	功能说明
0000H 0001H	2001H 0032H	LDR　R1, 0032H	将立即数 0032H 送寄存器 R1
0002H 0003H	2002H 0011H	LDR　R2, 0011H	将立即数 0011H 送寄存器 R2
0004H	680AH	ADD　R1，R2，R3	将寄存器 R1 和 R2 的内容相加后送 R3
0005H	1819H	MOV　R1，　R3	将寄存器 R3 的内容送入 R1
0006H	3802H	INC　R2	R2 + 1→R2
0007H	101AH	STA　[R2],　R3	将 R3 的内容存入 R2 指定地址的 RAM 单元
0008H	080BH	LD　R3，　[R1]	将 R1 指定地址的 RAM 单元的数据送 R3
0009H	0000H	NOP	空操作

若希望 KX9016 能正常执行表 6.3 中的程序，必须将表 6.3 中汇编程序对应的机器码按左侧的地址载入图 6.2 的 LPM_RAM 中。最方便的方法就是将这些机器码按序编辑在 mif 格式的文件中，然后按路径设置于原理图中的 LPM_RAM 中。

根据表 6.3 制作的 mif 文件已列于表 6.4 中，此文件可取名为 RAM_16.mif。

表 6.4　存储器初始化文件 RAM_16.mif 的内容

WIDTH = 16;	03　：0011;	0B　：0000;	13　：0000;
DEPTH = 256;	04　：680A;	0C　：0000;	......
ADDRESS_RADIX = HEX;	05　：1819;	0D　：0000;	41　：0000;
DATA_RADIX = HEX;	06　：3802;	0E　：0000;	42　：0000;
CONTENT BEGIN	07　：101A;	0F　：0000;	43　：A6C7;
00　：2001;	08　：080B;	10　：0000;	......
01　：0032;	09　：0000;	11　：0000;	4F　：0000;
02　：2002;	0A　：0000;	12　：1524	END;

注意，在地址 0012H 和 0043 处安排了两个数据，分别是 1524H 和 A6C7H。以便在仿真中用于印证某些指令功能和模块的特性。

在第 2 章和第 3 章中已经介绍了将此 mif 文件载入 RAM 中有多种方式。如果仅用于仿真，只需在全程编译中将此文件编译进去即可。

如果是为了硬件调试和测试 CPU，可以下载编译后的 sof 文件于 FPGA，或利用在系统存储器编辑器直接向 RAM 下载此文件，按复位键后即可执行程序。为了能单步运行（注意，非传统的指令单步，而是状态机节拍 STEP 时钟的单步），可以用开发板上的普通键产生 CLK 时钟，但要注意硬件消抖动。也可以用 3.4 节介绍的 In-System Sources and Probes 来产生无抖动时钟信号，并收集 CPU 的工作中输出的必要的数据和信号。

如果是用于实用系统，最好将 sof 文件间接编程于 FPGA 的配置 Flash 中。

6.3.4 KX9016v1 控制器设计

KX9016 系统的关键功能模块是控制器，它由一个完整的状态机构成，负责对运行程序中所有指令译码、各种微操作命令的生成和对 CPU 中各个功能模块的控制。这 7 条指令的控制器程序如例 6.8 所示，用 VHDL 程序描述，文件名是 CONTRLA.vhd。

考虑到篇幅所限，关于 VHDL 或 Verilog 有限状态机的语句语法、结构特点、设计方法，以及与状态机优化相关的状态编码、状态机萃取和安全状态机设置等约束选择方法可以参阅本书所列参考文献[1]和[2]。

【例 6.8】（可以通过前言的联系方式，索取 Verilog 版本的程序）

```
library IEEE;
use IEEE.std_logic_1164.all;--以下的加粗文字是加入加法指令后的程序变化，以上有示例
entity CONTRLA is   --这里的 clock 对应图中的 STEP
  port( clock : in std_logic;  reset : in std_logic; --时钟和复位
    instrReg : in std_logic_vector(15 downto 0);--指令寄存器操作码输入
    compout : in std_logic;                          --比较器结果输入
    progCntrWr : out std_logic;  --程序寄存器同步加载允许，但需 T1 的上升沿有效
    progCntrRd : out std_logic;  --程序寄存器数据输出至总线三态开关允许控制
    addrRegWr : out std_logic;   --地址寄存器允许总线数据锁入，但需 T2 有效
    addrRegRd : out std_logic;   --地址寄存器读入总线允许
    outRegWr : out std_logic;    --输出寄存器允许总线数据写入，但需 T2 有效
    outRegRd : out std_logic;    --输出寄存器数据进入总线允许，即打开三态门
    shiftSel : out std_logic_vector(2 downto 0);   --移位器功能选择
    aluSel : out std_logic_vector ( 3 downto 0 );  --ALU 功能选择
    compSel : out std_logic_vector(2 downto 0);    --比较器功能选择
    opRegRd : out std_logic;  --工作寄存器读出允许
    opRegWr : out std_logic;  --总线数据允许锁入工作寄存器，但需 T1 有效
    instrWr : out std_logic;  --总线数据允许锁入指令寄存器，但需 T2 有效
    regSel : out std_logic_vector(2 downto 0);  --寄存器阵列选择
    regRd : out std_logic;     --寄存器阵列数据输出至总线三态开关允许控制
    regWr : out std_logic;     --总线上数据允许写入寄存器阵列，但需 T2 有效
    rw : out std_logic;         --rw=1，RAM 写允许；rw=0，RAM 读允许；
    vma : out std_logic);       --存储器 RAM 数据输出至总线三态开关允许控制；
 end CONTRLA;
```

```
architecture rtl of CONTRLA is
 constant shftpass: STD_LOGIC_VECTOR(2 DOWNTO 0) := "000"; --移位器直通
 constant alupass : STD_LOGIC_VECTOR(3 DOWNTO 0) := "0000";--ALU 直通
 constant   zero : STD_LOGIC_VECTOR(3 DOWNTO 0) := "1001";--寄存器清零
 constant    inc : STD_LOGIC_VECTOR(3 DOWNTO 0) := "0111";--加 1
 constant plus:STD_LOGIC_VECTOR(3 DOWNTO 0):="0101"; --设定一个常数做加法
    type state is (reset1, reset2, reset3, execute, nop, load, store,
     load2, load3, load4, store2, store3, store4, incPc, incPc2, incPc3,
     loadI2,loadI3, loadI4,loadI5, loadI6, inc2, inc3,inc4,move1,move2,
     add2,add3,add4);  -- 在状态机中增加三个作加法微操作的状态变量元素。
    signal current_state, next_state : state; --定义现态和次态状态变量
    begin
  COM: process( current_state, instrReg, compout)  begin --组合进程
   progCntrWr<='0'; progCntrRd<='0'; addrRegWr<='0'; addrRegRd<='0';
   outRegWr<='0'; outRegRd<='0'; shiftSel<=shftpass; aluSel<=alupass;
   opRegRd<='0';  opRegWr<='0';  instrWr<='0'; regSel<="000";
    regRd<='0'; regWr<='0'; rw<='0'; vma<='0';
 case current_state is
    when reset1=> aluSel<=zero; shiftSel<=shftpass;
                     outRegWr<='1'; next_state<=reset2;
    when reset2=> outRegRd<='1';  progCntrWr<='1';
                     addrRegWr<='1'; next_state<=reset3;
    when reset3=> vma<='1'; rw<='0'; instrWr<='1'; next_state<=execute;
    when execute=>
        case instrReg(15 downto 11) is     --不同指令识别分支处理
          when "00000" => next_state <= incPc;-- NOP 指令
          when "00001" => next_state <= load2; -- LD 指令
          when "00010" => next_state <= store2;-- STA 指令
          when "00100" => progcntrRd <= '1'; alusel <= inc ;
                 shiftsel <= shftpass; next_state<=loadI2; --LDR 指令
          when "00111" => next_state <= inc2; -- INC 指令
          when "01101" => next_state <= add2; --增加一个加法 ADD 指令分支
          when "00011" => next_state <= move1; -- MOVE 指令
          when others =>next_state <= incPc;    --转 PC 加 1
        end case;
    when load2=> regSel<=instrReg(5 downto 3); regRd<='1';
                     addrregWr<='1'; next_state<=load3;
    when load3=>  vma<='1'; rw<='0'; regSel<=instrReg(2 downto 0);
                     regWr<='1'; next_state<=incPc;
    WHEN add2 => regSel<=instrReg(5 downto 3); --选择寄存器阵列的 R1;
                 regRd<='1';  --允许 R1 寄存器数据进入总线;
next_state<=add3; opRegWr<='1';--将此数据锁入工作寄存器。此 4 步在一个 STEP 脉冲
```

```
    --完成
     WHEN add3 => regSel<=instrReg(2 downto 0); --选择寄存器阵列的 R2
 regRd<='1'; alusel<=plus; --允许 R2 寄存器数据进入总线，同时选择 ALU 作加法
shiftsel<=shftpass; outRegWr<='1';--使 ALU 输出直通移位器，同时将数据锁入输出寄
    --存器
 next_state<=add4;           --此时相加结果尚未进入总线。此 5 步在一个 STEP 脉冲完成
     WHEN add4 => regSel<="011"; --选择寄存器阵列的 R3;
 outRegRd<='1'; regWr<='1';--允许输出寄存器的数据进入总线，将此数据锁入工作寄存
    --器 R3
       next_state<= incPc; --加法操作结束，最后转入作 PC 加 1 操作的状态。
     when move1 => regSel<=instrReg(5 downto 3); regRd<='1'; alusel <=
    alupass;
shiftsel<=shftpass; outregWr<='1'; next_state<=move2;
     when move2 => regSel<=instrReg(2 downto 0); outRegRd<='1';
                   regWr<='1'; next_state<=incPc;
     when store2 => regSel <= instrReg(2 downto 0); regRd <= '1';
                    addrregWr <= '1'; next_state <= store3;
     when store3 => regSel <= instrReg(5 downto 3); regRd <= '1';
                    rw <= '1'; next_state <= incPc;
     when loadI2 => progcntrRd <= '1'; alusel<=inc; shiftsel<=shftpass;
                    outregWr <= '1'; next_state<=loadI3;
     when loadI3 => outregRd <= '1'; next_state<=loadI4;
     when loadI4 => outregRd <= '1';  progcntrWr<='1'; addrregWr<='1';
                    next_state <= loadI5;
     when loadI5 => vma <= '1'; rw <= '0'; next_state <= loadI6;
     when loadI6 => vma <= '1'; rw <= '0';   regSel<=instrReg(2 downto 0);
                   regWr <= '1'; next_state <= incPc;
     when inc2 => regSel<=instrReg(2 downto 0); regRd<='1'; alusel<=inc;
                  shiftsel<=shftpass; outregWr<='1'; next_state<=inc3;
     when inc3 => outregRd <= '1'; next_state <= inc4;
     when inc4 => outregRd <= '1'; regsel <= instrReg(2 downto 0);
                  regWr <= '1'; next_state <= incPc;
     when incPc => progcntrRd<='1'; alusel<=inc; shiftsel<=shftpass;
                   outregWr<='1'; next_state<=incPc2;
     when incPc2 => outregRd<='1'; progcntrWr <= '1'; addrregWr<='1';
                    next_state <= incPc3;
     when incPc3 => outregRd<='0'; vma<='1'; rw<='0';  instrWr<='1';
                    next_state<=execute;
     when others => next_state <= incPc;
     end case;
    end process;
 REG: process(clock, reset)  begin   --时序进程
```

```
        if reset = '1' then  current_state <= reset1 ;
       elsif  rising_edge(clock) then  current_state<=next_state ; end if;
      end process;
      end rtl;
```

1. 程序结构

例 6.8 程序端口描述的 port 语句部分是此程序的第一部分，作者已对每一输入或输出信号给出了详细注释，这有助于读者对照图 6.2 的电路迅速理解控制器对 CPU 其他外围模块的控制关系，有利于看懂程序中各指令在不同状态中对外部模块实现控制的原理，也有利于读者正确利用这些控制信号编制适合于自己的新的指令。

例 6.8 程序的第二部分用 constant 语句定义了五个常数，以便相关的语句易读懂。

程序的第三部分用 type 语句为状态机的两个状态变量可能包含的所有的状态元素定义了一个新的数据类型，即 state。

程序的第四部分定义状态机的现态 current_state 和次态 next_state 数据类型是 state。此类型恰好是以上的 type 语句为所有状态元素定义的新的数据类型。

程序的第五部分是核心部分，是一个组合进程“COM”，它包含了所有指令的译码和对外控制的操作行为。在这个进程的一开始，首先对各相关控制信号作了初始化设置，主要动作是关闭写操作和各三态总线开关，以便总线处于随时可运行数据的状态。

如语句 regRd<='0' 将关闭寄存器阵列输出口上的三态开关，禁止其中的数据进入总线。需要特别注意的是，由于它们处于组合进程结构内部，所以根据 VHDL 的语法特点，这部分语句不属于 CPU 初始化操作的核心动作，它们属于状态机常规动作。即各条指令执行的每一状态结束后都必须回过来重复执行一遍它们，即组合进程开始的所有初始化操作语句。而实现 CPU 本身初始化的各 reset 状态语句只在按复位键后执行一遍。

程序的第六部分是状态变换的核心部分，这部分还能分成四个行为模块：

（1）CPU 复位模块。这部分由 reset1 至 reset3 共三个状态构成，每一个状态需要一个 STEP 周期，它们顺序发出控制信号，实现 CPU 的完全复位。此后，在计算机程序正常运行过程中不会再次进入这三个状态。

（2）指令辨认分支模块。当进入执行状态 execute 时，由此状态的 case 语句从来自指令寄存器的高五位指令操作码辨认出指令类型，于是在下一 STEP 周期中跳到对应指令的处理状态序列中。这是一个执行具体指令的分支模块。

（3）指令处理状态序列。这部分语句中，从状态处理语句 when load2 到 when inc4 全部属于对具体指令动作进行译码与对外功能模块进行控制的语句，每一个状态就是一个微操作。不同状态中的控制行为，与执行的具体指令的功能直接相关。

（4）PC 处理模块。从语句 when incPc 开始，共有三个状态历程，是为 PC 加 1 操作服务的。每执行一条单字节指令或双字节指令其中任一字后都要进入一次这个模块。这显然是一个公共模块。

程序的余下部分是一个时序进程“REG”，结构与功能都比较简单，就不作介绍了。

2. 状态机中指令的语句结构

在例 6.8 中，对于一条具体指令的操作行为，除了在执行状态 execute 时的操作码识别外，主要分两个状态部分，即指令控制行为状态序列和 PC 处理状态序列；如前所述，后者是公共状态，它像一段子程序，任何指令（通常是单字节指令。双字节指令要进入两次 PC 处理状态序列）在完成了自己的控制操作状态序列后都必须进入 PC 处理状态。

例如加法指令 ADD，它的控制操作状态序列由 add2，add3，add4 三个状态组成。每一个状态时间是一个 STEP，每一个 STEP 有两个节拍，即 T1、T2。完成后将转入 incPc、incPc2、incPc3 共三个状态组成的 PC 处理状态序列。最后再回到“COM”进程入口端。由此可见一个加法指令要经历 7 个状态，至少 14 个时钟节拍（对于图 6.3 的电路，须假设 STEP 脉冲的占空比接近 100%）。如果此 CPU 的时钟频率是 100MHz（在 Cyclone III FPGA 中可以高于此频率，如 200MHz），则此 16 位数相加的加法指令的指令周期约 14ns。比普通 51 单片机的速度高许多，因为对于 12MHz 时钟频率的 51 单片机，一条 8 位相加的加法指令需要一个机器周期，即 1000ns 的执行时间。

其实可以通过对外部模块的优化，进一步提高所有指令的执行速度。对此，将在后文中深入探讨。

3. CPU 复位操作

从例 6.8 的 REG 进程可见，程序从 CPU 复位开始，当 reset 为高电平时，CPU 被复位，程序运行中，外部复位信号 RST 须保持低电平。复位过程经过了从 reset1 到 reset3 共三个状态，在此期间控制器对各个部件和控制信号进行初始化。当进行到 reset3 时，本应检测存储器就绪信号 ready 才进入正常执行状态，但考虑到使用了 LPM 存储器，它的速度与逻辑单元的速度基本一致，所以就省去了这个步骤。

以下对 CPU 的复位过程加以说明。复位包括将程序计数器 PC 清零，指向第 1 条指令。由于这里的 PC 只是一个普通的寄存器，没有清零和自动加 1 的功能，因此需要通过 ALU 来完成对 PC 内容的修改。具体初始化过程如下：

（1）reset1。ALU 清零操作：ALU 输出的数据通过移位寄存器 shift 输出；aluSel<=zero：使 ALU 输出 0000H；shiftSel<=shftpass：移位器设为直通状态；outRegWr<='1'：将移位器的输出写入到缓冲寄存器 outReg 中。

（2）reset2。outRegRd=1：缓冲寄存器的内容送到数据总线上；progCntrWr<='1'：将缓冲寄存器的内容写入程序计数器 PC；addrRegWr<='1'：将总线的数据写入地址寄存器。

（3） reset3。rw<='0'：读程序存储器有效（从存储器中读出指令）；vma<='1'：存储器数据允许进入总线；instrWr<='1'：将总线上的指令操作码锁入指令寄存器中。最后进入程序执行状态。

6.3.5 指令设计实例详解

这里以设计一条加法指令为例，详细说明 KX9016 CPU 的指令设计方法与设计流程。

对于为增添加法指令而须加入的所有相关语句已经在例 6.8 程序中用粗体显示，很容易辨别。其他指令的加入可如法炮制。具体流程如下：

（1）确定功能。首先确定这条加法指令的具体功能。设指令表述为：ADD R_{s1}，R_{s2}，R3。即希望这条指令的功能是将寄存器 R_{s1} 和 R_{s2} 中的数据相加后放到寄存器 R3 中，R_{s1} 和 R_{s2} 是任何一对不同的寄存器，R3 寄存器是固定的。

（2）确定指令的操作码。设这条指令的最高 5 位的操作码是 01101。

（3）设定相关常数。为了在例 6.8 中加入一条与新指令相关的语句，必须在原有程序中多处加入相关语句。如果不是大改动，通常的指令无需改变控制器的端口信号。

首先，为了提高程序的可读性，先定义一些要用到的常数，例如在例 6.8 的常数定义段中定义常数 plus 等于 0101。这是因为需要向 ALU 模块发出功能选择编码 0101，以便 ALU 作加法运算。

（4）增加状态元素。完成加法指令，肯定要涉及数个状态的转换，所以需要在 type 语句中加入几个状态元素名称，如 add1、add2、add3、add4 等。究竟是几个，刚开始还不能定下来，可以先多写几个，即使不能全部用到，综合器也并不会报错。待确定了做加法的状态数后再回来删去多余的元素名。

（5）加入指令操作码译码语句。在例 6.8 程序的 execute 状态内的 case 语句下加一条加法指令操作码 01101 的识别分支语句。即 when "01101" => next_state <= add2。此后就可以在以下的状态转换语句的任何位置插入实现加法运算的状态语句了。第一条语句的状态名称必须是“add2”。此后究竟要加几条语句，这要看完成整个加法操作的需要。

（6）加入完成实际指令功能的状态转换语句。究竟加入哪些语句，加几条，每一状态语句中加入什么控制语句，这要看对 CPU 电路系统各模块的控制的结果，也是考察指令设计者如何处理并行和顺序控制问题的能力。通常状态与状态之间的语句是有先后的顺序控制关系；而同一状态中的所有控制语句都是并行的。但如果在时序上操作得好，同样可以实现顺序控制。因为一个 STEP 周期对应一个状态，而在这一状态中，有 T1、T2 两个有先后的节拍脉冲；利用它们的先后关系，同样可以完成一些顺序工作，从而提高指令的效率，因为指令占用的状态越少，速度就越快。当然这也有赖于控制器以外的功能模块足够丰富，功能足够强。总之，这段语句设计的原则是，在能完成既定任务的条件下，尽可能减少状态数。

这里相关的状态语句已在例 6.8 的程序中加粗，并对所有语句的功能作了详细注释，读者可以对照图 6.2 的电路，逐条解析这些语句的用处，这里就不再重复了。

（7）处理 PC。任何指令在完成了自身的所有控制功能后，在最后一个状态要转跳到 PC 处理状态语句上，即要加上语句：next_state<= incPc。

至此，加法指令相关的所有语句都已完成加入。其他类型指令的加入也类似。

显然，若选择加法指令表述为：ADD R1，R2，R3，则其指令码为 680AH。

但要注意一点，如果改变了控制器以外的模块的功能、控制方式、结构，那么对例 6.8 的程序就要作较大的变动了。

6.4　KX9016的时序仿真与硬件测试

本节首先通过时序仿真在整体上测试KX9016 CPU在执行各种指令的过程中，软硬件的工作情况，以便了解整个系统的运行情况是否满足原设计要求。

Quartus II 的仿真工具完全可以依据指定目标器件的硬件时序特性严格给出整个硬件系统的工作时序信息，因此，只要仿真的对象选择正确、观察的信息充分完整、给出的激励信号适当，就能得到完整而详细地反映 CPU 逻辑功能的仿真测试信息。如果这个仿真信号确能证明CPU的各项性能满足要求，则在极大的程度上预示了对应硬件系统的成功设计。

仿真完成后，即可按照具体FPGA实验系统的情况，为KX9016电路加上配合实测的模块，如锁相环、键抖动消除模块、复位延时模块等；再将KX9016系统的各端口，如时钟、复位、输出显示等端口，锁定于适当的引脚；将编译后的 sof 文件下载于开发板后进行硬件测试，以便进一步确认KX9016系统的软硬件工作性能。

6.4.1　时序仿真与指令执行波形分析

时序仿真的流程已在第2章有详细描述，这里不再重复。在仿真中考察KX9016运行的测试汇编程序采用表6.3的程序。此程序代码加载于程序存储器的方法，前面已作了详细介绍。本节重点分析获得的仿真波形。再次提醒，仿真中必须卸去锁相环。

由于这段测试程序对应的仿真波形比较长，以下只截取了其中两段完成几个具体指令的时序波形。图6.14给出了加法和数据搬运指令运行的完整波形，而图6.15则给出了向存储器存数与从存储器取数指令所运行的完整波形。读者应该在同时参阅图6.2的电路、表6.3的汇编程序，以及例6.8的硬件控制器程序的情况下，分析仿真波形图。

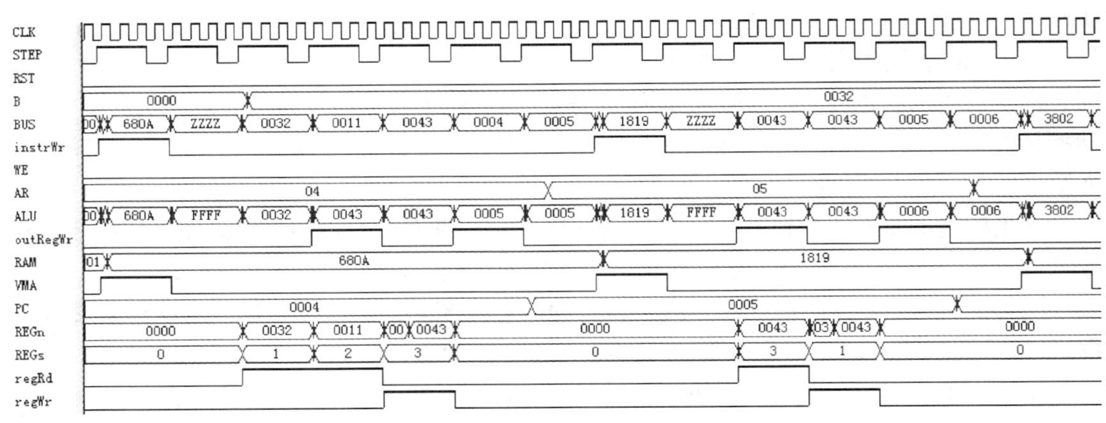

图6.14　KX9016的仿真波形，含ADD指令和MOV指令的时序

首先来观察图6.14的加法指令执行情况。当最左上的instrWr出现高电平时，ADD指令的操作码680A出现在总线BUS上，这时也被同时锁入指令寄存器中，且与此同时进入控制器进行译码。也就是说此刻ADD指令才算正式被执行。此时波形下方的PC早已是4。

这是因为在上一条指令的 PC 处理状态运行中，已对 PC 加 1 了。注意这一时刻，RAM 输出口的数据也是 680A，而信号 VMA 为高电平。说明在 VMA 打开三态门后，RAM 中的 680A 经总线被锁入指令寄存器。

从总线上出现 680A，到出现下一指令的操作码 1819 为止，这段时间约含 7 个 STEP 周期，是 ADD 指令的指令周期。

在图 6.14 中可以看到，当阵列寄存器读总线数据的信号 regRd 出现第一次高电平时，将此时总线上的数据 0032 锁进寄存器 R1 中，因为此时波形信号 REGs 显示 1；与此同时此数据被锁入工作寄存器（此时 B 信号出现了 0032）。可以看到波形中 B 出现的 0032 要晚于总线上出现此数据的时间。

下一个 STEP 周期中，REGs 输出了 2，REGn 出现了数据 0011，且 regRd 为高电平。这说明将原来已存于 R2 中的 0011 送入总线。果然总线 BUS 上也出现了 0011。

由于总线和工作寄存器是与加法器直接相连的，所以波形信号 ALU 立即输出了相加后的和：0043。与此同时 outRegWr 也是高电平，于是 ALU 输出的 0043 在这个 STEP 周期中的 T2 的上升沿后被锁入缓冲寄存器。缓冲寄存器的这个数据在下一 STEP 周期被释放于总线 BUS 上，同时在 regWr 为高电平的情况下，被锁入 R3 中。

此后便进入 PC 处理状态，当前的 PC 值 4 被送到总线，经 ALU 后加 1 等于 5。在下一 STEP 中这个 5 被置于 PC 中，从而进入下一条指令的执行周期。从波形图可以看到，这个 5 先进 PC，后进地址寄存器 AR。其他指令的运行时序的分析也类同。

图 6.15 给出了对 RAM 的存取指令的执行时序。存数指令从 instrWr 出现高电平，总线 BUS 出现此指令的操作码 101A 开始。这条指令的执行有一个值得关注的地方，就是 RAM 写允许信号 WE 高电平时的时序。这时总线 BUS 上出现了希望写入 RAM 的数据 0043，而地址寄存器 AR 显示的地址是 12H，显然，根据 RAM 的时序要求，此数据能够被写入 RAM 的 12H 单元中。然而与此同时，RAM 端口上却输出了另一个数据 1524。这个 1524 之前一直是存在 12H 单元中的。这种情况对于传统 RAM 存储器是不可思议的，因为写入 RAM 的数据一定会将原来的数据覆盖掉。但参阅第 3 章图 3.23 对 LPM_RAM 的设置后，就容易理解是因为在设置中选择了“Old Data”的缘故，1524 就是“Old Data”。

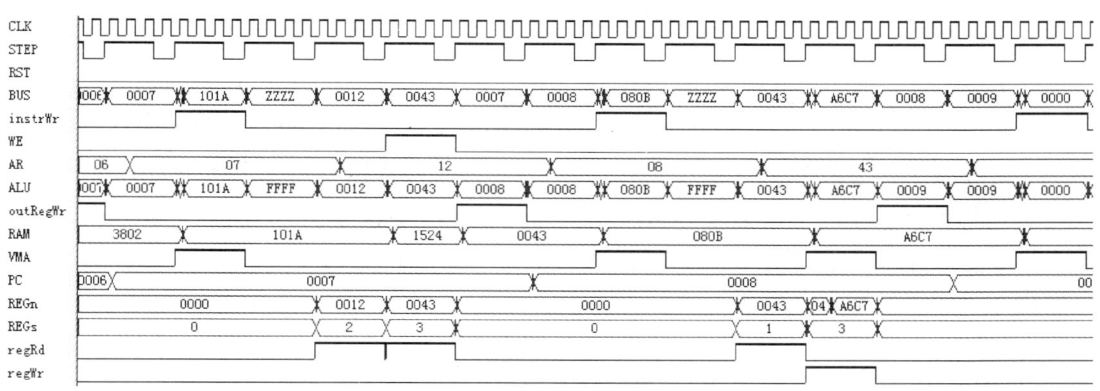

图 6.15 KX9016 的仿真波形，含 STA 指令和 LD 指令的时序

对于从 RAM 中的取数指令，其操作码是 080B。在波形图中可以看出，在此操作码被锁入指令寄存器后的第三个 STEP 脉冲，已将 RAM 中地址为 43 单元的数据 A6C7 读入总线，并在同一 STEP 中稍后一个 CLK 时钟，即 T2 脉冲，将此数锁入寄存器 R3 中。

其他指令时序的详细分析就留给读者了。

6.4.2 CPU 工作情况的硬件测试

这里对 KX9016 硬件系统进行测试的方法与 5.3.8 节介绍的方法相同，而且，为了硬件测试和验证，在原顶层设计中加入锁相环和键去抖动模块的方案也相同，这里主要采用第 5 章图 5.19 的方案，即选择 STEP 手动产生。其中复位信号加反相器的原因是，实验板上的键是按下后出低电平的电路结构。其他设置完全相同。

1. 嵌入式逻辑分析仪 SignalTap II 测试与分析

在 SignalTap II 设置中，仍然选择 CLK 兼做逻辑分析仪的采样时钟，STEP 兼采样触发信号，上升沿触发。在下载 SOF 文件，启动逻辑分析仪后，按一下实验板上的复位键，再逐步按键，产生 STEP 脉冲，于是就能看到如图 6.16 所示的情况，此时 KX9016 实时工作波形随 STEP 的节拍自动出现在逻辑分析仪的波形观察界面上。

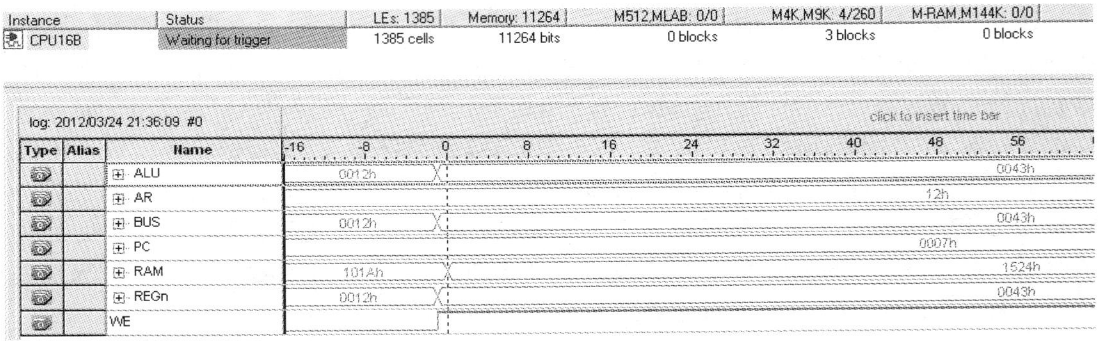

图 6.16 嵌入式逻辑分析仪对 KX9016 执行从 RAM 写数据指令的实时测试波形

图 6.16 显示了来自逻辑分析仪 SignalTap II 对 KX9016 执行从 RAM 写数据指令的实时测试波形。在此时序情况下，逻辑分析仪一次只能最多显示两个 STEP 周期的采样波形。图中实时显示了存数指令 STA 在对 RAM 发出写允许信号 WE(=1)前后两个 STEP 周期的主要通道上的数据情况。虚线以左是 WE=1 以前的信号，以右是进入写操作的时序。对于图 6.16 虚线左右的数据变化情况与图 6.15 的第 4 和第 5 个 STEP 脉冲的时序进行比较，可以发现，时序和数据完全相同。

2. 利用 In-System Sources & Probes 进行实时测试

相比于 SignalTap II，这里展示的 In-System Sources and Probes 在测试中除了具有双向

对话控制的优势外，还能同时观察到此 CPU 多个 STEP 周期的时序变化情况。特别是能在不作任何设置的情况下，将处理器硬件系统中任何数据或控制信号（不必是已经锁定于外部端口的信号），通过 FPGA 的 JTAG 口显示于 In-System Sources and Probes 界面。

在此项测试中，KX9016 系统的时钟生成方案仍采用图 5.19 的电路，即手动产生 STEP 信号。在图 6.2 所示的 KX9016 系统中加入的 In-System Sources and Probes 在系统测试模块（S/P 模块）如图 6.17 所示，其中设置了 78 个探测端口（probe），可以对所有有关 CPU 的控制信号和数据进行采样观察；CPU 的复位信号也由图中的 JTAG_SP 模块的 S[0]产生，即用鼠标在 S/P 模块的编辑器界面点击产生。为了实际看到由 S/P 模块产生的信号，可以将 S[0]信号通过实验板上的发光管显示出来。

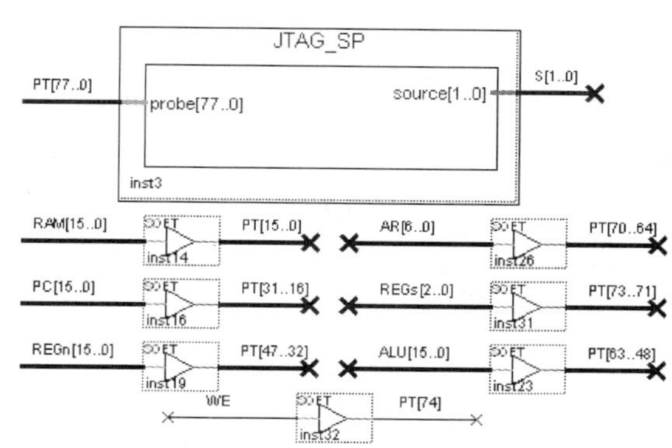

图 6.17 S/P 模块对 KX9016 的端口连接情况

图 6.18 是 S/P 模块对此 CPU 在执行 STA 指令时的实时测试情况。对照图 6.15 的仿真波形图中，RAM 写允许信号 WE 为高电平的 STEP 周期内，及其之前的 4 个 STEP 周期所对应的波形情况，即共 5 个 STEP 周期的波形，可以发现图 6.18 展示的数据和时序完全一致！对于 CPU 测试，S/P 在系统测试工具优势明显。注意在获取如图 6.18 所示数据过程中，先按一下复位键，此后每按一次 STEP 键，要点击一次 S/P 在系统测试界面的读数据按钮一次。这样可以看到多个周期的数据。

```
WE            0
REGs[73..71]  0h      0h                                 2h      3h
AR[70..64]    08h     06h     07h                                12h
ALU[63..48]   0008h   0007h           101Ah    FFFFh     0012h   0043h
REGn[47..32]  0000h   0000h                              0012h   0043h
PC[31..16]    0008h   0006h   0007h
RAM[15..0]    0043h   3802h           101Ah                      1524h
```

图 6.18 在系统 S/P 模块对 KX9016 执行从 RAM 写数据指令 STA 的实时测试波形

3. 利用 In-System Memory Content Editor 进行实时测试

图 6.19 是用 In-System Memory Content Editor 读取 KX9016 内 RAM 的数据情况。从图 6.19 可见，在最上一排的数据是程序的汇编指令编码，在 0012 单元的数据是 0043。这就是在执行了存数指令后的结果。另外，在 0043 单元有数据 A6C7，这是在执行了取数指令 LD 后将要取出放到 R3 的数据，这可以从图 6.15 看出。

```
0   RAM8:
000000  20 01  00 32  20 02  00 11  68 0A  18 19  38 02  10 1A  08 0B  00 00  00 00  00 00  00 00  00 00  00 00  00 00
000010  00 00  00 00  00 43  00 00  00 00  00 00  00 00  00 00  00 00  00 00  00 00  B3 B4  B5 B6  B7 B8  D1 D2  D3 D4
000020  D5 D6  D7 D8  D9 DA  E1 E2  E3 E4  E5 E6  20 08  20 09  20 0A  20 0B  20 0C  20 0D  20 0E  20 0F  20 10  20 11
000030  D5 D6  D7 D8  D1 23  E1 E2  E3 E4  E5 E6  20 08  20 09  20 0A  20 0B  20 0C  00 00  00 00  00 00  00 00  00 00
000040  00 00  00 00  00 00  A6 C7  00 00  00 00  00 00  00 00  00 00  00 00  00 00  00 00  00 00  00 00  00 00  00 00
```

图 6.19 In-System Memory Content Editor 对 KX9016 内 RAM 数据变化情况的实测情况

此外，还可以在图6.2中增加一些通信和控制模块，使得CPU工作时的时序控制信号和相关数据传送到外部显示器实时显示出来，这些显示器可以是各类液晶显示器。这也是值得作为创新设计的一些项目。

6.5　KX9016应用程序设计实例和系统优化

当KX9016的硬件结构和指令系统确定以后，就可以在此CPU硬件平台和所设计的指令系统的基础上进行应用程序设计。在实际应用中，加、减、乘、除是常用的算术运算，为KX9016增加乘法和除法运算指令十分必要。事实上，利用已有加减、移位和分支转移指令（在实验中包含了此指令的设计），编写一段应用程序完全可以实现乘法和除法运算。以下将介绍通过加法器和移位运算器实现16位乘法和16位除法的运算。通过对乘法和除法运算算法的改进，可以减少硬件资源的占用，减少循环次数，提高运算速度。因此，在设计应用程序时，对程序算法的优化是非常重要的。

本节最后探讨KX9016系统的功能模块优化、硬件系统优化以及指令设计优化方案。

6.5.1　乘法算法及其硬件实现

在图6.20所示的算法中，初始化时先将16位被乘数寄存器和16位乘数寄存器赋值，并将32位乘积寄存器清零。如果乘数的最低有效位为1，则将被乘数寄存器中的值累加到乘积寄存器中。如果不为1，则转而执行下一步，将乘积寄存器右移一位，然后将乘数寄存器右移一位。这样的步骤一共循环16次。

为了进一步节省硬件资源，图6.21所示的算法对图6.20给出的算法进行了改进。将乘积的有效位（低位）和乘数的有效位组合在一起，共用一个寄存器。这种算法在初始化时，将乘数赋给乘积寄存器的低16位，而高16位则清零。

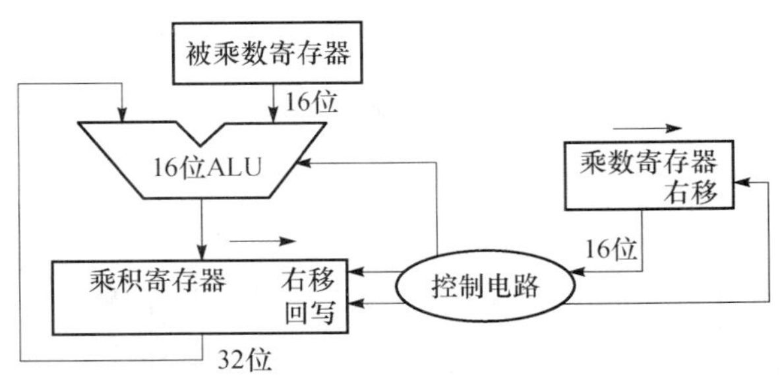

图6.20　乘法算法1的硬件实现

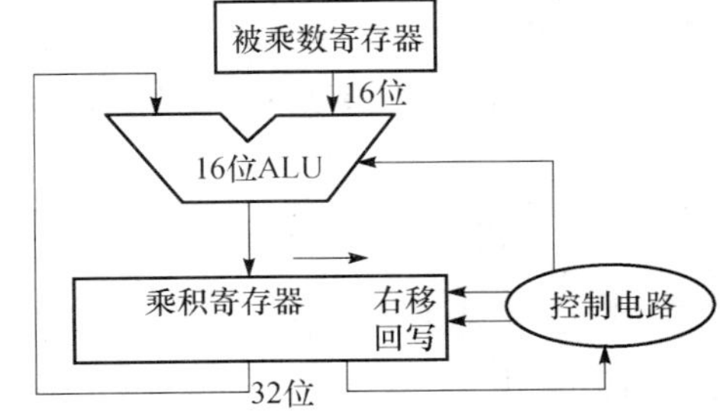

图6.21　改进后的乘法算法2的硬件实现

乘法算法1的流程图如图6.22所示，乘法算法2的流程图如图6.23所示。由于将乘积寄存器和乘数寄存器合并在一起，乘法算法的步骤被压缩到了两步。算法2在硬件占用上比算法1少用一个16位乘数寄存器，在运算流程的循环过程中算法2比算法1减少一个乘数寄存器右移的步骤，因此提高了乘法运算速度。

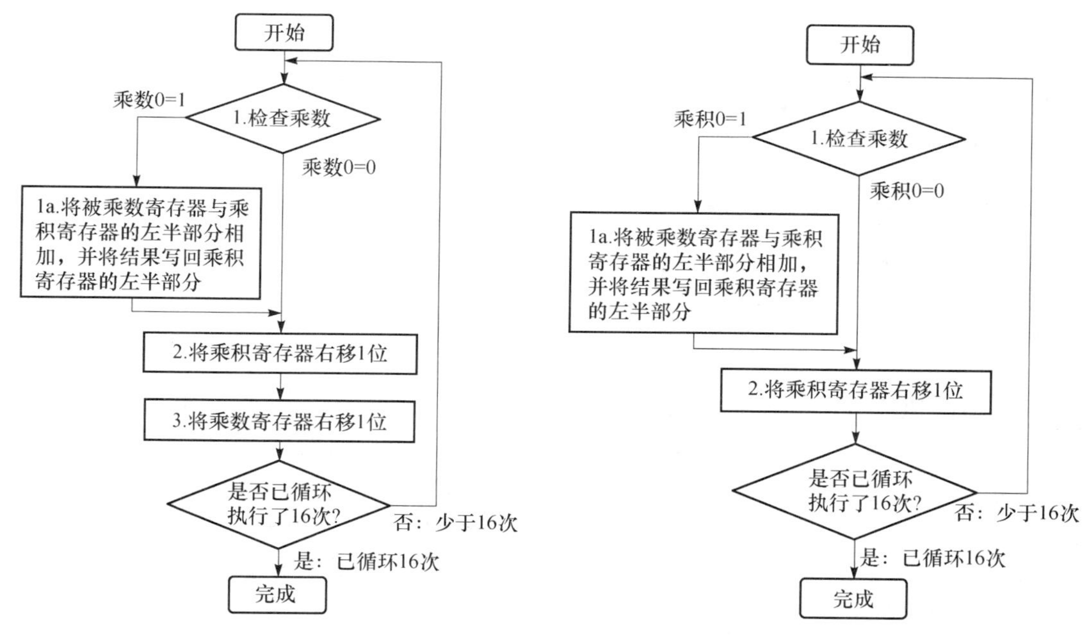

图 6.22　乘法算法 1 的流程图

图 6.23　乘法算法 2 的流程图

其实，以上两类乘法运算完全可以用一条指令来完成，只是这条指令在控制器中要占用上文提到的必须步骤的状态数。

6.5.2 除法算法及其硬件实现

为了完成除法运算，在初始化时，将 32 位被除数存入余数寄存器，除数存入 16 位除数寄存器，16 位商寄存器清零。计算开始时，先将余数寄存器左移一位，然后将余数寄存器的左半部分与除数寄存器相减，并将结果写回余数寄存器的左半部分。检查余数寄存器的内容，若余数大于等于零，则将余数寄存器左移一位，并将新的最低位置 1；若余数小于零，则将余数寄存器的左半部分与除数寄存器相加，并将结果写回余数寄存器的左半部分，恢复其原值，再将余数寄存器左移一位，并将最低位清零。以上的运算共循环 16 次。除法算法 1 的硬件结构如图 6.24 所示。

改进后的除法算法 2 的硬件结构中（图 6.25），将商寄存器和余数寄存器合并在一起，共用一个 32 位寄存器。算法开始时与前面一样，先要将余数寄存器左移一位。这样做的结果是将保存在余数寄存器左半部分的余数和右半部分的商同时左移一位（图 6.25），这样一来，每次循环只须两步就够了。将两个寄存器组合在一起，并对循环中的操作顺序执行，这种调整以后余数向左移动的次数会比正确的次数多一次。因此，最后还要将寄存器左半部分的余数再向右回移一次。

这两类除法运算也同样可以用一条指令来完成，指令的微操作状态在控制器中完成。

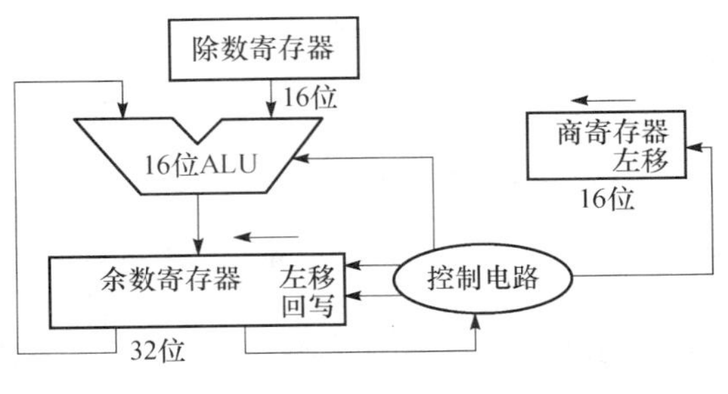

图6.24 除法算法1的硬件结构

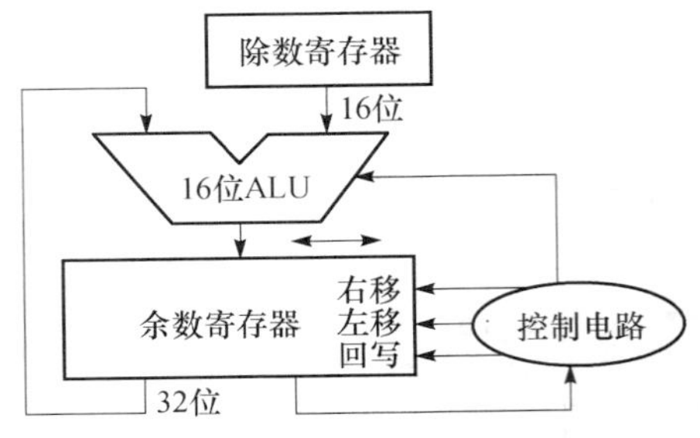

图6.25 除法算法2的硬件结构

6.5.3 KX9016v1的硬件系统优化

图6.1和图6.2的电路系统是KX9016的基本版KX9016v1，其实基于这个版本，尚有许多方面值得优化，以待版本升级。优化类别也有多种，如控制程序优化（即指令设计优化）、功能模块优化、总线方式优化、高速算法优化、资源利用优化等。现举例如下。

（1）算法优化。以KX9016 CPU完成一乘法运算来说明，通常的方案有以下几种。

① 软件方案。用加法指令及一些辅助指令通过编程完成算法，这种方案速度最慢。

② 硬件指令替代软件程序的S2H方案。将软件程序所能实现的功能用一条硬件指令来代替，即所谓S2H或C2H方案，这是现代EDA技术的内容之一。这是一个以硬件资源代价换取高速运算的方案。例如将6.5.1节介绍的完成乘法的软件程序变成控制器中的一系列状态的控制流程来完成运算任务，从而从表面上看，这是一条单一的硬件乘法指令而非一系列不同类型指令的组合完成的任务。这种方法完全可以推广到处理任何需要高速运算的算法子程序的情况（这种推广只有在CPU本身的构建也在用户掌控之中才有意义）。

例如进行16位的复数乘法运算，假设此项计算原本涉及10条汇编软件指令，每条指令在控制器中需要经历平均像ADD指令一样的7个状态。根据6.3.5节，这7个状态中有4个状态是公共状态，包括1个操作码辨认状态，3个PC加1状态，实际工作只有3个状态。如果将这10条汇编指令放在控制器中直接作为状态来运行，则可省去所有公共状态，而只需约30个状态即可完成计算任务。

③ 调用专用乘法器硬件模块。为KX9016系统单独设立一个硬件乘法器，这个乘法器直接调用FPGA中的嵌入式DSP模块，即LPM硬件乘法器模块来构建（也可例化到原来的ALU中），其运算速度必然大幅提高。一个16位或32位乘法运算最快可以仅需两三个状态，1ns左右即完成计算。这个方案甚至可以使结构简单的KX9016完成一些DSP算法。

利用LPM的DSP模块完成乘法还有一个方便之处就是非常容易实现有符号数乘法。有符号数的乘法与加法是通信领域中信号处理方面的算法需要经常面对的问题。

（2）可以增加对寄存器选通的地址线宽度，用图6.11所示的LPM_RAM模块取代寄存器阵列，使寄存器阵列增加到一个内部RAM的存储规模，从而像51单片机的128/256个内部RAM单元那样具有规模巨大、使用方便和灵活的寄存器块，且节省大量资源。

（3）用一个计数器取代KX9016v1中的PC寄存器，尽量不占用总线资源，将使所有指令的运行状态数有所减少，从而提高 CPU 的运行速度。对此变化，必要时控制器可以增加对计数器的控制线。在这个基础上，可以不必在每一条指令完全执行完后才进入公共的 PC 加 1 处理状态程序，而是在执行指令本身操作时，就同步发出 PC 加 1 的控制操作。

（4）为了进一步提高 CPU 的速度，可以将程序代码和需要随时交换的数据分别放在两个不同的存储器中，程序放在 LPM_ROM 中，随机存取的数据放在 LPM_RAM 中。再增加一条专用的指令总线（也可与地址总线合并），将控制器与 LPM_ROM 连起来。

（5）优化设计 STEP2 脉冲发生模块。从图 6.3 的时序图可见，只有在 STEP 的高电平区域，才有可能出现指定的时钟脉冲序列。如果像 KX9016 那样，只需要每个 STEP 产生 T1、T2 两个序列脉冲，那么，假设 STEP 的占空比是 50%，则要求 CLK 的频率比 STEP 的频率高约 5 倍，而且在 STEP=0 的期间，CPU 完全没有运行，处于怠工状态，从而大大降低了 CPU 的工作速度。除非 STEP 的占空比能接近 100%，则 CLK 的频率可稍高于 STEP 的两倍。所以应该为 STEP2 模块设计一个新电路，使得在收到 STEP 的上升沿之后的一个周期内，只会出现两个脉冲的序列。此外究竟选择整个 CPU 系统适应一个 STEP 周期中 T 脉冲尽可能少还是尽可能多（为使一个状态中可以顺序完成更多的任务），也要综合权衡。

（6）为了完成宽位加减法，需要改进现有的 ALU，使之能处理和记录低位的进位/借位及高位的进位/借位问题。

习　题

6.1　对 CPU 进行修改，为其增加一个状态寄存器 FLAG，FLAG 中可以保存进位标志和零标志。

6.2　修改 CPU，为其加入一条带进位加法指令 ADDC，给出 ADDC 指令的运算流程，对控制器的控制程序作相应的修改。

6.3　根据控制器的程序，详细说明：（1）PC←PC+1 操作是如何执行的？动用了哪些控制信号和模块？（2）CPU 的复位过程；（3）指令 MOV　R1，R2 的执行过程。

6.4　根据图 6.21 和图 6.22 的电路结构和流程图，设计乘法应用程序，在 Quartus II 上进行仿真验证程序功能，并在 KX9016 上硬件调试运行，最后把它做成一条乘法指令。

6.5　根据习题 6.4 的要求以及图 6.24 和图 6.25 的电路结构和流程图,设计除法程序和指令。

6.6　参考相关资料，详细说明例 6.8 控制器程序中的两个进程各自的作用及相互间的关系。

6.7　将例 6.8 的两进程状态机写成单进程状态机（即将时序进程嵌入到组合进程中），硬件验证其正确性。说明这两种不同的表述方法对控制器功能和时序的改变情况。

实验与设计

6.1　16 位计算机基本部件实验

实验目的：①学习掌握部件单元电路设计的相关技术，掌握上机调试方法；②学习掌握用 HDL 设计计算机基本组成模块的方法；③学会对所设计的电路进行时序仿真和硬件测试。

实验原理：参考 6.2 节有关内容，了解和掌握 16 位 CPU 的主要部件的工作原理。

实验步骤：参照 6.2 节和第 3 章，对 6.2 节介绍的所有部件逐个进行设计（已有设计示例）、仿真、锁定引脚，下载和硬件测试，包括：输入该部件的 HDL 程序代码，进行编译和调试；对该器件进行时序仿真；选择 FPGA 芯片，引脚锁定，重新编译后，下载到实验台进行硬件测试。

实验任务：①掌握在 Quartus II 环境下，对 6.2 节介绍的所有组成 CPU 的基本单元进行设计和功能验证；②详细分析例 6.8 的控制器程序，在了解其所有功能，包括各控制信号的功能的条件下，对此程序进行仿真，更具体了解各控制信号与程序相关语句的关系及时序情况。

实验报告：包括实验原理、实验步骤和具体实验结果，以及实验中遇到的主要问题和分析解决问题的思路。

6.2 16位CPU验证性设计综合实验

实验目的：①理解 16 位计算机的功能、组成原理；②深入学习计算机各类典型指令的执行流程；③学习掌握部件单元电路设计的相关技术，掌握上机调试方法；④掌握应用程序在用 FPGA 所设计的 CPU 上仿真和软硬件综合调试方法。

实验任务 1：实验原理参考本章相关内容。根据图 6.2 电路图，以原理图方式正确无误地编辑建立 16 位 CPU 的完整电路；根据表 6.6 的汇编程序编辑此程序的机器码及对应的 mif 文件，以待加载到 LPM_RAM 中。

实验任务 2：根据 6.4 节，进行验证性设计和测试。参考仿真波形图（图 6.14 和图 6.15），对 CPU 电路进行仿真。注意在这之前，参考第 3 章相关内容，把含程序机器码和相关数据的 mif 文件在调用 LPM_RAM 的设置中指定好，以便编译时能自动配置进 RAM 中。

根据仿真情况逐步调整系统设计，排除各种硬件错误，特别是把 CPU 中各个部件模块的功能调整好。使之最后获得的仿真波形与图 6.14 和图 6.15 一致。

实验任务 3：根据 6.4.2 节和图 5.19 建立硬件测试电路。然后利用逻辑分析仪 SignalTap II 对下载于 FPGA 中的 CPU 模块进行实测。尽量获得与时序仿真波形基本一致的实时测试波形。

实验任务 4：根据图 6.17 调入 In-System Sources and Probes 测试模块，多设一些 Probes 端口，争取将尽可能多的数据线和控制信号线加入，以便更详细地了解此 CPU 的硬件工作情况，包括对每一个指令执行的详细控制时序情况、相关模块的数据传输和处理情况、控制器的工作情况等。将获得的波形与时序仿真波形进行对照，记录并详述所有 7 条指令的执行情况细节，写在实验报告中。

在实测中还要使用 In-System Memory Content Editor 工具及时了解 LPM_RAM 中的数据，及相关数据的变化情况。最后完成实验报告。

6.3 新指令设计及程序测试实验

实验目的： 学习为实用 CPU 设计各种新的指令；学习调试和测试新指令的运行情况。

实验原理： 参考本章相关内容。

实验任务 1： 参考表 6.4、6.3.5 节及例 6.8 程序，设计两条新指令，即转跳指令 JMPGTI 和 JMPI。并将它们的相关程序嵌入例 6.8 的控制器程序中。然后通过以上实验已建立好的 CPU 电路，对这两个指令进行仿真测试，直至调试正确。

实验任务 2： 根据表 6.5 的程序，编辑程序机器码和 mif 文件，设此文件名是 ram_16.MIF。此文件中还要包括指定区域待搬运的数据块。文件数据即对应地址如图 6.26 所示。

最后在 CPU 上运行调试这个程序，包括软件仿真和硬件测试。这是一个数据搬运程序，硬件实测中用 In-System Sources and Probes 和 In-System Memory Content Editor 最为方便直观。

图 6.27 所示是用 In-System Memory Content Editor 实测到的数据搬运前的 RAM 中所有数据的情况。试给出执行搬运程序后，In-System Memory Content Editor 实测到的数据图。

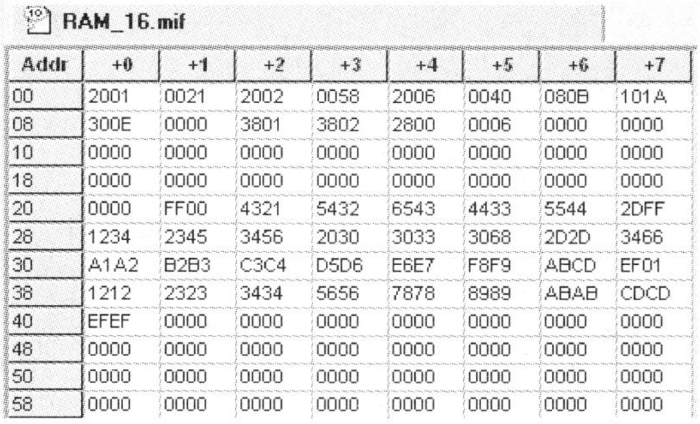

RAM_16.mif

Addr	+0	+1	+2	+3	+4	+5	+6	+7
00	2001	0021	2002	0058	2006	0040	080B	101A
08	300E	0000	3801	3802	2800	0006	0000	0000
10	0000	0000	0000	0000	0000	0000	0000	0000
18	0000	0000	0000	0000	0000	0000	0000	0000
20	0000	FF00	4321	5432	6543	4433	5544	2DFF
28	1234	2345	3456	2030	3033	3068	2D2D	3466
30	A1A2	B2B3	C3C4	D5D6	E6E7	F8F9	ABCD	EF01
38	1212	2323	3434	5656	7878	8989	ABAB	CDCD
40	EFEF	0000	0000	0000	0000	0000	0000	0000
48	0000	0000	0000	0000	0000	0000	0000	0000
50	0000	0000	0000	0000	0000	0000	0000	0000
58	0000	0000	0000	0000	0000	0000	0000	0000

图 6.26　编辑 ram_16.mif 文件

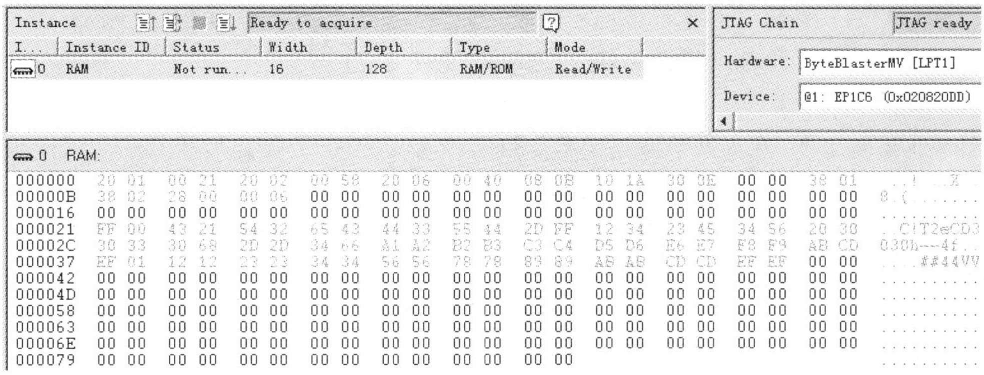

Instance	Ready to acquire	JTAG Chain	JTAG ready

I...	Instance ID	Status	Width	Depth	Type	Mode
0	RAM	Not run...	16	128	RAM/ROM	Read/Write

Hardware: ByteBlasterMV [LPT1]

Device: @1: EP1C6 (0x020820DD)

0 RAM:

```
000000  20 01  00 21  20 02  00 58  20 06  00 40  08 0B  10 1A  30 0E  00 00  38 01
00000B  38 02  28 00  00 06  00 00  00 00  00 00  00 00  00 00  00 00  00 00  00 00
000016  00 00  00 00  00 00  00 00  00 00  00 00  00 00  00 00  00 00  00 00  00 00
000021  FF 00  43 21  54 32  65 43  44 33  55 44  2D FF  12 34  23 45  34 56  20 30
00002C  30 33  30 68  2D 2D  34 66  A1 A2  B2 B3  C3 C4  D5 D6  E6 E7  F8 F9  AB CD
000037  EF 01  12 12  23 23  34 34  56 56  78 78  89 89  AB AB  CD CD  EF EF  00 00
000042  00 00  00 00  00 00  00 00  00 00  00 00  00 00  00 00  00 00  00 00  00 00
00004D  00 00  00 00  00 00  00 00  00 00  00 00  00 00  00 00  00 00  00 00  00 00
000058  00 00  00 00  00 00  00 00  00 00  00 00  00 00  00 00  00 00  00 00  00 00
000063  00 00  00 00  00 00  00 00  00 00  00 00  00 00  00 00  00 00  00 00  00 00
00006E  00 00  00 00  00 00  00 00  00 00  00 00  00 00  00 00  00 00  00 00  00 00
000079  00 00  00 00  00 00  00 00  00 00  00 00  00 00
```

图 6.27　用 In-System Memory Content Editor 读取的数据

实验任务 3： 在图 6.2 所示的顶层电路中加入适当控制电路模块，将此 CPU 在 FPGA 中运行时产生的主要数据输出至不同类型的液晶显示器（如彩色数字液晶或黑白点阵液晶等）显示出来。例如图 6.28 所示，是普通点阵型液晶显示此 CPU 内相关数据的情况，图旁的表中给出了液晶显示文字的含义。

实验任务 4： 参考表 6.4，分别设计新指令 XOR 和 ROTL。在 CPU 上调试已嵌入例 6.8 程序的这些新指令的 VHDL/Verilog 程序，直至获得正确仿真波形。最后利用已有指令，编一段应用程序进一步测试新指令的功能。

```
16-Bit 计算机组成实验
IN     0000    OUT   0000
ALU    0001    BUS   0000
DR     0000    REG   0000
AR     0000    PC    0000
RAM    2001    IR    2001
```

名 称	作 用	名 称	作 用
IN	输入单元INPUT	OUT	输出单元OUTPUT
ALU	算术逻辑单元	BUS	数据总线
DR	数据寄存器R	REG	寄存器阵列
AR	地址寄存器	PC	程序计数器
RAM	程序/数据存储器	IR	指令寄存器

图 6.28 LCD 液晶显示屏及其符号说明

实验任务5：为 CPU 电路图 6.2 增加两个 16 位的对外部数据读写的双向口电路，对外端口要有三态控制。设计对应的指令，调试软硬件，直至能在编程中使用这些电路和指令。

6.4 16位CPU的优化设计与创新

实验目的：深入了解 CPU 设计优化技术，学习为实现 CPU 高速运算的硬件实现方法以及为节省资源降低成本的巧妙安排，启迪创新意识，培养自主创新能力。

实验任务1：学习将软件汇编程序向单一硬件指令转化的设计技术，即所谓 S2H。参考表 6.4，根据图 6.22 的流程，首先设计一个乘法汇编程序，在此 CPU 上运行测试这段程序，给出详细的时序仿真波形。最后根据此程序的功能，将其转化成硬件描述语言表达的指令程序，嵌入到例 6.8 的控制器程序中，形成一条单一硬件乘法指令，测试这条指令的功能，并与汇编软件程序的运行情况作比较。此外比较这条单一乘法指令与乘法软件程序的运行速度及系统资源耗用情况，最后给出实验报告。

实验任务2：根据实验任务 1 的要求和流程，先设计 16 位数的复数乘法汇编程序，再于此基础上设计一条 16 位复数的硬件乘法指令，实现 S2H。并给出时序仿真和硬件测试和比较结果。

实验任务3：为图 6.2 的 CPU 电路单独增加一个硬件乘法器模块及相关功能模块。这个乘法器可利用 LPM 的 DSP 模块来实现。编制一个新的乘法指令，要求能完成 16 位无符号或有符号数据的乘法运算。给出时序仿真和硬件测试结果。考察这条乘法指令的运算速度（几个 STEP，耗时多少）。

实验任务4：用 LPM_RAM 替换图 6.2 的 CPU 电路中的阵列寄存器。增加对此寄存器（RAM 模块）选通的地址线宽度为 6，设计与此寄存器相适应的数据交换指令（必要时须改变原指令格式，以适应访问更多的寄存器），并编一段程序显示此大规模寄存器的优势。顺便了解逻辑宏单元的耗用情况。

实验任务5：用一个计数器取代图 6.2 的程序寄存器，构建新的 PC 计数器，这样就可以在 PC 计数器内部获得计数改变，而不必通过 ALU 和总线了（除非遇到转跳指令）。修改例 6.8 的程序，以便控制器能适应新的控制对象。在程序修改中尽可能减少 PC 处理的状态，甚至取消专门的 PC 处理状态，而在指令执行控制中顺便处理 PC，提高 CPU 运行速度。

实验任务 6：为了进一步提高 CPU 的指令执行速度，设计一个方案，比如可以将程序代码和需要随时交换的数据分别放在两个不同的存储器中，程序放在 LPM_ROM 中，随机存取的数据放在 LPM_RAM 中。再增加一条专用的指令总线（或可与地址总线合并），将控制器与 LPM_ROM 连起来。

实验任务 7：为了提高 CPU 的运行速度，优化时钟，给出一个 STEP2 脉冲发生模块的优化设计方案。当然也可考虑 STEP2 只生成一个 T 脉冲的方案。然后证明此设计方案是行之有效的。

实验任务 8：为 KX9016 CPU 增加一个定时计数模块，并为此模块配置一个中断控制器，使定时中断后转跳到指定地址。注意堆栈模块的设计。

实验任务 9：为了进一步发掘此 KX9016 CPU 的高速潜力（不在乎资源耗用情况），或低资源耗用的潜力（暂不考虑速度），给出你的创意，并验证之。

6.5 KX9016v1 系统硬件升级 CPU 设计竞赛项目

竞赛内容：在 KX9016v1 基本版的基础上，通过各种优化方案，实现最佳程度的硬件系统升级。

优胜评选方式：评判优胜的标准可以是此 CPU 高速高效性能或某一特定功能。测评时可以指定完成 3 项相同的计算任务：①64 位数的加法运算；②16 位数的复数乘法运算；③数据块搬运，要求对搬运的每一数据作奇偶校验。所有运算操作数和结果可事先放在指定 RAM 单元中。以最后运行耗时为测评依据，可不考虑逻辑资源耗用情况，或仅作参考。也可指定一项控制任务，如对指定 A/D、D/A 的控制、对指定液晶显示器的显示控制等。当然，或作为另一个竞赛题目，就是以完成计算任务为准，不考查速度，以最省逻辑资源，尽可能降低硬件成本为竞赛目标（这时可禁止使用 LPM 的 DSP 模块）。或是要求实现某一功能，如驱动字符型或点阵型液晶的显示功能。

竞赛规则：为了便于比较与评比，设计的 CPU 结构可限制于 KX9016v1 基本版，即 16 位 CPU、单数据总线、系统控制器仍采用状态机指令译码方式，但也可仅限制为 16 位 CPU，其他可任意发挥。设计的指令系统仅限于完成以上指定的任务，而不苛求数量和具体功能。工作时钟 CLK 最高限于 150MHz。为了有效发挥专用乘法模块、内嵌 RAM、锁相环、高速逻辑单元及测试工具的优势，器件可统一用 Cyclone III 或 Cyclone IV 系列 FPGA（参考附录），除此之外，允许使用其他任何形式来优化 CPU。最后给出设计论文，包括设计方案、设计理论和测试报告。论文可占总分的 20%。

参赛组织：3 人一组。用一周的实践课程时间停课完成，如课程设计等；也可利用课余时间进行。

第 7 章 流水线 CPU 原理

流水线结构 CPU 的研究是计算机体系结构中的重要内容。现代处理器的几种最基本的结构处理技术主要有：RISC 结构、指令流水线结构、超标量流水线结构和 Cache 技术。RISC 结构支持指令流水并强调指令流水的优化使用，它们的目标是开发处理器的指令级并行性，以此提高处理器的执行速度。

本章介绍流水线 CPU 的一般概念，流水线 CPU 的分析、设计和评价方法。在现代计算机中，流水线（Pipelining）技术是重要的加快处理器运算速度的基本技术，也是提高处理器速度的关键技术之一。为了加快指令序列的执行速度，将每条指令的整个执行阶段分解成一些更小的功能段，使得多条指令在时间上可以并行执行，这种时间上的并行执行也称为时间重叠，从而全面改善处理器性能。现在，用于 PC/工作站和并行计算机中的处理器，几乎全部都采用了指令流水线结构。在充分发挥指令流水线效能的同时，必须有效面对转移指令和数据冒险等问题。本章通过对一个采用 DLX 型指令集结构的 CPU 的讨论，使读者初步了解流水线 CPU 在设计过程需注意的问题和相关的解决方法。

7.1 流水线的一般概念

在流水线 CPU 结构中，作为功能部件的流水段，通常一条流水线由多个这样的流水段组成，各个流水段又分别承担不同的工作。计算机的流水工作方式就是将一个计算任务细分成若干个子任务，每个子任务由专门的部件处理。一般地，各流水段所需的时间是一样的，一个计算任务由各个部件进行轮流处理后完成处理工作。这样，不必等到上一个计算任务的完成就可以开始下一个计算任务的执行，这就是流水线的要义。

流水线由一系列串联的功能部件组成，各个功能部件之间设有缓冲寄存器，称为流水寄存器，以暂时保存上一功能部件对子任务处理的结果。流水线工作阶段可分为建立、满载和排空三个阶段。从第一个任务进入流水线到流水线所有的部件都处于工作状态的这一个时期，称为流水线的建立阶段。当所有部件都处于工作状态时，称为流水线的满载阶段。从最后一条指令流入流水线到结果流出，称为流水线的排空阶段。在一个统一的时钟控制下，计算任务从一个功能部件流水段流向下一个流水段。在流水线中，各个步骤并行地操作。在计算机的指令流水线中，每一个部件完成指令执行的一个步骤，这些部件称为流水段或流水级。各个流水级相互连接构成一条流水线，指令从这个流水线的一端进入，流过各个流水段后从另一端出来。在理想情况下，当流水线充满后，每隔 Δt 时间将会有一个结果流出流水线。任何计算任务，只要它能够分割成一系列处理时间大致相同的子任务，就可以采用流水的方法进行处理。流水的方法特别适合于处理大量重复性的任务。

7.1.1 DLX 指令流水线结构

本节将通过分析传统 CPU 的指令执行过程，讨论基本指令流水线的结构特点。

指令流水线（Instruction Pipeline）就是对指令的执行过程采用流水执行方式，从而提高指令执行速率和计算机的性能。计算机的各个部分几乎都可以采用流水线技术。指令的执行过程可以采用流水线方式，称为指令流水线。

1. 非流水线结构数据通路

如前所述，对于一般计算机来说，一条指令的执行过程可以分为三个阶段，即：①取指令阶段，按照指令计数器的内容访问主存储器，取出一条指令送到指令寄存器；②指令分析阶段，对指令操作码进行译码，按照给定的寻址方式，将地址字段中的内容形成操作数的地址，并用这个地址读取操作数。操作数可在主存中，也可在通用寄存器中；③指令执行阶段，根据操作码的要求，完成指令规定的功能，即把运算结果写到通用寄存器或主存中。这里首先来看一个非流水线结构 CPU 的指令执行过程。非流水线实现的指令解释（指令译码）数据通路如图 7.1 所示。

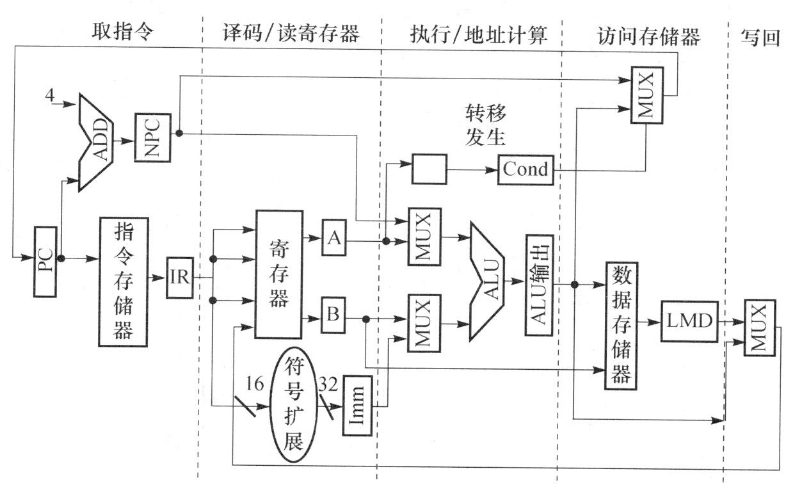

图 7.1 非流水线实现的指令解释数据通路

如图 7.1 所示，非流水线实现的指令执行过程中，每条指令可以分五个步骤来完成：

（1）取指令周期（IF）。即从存储器取出指令，送指令寄存器 IR，然后 PC+1 指向下一个指令地址。

（2）指令译码和读寄存器周期（ID）。即对指令进行译码，从寄存器读出操作数分别送寄存器 A 和 B，再对指令中的立即数进行符号扩展。

（3）执行指令和有效地址计算。即根据指令的类型进行相应的计算。

（4）存储器访问/转移完成（MEM）。进行存储器访问操作，若是执行分支转移指令，对转移条件进行判断，将转移地址送程序计数器 PC。

（5）写回周期。将计算结果写回到寄存器文件。

在非流水线方式下，各条指令按其在程序中的顺序依次执行，执行完一条指令后才取出下一条指令来执行，每条机器指令内部的各个微操作也是严格按先后顺序来执行的。在运算部件中，一个运算操作执行完成后才开始下一个运算操作。这种顺序执行方式的控制简单，但不利于提高运行速度，各功能部件的利用率较低。若采用流水处理方式，可以有效地提高程序执行的速度。

2. DLX基本指令流水线

与非流水线实现的指令解释数据通路相比，流水线数据通路在段与段之间加入了流水线寄存器。图7.2是DLX基本指令流水线结构示意图。DLX是一种多元未饱和型指令集结构，具有简单的Load/Sore指令集，注重指令流水效率，简化指令的译码，高效支持编译器。对于专用通路结构的CPU结构，采用流水的方式后，就将指令的执行步骤分成五个阶段。每个阶段用一个流水段实现，各阶段的操作重叠进行。这五个阶段如下：

（1）取指令（IF）。从存储器中取出指令。

（2）指令译码（ID），同时读寄存器中的数据。计算机允许指令译码和读操作数在同一个步骤中进行。

（3）执行运算指令（EXE）和转移指令的操作或者计算访存地址。

（4）访问数据存储器（MEM）。这是访存指令的操作。

（5）将结果写回到寄存器（WB）。

这里假定有三类指令，它们分别为算术逻辑（ALU）指令、取数/存数（LOAD/STORE）指令、转移分支（BRANCH）指令。表7.1是五级流水线中每一级的具体操作。

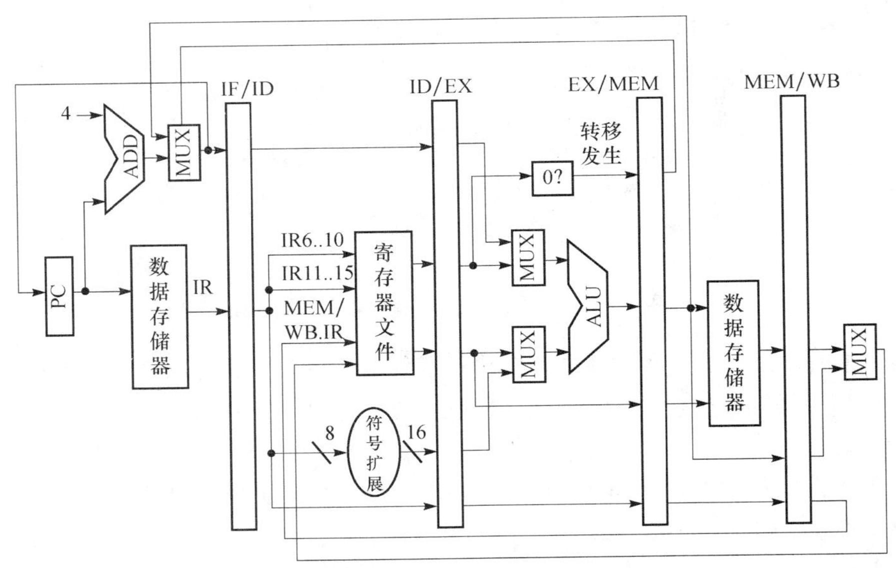

图7.2 DLX基本指令流水线

表 7.1 五级流水线中每一级的具体操作

流水段＼指令	ALU	LOAD/STORE	BRANCH
IF	取指令	取指令	取指令
ID	译码，读寄存器文件	译码，读寄存器文件	译码，读寄存器文件
EXE	执行	计算访存有效地址	计算转移目标地址，设置条件码
MEM	（空操作）	对存储器读或写操作	若条件成立，将转移地址送 PC
WB	结果写入寄存器文件	读出数据写入寄存器文件	（空操作）

五级流水线中每一级的具体操作如下：

（1）取指令段 IF。这是对于所有的指令都必须要经过的，从程序计数器 PC 所指向的内存地址里读取指令，并将程序计数器 PC 进行递增。将指令写入指令寄存器。

（2）指令译码/读寄存器文件段 ID。这也是所有的指令都必须要经过的。从指令寄存器中读取指令并进行译码操作，或者将寄存器内容在读取出来后存放在临时寄存器中。

如果指令使用相对寻址模式，则将程序计数器 PC 和指令字段中相应的内容分别传送给临时寄存器 A 和 B。如果寻址模式为位移量寻址，则分别将寄存器和指令字段相应的内容传送给寄存器 A 和 B。如果是一条存储指令，则将寄存器的内容复制到临时寄存器里。

（3）根据指令的译码，选择 ALU 的操作，并将操作结果存放在临时寄存器中。将临时寄存器 A 和 B 的内容相加得到相对或位移地址，并将相加结果存放在临时寄存器里。

（4）如果指令的功能是从内存将数据加载到寄存器，则以访存段临时寄存器里面的内容为地址，读取存放于该地址的数据，并将其复制到写回段临时寄存器里面。

如果指令是 LOAD Reg 指令，则直接将存放在访存段寄存器里的地址复制到写回段寄存器。如果指令是一条存储指令 STORE 则将执行段寄存器里的数据写入到由访存段寄存器给出的数据存储器里面。

（5）将临时寄存器中的结果存放到寄存器里。如果所处理的是一条加载指令，则寄存器写入信号有效，存放在写回段寄存器里的值将被写入到寄存器文件，寄存器文件里面的地址则由指令寄存器 IR 指定。

7.1.2 流水线 CPU 的时空图

计算机的流水线处理过程非常类似于工厂中的流水线装配车间。为了实现流水线，首先把输入的任务（或过程）分割为一系列子任务，并使各子任务能在流水线的各个阶段并发地执行。当任务连续不断地输入流水线时，在流水线的输出端便连续不断地输出执行结果，从而实现了子任务级的并行性。

为了直观描述流水线的工作过程，最常用的一种方法是采用时空图，如图 7.3 所示。在时空图中，横坐标表示时间，也就是输入到流水线中的各个任务在流水线中所经过的时间。纵坐标表示空间，即流水线的每一个流水段。图中的 1、2、3、4、5 是需完成的任务的五个步骤。在 t1 处，只执行任务 1，即建立段；而在 t4、t5 阶段这五个步骤处于全并行执行状态，即满载段；而此后完成所有任务即进入排空段。

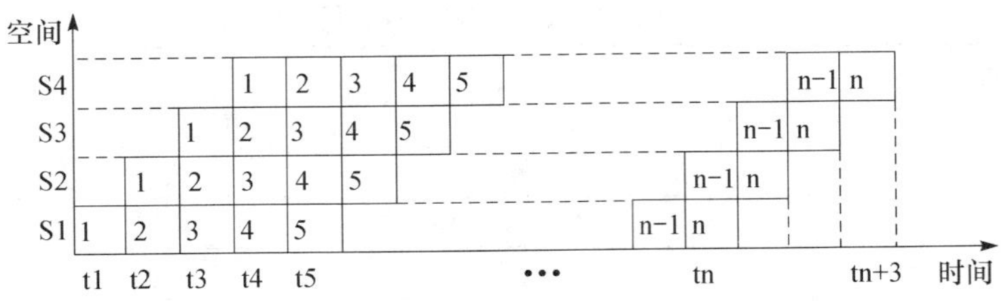

图 7.3 流水线时空图

同理，对于以上讨论的五级流水线指令周期执行流程来说，指令流水线的时空图可以用图 7.4 来表示。下面通过时空图来说明采用流水线技术与非流水线技术的计算机的性能比较。

指令序列	流水时钟数								
	1	2	3	4	5	6	7	8	9
指令i	IF	ID	EX	MEM	WB				
指令i+1		IF	ID	EX	MEM	WB			
指令i+2			IF	ID	EX	MEM	WB		
指令i+3				IF	ID	EX	MEM	WB	
指令i+4					IF	ID	EX	MEM	WB

图 7.4 指令流水线的时空图

图 7.5（a）表示流水线 CPU 中一个指令周期的任务分解。假设指令周期包含四个子过程，即取指令（IF）、指令译码（ID）、执行运算（EX）、结果写回（WB）。每个子过程称为过程段（SI），这样，一个流水线由一系列串联的过程段组成。各个过程段之间设有高速缓冲寄存器，用以暂存上一过程段子任务处理的结果。在统一的时钟信号控制下，数据从一个过程段流向相邻的过程段。

图 7.5（b）表示非流水线计算机的时空图。对非流水线计算机来说，上一条指令的四个子过程全部执行完毕后才能开始下一条指令。因此每隔四个机器时钟周期才能输出一个结果。

图 7.5（c）表示流水线计算机的时空图。对流水线计算机来说，上一条指令与下一条指令的四个子执行过程在时间上可以有重叠部分。因此，当流水线满载时，每一个时钟周期就可以输出一个结果。直观比较就能发现，流水线计算机在八个单位时间中执行了五条指令，而非流水线计算机在八个单位时间中仅执行了二条指令。显然，流水线技术的应用使计算机的速度大大提高了。

图 7.5（d）表示超标量流水线计算机的时空图。从数学概念上讲，标量是指单个量，而向量是指一组标量。一般的流水线计算机因为只有一条指令流水线，所以称为标量流水线计算机。

所谓超标量流水线，则是指具有两条以上的指令流水线。如图 7.5（d）所示，当流水线满载时，每一个时钟周期可以执行二条指令。显然，超标量流水线计算机是时间并行技术和空间并行技术的综合应用。Pentium 微型机就是一个超标量流水线计算机。

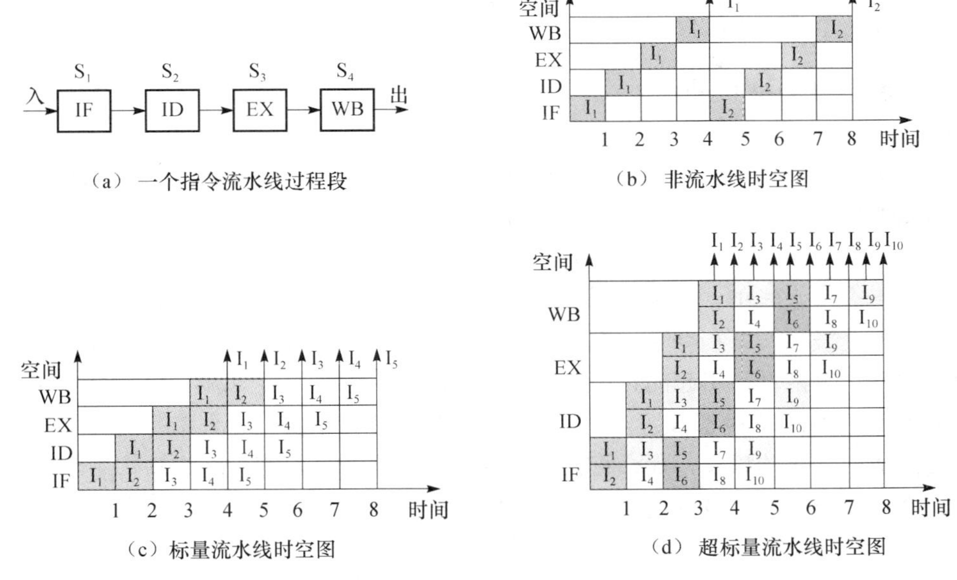

（a） 一个指令流水线过程段　　（b） 非流水线时空图

（c）标量流水线时空图　　（d） 超标量流水线时空图

图 7.5　流水线时空图

7.1.3 流水线分类

一个计算机系统可以在不同的并行等级上采用流水线技术。常见的流水线形式有三种：指令流水线、算术流水线和处理机流水线。

- 指令流水线。主要指指令步骤的并行。将指令流的处理过程划分为取指令、译码、取操作数、执行、写回等几个并行处理的过程段。目前，几乎所有的高性能计算机都采用了指令流水线。
- 算术流水线。主要指运算操作步骤的并行。如流水加法器、流水乘法器、流水除法器等。现代计算机中已广泛采用了流水的算术运算器。例如，STAR-100 为 4 级流水运算器；TI-ASC 为 8 级流水运算器；CRAY-1 为 14 级流水运算器；等等。
- 处理机流水线。处理机流水线又称为宏流水线，是指程序步骤的并行。由一串行级联的处理机构成流水线的各个过程段，每台处理机负责某一特定的任务。数据流从第一台处理机输入，经处理后被送入与第二台处理机相连的缓冲存储器中。第二台处理机从该存储器中取出数据进行处理，然后传送给第三台处理机，如此串联下去。随着高档微处理器芯片的出现，构造处理机流水线将变得容易了。处理机流水线主要应用在多机系统中。

7.2 与流水线技术相关的问题及处理方法

上一节已说明了流水处理方式就是一种时间重叠的并行处理方式。要使流水线具有良好的性能，必须设法使流水线畅通流动，不发生断流。但由于流水过程中会出现多种常见的相关冲突，如资源或结构相关、数据相关和控制相关的冲突，从而使得处理的任务难以并行进行。因此实现流水线的不断流还有许多问题有待解决。

7.2.1 资源相关及其冲突

资源相关，又称结构相关。是指在指令重叠执行过程中，多条指令进入流水线后，在同一机器时钟周期内争用同一个功能部件所发生的冲突。或者说，当硬件资源满足不了指令重叠执行的要求时，发生了资源冲突，则称该流水线有结构相关冲突。

例如在指令流水线中，如果数据和指令放在同一个存储器中，且存储器只有一个访问口时，这样便会发生两条指令争用存储器资源的相关冲突。在算术运算流水线中同样会发生因争用同一运算部件而引起的相关冲突。例如，在某个时钟周期内，第 i 条指令的 MEM 段和第 i+3 条指令的 IF 段都要访问主存储器。这时流水线既要完成对数据的存储器访问操作，又要完成取指令的操作，那么将会发生存储器访问冲突问题，产生结构相关。

解决资源冲突的主要方法是增加资源，例如解决主存资源冲突的方法有：

（1）将后续的第 i+3 条指令推迟一拍进入流水线。让流水线完成前一条指令对数据的存储器访问时，暂停取后一条指令的操作。该周期称为流水线的一个暂停周期。暂停周期一般也被称为“流水线气泡”，或简称为“气泡”。显然这样做会导致流水线的性能下降。

（2）增设一个存储器。将指令和数据分别存放在两个存储器中。如果不能做到重复设置主存储器，则可以设置双 Cache 结构，即一个指令 Cache，一个数据 Cache。这样，可以消除由于结构相关而引入的暂停，从而影响流水线的性能。

（3）采用先行的控制技术或在处理器内部设置指令缓冲队列。取指令时，流水线从指令缓冲队列中取出指令，而不是直接从存储器取，这样可以避免发生存储器访问冲突问题。

7.2.2 数据相关及其分类

在一个程序中，如果必须等前一条指令执行完毕后，才能执行后一条指令，那么这两条指令之间就发生了数据相关。在流水计算机中，指令的处理是重叠进行的，前一条指令还没有结束，第二、三条指令就陆续地开始工作。由于多条指令的重叠处理，当后继指令所需的操作数，刚好是前一指令的运算结果时，便发生数据相关冲突。这种冲突包括寄存器操作数相关和存储器操作数相关。

数据相关是由于任务之间存在数据依赖性而引起的，它使得相应的运算任务不能同时进行。在指令流水线中，如果一条指令所需的操作数是另一条指令的运算结果时，这两条指令就不能同时执行。

对于程序中的两条指令 i 和 j，假设 i 先于 j，根据指令间对同一寄存器读和写操作的完成次序关系，数据冒险可能有以下三种：

（1）写后读（RAW）。写后读相关是上一条指令的写数据与下一条指令的读数据操作之间的相关。设 j 试图在 i 写一个数据之前读取它，于是 j 得到的是错误的值。

（2）写后写（WAW）。写后写相关是两条指令的写数据操作之间的相关。设 j 试图在 i

写一个数据之前写该数据，这样，写操作是按错误的顺序进行的，最后本应留下 j 写的结果，但实际留下的却是 i 写的结果。这种冒险仅仅出现在允许有多个流水节拍写(或者在一条指令被暂停的同时还允许后面的指令继续流水)的流水线中。

（3）读后写（WAR）。读后写相关是上一条指令的读数据与下一条指令的写数据操作之间的相关。设 j 试图在 i 读之前写入一个值，于是 i 读取的是错误的值。这类冒险只有当流水线中在前面的操作是写，而后面的操作是读时才发生。因为流水线采用顺序结构，决定了每条指令通常是先读后写，所以这种冒险较少遇到。但某些复杂指令集的流水线支持地址计数器 PC 自增操作，要求操作数在流水线靠后的部分读取，这样就可能产生读后写相关。

这三种不同类型的数据相关，可能影响任务的并行执行，又称为险象（Hazard）。以下以示例细述：

（1）读后写(WAR)相关。若顺序指令 i(写)在指令 j(读) 之前对同一寄存器访问，由于异步流动可能使得指令 j 允许在指令 i 之前执行，例如：

```
MUL  R1, R2    ;  功能：(R1)×(R2)→R1
ADD  R3, R1    ;  功能：(R1)+(R3)→R3
```

若第二条指令先得到执行，则两条指令在寄存器 R1 上出现了先读后写数据相关。

（2）写后读(RAW)相关。若顺序指令 i(读)在指令 j(写) 之前对同一寄存器访问，由于异步流动可能使得指令 j 在指令 i 之前执行，例如：

```
MUL  R1, R 2     ;  功能： (R1)×(R2)→R1
MOV  R2, #00H    ;  功能： 0→R2
```

若第二条指令先得到执行，指令 j 在指令 i 之前先修改了 R2 的内容，则两条指令在寄存器 R2 上出现了先写后读数据相关。

（3）写后写(WAW)相关：若顺序指令 i(写)在指令 j(写）之前对同一寄存器访问，由于异步流动可能使得指令 j 在指令 i 之前执行，例如：

```
MUL  R1, R2     ;  功能： (R1)×(R2)→R1
MOV  R1, #00H   ;  功能： 0→R1
```

若第二条指令先得到执行，指令 j 在指令 i 之前先修改了 R1 的内容，两条指令之间出现了在寄存器 R1 上的写后写相关。

上述的三种数据相关，在按序流动的流水线中，只可能出现 RAW 相关。解决这种相关，通常采用内部定向传送方法来解决。在异序(乱序)流动流水线中，则由于允许后进入流水线的指令超过先进入流水线的指令而先流出流水线。那么既可能发生 RAW 相关，也可能发生 WAR 和 WAW 相关。

7.2.3 数据竞争的处理技术

指令流水线中为解决数据相关，要等到前面指令的结果已经生成后，再允许后继指令的运行。在这种方法中，为了检测数据相关，在流水线中设置一个检测部件，当出现数据相关时，使流水线中后继指令停止流动，直至这种数据相关性消失为止，这样当然也会使流水线的性能受到损失。另一种方法是用程序编译器来检测程序运行中可能出现的数据相关性，并通过在程序中增加空操作指令 NOP 或进行指令调度来避免出现指令间的数据相关性。第三种解决方法是采用定向技术，又称为前推技术或相关专用通路技术。此外还可采用指令调度的方法重新安排指令的顺序。

例 7.1 是一个数据相关实例，其中数据相关的情况如表 7.2 所示。ADD 指令在时钟 5 时将运算结果写入寄存器文件(R1)，但 SUB 指令在时钟 3 时读寄存器文件(R1)，AND 指令在时钟 4 时读寄存器文件(R1)。本来 ADD 指令应该先写 R1，SUB 指令后读 R1，结果变成 SUB 指令先读 R1，ADD 指令后写 R1。因而发生了两条指令间数据相关冲突。

【例 7.1】

```
ADD    R1，R2，R3    ;    功能： (R2) + (R3) →R1
SUB    R4，R1，R5    ;    功能： (R1) − (R5) →R4
AND    R6，R1，R7    ;    功能： (R1) ∧ (R7) →R6
```

表 7.2 例 7.1 中出现的数据相关情况

	时钟 1	时钟 2	时钟 3	时钟 4	时钟 5	时钟 6	时钟 7	时钟 8
指令 ADD	IF	ID	EX	MEM	WB			
指令 SUB		IF	ID	EX	MEM	WB		
指令 AND			IF	ID	EX	MEM	WB	

为了解决数据相关冲突，流水线 CPU 的运算器中特意设置若干运算结果缓冲寄存器，暂时保留运算结果，以便于后继指令直接使用，这称为“向前”或定向传送技术。

以下通过两个示例进一步了解数据相关冲突及其解决方法。试分析例 7.2 中三组指令所存在的数据相关情况：

第（1）组指令中，I1 指令运算结果应先写入 R1，然后在 I2 指令中读出 R1 内容。由于 I2 指令进入流水线，变成了 I2 指令在 I1 指令写入 R1 前就读出 R1 内容，从而发生 RAW 相关。

第（2）组指令中，I3 指令应先读出 R3 内容并存入存储单元 M(x)，然后在 I4 指令中将运算结果写入 R3。但由于 I4 指令进入流水线，变成 I4 指令在 I3 指令读出 R3 内容前就写入 R3，从而发生 WAR 相关。

第（3）组指令中，如果 I6 指令的加法运算完成时间早于 I5 指令的乘法运算时间，变成指令 I6 在指令 I5 写入 R3 前就写入 R3，导致 R3 的内容错误，于是发生了 WAW 相关。

【例 7.2】

```
(1)  I1    ADD  R1，R2，R3        ; (R2)  +  (R3)  → R1
     I2    SUB  R4，R1，R5        ; (R1)  −  (R5)  → R4
(2)  I3    STA  M (x)，R3         ; (R3)  →M (x)，M (x) 是存储单元
     I4    ADD  R3，R4，R5        ; (R4)  +  (R5)  → R3
```

```
(3)  I5    MUL  R3, R1, R2         ; (R1) × (R2) → R3
     I6    ADD  R3, R4, R5         ; (R4) + (R5) → R3
```

再看例 7.3 的情况。此例中，后四条指令都用 ADD 指令的结果 R1 作为源操作数，如图 7.6 所示。但 ADD 指令在 WB 段才将计算结果写入寄存器 R1 中；第二条指令 SUB 在 ID 段就要从寄存器 R1 中读数据，但此时读到的是错误的值。后续的 AND 和 OR 指令都将受到 R1 数据相关的影响。

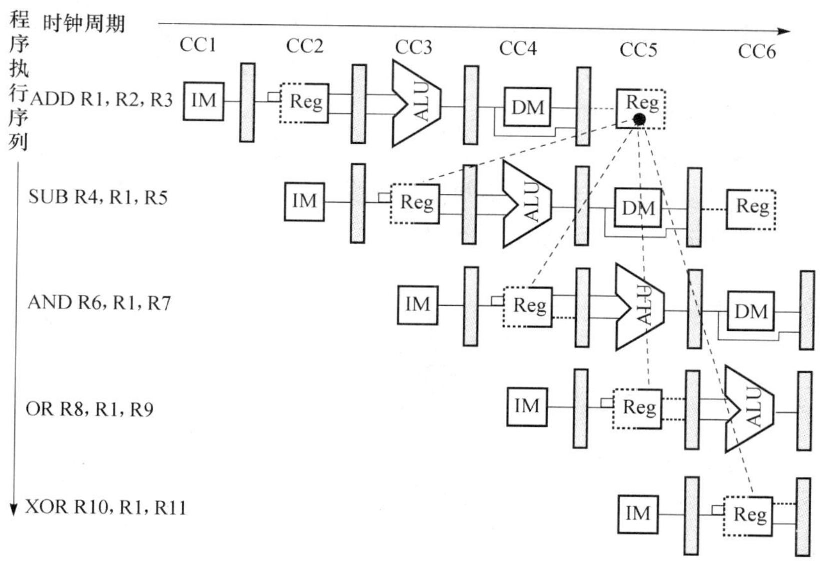

图 7.6 例 7.3 的流水状态图

【例 7.3】

```
ADD   R1, R2, R3
SUB   R4, R1, R5
AND   R6, R1, R7
OR    R8, R1, R9
XOR   R10, R1, R11
```

可以采用以下两种方法解决数据相关问题。

1. 插入停顿 Stall

为了保证指令序列的正确执行，流水线只好暂停 ADD 指令之后的所有指令，在流水线中插入 Stall，直到 ADD 指令将计算结果写入寄存器 R1 之后，再启动 ADD 指令之后的指令继续执行。显然，插入 Stall 以后将降低流水线的效率。

2. 采用定向技术（Forwarding）

上述的数据相关问题可以采用一种称为定向（也称为旁路或短路）的简单技术来解决。定向技术的主要思想是，如果能够将该计算结果从其产生的地方，直接达到其他指令需要它的地方，那么就可以避免数据相关带来的暂停。也就是说，功能部件将指令 i 的结果从输出口直接送到需要该结果的功能部件指令 j 的入口。于是定向技术的要点可以归纳为：

（1）流水线寄存器 EXE/MEM 中的 ALU 的运算结果总是回送到 ALU 的输入寄存器。

（2）当定向硬件检测到前一个 ALU 运算结果的写入寄存器就是当前 ALU 操作的源寄存器时，那么控制逻辑将前一个 ALU 的运算结果定向到 ALU 的输入端，而后一个 ALU 操作就不必从源寄存器中读取操作数了。

图 7.7 是例 7.3 引入定向技术后的状态图。从图中可看到，定向技术将 EX/MEM 中 ALU 的结果反馈给 ALU 的输入端。此外，若硬件检测到前面指令的目的 Reg 是当前 ALU 指令的源 Reg 时，则把旁路结果作为 ALU 的输入。

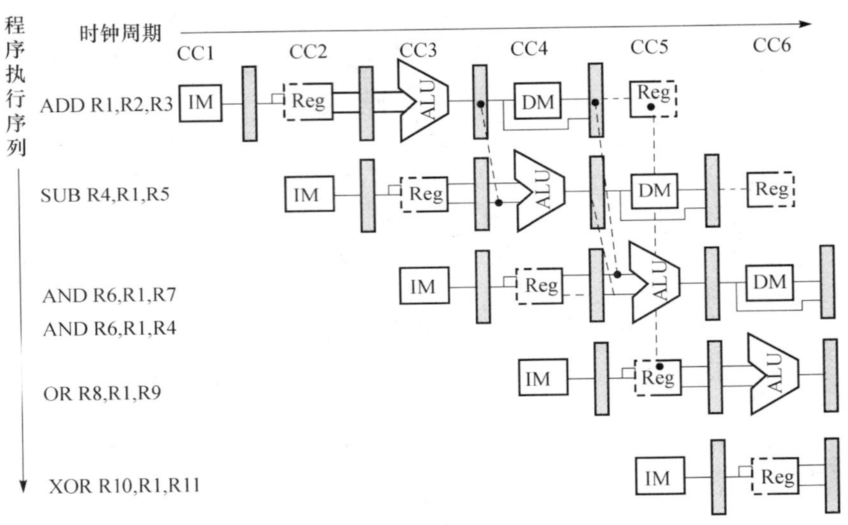

图 7.7 引入定向技术后的状态图

例如在图 7.7 中，如果在指令 AND R6，R1，R7 之后还有指令 AND R6，R1，R4，那么就会出现与前面指令中 R1 和 R4 的数据相关。这时仍然可以采用定向技术解决数据相关问题。定向技术将 R1 从 EXE/WB 定向到 ALU 的一个输入端，将 R4 定向到 ALU 的另一个输入端，如图 7.7 所示。

为了能够实现定向技术操作，硬件上须提供相应的数据路径。定向技术的硬件示意图如图 7.8 所示。图中可见，从流水线寄存器 EX/MEM 和 MEM/WB 输出的数据，通过专用路径和两个多路数据选择器 MUX，分别定向到 ALU 的两个数据输入端。

图 7.9 给出了另一个引入定向技术消除竞争带来的 Stall 的实例。在此例中，后两条指令 LW 和 SW 与第一条 ADD 指令中的 R1 发生数据冲突，第三条指令中的 R4 与第二条指

令中的 R4 发生数据冲突，通过定向技术将数据分别定向到 ALU 和 DM 的数据输入端，从而消除了数据竞争。

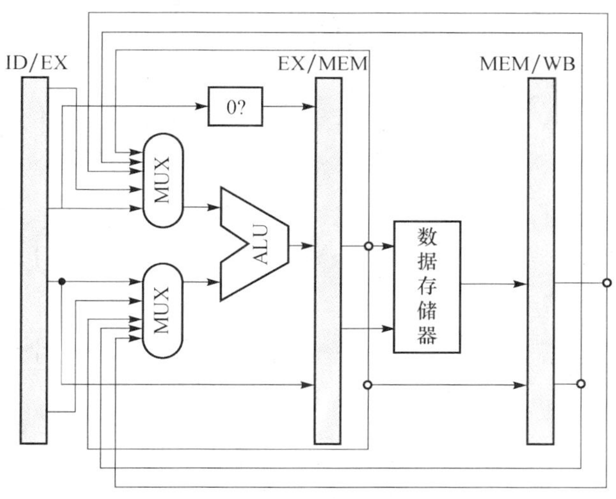

图 7.8 引入定向技术的硬件示意图

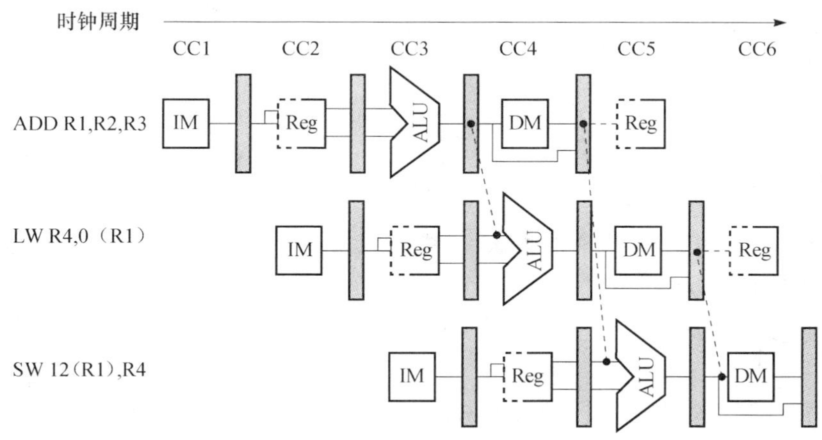

图 7.9 引入定向技术后消除了 Stall

注意，并非所有的数据相关都能用定向技术得到解决。考察例 7.4，可以发现此例不能使用“提前”定向方法来解决数据竞争。

例 7.4 的流水线状态图如图 7.10 所示。从图 7.10 看到，指令 LW 是从存储器读取数据送 R1，R1 最早要等到第四拍 MEM 结束时，才能得到数据，即这时才能从 Data Memory 读入数据，存入暂存器。但指令 SUB 所用的 R1 最迟在第三拍 EX 开始时就要准备好，这样在时间上与 LW 相差一拍。从时间上看，若要将时钟周期为 CC5 的 MEM/WB 中的数据，定向到 CC4 的 ALU 的数据输入端，就意味着在时间上的倒流，这是不可能实现的。因此，不能用定向技术解决 R1 的数据相关问题。至于例 7.4 后三条指令本身是可以用“提前”方法的。

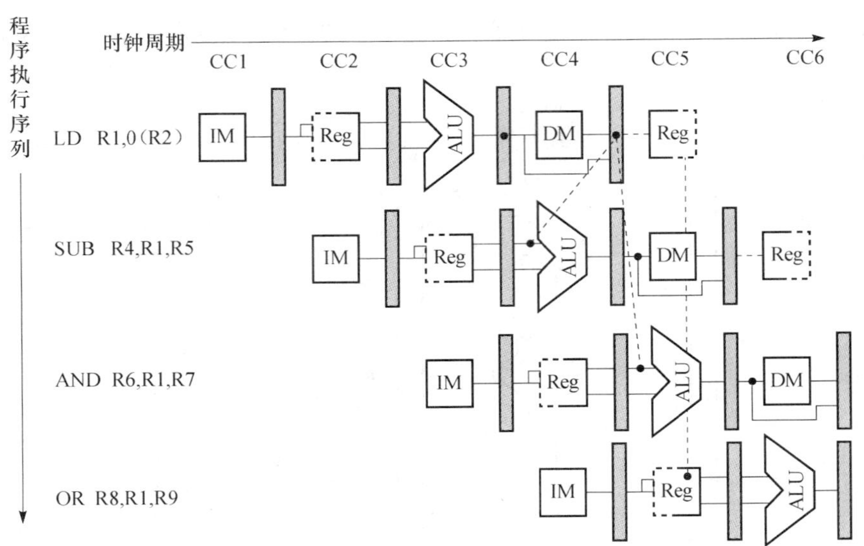

图 7.10 例 7.4 的流水线状态图

【例 7.4】

```
LW     R1, 0 (R2)
SUB    R4, R1, R5
AND    R6, R1, R7
OR     R8, R1, R9
```

3. Load 竞争的解决方法

通过 Interlock（内锁电路）检测竞争，并暂停流水线直到竞争消除。在流水线中插入 Stall，以消除 Load 引起的竞争。

4. 流水线数据竞争的控制

数据竞争控制实现的关键问题是如何检测数据竞争（分别对应需 Interlock 或定向技术的数据竞争），检测应在 ID 级进行。一般在指令发射前作检测，因为指令一旦发射进入 EXE 执行级，往往容易改变处理器状态，不容易使流水线指令停顿。

当检测到需 Interlock 或定向技术后，应如何处理呢？下面分析需 Interlock 的情况。

需 Interlock 的检测相对简单，只在执行 Load 指令时发生 Delay。例如，流水线中有三条指令 LOAD、ADD 和 SUB，指令的执行过程如下：

```
LD   IF  ID  EX  MEM  WB    ID/EX
ADD     IF   ID   Stall  EX    MEM  WB  IF/ID
SUB          IF   Stall   ID     EX   MEM  WB
```

由上述指令的执行过程可知，当前指令的状态信息在流水线寄存器 IF/ID.IR 中，而紧邻的前一条指令信息在流水线寄存器 ID/EX.IR 中。

只要当 ADD 指令进入 ID 级时，即可判断前一条指令是否为 LD 指令；若前一条指令为 LD 指令，且目的寄存器与本条指令的源寄存器相同时，即判断存在 Load 竞争，需要启动 Interlock，以暂停当前指令。

图 7.11 是 DLX 基本指令流水线的电路结构图。当 Load 竞争发生时，由控制器发出暂停信号，在流水线中插入 Stall，使 IF 和 ID 段暂停一拍执行，而后续的其他段正常工作。当 Load 竞争过后，流水线各段均恢复到正常工作状态。

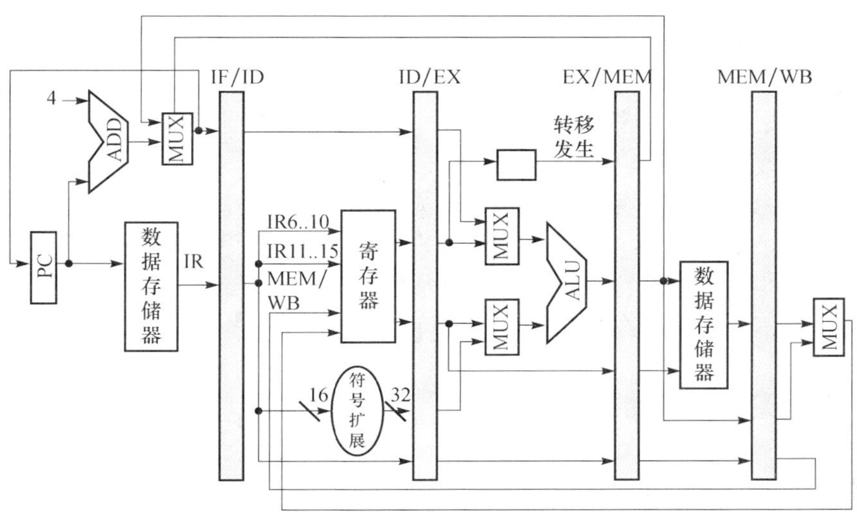

图 7.11 插入 Stall 消除 Load 引起竞争的电路结构

7.2.4 控制相关

控制相关主要由程序流控制语句引起。如果程序中要求某一个运算任务完成后进行控制转移，则这个操作和控制转移的操作就不能同时进行。在指令流水线中，控制相关主要由转移指令引起，它也会使流水线性能明显下降。当执行转移指令时，依据条件判断是否为真，可能将程序计数器 PC 内容改变成转移目标地址，也可能只是使 PC 加上一个常数，指向下一条指令的地址。在指令处理流水线中，转移地址在第三拍 EXE 中计算，转移条件比较在第四拍 MEM 中进行。如果在流水的第四阶段执行段的末尾才获得 PC 数值，就要使流水线停顿三个节拍，等到 PC 中形成新的地址后才取出下一条指令。

在指令流水线中，为了减少因控制相关而引起的流水线性能下降，可采用如下方法：

（1）加快和提前形成条件码。有的指令的条件码并不是必须等到执行完毕，得到运算结果后才可生成，而是可提前生成的。如乘除指令中，它们的执行结果是正或负的条件码在相乘或相除操作完成前，就可根据两个操作数的符号进行判别。

（2）转移预测法。尽早判断出转移是否发生，尽早生成转移目标地址。用硬件方法来实现，依据指令过去的行为来预测将来的行为。通过使用转移取和顺序取两路指令预取队列器，以及目标指令 Cache，可将转移预测提前到取指阶段进行，以获得良好的效果。

通常采用分支预测的方法预测转移是否发生，并预测在转移发生时可能的目标地址。也就是选取发生概率较高的分支，预取这个分支上的指令，并在转移条件码生成之前对这个方向上的若干条指令进行译码和取操作数等动作，但不进行操作，或是进行操作但不送回运算结果。一旦条件码生成并表明预测成功时，就立即执行操作或是送回运算结果，而当发生预测错误时，上述操作便全部作废。

（3）优化延迟转移技术。由程序编译器重排指令序列来实现。基本思想是“先执行再转移”，即发生转移时并不排空指令流水线，而是让紧跟在转移指令之后已进入流水线的少数几条指令继续完成。如果这些指令是与转移指令结果无关的有用指令，那么延迟损失时间正好得到了有效的利用。

在转移指令之后，插入空操作指令以延迟原后继指令的启动。在转移指令后需停顿后继指令进入流水线的时间段，常称为转移延迟槽。软件实现就是用主操作指令填充延迟槽。优化延迟转移技术通过指令调度改变指令的顺序，在转移延迟槽中放入与转移操作无关的操作指令，从而消除因转移指令带来的性能下降。因为转移指令在准备转向目标指令时，不管转移是否发生，先将转移指令后延迟槽内的指令执行完毕，才发生真正转移. 所以一般将转移指令之前的其他指令移入转移延迟槽中。

7.2.5 流水实现的关键技术

为了使多条指令能够在流水线中重叠执行，使流水线中的指令真正流动起来，充分发挥流水线的效率，需要解决的关键技术有：

（1）首先必须保证在指令重叠时，不存在任何流水线资源冲突问题。也就是确保流水线的各段不会在同一个时钟周期内使用相同的数据通路资源。

要保证同一时钟周期里，不同指令不使用同一数据通路资源，可采取以下措施：

① 指令存储器与数据存储器分开，或分别采用指令 Cache 和数据 Cache。避免取指令操作和访问数据操作之间存在访问存储器冲突。

② 提高存储器带宽，如将每 5 个时钟周期 2 次访存率，提高到每 1 个时钟周期 2 次访存率。如果流水线的时钟周期和非流水实现的一样，那么流水线的存储器带宽必须是非流水实现的五倍。

在数字传输方面，常用带宽来衡量传输数据的能力。用它来表示单位时间内传输数据容量的大小，表示吞吐数据的能力。对于存储器的带宽计算有下面的方法：B 表示带宽，F 表示存储器时钟频率，D 表示存储器数据总线位数，则带宽为 $B=F\times D/8$。显然，带宽不仅和时钟频率有关，还和存储单元的数据总线位数有关。

（2）解决 ID 段和 WB 段在使用寄存器文件时出现的数据相关问题。流水线中的 ID 段和 WB 段都要使用寄存器文件，如在 ID 段对寄存器文件进行读操作，在 WB 段对寄存器文件进行写操作。如果读操作和写操作都是对同一寄存器进行，就会出现的数据相关问题。

（3）解决 PC 改写产生的控制竞争问题。流水线为了能够在每个时钟周期启动一条新的指令，就必须在每个时钟完成 PC 值的增值操作，并保存增值后的 PC 值。这些操作必须在 IF 段完成．以便为取下一条指令做好准备。对于非流水线结构来说，在 IF 段读 PC，在 MEM 段写 PC。因此改写 PC 仅在 MEM 段发生。而对于流水线结构来说，在 IF 要完成 PC+4 → PC 的操作，此外，前面的 Branch 指令也可能要写 PC。

（4）使用流水线锁存器。在两级之间传递数据信号和控制信号。保证从一个流水段传输到下一个流水段的数据都被保存在寄存器文件中。某一数值在后续流水级中要用到，就必须送入流水线锁存器锁存。例如：

- IF/ID 流水线锁存器中有 IR 对指令锁存，在 ID 段中进行译码和执行；
- ID/EXE 流水线锁存器中有 IR 对指令锁存，在 EXE 中进行译码和执行；
- MEM/WB 流水线锁存器中有 IR 对指令锁存，给出存/取操作的源地址域段和目的地址域段。

（5）配置不同用途的算术/逻辑运算部件。一个加法器用于 PC 增值操作，给出下一个取指令地址；另一个算术/逻辑部件 ALU 进行算术逻辑运算和有效地址计算。

（6）数据流向控制。控制信号通过多路器 MUX 控制流水线各段的数据流向。主要包括以下数据流向控制：

① EXE 执行段两个多路器 MUX 的控制。一个 MUX 根据当前指令是否为分支指令，确定转移地址；另一个 MUX 根据当前指令类型确定数据流向，指令类型有 R-R 型指令、ALU 型指令或是其他类型指令。

② IF 段的多路器 MUX 由 EX/MEM 的 Cond 条件域来控制，选择 PC 值或者 EXE/MEM.NPC 的值(分支的目标地址)。

③ WB 段的多路器 MUX 由指令类型是 Load 指令还是 ALU 指令来控制。

7.3 流水线的性能评价

流水线增大了 CPU 的指令吞吐量，即单位时间完成的指令条数，但并没有减少指令各自的执行时间。尽管没有任何一条指令的执行变快，但吞吐量的增大意味着程序运行得更快，总的执行时间变短。本节主要介绍基于流水线的 CPU 的性能指标。

7.3.1 流水线的性能指标

衡量流水线性能的主要指标有吞吐率、加速比和效率。这里首先对影响流水线性能的吞吐率、加速比和效率等三个主要指标进行分析，然后举例说明流水线的性能分析和评估方法。为了衡量 CPU 的性能，须将计算机系统中与实现技术及工艺相关的因素考虑在内，从而给出衡量 CPU 一般性能的计算公式。

1. 流水线的主要性能指标

衡量一个流水线性能的好坏主要有以下三个指标：吞吐率、效率和加速比。

（1）吞吐率。流水线的吞吐率（Throughput）指单位时间内流水线能处理的任务数量或输出结果数量。设 m 级流水线中过程段 S_i 执行所需的时间为 $t_i(j \leqslant i \leqslant m)$，缓冲寄存器

的延迟为t_j，则线性流水线的时钟周期为

$$\Delta t = \max\{t_1,\cdots,t_i,\cdots t_m) + t_j \tag{7.1}$$

如前所述，流水线的重叠工作情况可以用一个时空图表示。设流水线由 m 段组成，时钟周期为Δt，连续处理的任务数为 n，通过各段的时间都为Δt，则完成 n 个任务所需时间为$T = m\Delta t + (n-1)\Delta t$，实际吞吐率$T_p$为

$$T_p = \frac{n}{m\Delta t + (n-1)\Delta t} = \frac{1}{\Delta t\left(1+\frac{m-1}{n}\right)} = \frac{T_{p\max}}{1+\frac{m-1}{n}} \tag{7.2}$$

在式（7.2）中，当$n >> m$时，有$T_p \approx T_{p\max}$。

（2）加速比。加速比(Speedup)是指采用流水方式后的工作速度与等效的顺序串行工作方式速度的比值。对 n 个求解任务的流水线而言，若用串行方式工作需时 T_1，而用 m 段流水线来完成时需时 T_m，则加速比定义为 T_1/T_m。具有 m 级过程段的线性流水线，处理 n 个任务需要的时钟周期数为 $T_m=m+(n-1)$。如果不用流水线处理，则需 $T_1=n \cdot m$ 个周期，其加速比 S_p 为

$$S_p = \frac{T_1}{T_k} = \frac{nm}{m+n-1} = \frac{m}{1+\frac{m-1}{n}} \tag{7.3}$$

在式（7.3）中，当$n >> m$时，有$S_p \approx m$。显然为了获得高的加速比，流水线段数 m 应尽可能取大，这意味着对任务进一步细分，并进一步提高流水线处理速率。

（3）使用效率。流水线的使用效率是指流水线中的各功能段的利用率。由于流水线有建立和排空时间，因此各功能段设备不可能一直在工作，总有一段空闲时间。

一般将流水线各段处于工作时间的时空区与流水线中各段总的时空区之比来衡量流水线的使用效率。对于具有 m 级过程段处理 n 个任务的线性流水线，其效率为

$$E = \frac{nm\Delta t}{m(m+n-1)\Delta t} = \frac{n}{m+n-1} = \frac{S_p}{m} = T_p\Delta t \tag{7.4}$$

2. CPU 性能公式

执行程序的 CPU 时间[式（7.5）]等于执行程序使用的总时钟周期数与计算机工作的时钟频率f_{CLOCK}之比，其中的时钟频率f_{CLOCK}包含了计算机的硬件实现技术与工艺。

$$\text{CPU时间} = \text{总时钟周期数}/f_{\text{CLOCK}} \tag{7.5}$$

式（7.5）中的两个参数并没有反映程序本身的特性。因此，还需考虑程序执行过程中所处理的指令数 IC。这样可以获得一个与计算机体系结构有关的参数，即指令时钟数 CPI（Cycle Per Instruction）：

$$\text{CPI} = \text{总时钟周期数}/\text{IC} \tag{7.6}$$

由式（7.6）程序执行的 CPU 时间就可以写成

$$\text{总CPU时间} = \frac{\text{CPI}\times\text{IC}}{f_{\text{CLOCK}}} \tag{7.7}$$

公式（7.7）通常称为 CPU 性能公式，它的三个参数反映了与体系结构相关的三种

技术：

（1）时钟频率反映了计算机实现技术、生产工艺和计算机硬件组织。

（2）CPI 反映了计算机实现技术和计算机指令集的结构。

（3）IC 反映了计算机指令集的结构和编译技术。

通过改进计算机系统设计，可以相应提高这三个参数的指标，从而提高计算机系统的性能。一般地，仅提高某一个参数指标不会明显影响其他两个指标。这对于综合运用各种技术改进计算机系统的性能是非常有益的。

以下对 CPU 性能公式进行进一步细化。假设计算机系统有 n 种指令，其中第 i 种指令的处理时间为 CPI_i，在程序中第 i 种指令出现的次数为 IC_i，则程序执行时间为

$$\text{CPU时间} = \frac{\sum_{i=1}^{n}(\mathrm{CPI}_i \times \mathrm{IC}_i)}{f_{\mathrm{CLOCK}}} \tag{7.8}$$

式（7.8）也反映了计算机系统中每条指令的性能。合并式（7.7）和式（7.8）得

$$\mathrm{CPI} = \frac{\sum_{i=1}^{n}(\mathrm{CPI}_i \times \mathrm{IC}_i)}{\mathrm{IC}} = \sum_{i=1}^{n}\left(\mathrm{CPI}_i \times \frac{\mathrm{IC}_i}{\mathrm{IC}}\right) \tag{7.9}$$

其中 $\frac{\mathrm{IC}_i}{\mathrm{IC}}$ 反映了第 i 种指令在程序中所占的比例。上面这些公式均称为 CPU 性能公式。

CPI 的测量比较困难，因为它依赖于处理器组织的细节，如指令流。设计者经常采用指令的平均 CPI 值，该值是通过测量流水线和 Cache 性能等指标算得的。

与 Amdahl 定律相比，CPU 性能公式的最大优点是，它可以独立涉及计算机 CPU 性能的各个要素。为了使用 CPU 性能评价公式去了解 CPU 的性能，需要对公式中各独立部分的性能进行测量。

开发和使用测量工具，分析测量结果，然后通过权衡各个因素对系统性能的影响，对设计进行修改，是计算机体系结构设计的主要内容。在此后会看到，这些公式中的各个部分是如何逐段测量，然后修改设计，从而使系统性能提高的。

7.3.2 流水线性能评估举例

下面通过一些应用实例说明对流水线性能的评价。

1. 一般流水线的性能分析

例如，有一个单功能线性流水线，每段执行时间都相等，且为 Δt。在输入任务不连续的情况下，计算一条 4 段浮点加法器计算 6 个浮点数之和 $\mathrm{sum} = \sum_{i=1}^{6} A_i$ 的流水线的吞吐率、加速比和效率的方法是，考虑到由于存在数据相关，所以须首先将式转换为

$$\mathrm{sum} = [(A_1 + A_2) + (A_3 + A_4)] + (A_5 + A_6)$$

此时小括号内的 3 个加法由于没有数据相关，所以可以连续输入到流水线中。只要把前两个加法计算出来，则中括号中的加法就可以计算了。下面首先画出其时空图（图 7.12）。

从流水线的时空图可以清楚地看到，5 个加法运算共用了 13 个 Δt，则有 $T_k = 13\Delta t$，$n = 5$，流水线的吞吐率 T_p 为

$$T_p = \frac{n}{T_k} = \frac{5}{13\Delta t}$$

流水线的加速比 S 为

$$S = \frac{T_0}{T_k} = \frac{4\times 5\times \Delta t}{13\Delta t} = \frac{20}{13} = 1.54$$

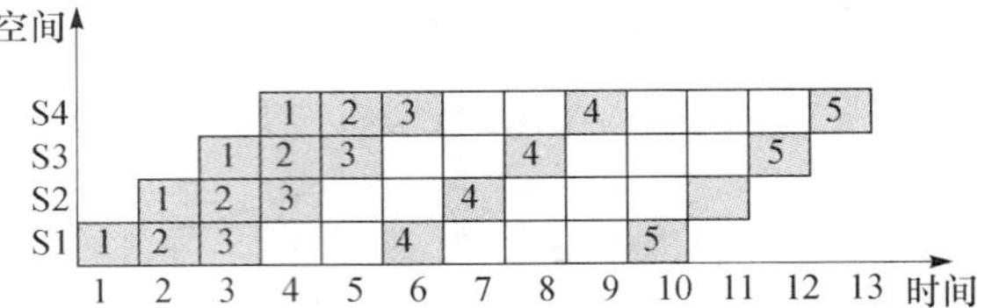

图 7.12 用 4 段加法器求 8 个数和的流水线时空图

又如，有如下条件分支指令的两种不同 CPU 的控制方法：

① 方法 1：CPU_A 通过比较指令设置条件码，然后再测试条件码进行分支。

② 方法 2：CPU_B 在分支指令中包括比较操作。

在这两种方法中，条件转移指令都占用 2 个时钟周期，而所有其他指令占用 1 个时钟周期。在 CPU 执行的指令中，分支指令占 20%。由于每个分支指令之前都需要有比较指令，因此比较指令也占 20%。由于 CPU_A 在分支时不需要比较，因此假设它的时钟周期时间比 CPU_B 快 1.25 倍。到底哪一个 CPU 更快?且如果 CPU_A 的时钟周期时间仅仅比 CPU_B 快 1.1 倍，那么结果又将如何?

这几个问题可以这样来考虑，即若不考虑所有系统问题，就可以用 CPU 性能公式。因为 2 个时钟周期的分支指令占总指令的 20%，剩下的指令占用 1 个时钟周期。所以有

$$CPI_A = 0.2\times 2 + 0.8\times 1 = 1.2$$

则 CPU 性能为

$$\text{总 CPU 时间}_A = IC_A\times 1.2\times \text{时钟周期}_A$$

根据假设则有

$$\text{时钟周期}_B = 1.25\times \text{时钟周期}_A$$

在 CPU_B 中没有独立的比较指令，所以 CPU_B 的程序量为 CPU_A 的 80%，分支指令的比例为 20% / 80%=25%。

这些分支指令占用 2 个时钟周期，而剩下的 75%的指令占用 1 个时钟周期，因此有

$$\begin{aligned}\text{CPU 时间}_B = IC_B\times CPI_B\times \text{时钟周期}_B &= 0.8\times IC_A\times 1.25\times (1.25\times \text{时钟周期}_A)\\ &= 1.25\times IC_A\times \text{时钟周期}_A\end{aligned}$$

显然，在上述假定下，CPU_A 比 CPU_B 快，前者的时钟周期较短，后者则执行较少的指令。如果 CPU_A 的时钟频率只是 CPU_B 的 1.1 倍，那么 CPU_B 的时钟周期是 CPU_A 的 1.1 倍，那么 CPU_B 的性能为

$$\begin{aligned}\text{CPU 时间}_B = IC_B\times CPI_B\times \text{时钟周期}_B &= 0.8\times IC_A\times 1.25\times (1.1\times \text{时钟周期}_A)\\ &= 1.1\times IC_A\times \text{时钟周期}_A\end{aligned}$$

经过这一改进，执行较少指令的 CPU_B 比 CPU_A 快了。

2. 流水线延时对其性能的影响

最理想的加速比是 $S_p=$ 流水级数。但是流水级数受到诸多因素的限制，如流水线延时等。由于流水级间的不平衡性，各段的执行时间不一样，因此在计算加速比时取 $t=\max\{t_i\}$ 进行计算。这里以一个示例来说明加速比的计算方法。

设在 4 段流水线浮点加法器中，若每段所需的时间为：$T_1=60$ns，$T_2=50$ns，$T_3=90$ns，$T_4=80$ns。求流水线加法器的加速比，以及若每段的时间都是 75ns（包括缓冲时间）的加速比。解法如下：

（1）加法器的流水线时钟周期至少为 $T=90$ns。若采用同样的逻辑电路（不使用流水线），则浮点加法所需的时间是

$$单条指令执行时间=T_1+T_2+T_3+T_4=60+50+90+80=280(ns)$$

因此，加速比为 $S_p=280/90\approx3.1$。

（2）若每个过程段的时间都是 75ns，则加速比 $S_p=（75\times4）/75=4$。

流水线性能计算的示例如下。已知：

unpipeline: CC=10ns；则 ALU(40%)、Branch(20%) 共 4CC；

Load/Store (40%)，则有 5CC； pipeline：CC = (10+1) = 11(ns)

欲求若使用流水线，执行速度提高了几倍。计算方法是

单条指令执行时间 = CC ×平均 CPI = 10 ×(60% ×4 + 40% ×5) = 44(ns)

平均指令执行时间：$CC_{pipeline}=11$ns

于是得到：$S_p=44/11=4$。

流水线与非流水线性能比较示例如下：

已知：CPI=1，$CC_{pipeline}=11$ns，设各流水级的执行时间分别为

IF：10ns；ID：8ns；ALU：10ns；MEM：10ns；WB：7ns

欲求执行速度提高了几倍，计算方法如下：

$$平均指令执行时间 = 10+8+10+10+7 = 45(ns)$$

而流水线时平均指令执行时间 = 11ns；于是得到：$S_p=45/11=4.1$。

3. 流水线竞争对流水线性能的影响

流水线竞争就是流水线中造成下一条指令不能在指令时钟周期被执行的情况，主要有如下三类：

（1）结构竞争。资源冲突，即不支持某些指令组合。

（2）数据竞争。后续指令的执行依赖于前面指令的执行结果。

（3）控制竞争。因转移或修改 PC 引起的竞争。

当出现流水线障碍时，将引起流水线停顿(Stall)。若 i 指令引起竞争，在 i 指令之前进入流水线的指令继续执行，而在 i 指令之后进入流水线或尚未进入流水线的指令停下来等待竞争消除，考虑停顿时的流水线性能。

$$S_p=\frac{\text{平均指令执行时间}_{\text{unpipeline}}}{\text{平均指令执行时间}_{\text{pipeline}}}=\frac{\text{CPI}_{\text{unpipeline}}\times\text{CC}_{\text{unpipeline}}}{\text{CPI}_{\text{pipeline}}\times\text{CC}_{\text{pipeline}}}\tag{7.10}$$

$$\text{CPI}_{\text{pipeline}}=\text{CPI}_{\text{ideal}}+\text{流水线 Stall 周期}=1+\text{流水线 Stall 周期}\tag{7.11}$$

其中，$\text{CPI}_{\text{pipeline}}$是流水线的指令平均时钟数，$\text{CPI}_{\text{ideal}}$是理想情况下的指令平均时钟数。式（7.10）说明，流水线的加速比等于非流水线平均执行时间与流水线平均执行时间之比。式（7.11）说明流水线指令平均时钟数等于理想情况下指令平均时钟数与流水线停顿 Stall 周期之和。

对于非流水线，多时钟周期情况下，$\text{CC}_{\text{unpipeline}}=\text{CC}_{\text{pipeline}}$。将式（7.11）代入式（7.10），即得式（7.12），于是在有竞争情况下，加速比的计算公式是

$$S_p=\frac{\text{CPI}_{\text{unpipeline}}}{\text{CPI}_{\text{pipeline}}}=\frac{\text{CPI}_{\text{unpipeline}}}{1+\text{流水线Stall周期}}\tag{7.12}$$

最简单的情况是所有指令的执行周期数都相等，即均为流水级数，则有

$$S_p=\frac{\text{流水级}}{1+\text{流水线Stall周期}}$$

其中 $\text{CPI}_{\text{unpipeline}}$=流水级。对非流水线时单时钟周期，则 $\text{CPI}_{\text{unpipeline}}=1$，于是有

$$S_p=\frac{1}{1+\text{流水线Stall周期}}\times\frac{\text{CC}_{\text{unpipeline}}}{\text{CC}_{\text{pipiline}}}$$

若流水线各级完成时间均衡，则加速比计算公式可简化为

$$S_p=\frac{\text{流水级}}{1+\text{流水线Stall周期}}\tag{7.13}$$

其中 $\text{CC}_{\text{unpipeline}}/\text{CC}_{\text{pipiline}}=\text{流水级}$。

4. 结构竞争对流水线性能的影响

结构竞争的定义是，如果流水线因资源冲突不能支持某些指令组合的重叠执行，则称之为结构竞争。结构竞争的产生原因有两个：功能部件非完全流水；硬件资源数量不足。下面以图 7.13 说明结构竞争对流水线性能的影响。在图 7.13 所示系统中，程序存储器和数据存储器共用同一个存储体。图中的 Load 指令与其后面的第 3 条指令发生了结构竞争。结构竞争时的流水线状态图，如图 7.14 所示。

由图 7.14 可见，LOAD 指令在第 4 拍访问存储器，与指令 i+3 的取指操作 IF 发生冲突。这时在 IF 段插入了一个停顿 Stall，等待 Load 指令的 MEM 访存操作结束。因此，指令 i+3 及以后的指令均推后 1 拍进行。

下面举例说明结构竞争对 CPU 性能的影响。

若已知 $\text{CPI}_{\text{ideal}}=1$，数据访存指令占 40%，$\text{CPI}_{\text{hazard}}=1.05\ \text{CPI}_{\text{ideal}}$。这里，$\text{CPI}_{\text{ideal}}$是流水线理想情况下的指令时钟数，$\text{CPI}_{\text{hazard}}$是流水线竞争时的指令时钟数，于是有

$$\begin{aligned}\text{平均指令执行时间}&=\text{IC}\times\text{CPI}_{\text{hazard}}\times\text{CC}_{\text{hazard}}=\text{IC}\times(1+0.4\times1)\times\text{CC}_{\text{ideal}}/1.05\\&=1.3\times\text{IC}\times\text{CC}_{\text{ideal}}\end{aligned}$$

由此可见，由于 $\text{CPI}_{\text{ideal}}<\text{CPI}_{\text{hazard}}$，造成了在有结构竞争情况下的平均指令执行时间大于理想情况下平均指令执行时间。

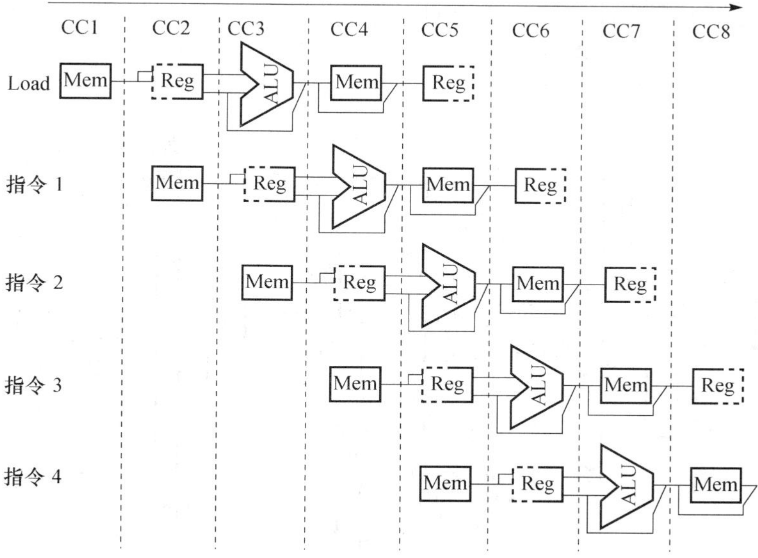

图 7.13 结构竞争示意图

指令序列	流水时钟数									
	1	2	3	4	5	6	7	8	9	10
Load指令	IF	ID	EX	MEM	WB					
指令i+1		IF	ID	EX	MEM	WB				
指令i+2			IF	ID	EX	MEM	WB			
指令i+3				stall	IF	ID	EX	MEM	WB	
指令i+4						IF	ID	EX	MEM	WB
指令i+5							IF	ID	EX	MEM

图 7.14 结构竞争流水线状态图

5. 控制竞争对流水线性能的影响

为了减少因转移指令时出现的控制相关而引起的流水线性能下降，可采取如下措施进行处理：

（1）提前计算转移的目的地址和提前比较转移条件。这样可使转移指令造成的停顿周期由 3 个减少到 1 个。具体的做法是：

① 将比较结果等于零的检测移入 ID 级，这样可以尽早知道转移是否成功。

② 在 ID 级引入加法器 Adder 计算目标地址，这样可以尽早计算出目标地址。

注意，当一条 ALU 指令后跟一条转移指令，可能引起数据竞争；而流水线级数越多，则转移损失越大；CPI 越小，转移造成的性能损失所占比例也越大。

目标地址计算和条件判断提前后的流水线如图 7.15 所示。

（2）硬件固定预测转移不成功。即无论最后是否转移，都在下一拍立即取转移指令的下一条指令进入流水线开始执行。应注意的问题是，在确定转移是否成功前不能修改机器状态。当实际转移不成功时，无 Stall 周期；而实际转移成功时，停顿 1 个 Stall 周期。在编译优化时，将大概率分支放在不成功分支中。

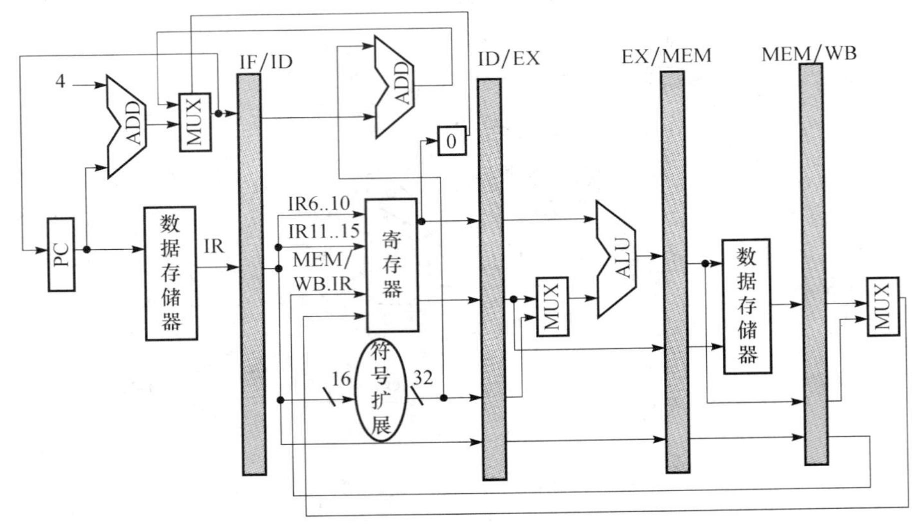

图 7.15 目标地址计算和条件判断提前后的流水线

预测成功如图 7.16 所示，即实际为不转移，则无停顿；预测失败则如图 7.17 所示，即实际为转移，则停顿一个周期。

转移不成功指令	IF	ID	EX	MEM	WB				
指令i+1		IF	ID	EX	MEM	WB			
指令i+2			IF	ID	EX	MEM	WB		
指令i+3				IF	ID	EX	MEM	WB	
指令i+4					IF	ID	EX	MEM	WB

图 7.16 预测成功无停顿

转移成功指令	IF	ID	EX	MEM	WB				
指令i+1		IF	Idle	Idle	Idle	Idle			
目标指令			IF	ID	EX	MEM	WB		
目标指令+1				IF	ID	EX	MEM	WB	
目标指令+2					IF	ID	EX	MEM	WB

图 7.17 预测失败停顿一个周期

（3）硬件预先设定为转移成功。即预测每一个转移都成功，但必须等算出转移目标地址，才能取转移目的指令。这种方法只有当转移目标地址形成早于转移条件码结果生成时，才有可能改善控制相关时的性能。

（4）延时转移技术。在编译生成目标指令程序时，将转移指令与其前面不相关的一条或多条指令交换位置，让成功转移总是延迟到这一条或多条指令之后再执行。这样可使转移造成的流水性能损失减少，实现时不必增加硬件。

以下的三种情况可以采用转移延时槽调度方法，这些方法都由程序编译器来完成。

① 在转移指令前找一条与转移指令不相关的有用指令插入转移延时槽，这是最理想的情况。

② 在转移成功分支中找一条与转移指令无关的指令插入延时槽，而且要求所选延时槽指令不会影响不成功分支的正确执行。这种方法适合于转移成功概率大（如循环程序）即编译预测转移成功的情况下使用。

③ 在转移不成功分支中找一条与转移指令无关的指令插入延时槽，而且要求所选延时槽指令不会影响成功分支的正确执行。这种方法适合于转移成功概率小时采用，即编译预测转移不成功时选用。

此外，插入空操作也可以消除控制相关，但这样做对 CPU 性能没有改善。

控制相关有两种限制：

- 若指令与某一转移指令控制相关，则该指令不能移到转移指令之前；
- 若指令与某一转移指令非控制相关，则该指令不能移到转移分支当中。

控制相关的重要性质是，处理控制相关的关键并非是保持控制相关性不变，而是要保证异常行为不变，以及数据流不变。

7.3.3 Amdahl 定律

Amdahl 定律是：计算机性能的改善程度受其采用的快速部件（被提高性能的部件）在原任务中使用所占的时间百分比的限制。

该定律表示，系统中某一部件由于采用某种更快的执行方式后，整个系统性能的提高与这种执行方式的使用频率或占总执行时间的比例有关。

Amdahl 定律既可以用来确定系统中对性能限制最大的部件，也可以用来计算通过改进某些部件所获得的系统性能的提高程度。Amdahl 定律指出，加快某部件执行速度所获得的系统性能加速比，受限于该部件征系统中所占的重要性。Amdahl 定律还给出了加速比的概念，即假设对机器进行某种改进，那么机器系统的加速比就是

$$S_p = \frac{\text{使用增强部件后的性能}}{\text{未用增强部件时的整机性能}} = \frac{\text{未用增强部件时执行一个任务的时间}}{\text{使用增强部件后执行该任务的时间}} = \frac{T_{\text{old}}}{T_{\text{new}}}$$

Amdahl 定律还可以表示为如下形式：

$$S_p = \frac{T_{\text{old}}}{T_{\text{new}}} = \frac{T_{\text{old}}}{(1-F)T_{\text{old}} + F/S} = \frac{1}{(1-F)+F/S}$$

其中，F 是任务在可改进部件上的执行时间占（未用增强部件的原机器上）总执行时间中的百分比；S 是改进后部件性能提高的倍数（部件性能加速比）。

Amdahl 定律表明，机器性能提高有一极限值，即 $1/(1-F)$。在 F 不变时，无限制地提高某一部件的性能无助于提高整机性能；从成本上看，反而会得不偿失。

Amdahl 定律还指明了设计原则，即按各部分所占的时间比例来分配资源，同时也指出了两种改进设计提高性能的方法，一是提高 S，也即优先考虑高频事件，使之尽量快速实

现；二是减小(1−F)，进一步提高高频事件的使用频度

Amdahl 定律还给出了定量比较不同设计方案的方法：系统加速比还给出了改进后的机器比改进前快了多少，即 Amdahl 定律能够快速得出改进所获得的效益。

Amdahl 定律表明系统加速比依赖于两个因素：

（1）可改进部分在原系统计算时间中所占的比例。例如，一个需运行 60s 的程序中有 20s 的运算可以加速，那么该比例就是 20/60。这个值可以用“可改进比例”来表示，它总是小于或等于 1。

（2）可改进部分改进以后的性能提高。例如系统改进后执行程序，其中可改进部分花费的时间为 2s，而改进前该部分需花费的时间为 5s，则性能提高为 5/2。用“部件加速比”表示性能提高比，通常它是大于 1 的。

部件改进后，系统的总执行时间等于不可改进部分的执行时间，加上可改进部分改进后的执行时间。实际上，Amdahl 定律还表达了一种性能增加的递减规则，即如果仅仅对计算机中的一部分做性能改进，则改进越多，系统获得的效果越小。

Amdahl 定律的一个重要推论是，如果只针对整个任务的一部分进行优化，那么所获得的加速比不会大于 1 / (1−可改进比例)。

从另外一个侧面看，Amdahl 定律表明如何衡量一个“好”的计算机系统。即具有高性价比的计算机系统是一个带宽平衡的系统，而不是看它使用了哪些特定部件的性能。

习　题

7.1　判断以下三组指令中各存在哪种类型的数据相关？

（1）I1　LAD　R1，A　；M（A）→ R1，　　M（A）是存储器单元

　　 I2　ADD　R2，R1　；（R2）+（R1）→ R2

（2）I3　ADD　R3，R4　；（R3）+（R4）→ R3

　　 I4　MUL　R4，R5　；（R4）+（R5）→ R4

（3）I5　LAD　R6，B　；M（B）→ R6，　　M（B）是存储单元

　　 I6　MUL　R6，R7　；（R6）×（R7）→ R6

7.2　指令流水线有取指（IF）、译码（ID）、执行（EX）、访存（MEM）、写回寄存器堆（WB）五个过程段，现共有 2 条指令连续输入此流水线。画出流水处理的时空图，假设时钟周期为 100ns。

7.3　假设有一个计算机系统分为四级，每一级指令都比它下面一级指令在功能上强 M 倍。即一条 r+1 级指令能够完成 M 条 r 指令的工作，且一条 r+1 级指令需要 N 条 r 级指令解释。对于一段在第一级执行时间为 K 的程序，在第二、第三、第四级上的一段等效程序需要执行多少时间？

表 7.3　习题 7.4 数据

指令类型	指令执行数量	平均时钟周期数
整数	45000	1
数据传送	75000	2
浮点	8000	4
分支	1500	2

7.4　对于一台 400MHz 时钟的计算机执行标准测试程序，此程序中的指令类型、执行数量和平均时钟周期数如表 7.3 所示，求该计算机

的有效 CPI、MIPS 和程序执行时间。

7.5 假设在一台 40MHz 处理器上运行 200 000 条指令的目标代码，程序主要由四种指令组成。根据程序跟踪实验结果，已知指令混合比和每种指令所需的指令数如表 7.4 所示。要求计算在单处理机上用上述跟踪数据运行程序的平均 CPI；用所得的 CPI 计算相应 MIPS 速率。

7.6 对于一台 40MHz 计算机执行标准测试程序，程序中指令类型、执行数量和平均时钟周期数如表 7.5 所示，求该计算机的有效 CPI、MIPS 和程序执行时间。

表 7.4 习题 7.5 数据

指令类型	CPI	指令混合比
算术和逻辑	1	60%
高速缓存命中的加载/存储	2	18%
转移	4	12%
高速缓存缺失的存储器访问	8	10%

表 7.5 习题 7.6 数据

指令类型	指令执行数量	平均时钟周期数
整数	45000	1
数据传送	75000	2
浮点	8000	4
分支	1500	2

7.7 计算机系统中有三个部件可以改进，这三个部件的部件加速比如下：

部件加速比$_1$=30 ； 部件加速比$_2$=20 ； 部件加速比$_3$=10

（1）如果部件 1 和部件 2 的可改进比例均为 30%，那么当部件 3 的可改进比例为多少时，系统加速比才可以达到 10%？

（2）如果三个部件的可改进比例分别为 30%、30%和 20%，三个部件同时改进，那么系统中不可加速部分的执行时间在总执行时间中占的比例是多少？

（3）如果相对某个测试程序，三个部件的可改进比例分别为 20%、20%和 70%．要达到最好改进效果，仅对一个部件改进时，要选择哪个部件？如果允许改进两个部件，又如何选择？

7.8 在流水线处理器中，可能有哪几种数据相关？这几种相关分别发生在什么情况下？解决操作数相关的方法有哪几种？

7.9 叙述 Amdahl 定律的主要内容。

实验与设计

7.1 高速硬件乘法器设计实验

实验目的：了解高速乘法器的结构和工作原理，掌握用 HDL 设计乘法器的方法。

实验原理：乘法是 DSP 运算中的基本算法，应用也最为广泛。我们知道，乘法最基本的操作就是移位相加，各类乘法最终都要归结为这一点。然而如何实现移位相加却有多种方法，如移位累加法、查表法、Booth 乘法、加法器树结构乘法等。

移位累加是最基本的硬件乘法器实现方式，大多数处理器的软件乘法运算都采用这种方法。其基本原理如图 7.18 所示。将两个操作数分别以串行和并行模式输入到乘法器的输入端，用串行输入操作数的每一位依次去乘并行输入的操作数，每次的结果称之为部分积，将每次相乘得到的部分积加到累加器里，形成部分和，部分和在与下一个部分积相加前要进行移位操作。

传统的移位累加乘法器实现起来较简单，若两个操作数位宽都为N位，其积最高为2N位。于是这种乘法器需要移位加两步运算才能得到一个部分和，因此整个运算需要2N个时钟周期。

若对图7.18的算法作改进，改进后的乘法原理如图7.19所示，乘法器将串行操作数存于寄存器A中，并行操作数存于寄存器B中，部分和存于寄存器S中，这三个寄存器位宽都为N，另外设置一个一位的寄存器C，用以存放临时进位。

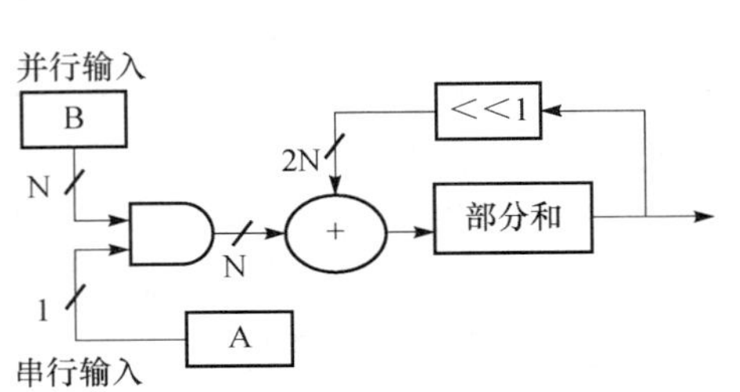

图7.18 最基本的硬件乘法器

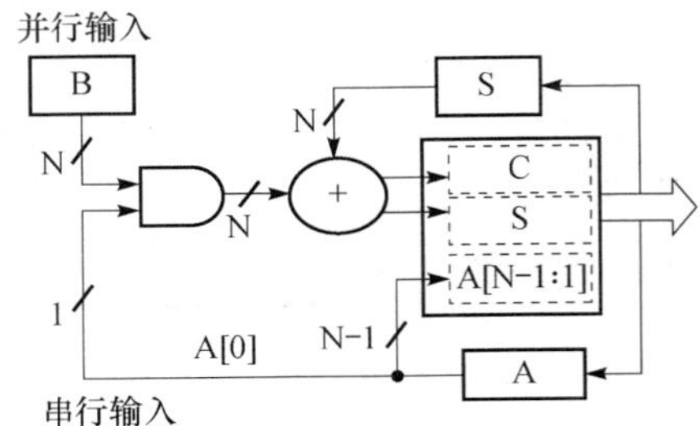

图7.19 改进后的硬件乘法器

根据图7.19，运算中，首先将寄存器S清零，部分积由A[0]决定（或者为零，或者为B），将位宽都为N的部分积和寄存器S中的值输入到一个N位的加法器中求和，结果（包括一位进位）与A[N-1..1]合并在一起形成2N位的部分和，然后将这2N位部分和的高N位送到寄存器S中，低N位送到寄存器A中继续进行运算，直到N个周期为止。这样，这个运算只需要一个N位的加法器，N个时钟周期就可完成。当然，这是从软件实现思路来考察的，如果将此算法硬件化，例如将其设计成一条指令，最佳状况是在一个时钟内即完成全部运算。这就达到了高速运算的目的。

例7.5给出了Verilog设计。这是一个16位×16位的乘法器，可在一个时钟周期内就完成运算。

根据Amdahl定律，系统中某一部件由于采用某种更快的执行方式后，整个系统性能的提高与这种执行方式的使用频率或占总执行时间的比例有关。计算机性能的改善程度受其采用的快速部件（被提高性能的部件）在原任务中使用所占的时间百分比的限制。在需要进行大量乘法运算的场合，采用硬件加速运算部件，可以使系统性能提高。

实验任务：首先用Verilog设计一个16位×16位乘法器。根据例7.5，将其转换成VHDL程序。然后进行时序仿真，仿真波形如图7.20所示，A、B为乘法器输入端参加乘法运算的两个16位数据，输出结果分成两部分，DATOUT是32位积，CLK是时钟信号。从波形图可见，每一个时钟周期完成一次乘法运算，如 (8765H) × (ABCDH) =5ADCE2E1H。

通过对此乘法器的时序分析可以证明，此乘法器完成一次乘法运算的耗时，即时钟CLK的最短周期约为15ns，其速度与FPGA中嵌入的DSP模块相当。当然，其资源耗用是相当大的。

【例 7.5】

```
module MULT16  (input [15:0] A,B,input CLK, output reg [31:0] DATOUT);
   reg [30:0]    at0 ;  reg [29:0]  at1 ;  reg [28:0]  at2 ;
   reg [27:0]    at3 ;  reg [26:0]  at4 ;  reg [25:0]  at5 ;
   reg [24:0]    at6 ;  reg [23:0]  at7 ;  reg [22:0]  at8 ;
   reg [21:0]    at9 ;  reg [20:0]  at10;  reg [19:0]  at11;
   reg [18:0]    at12;  reg [17:0]  at13;  reg [16:0]  at14;
   reg [15:0]    at15;  reg [31:0] out1,c1; reg [29:0] out2;
   reg [27:0] out3,c2; reg [25:0] out4;   reg [23:0] out5,c3;
   reg [21:0] out6;    reg [19:0] out7,c4; reg [17:0] out8;
   reg [31:0] c5;   reg [27:0] c6;
  always @(posedge CLK)    begin
  at0 <={(B[15]? A:0),15'H0000}; at1 <={(B[14]? A:0),14'H0000};
  at2 <={(B[13]? A:0),13'H0000}; at3 <={(B[12]? A:0),12'H000};
  at4 <={(B[11]? A:0),11'H000};  at5 <={(B[10]? A:0),10'H000};
  at6 <={(B[9] ? A:0), 9'H000};  at7 <={(B[8] ? A:0), 8'H00};
  at8 <={(B[7] ? A:0), 7'H00};   at9 <={(B[6] ? A:0), 6'H00};
  at10<={(B[5] ? A:0), 5'H00};   at11<={(B[4] ? A:0), 4'H0};
  at12<={(B[3] ? A:0), 3'b000};  at13<={(B[2] ? A:0), 2'b0};
  at14<={(B[1] ? A:0), 1'b0};    at15<={(B[0] ? A:0)};
  end
 always @(*)    begin
  out1 = {1'b0,at0} + at1; out2={1'b0,at2}+at3;
  out3 = {1'b0,at4} + at5; out4={1'b0,at6} + at7;
  out5 = {1'b0,at8} + at9; out6 = {1'b0,at10} + at11;
  out7 = {1'b0,at12} + at13; out8 = {1'b0,at14} + at15;
  c1 = out1 + out2 ; c2 = out3 + out4 ;
  c3 = out5 + out6 ; c4 = out7 + out8 ;
  c5 = c1 + c2 ; c6 = {4'b0000,c3}+ c4 ;
  DATOUT <= c5 + c6;
 end
endmodule
```

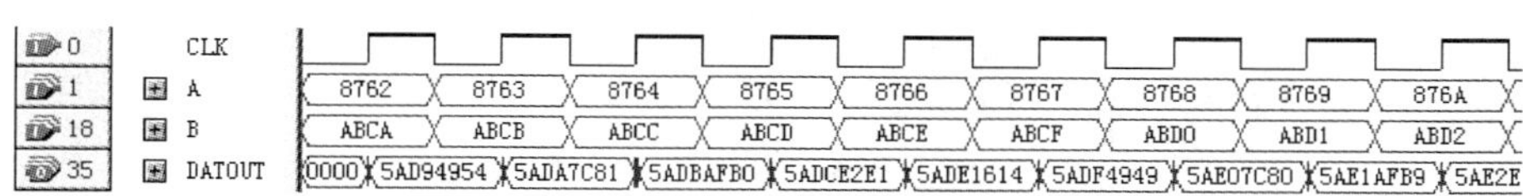

图 7.20 乘法器仿真波形

思考题：

① 根据乘法器的设计验证 Amdahl 定律。

② 用 HDL 程序和 LPM_mult 两种不同的设计方法设计的乘法器有何不同？占用 FPGA 主要资源和运算速度有何差异？

7.2　高速硬件除法器设计实验

实验目的： ①了解和掌握硬件除法器的结构和工作原理；②掌握用 HDL 和 LPM_DIV 设计高速硬件除法器的方法；③分析除法器的仿真波形和工作时序。

实验原理： 除法器的运算流程图如图 7.21 所示。

实验任务： 用 HDL 设计除法器。除法器的实验程序如例 7.6 所示。完成时序仿真。

【例 7.6】

```
module DIV16 (input CLK,
input [15:0] A,B,
output reg [15:0] QU,RE);
reg [15:0] AT,BT,P,Q;  integer i;
always @(posedge CLK)  begin
  AT = A ;  BT = B;
  P = 16'H0000; Q = 16'H0000 ;
 for (i=15; i>=0; i=i-1)  begin
  P = {P[14:0], AT[15]};
  AT = {AT[14:0],1'B0} ; P=P-BT;
  if (P[15]==1)  begin  Q[i]=0;
   P = P+BT ; end
  else Q[i]=1 ; end
end
always @( * )  begin
QU = Q; RE = P ; end
endmodule
```

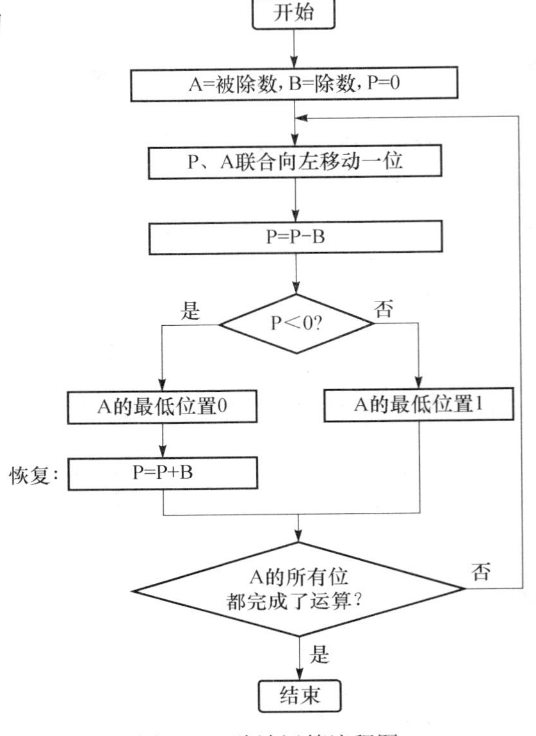

图 7.21　除法运算流程图

仿真波形如图 7.22 所示。A 和 B 是除法器输入端的两个 16 位数据，它们分别为被除数和除数。输出结果分成两部分：QU 是商，RE 是余数。从波形图可以看到，每一个时钟周期，除法器完成一次 16 位除 16 位的除法运算。例如，(FBD2H) ÷ (004AH) =367H，余数等于 000CH。

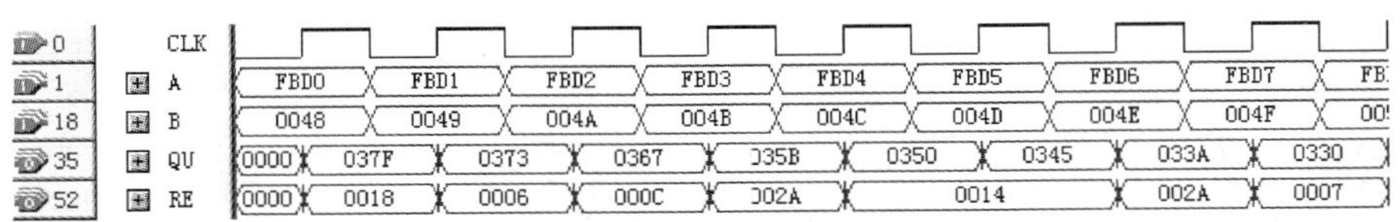

图 7.22　16÷16 除法器仿真运算结果

思考题： 用 HDL 程序和 LPM_div 两种不同的方法设计的除法器有何不同？占用 FPGA 主要资源和运算速度有何差异？

7.3　Cache 实验

实验目的： 了解 Cache 工作原理；理解用 Verilog 实现直接映像 Cache 的电路原理，各组成部分的相互关系和工作原理；掌握 FPGA 中 Cache 电路中各单元电路的功能验证和时序仿真。

实验原理：Cache 与 CPU 及存储器之间的关系如图 7.23 所示。所有的信号分成两组：与 CPU 连接的信号名称以 p_开始；与存储器连接的信号名称以 m_开始。信号 a 是地址线，din 和 dout 是数据线。strobe 是选通线，为 1 时表示要进行读或写操作。rw 是读写控制线，为 0 时表示读，为 1 时表示写。Ready 为 1 表示准备好，m_ready 为 1 表示存储器准备好，p_ready 为 1 是通知 CPU 外部资源准备好。

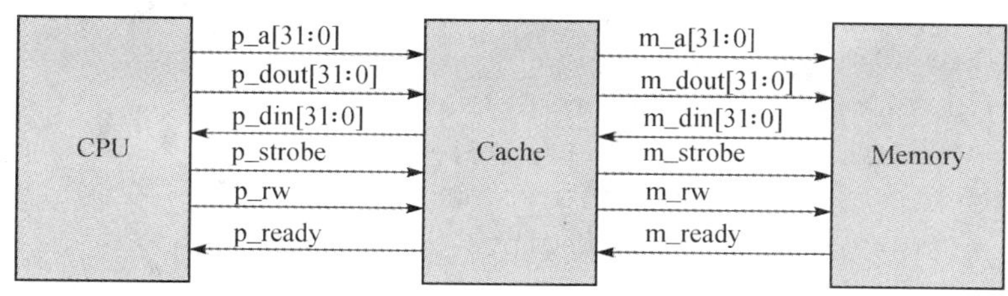

图 7.23　Cache 与 CPU 和存储器之间的接口信号

图 7.24 是一个具体的 Cache 电路，它采用直接映像方式及写透策略。图中的三个 RAM 模块分别存放有效位(Valid RAM)、高位地址标志(Tag RAM)和 Cache 数据(Data RAM)，其中 Data RAM 的数据输入端和数据输出端各有一个二选一的多路器。写入 Cache 的数据有两个来源，一个是存储器，另一个是 CPU。如果 Cache 未命中，则从存储器取来的数据要写入 Cache 中。如果遇到存数据指令，则要把 CPU 的数据写入 Cache。送往 CPU 的数据也有两个来源，一个是 Cache 命中时的 Data RAM 数据，另一个是未命中时从存储器取来的数据。两个多路器的选择信号由图中的控制电路 Cache Control 产生。具体的实现见例 7.7 程序代码。

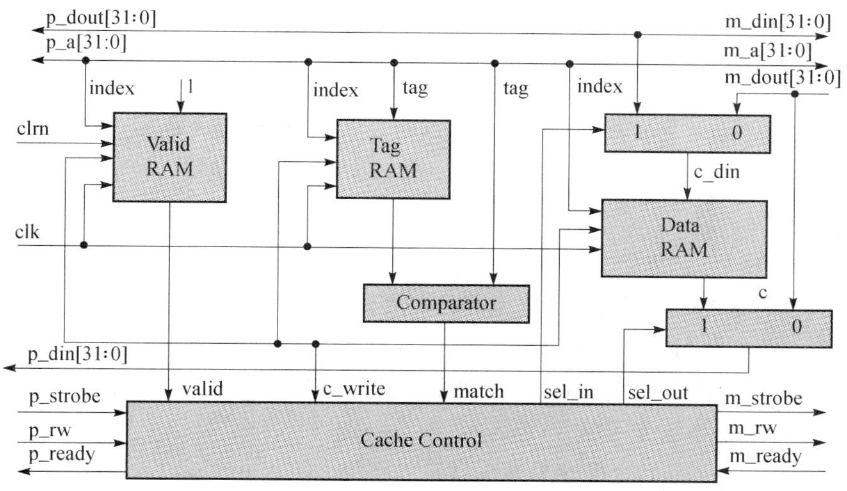

图 7.24　直接映像 Cache 内部结构图

【例 7.7】

```
module cache  (p_a, p_dout, p_din, p_strobe, p_rw, p_ready, clk,
       clrn,  m_a, m_dout, m_din, m_strobe, m_rw, m_ready,cache_hit);
  parameter A_WIDTH = 32, C_INDEX = 6;
  input [A_WIDTH-1:0]    p_a; output [A_WIDTH-1:0]m_a;
  input  [31:0] p_dout, m_dout; output [31:0] p_din, m_din;
  input  p_strobe, p_rw, clk,clrn, m_ready;
  output p_ready, m_strobe, m_rw, cache_hit;
  localparam T_WIDTH =A_WIDTH - C_INDEX -2; //  1 block = 1 word
  reg d_valid [0:(1<<C_INDEX)-1];
  reg [T_WIDTH-1:0] d_tags [0:(1<<C_INDEX)-1];
  reg [31:0] d_data [0:(1<<C_INDEX)-1];
  wire [C_INDEX-1:0] index = p_a[C_INDEX+1 :2];
  wire [T_WIDTH-1:0] tag = p_a[A_WIDTH-1:C_INDEX+2];
 always @(posedge clk or negedge clrn ) //write to cache
      if (clrn == 0)     begin   integer i;
         for  (i =0; i<(1<<C_INDEX); i=i+1)  d_valid[i]<=1'b0;
      end else if (c_write) d_valid[index] <= 1'b1;
 always @(posedge clk)
    if (c_write) begin   d_tags[index]<=tag;  d_data[index]<=c_din; end
  //read from cache
  wire valid=d_valid[index]; wire [31:0] c_dout=d_data[index];
  wire [T_WIDTH-1:0] tagout=d_tags[index];
  //cache control
  assign cache_hit = valid & (tagout == tag);    //hit
  wire   cache_miss  = ~cache_hit;
  assign m_din = p_dout;   assignm_a  = p_a;
  assign m_rw      = p_strobe & p_rw ;    //write through
  assign m_strobe = p_strobe & (p_rw | cache_miss);
  assign p_ready  =~p_rw & cache_hit |(cache_miss |p_rw) & m_ready;
  wire   c_write  = p_rw | (cache_miss  & m_ready );
  wire sel_in     = p_rw;  wire sel_out   = cache_hit;
  wire   [31:0]c_din = sel_in  ? p_dout : m_dout;
  assign     p_din   = sel_out ? c_dout : m_dout;  endmodule
```

存放有效位的 RAM（Valid RAM）开始时要清零，而其他两个 RAM 不用清零。由于采用写透策略，每次执行存数据指令时都要写存储器，不管 Cache 命中与否。因此 p_ready 信号中包含了一项 p_rw & m_ready（存储器写并且存储器准备好）。如果 p_ready 为 0，CPU 要等待并维持存储器访问信号。

实验任务 1：进入 Quartus II 的文本编辑输入环境。输入 module cache 程序，并进行编译和引脚锁定，对电路进行时序仿真。建立仿真波形文件，进行时序仿真，图 7.25 为写操作中及读命中时的部分波形。试给出读操作未命中及命中时的时序波形，并分析这两段波形。

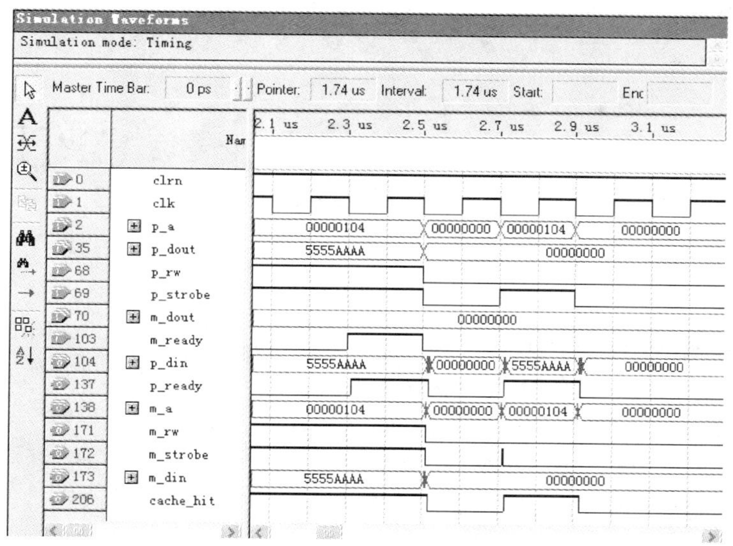

图 7.25 数据 Cache 仿真波形（写操作）

实验任务 2：设法用 FPGA 中的嵌入式 RAM 取代例 7.7 中定义的二维寄存器类型，达到大幅节省逻辑资源和提高系统速度的目的。

实验要求：

① 实验前认真复习 Cache 的工作原理。

② 完成 Cache 电路图的输入、综合、编译、仿真和引脚锁定。

③ 下载到实验系统进行硬件调试，实际验证 Cache 的运算功能。

④ 分析仿真波形和实验数据，写出实验报告。

第 8 章 流水线 CPU 设计

现代处理器中，大多数属于基于流水线技术的 RISC CPU，本章将重点介绍基于这项技术的 16 位精简指令 CPU 的设计与实现方法，包括硬件电路结构和指令系统设计。本章通过对流水线 CPU 的各段的组成结构进行分析，对基本组成单元进行仿真、调试和时序分析，力求使读者了解流水线 CPU 的工作原理和工作过程，初步掌握流水线 CPU 在 FPGA 中的设计和实现方法。此外还对流水线 CPU 在工作过程中常见的各种冲突现象进行了分析，并给出了一些解决问题的实际方案以供参考。实践表明，采取改进措施以后，可以改善流水线的性能，提高流水线的工作效率。

8.1 流水线 CPU 的结构

如图 8.1 所示，流水线 CPU 由 IF、ID、EXE、MEM 和 WB 五个功能段组成。在各功能段之间分别设计了四个锁存段，即 IF_LATCH、ID_LATCH、EXE_LATCH 和 WB_LATCH。各基本模块可使用 HDL 硬件描述语言进行描述，各段的大部分功能模块本身都采用组合逻辑实现，而流水线的时序控制主要通过各段之间的锁存器实现，流水线中的寄存器文件（寄存器组）、指令存储器、数据存储器等功能部件则采用时序逻辑实现。

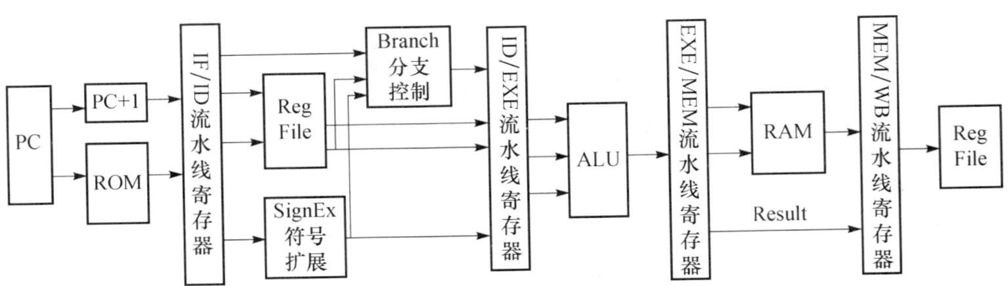

图 8.1 流水线 CPU 的结构

在图 8.1 中，五个流水段用它们的对应的英文指令的名称来命名，各段的功能分别是：

- 取指令 IF；
- 指令译码和读寄存器文件 ID；
- 执行或计算地址 EXE；
- 存储器访问 MEM；
- 回写 WB。

在指令的执行过程中，指令码和数据也是按照顺序依次流过这五个步骤的。流水线的段与段之间被流水线寄存器分开，这些流水线寄存器以被分开的段来命名。例如，在取指令 IF 段和指令译码 ID 段之间的流水线寄存器被命名为 IF/ID Pipeline Register，即 IF/ID 流水线寄存器。在指令译码 ID 段和执行段 EXE 之间的流水线寄存器被命名为 ID/EXE Pipeline Register，即 ID/EXE 流水线寄存器。另外还有 EXE/MEM 和 MEM/WB 流水线寄存器。为了能够存储通过流水线寄存器的数据，流水线寄存器的位数必须足够宽。例如，IF/ID 寄存器要存储从 ROM 中取出的 16 位的指令和 16 位的下一个取指令地址 PC+1，寄存器宽度必须达到 32 位。而 ID/EXE 寄存器要存储从 RegFile 取出的两个 16 位的操作数、16 位的分支转移地址、经过符号扩展后的 16 位操作数和一些其他信息，它的数据宽度要超过 64 位。

在正常情况下，流水线中的数据是按照顺序流动的，但是当程序出现分支转移，或者 CPU 响应外部设备的中断请求时，这种顺序就会被打乱。当流水线中有多条指令要同时对同一资源进行读/写操作时，就会出现对资源的争用，发生数据冲突或资源冲突。为了保证流水线 CPU 能顺利工作，在进行 CPU 整体设计时还考虑了冲突检测单元和相关处理单元的设计，以及中断响应单元的设计。

控制器是流水线 CPU 的重要组成部分，控制器被安排在指令译码段。控制器对从存储器中取出的指令进行译码，然后向各段发出操作执行命令，当流水线发生冲突时，也由控制器来协调各部分的工作。

8.2 指令系统设计

计算机系统包括硬件和软件两大组成部分。硬件是指构成计算机的中央处理机、主存储器和外围输入/输出设备等物理装置；软件则指由软件厂家为方便用户使用计算机而提供的系统软件，以及用户用于完成自己的特定事务和信息处理任务而设计的应用程序。计算机能直接识别和运行的软件程序通常由该计算机的指令代码组成。

从用户和计算机两个角度看，计算机的指令都是用户使用计算机与计算机本身运行的最小功能单位。一台计算机支持(或称使用)的全部指令构成了该机的指令系统。从计算机的组成看，指令系统直接与计算机系统的性能和硬件结构的复杂程度等密切相关，它是设计一台计算机的起始点和基本依据。

要确定一台计算机的指令系统并评价其优劣，通常应从如下四个方面考虑：

- 指令系统的完备性，常用指令齐全，编程方便；
- 指令系统的高效性，占内存空间少，运行速度快；
- 指令系统的规整性，指令和数据使用规则统一、简单、易学易记；
- 指令系统的兼容性，同一系列的低档计算机的程序能在新的高档机上直接运行。

本章采用的指令集主要有四种形式，即 R-型、RI-型、I-型和 S-型。

在设计一种处理器时首先要做的就是决定将要采用哪些指令。为了使所设计的处理器更具一般性，并考察了其他各类处理器的指令形式，在此选择了最常见的指令。表 8.1 给出了所采用的指令及其功能。从表格中可以看出已经对某些特定的指令赋予了不同的形式。这是因为不同的指令具有不同的操作码，因此需要为它们构造不同的形式。下面对所用到的四种指令形式逐一说明。

表 8.1 指令的形式及功能

操作码	指 令	形 式	功能描述	功能码 func
0000	NOP	R	无操作	000
	ADD R1, R2, R3	R	有符号数加法（R1=R2+R3）	010
	ADDu R1, R2, R3	R	无符号数加法（R1=R2+R3）	001
	SUB R1, R2, R3	R	有符号数减法（R1=R2−R3）	011
	SUBu R1, R2, R3	R	无符号数减法（R1=R2−R3）	100
	SLT R1, R2, R3	R	有符号数比较，小于时置位（R1=0 if R2<R3 else R1=1）	101
	SLTu R1, R2, R3	R	无符号数比较，小于时置位	110
0001	NOT R1, R2	R	逻辑非（R1=NOT R2）	
	AND R1, R2, R3	R	逻辑与	000
	OR R1, R2, R3	R	逻辑或	001
	XOR R1, R2, R3	R	逻辑异或	010
	NOR R1, R2 ,R3	R	逻辑或非	011
	SLL R1, R2 ,R3	S	有符号数逻辑左移（R1=R2 shifted by R3）	100
	SRL R1, R2 ,R3	S	有符号数逻辑右移	101
	SRA R1, R2, R3	S	有符号数算术右移	110
	ROR R1, R2, R3	S	有符号数循环右移	111
0010	IN R1	R	从端口输入	000
	OUT R1	R	输出到端口	001
	BZ R1, R2	R	为 0 时转移（If R1=0 jump to loc R2）	010
	BNZ R1, R2	R	不为 0 时转移（If R1 not 0 jump to loc R2）	011
	EI data6	R	允许中断（data6 中的每 1 位代表 1 个中断是打开还是关闭）	Other
0011	JAL R1, R2	R	跳转与链接	000
	RET	R	子程序返回	001
	RET1	R	中断子程序返回	010
0100	MVIL R1, data8	I	将立即数装入低字节（将 data8 装入 R1 的低字节）	0
	MVIH R1, data8	I	将立即数装入高字节	1
0101	BZI R1, data8	I	为 0 时，以 PC 作相对转移（If R1=0 jump to loc PC+data8）	0
	BNZI R1, data 8	I	不为 0 时，以 PC 作相对转移（If R1=1 jump to loc PC+data8）	1
0111	SLL1 R1, R2, data5	SI	按立即数 data5，有符号数逻辑左移	0
	SRL1 R1, R2, data5	SI	按立即数 data5，有符号数逻辑右移	1
1000	SRA1 R1, R2, data5	SI	按立即数 data5，有符号数算术右移	0
	ROR1 R1, R2, data5	SI	按立即数 data5，有符号数循环右移	1
1001	ADDI R1, R2, data6	RI	有符号数与立即数相加（R1=R2+data6）	
1010	SUBI R1, R2, data6	RI	有符号数与立即数相减	
1011	LW R1, R2, data6	RI	装入字	
1100	SW R1, R2, data6	RI	存储字	
说明	Operation 为 4 位，R1、R2、R3 均为 3 位，data5、data6、data8 分别为 5、6、8 位			

1. 寄存器型（R-型）

指令中最常见的类型就是 R-型。R-型指令中有两个读寄存器和一个写寄存器，图 8.2 给出了典型的 R-型指令，如：ADD R1，R2，R3。

所有指令都有 4 位操作码（opcode），操作码是用来辨认将被执行的指令的类型。在所有指令中每个寄存器的宽度都是 3 位，这也意味着寄存器文件中有 8 个寄存器。在一条 R-型指令中，第一个 3 位寄存器指的是写寄存器，后面的两个 3 位寄存器是指令中将要用到的两个读寄存器。指令中最后的 3 位被用作功能位。功能位指出将要执行的是哪种实际的指令。这就是说单一一个 R-型操作码最多可以有 8 条不同的指令。

2. 寄存器立即数型（RI-型）

RI-型与 R-型类似，不同之处在于将第二个读寄存器和三个功能位用一个 6 位立即数代替。从图 8.3 中可以看到一个典型的 RI-型指令的示例：ADDI R1，R2，0FH。每一个 RI-型操作码只有一条指令，因为它没有像 R-型指令那样的功能位。

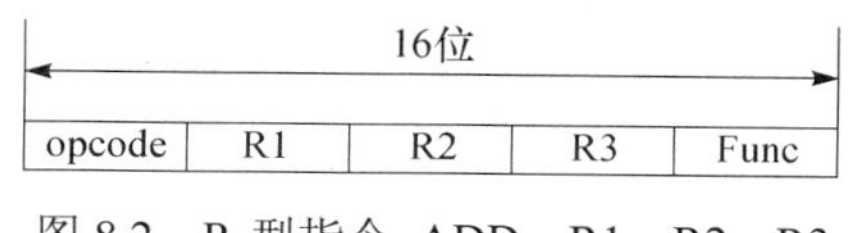

图 8.2 R-型指令 ADD R1，R2，R3

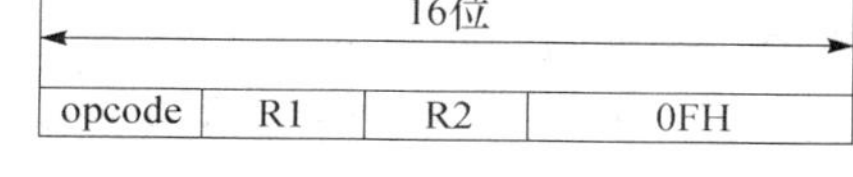

图 8.3 RI-型指令 ADDI R1，R2，0FH

3. 立即数型（I-型）

I-型指令结构如图 8.4 所示。I-型指令用于两条移动立即数指令和两条 PC 相对转移指令。I-型指令格式由 4 位操作码、一个 3 位的寄存器值、一个 8 位的立即数域和一个 1 位的功能位所组成。功能位允许对每一个 I-型操作码赋值。

图 8.4 中的指令为 MVIL R1，FFH。该指令的指令代码为 0100 001 1111 1111 0，opcode=0100，表示 MVI 指令，其中 R1=001，立即数=1111 1111。注意，功能位=0 表示对寄存器的低 8 位赋值，即指令为 MVIL。若对寄存器的高 8 位赋值，即指令为 MVIH，则功能位=1。

4. 立即移位型（SI-型）

SI-型指令用于移位指令。该指令由一个 4 位操作码、一个 3 位目标寄存器 R1、一个 3 位源寄存器 R2、一个 5 位的立即数域 5-bit Im 和一个 1 位的功能位组成。5 位立即数用于将源寄存器按照所期望的方向，从−15 到+16 的位置移位。图 8.5 是一个 SI-型指令：RORI R1, R2, 2H，指令代码为 1000 001 010 00010 1，其中操作码 opcode=1000，R1=001，R2=010，5-bit Im=00010，fun=1。用十六进制表示为 8285H。

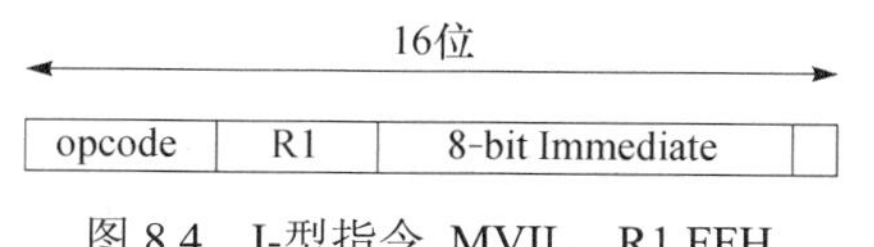

图 8.4 I-型指令 MVIL R1,FFH

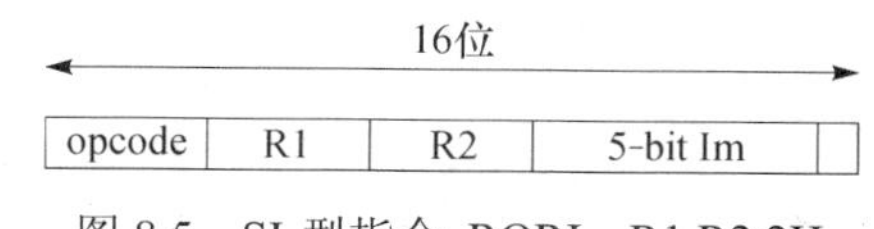

图 8.5 SI-型指令 RORI R1,R2,2H

8.3 数据通路设计

完成指令集设计后，就可以开始设计数据在处理器中流动的数据通路了。把所有指令的数据通路组合起来就形成了处理器的总的数据通路。最常用的数据通路的形式有五类。

1. R-型数据通路

R-型数据通路如图 8.6 所示。在 R-型数据通路中，指令从存储器取出被分解为各个不同部分。两个操作数 Reg1 和 Reg2 是来自于指令中指定的寄存器，从寄存器文件取出数据。ALU 执行由指令指定的操作，然后将 ALU 输出的结果回写到寄存器文件中。

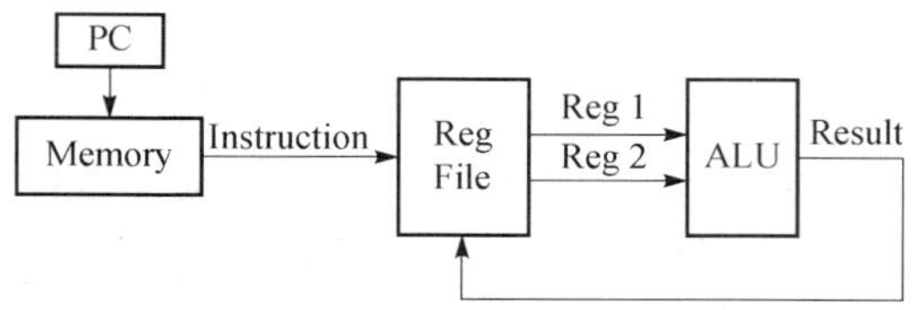

图 8.6 R-型 ALU 指令的数据通路

2. RI-型数据通路

RI-型数据通路如图 8.7 所示。RI-型指令与 R-型指令类似，只是第二个读寄存器被一个包含在指令中的数值所代替。这个立即数是一个由 6 位扩展成 16 位的有符号数，并作为第 2 操作数送入 ALU。ALU 执行由指令指定的操作，并将执行结果回写寄存器文件中。

3. 装入字数据通路

装入字数据通路与 RI-型数据通路类似，区别在于从 ALU 出来的执行结果不是写入寄存器而是作为访问存储器的地址。该指令从存储器中取出一个数值，然后将这个数值装入寄存器文件。装入字数据通路如图 8.8 所示。

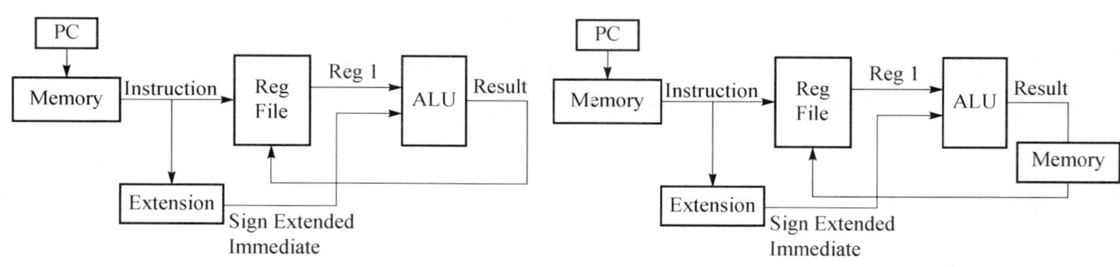

图 8.7 RI-型 ALU 指令的数据通路

图 8.8 装入字数据通路

4. 存储字数据通路

存储字数据通路类似于装入字数据通路，区别在于写寄存器指向要写入的存储器的地址而不是寄存器文件。存储字数据通路如图 8.9 所示。

5. 寄存器转移数据通路

寄存器转移数据通路如图 8.10 所示。在寄存器转移数据通路中，一个寄存器与零比较。如果转移类型为零转移并且寄存器的内容为零，则将第二个寄存器的内容装入程序计数器。

如果寄存器的内容不为零，则装入下一条程序计数器的值，执行的指令继续流动。不为零转移指令也与此类似。

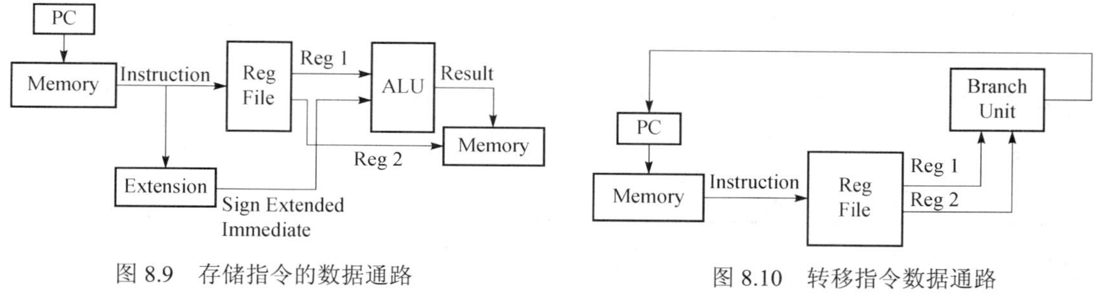

图 8.9 存储指令的数据通路

图 8.10 转移指令数据通路

8.4 流水线各段的功能描述与设计

上节已经提到，流水线 CPU 由 IF、ID、EXE、MEM 和 WB 五个功能段组成。下面对各段的功能、模块划分和接口信号作简要介绍。

8.4.1 Stage 1 取指令段

取指令 IF 段的结构如图 8.11 所示。IF 段执行从存储器 ROM 中取指令的操作，并将已取出的指令机器码与程序计数器的输出值存储在 IF/ID 流水线寄存器中，作为临时保存，以便在下一个时钟周期开始的时候使用。下面介绍取指令 IF 段的功能和各组成模块的划分及实现方法。

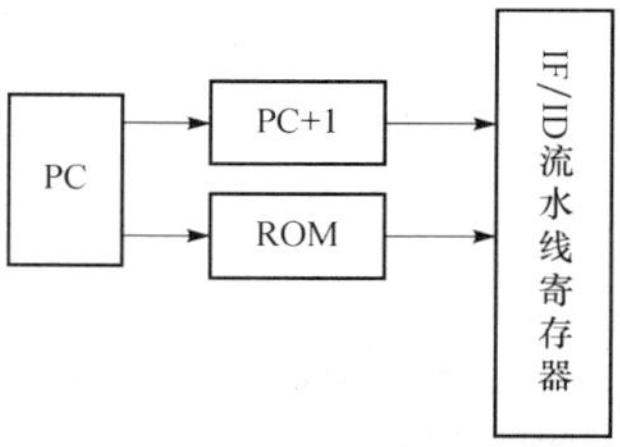

PC

PC+1

ROM

IF/ID流水线寄存器

图 8.11 IF Stage 1 的结构

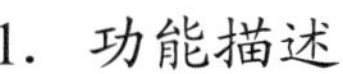

取指令 IF 段的功能主要有以下几个方面：

（1）取指令及锁存。根据程序计数器 PC 的值从指令存储器中取出指令，并将取出的指令送本段的锁存单元，即 IF/ID 流水线寄存器中锁存。

（2）地址计算。根据 pcselector 选择信号值，从 incPC、branchPC、retiPC 和 retPC 四个地址转移源中选择程序计数器 PC 的下一个值。若流水线中回写（WB）段的指令是跳转指令或者分支成功的分支指令，则选择 branchPC 的值，以程序跳转的目标地址作为地址计算的结果；若是非转移指令或者分支失败的分支指令，则 PC 取 PC+1 的值，指向指令存储器中的下一条指令；若是中断返回指令，则取 retiPC 的值；若是子程序返回指令，则取 retPC 的值。

（3）检验指令的合法性。检验指令的操作码和功能码是否符合指令集设计中的定义，如果指令不正确，则返回异常标志。

（4）同步控制。以时钟 clk 对外部信号进行同步。

2. 模块划分和实现

Stage 1 由五个基本模块组成，即 incPC、lpm_rom0、progc、pcselector 和 ifid。incPC 模块完成 PC+1 的操作，即完成程序计数器自动加 1，指向当前指令之后的下一条指令的存储地址；lpm_rom0 是程序存储器模块，用于存放应用程序；progc 是程序计数器模块；pcselector 是下一条指令地址选择控制单元；ifid 是 Stage 1 的流水线段锁存器。各模块之间的信号连接关系如图 8.12 所示。

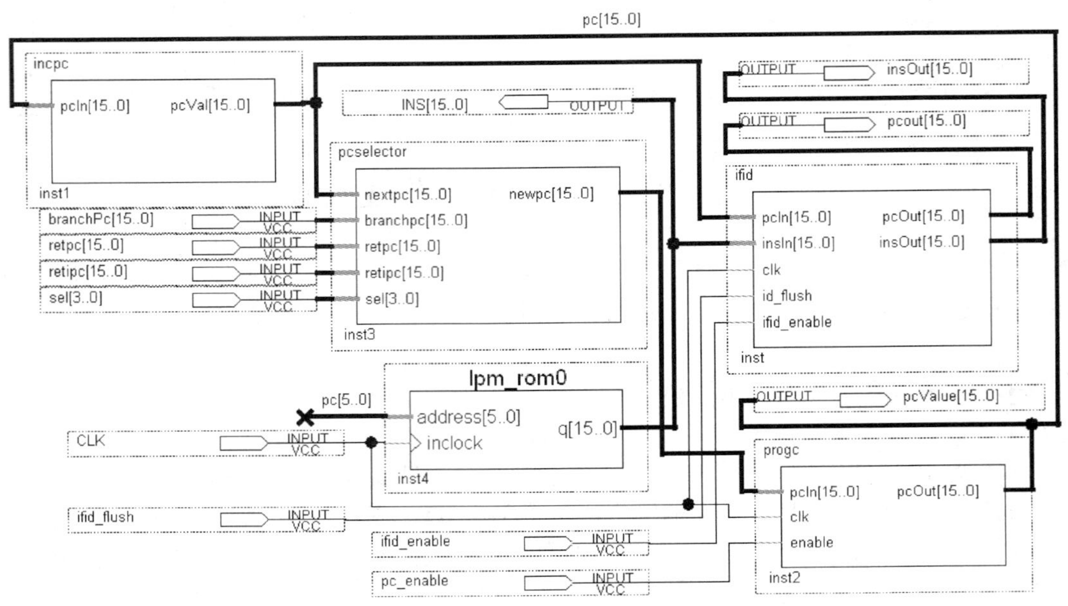

图 8.12　Stage 1 取指令段的各模块信号连接电路

各基本模块采用 Verilog 描述。本段的主要输入信号为 branchPC 分支转移地址信号、retPC 子程序返回地址信号、retiPC 中断返回地址信号、来自执行段 pcselector 的选择信号 sel、时钟信号 clk、数据相关信号 ifid_flush 和控制信号 ifid_enable、pc_enable。

本段的主要输出信号为：从指令存储器取出的指令码 ins[15..0] 和本段的 PC 值 pcvelue[15..0]，以及经过流水线段寄存器 ifid 传递到下一段的指令码 insOut[15..0]和程序计数器 PC 值 pcout[15..0]。

Stage 1 段各模块的端口和功能描述如下：

（1）PC 选择模块。例 8.1 是图 8.12 中的 PC 选择模块 pcselector 的 Verilog 描述。此模块的输入信号分别有：下一条指令地址 nextPC、分支转移地址 branchPC、子程序返回地址 retPC、中断返回地址 retiPC 和选择信号 sel。输出信号是 newPC，其功能是根据 sel[3..0] 的值，从四个源 nextpc[15..0]，branchpc[15..0]，retpc[15..0]和 retipc[15..0]中选择一个，作为程序执行的下一条指令的地址送到程序计数器 progc。

图 8.13 是 pcselector 的时序仿真图。在地址输入端 nextpc、branchpc、retpc 和 retipc 加不同的地址信号，输出端 newpc 根据选择信号 sel[3..0]的不同状态，选择输出四路输入信号

中的一路。

【例 8.1】

```
module t pcselector (nextpc, branchpc, retpc, retipc, sel, newpc);
  input[15:0] nextpc, branchpc, retpc, retipc;  input[3:0] sel;
 output[15:0] newpc;   reg[15:0] newpc;
  always @(sel)
    case (sel)
      4'b0000 :  newpc <= nextpc ;       4'b0001 :  newpc <= branchpc;
      4'b0010 :  newpc <= retpc ;        4'b0011 :  newpc <= retipc;
      4'b0100 :  newpc <= 16'HFFFF;      4'b0101 :  newpc <= 16'HFFF0;
      4'b0110 :  newpc <= 16'H0008;      4'b0111 :  newpc <= 16'H000C;
      4'b1000 :  newpc <= 16'H000C;      4'b1001 :  newpc <= 16'H000E;
      4'b1010 :  newpc <= 16'H0010;     default :  newpc <= 16'H0012;
    endcase
endmodule
```

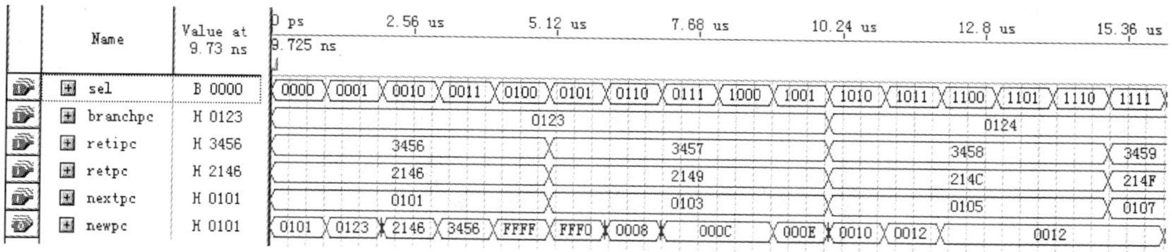

图 8.13 pcselector 的时序仿真波形图

（2）程序计数器模块。例 8.2 描述的是程序计数器模块 progc.v。该模块的功能是与指令存储器进行通信。在时钟信号 clk 的上升沿，把地址总线 pc[15..0]的值送到指令存储器，从指令存储器的输出 ins[15..0]获取下一条指令，然后在时钟信号 clk 的下降沿送出指令。

【例 8.2】

```
module progc (input[15:0] pcIn,input clk, enable, output reg[15:0] pcOut);
  reg[15:0] regValue;
   always @(posedge clk)
        if (enable==1'b1) begin  regValue=pcIn;  pcOut=regValue;  end
endmodule
```

图 8.14 是 progc 的时序仿真波形图。从仿真波形图可以看到，当使能控制信号 enable 为高电平，在时钟信号 clk 的上升沿到来时，将输入数据 pcIn 写入 D 触发器，并从 pcOut 输出；当 enable 为低电平时，pcOut 输出保持原来的值。

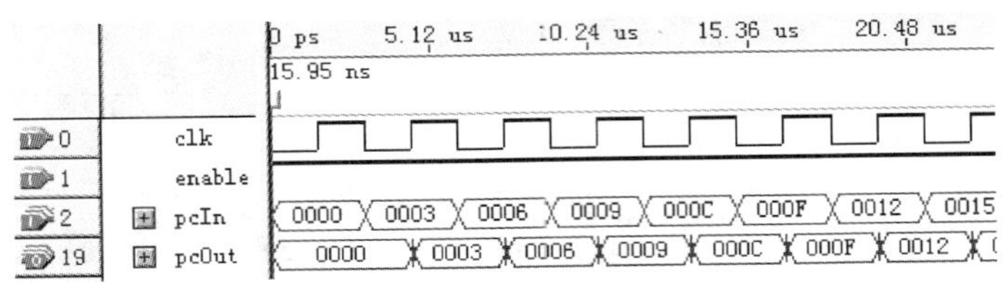

图 8.14　progc 的时序仿真图

（3）程序计数器加 1 模块。程序计数器加 1 模块 incpc.v 的描述如例 8.3 所示。该模块的功能是把程序计数器的值加 1，作为程序计数器 PC 的下一个可选值，在时钟信号 clk 的下降沿送到 pcselector 模块。

【例 8.3】

```
module t incpc (input[15:0] pcIn, output reg[15:0] pcVal);
  always @(pcIn) pcVal <= pcIn + 1 ;
endmodule
```

程序计数器加 1 模块 incpc 的仿真波形如图 8.15 所示。输出信号 pcVal 对输入信号 pcIn 加 1 以后直接输出。

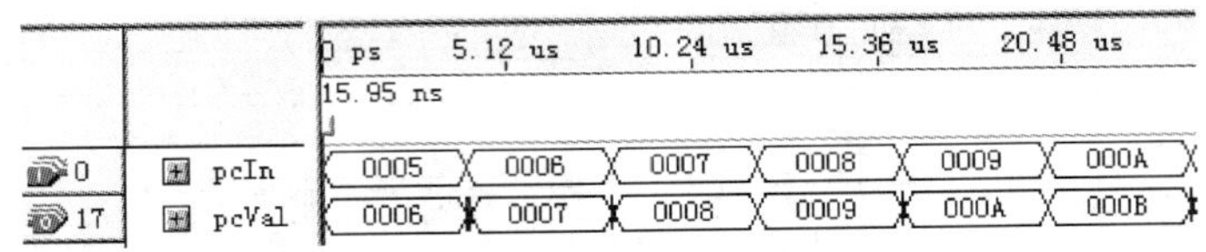

图 8.15　程序计数器加 1 模块的仿真波形

（4）程序存储器模块。模块 lpm_rom0 是程序存储器模块，它调用了 LPM_ROM。该模块的功能是用来存放应用程序的机器代码。根据地址总线 address[5..0]的地址值访问程序存储器的相应单元，从程序存储器中取出下一条指令并从指令总线 q[15..0]送出。

（5）IF/ID 流水线寄存器。IF/ID 流水线寄存器模块 ifid 的描述如例 8.4 所示。该模块的功能是将 Stage 1 段的 PC 和指令信号 instr 锁存后，传送给下一段。

【例 8.4】

```
module ifid(pcIn, insIn, clk, id_flush, ifid_enable, pcOut, insOut);
  input[15:0] pcIn, insIn; input clk, id_flush, ifid_enable;
  output[15:0] pcOut,insOut;  reg[15:0] pcOut,insOut; reg[31:0] regValue;
 always @(posedge clk)  begin
     if (ifid_enable==1'b1)   begin
        if (id_flush==1'b1)  regValue[31:0]={regValue[31:16],16'H0000};
           else   regValue[31:0] = {pcIn[15:0], insIn[15:0]};    end
            pcOut<=regValue[31:16]; insOut<=regValue[15:0] ;    end
endmodule
```

ifid 流水线寄存器的时序仿真波形如图 8.16 所示，由此图可见：在①和②处，ifid_enable 为高电平，id_flush 为低电平，此时流水线未发生数据相关。当 clk 的上升沿到来以后，输出信号 insOut 和 pcOut 的输出值分别与输入信号 insIn 和 pcIn 输入值一致；在③处，ifid_enable 为高电平，id_flush 变成高电平，此时流水线发生了数据相关。当 clk 的上升沿到来以后，输出的指令信号 insOut 全部变成“0000H”，即发出空操作指令，而 pcOut 则保持原先的状态；在④处，当流水线冲突过后，输出信号 insOut 和 pcOut 又恢复到正常工作状态；在⑤处，若 ifid_enable 为低电平时，则流水线停止工作，输出信号 insOut 和 pcOut 一直保持原先的状态不变。

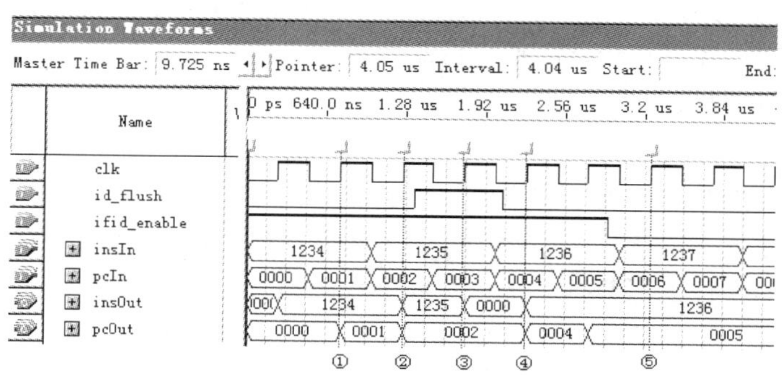

图 8.16 ifid 流水线寄存器的时序仿真波形图

8.4.2 Stage 2 译码段 ID

指令译码 ID 段的结构如图 8.17 所示。ID 段的主要功能是，从程序存储器取出的指令送到控制单元；控制单元对指令进行译码，将译码后产生的各种控制命令送到处理器的各个部件；指令中的读寄存器命令从寄存器文件 RegFile 中取出数据；分支控制模块 Branch Unit 进行分支转移判断。

下面对指令译码 ID 段的功能和各组成模块划分及实现作具体的分析。

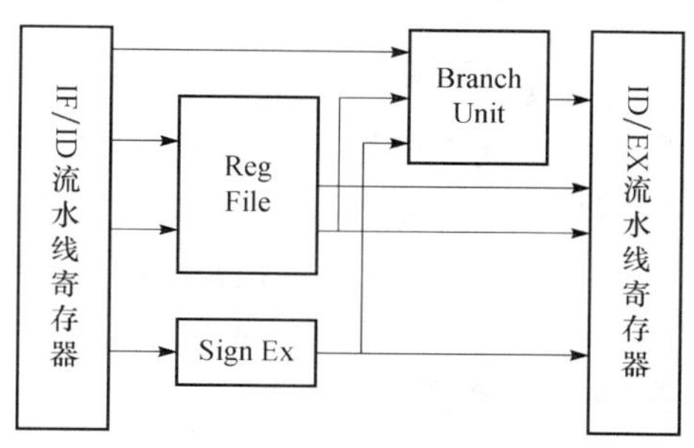

图 8.17 Stage 2 指令译码段 ID 的基本结构

1. Stage 2 的功能描述

指令的执行进入译码 ID 段之后，从取指令 IF 段获得了当前指令 ins[15..0]。ID 段对指令进行分析，为执行 EXE 段准备立即数操作数和寄存器操作数。立即数操作数的产生是根据译码结果，对指令中的 8 位和 6 位立即数字段进行符号位扩展，得到 16 位的立即数操作数。寄存器操作数的产生是根据译码结果，从寄存器文件中读取相应的 16 位操作数。

指令的译码操作和读寄存器操作是并行进行的。因为指令格式中操作码的位置是固定的，这就为并行提供了可能。值得注意的是，在上述过程中，可能读出了一些在后面周期中并不会使用到的寄存器内容，但是这并不会影响指令执行的正确性。相反，却可以降低问题的复杂度。立即值的提前形成与此类似。

ID 段的第二个功能是监测流水线中的指令序列之间对寄存器文件操作的数据相关性，以及指令之间存在的结构相关性，并产生流水线控制信号 pipeline flush 和 control flush。

当流水线中的指令序列之间存在写后读数据相关的时候，产生信号 pipelines flush，并送到流水线其他各段的锁存段，暂停流水线中指令序列的流动，直到产生写后读相关的指令执行完毕，才把结果回写寄存器文件中的相应寄存器。

当检测到 IF 段送出的指令是跳转或分支指令时，则置位流水线控制信号 control flush，并进行分支目标地址计算和分支成功与否的判断。

目前设计的 ID 段仅负责对指令中的操作数部分进行译码，对于指令中的操作码和功能码的译码，则放在后面的执行过程中进行。

本段的主要功能归纳如下：

（1）访问寄存器文件。从寄存器文件中读取寄存器操作数并送往 ID latch 段。

（2）向寄存器文件回写数据。把流水线中已经执行完毕的指令所需要回写寄存器文件的执行结果，写入到寄存器文件中。

（3）符号位扩展。对指令中的 8 位或 6 位立即数操作数进行零扩展或者符号位扩展，把扩展后得到的 16 位操作数送往 ID latch 段。

（4）相关性检测。对正在 ID 段进行处理的指令和流水线中 EXE、MEM、WB 段中的指令进行数据相关检测和控制相关检测。如果检测到数据相关性，就对流水线各段发出 pipeline flush 信号；如果检测到分支指令，就对流水线各段发出 control flush 信号。

2. 模块划分和实现

为了便于表述，Stage 2 段中的各基本模块分别采用 VHDL 或 Verilog 语言来描述。此段的主要输入信号有：指令 pc[15..0]、instruction[15..0]、寄存器选择信号 regselect[1..0]、回写数据 Rf_Writedata[15..0]、分支转移信号 Bu_register[15..0]、分支选择信号 bsel、时钟信号 clk 和用于数据相关检测的从前面三个流水段送回的信号组。

主要输出信号有：从寄存器取出的两个操作数 regOneOut[15..0]和 regTwoOut[15..0]、回写寄存器文件的地址 writebackOut[2..0]、经过扩展以后的立即数操作数 immed16Out[15..0]、immed8Out[7..0]、分支转移地址 Bu_pc[15..0]、通用寄存器读出地址 readregOne[2..0]、readregTwo[2..0]和 readregsters[5..0]。

本段主要由四个模块组成：branch、regFile、signext 和 idex。各模块之间的信号连接图如图 8.18 所示。

Stage 2 段各模块的端口和功能描述如下：

（1）符号扩展模块。符号扩展模块 signext 的 Verilog 描述如例 8.5 所示。该模块的功能是判断指令功能码数据部分 immed6In[5..0]和 immed8In[7..0]，对 I 型指令中的立即数操作数进行零扩展或者符号位扩展，生成立即数操作数。

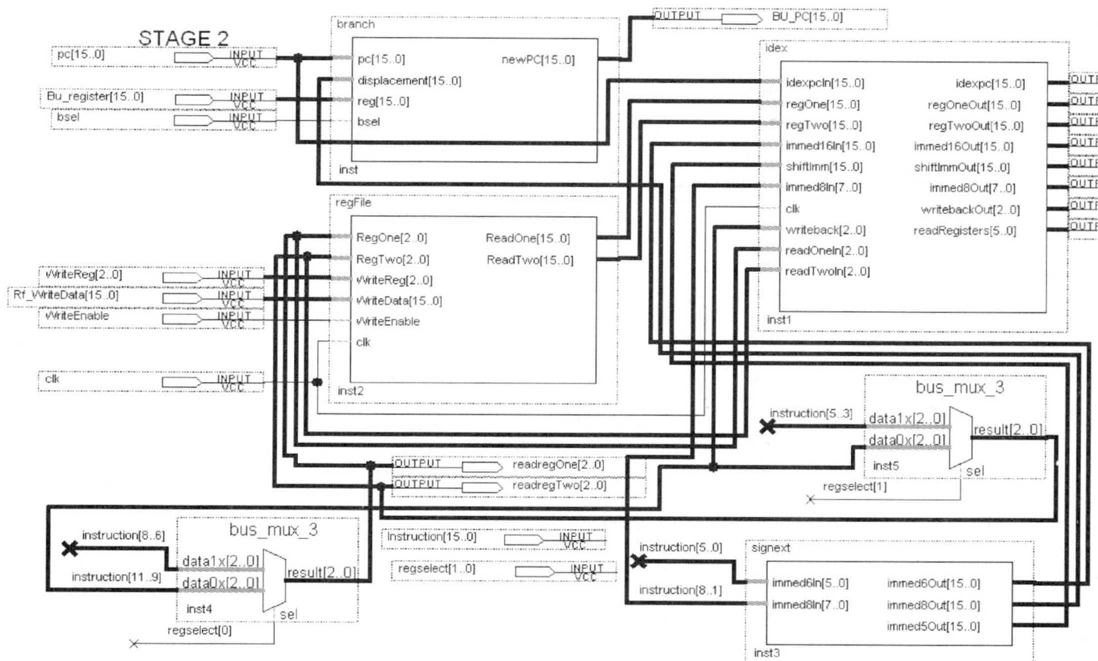

图 8.18 Stage 2 译码段 ID 的各模块信号连接电路

【例 8.5】

```
module signext (immed6In, immed8In, immed6Out, immed8Out, immed5Out);
 input[5:0] immed6In; input[7:0] immed8In; output[15:0] immed6Out;
   output[15:0] immed8Out, immed5Out;
   reg[15:0] immed8Out, immed6Out, immed5Out;
  always @(immed6In or immed8In)  begin
      if ((immed6In[5])==1'b0)   immed6Out<={10'H000, immed6In[5:0]};
      else  immed6Out<={10'H3FF, immed6In[5:0]} ;
      if ((immed8In[7])==1'b0)   immed8Out<={8'H00, immed8In[7:0]} ;
      else immed8Out<={8'H11, immed8In[7:0]} ;
      if ((immed8In[4])==1'b0) immed5Out<={11'H000, immed8In[5:1]} ;
      else  immed5Out<={11'H7FF, immed8In[5:1]};   end
endmodule
```

（2）寄存器文件模块。寄存器文件模块 regFile 的 VHDL 描述如例 8.6 所示。该模块的功能是根据指令操作码，按读出寄存器的要求，从寄存器文件中读出数据，并将回写数据写入寄存器文件。

【例 8.6】

```
library ieee;
use ieee.std_logic_1164.all;
use ieee.std_logic_arith.all;
```

```
use ieee.std_logic_unsigned.all;
ENTITY regFile IS
   port(RegOne, RegTwo, WriteReg  : IN STD_LOGIC_VECTOR(2 DOWNTO 0);
        WriteData     : IN STD_LOGIC_VECTOR(15 DOWNTO 0);
        WriteEnable   : IN STD_LOGIC;
        clk           : IN STD_LOGIC;
        ReadOne, ReadTwo  : OUT STD_LOGIC_VECTOR(15 DOWNTO 0));
END ENTITY regFile;
ARCHITECTURE behav OF regFile IS
BEGIN
   reg : PROCESS (clk) IS
      TYPE regArray IS ARRAY (INTEGER RANGE 0 TO 7) OF
                 STD_LOGIC_VECTOR(15 downto 0);
      VARIABLE register_file : regArray;
   BEGIN
     IF(clk='1') THEN
      IF (WriteEnable = '1') THEN
       register_file(CONV_INTEGER(UNSIGNED(WriteReg))) := WriteData;
         register_file(0) := "0000000000000000";  END IF;
       END IF;
    IF(WriteEnable='1') THEN
      IF(WriteReg = RegOne) THEN  ReadOne <= WriteData;
       ELSE ReadOne <= register_file(CONV_INTEGER(UNSIGNED(RegOne)));
          END IF;
    IF(WriteReg = RegTwo) THEN  ReadTwo <= WriteData;
      ELSE ReadTwo <= register_file(CCNV_INTEGER(UNSIGNED(RegTwo)));
       END IF;
       ELSE  ReadOne <= register_file(CONV_INTEGER(UNSIGNED(RegOne)));
          ReadTwo <= register_file(CONV_INTEGER(UNSIGNED(RegTwo)));
       END IF;
   END PROCESS reg;
END ARCHITECTURE behav;
```

在寄存器文件模块 regFile 中包含 8 个 16 位的寄存器，用 3 位二进制信号作为寄存器的选择信号（即寄存器名）。在向寄存器写入数据时，写入的 16 位数据 WritData[15..0]，根据写入寄存器 WriteReg[2..0]的 3 位二进制编号，写入到相应的寄存器中。但寄存器 Reg（0）中存储的数据始终为 0。

regFile 的时序仿真波形图如图 8.19 所示，图中给出了 regFile 的几种工作情况：

① 读寄存器。从寄存器读出数据，分为两种情况：

- 当 WriteEnable 为高电平时，即写允许有效。

若 WriteReg[2..0]=RegOne[2..0]，则回写数据 WritData[15..0]写入寄存器 RegOne，并且 ReadOne[15..0]输出与 WriteData[15..0]相同的数据；

若 WriteReg[2..0] = RegTwo[2..0]，则回写数据 WritData[15..0]写入寄存器 RegTwo，并

且 ReadTwo[15..0]输出与 WriteData[15..0]相同的数据；

若 WriteReg[2..0]与 RegOne[2..0]和 RegTwo[2..0]均不相同时，则 WritData[15..0]不能改写寄存器文件中的数据。ReadOne[15..0]输出与 RegOne[2..0]对应的寄存器的内容，ReadTwo[15..0]输出与 RegTwo[2..0]对应的寄存器的内容。

● 当 WriteEnable 为低电平时，即写允许无效。ReadOne[15..0]输出与 RegOne[2..0]对应的寄存器的内容，ReadTwo[15..0]输出与 RegTwo[2..0]对应的寄存器的内容。

② 写寄存器。向寄存器写入数据，也分为两种情况：

● 写入信号有效。当 WriteEnable 为高电平，WriteReg= RegOne 时，数据 WritData 写入与 RegOne 相对应的寄存器，同时 ReadOne 输出数据与 WriteData 输入数据一致；而 ReadTwo 则输出与 RegTwo 编号所对应的寄存器的内容。

注意：REG(0)中的数据始终为 0000H，不能被改写。

● 写信号无效。当 WriteEnable 为低电平时，输入数据 WriteDat 不能写入寄存器；ReadOne 和 ReadTwo 分别输出与 RegOne 和 RegTwo 所对应寄存器中原来的内容。

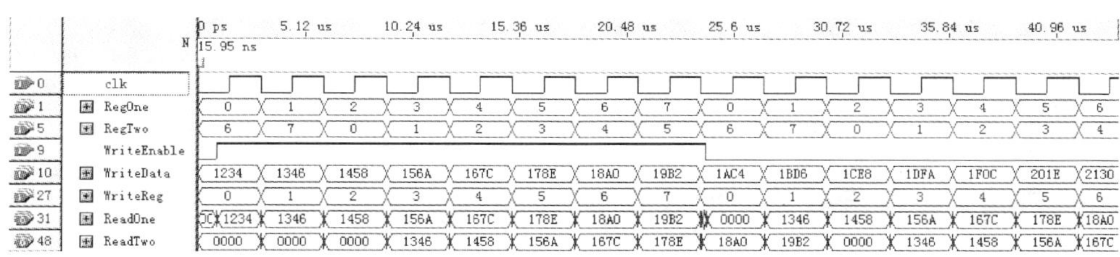

图 8.19 regFile 的时序仿真图

（3）分支控制模块。分支控制模块 branch 的 Verilog 描述如例 8.7 所示。分支控制模块的功能是根据分支选择信号 bsel，输出转移地址 newpc[15..0]。地址输出端 newPC 根据 bsel 的状态，选择输出来自寄存器 reg 的地址或是来自 pc+displacement 构成的转移地址。当 bsel=0 时，newPC[15..0]=reg[15..0]，转移地址来自寄存器；当 bsel=1 时，newPC[15..0] = pc[15..0]+ displacement[15..0]，通过计算后获得转移地址，通常用于程序的相对转移。

【例 8.7】

```
module branch (input[15:0] pc, displacement, reg_xhdl0, input bsel,
          output reg[15:0] newPC);
  always @(pc or displacement or reg_xhdl0 or bsel)
    if (bsel==1'b1) newPC<=pc+displacement; else newPC<=reg_xhdl0 ;
 endmodule;
```

（4）ID/EX 段的流水线寄存器。流水线寄存器 idex 的 VHDL 描述如例 8.8 所示。模块功能是 Stage 2 段的信号锁存。

【例 8.8】

```
module idex  (idexpcIn, regOne, regTwo, immed16In, shiftImm, immed8In, clk,
   writeback, readOneIn, readTwoIn, idexpc, regOneOut, regTwoOut,
```

```
    immed16Out, shiftImmOut, immed8Out, writebackOut, readRegisters);
    input[15:0] idexpcIn,regOne, regTwo, immed16In, shiftImm;
    input[7:0] immed8In; input clk; input[2:0] writeback, readOneIn, readTwoIn;
     output[15:0] idexpc,regOneOut, regTwoOut,immed16Out, shiftImmOut;
     output[7:0] immed8Out;  output[2:0] writebackOut;
     output[5:0] readRegisters;
     reg[15:0] idexpc, regOneOut, regTwoOut,immed16Out, shiftImmOut;
     reg[7:0] immed8Out; reg[2:0] writebackOut; reg[5:0] readRegisters;
     reg[96:0] regValue;
      always @(clk)  begin
        if (clk==1'b1) regValue[96:0]={idexpcIn[15:0], readOneIn[2:0],
           readTwoIn[2:0], shiftImm[15:0], regOne[15:0],regTwo[15:0],
           immed16In[15:0], immed8In[7:0], writeback[2:0]};
       idexpc <= regValue[96:81]; readRegisters <= regValue[80:75] ;
       shiftImmOut <= regValue[74:59]; regOneOut <= regValue[58:43] ;
       regTwoOut <= regValue[42:27]; immed16Out <= regValue[26:11] ;
       immed8Out<=regValue[10:3]; writebackOut<=regValue[2:0];  end
endmodule
```

8.4.3 Stage 3 执行有效地址计算段（EXE）

Stage 3 执行 EXE 段的各种计算，其基本结构如图 8.20 所示。执行段的主要部件是 ALU。ALU 由算术逻辑单元、移位寄存器、寄存器数据输入模块组成。执行段的其他部件还包括 EX/MEM 段流水线寄存器和总线多路数据选择器。

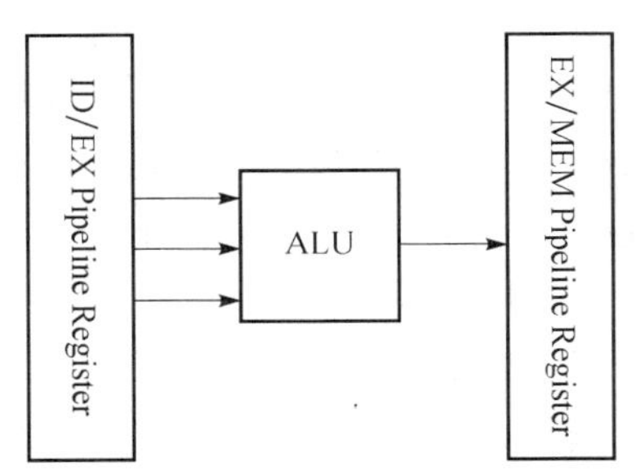

图 8.20 Stage 3 执行 EXE 段的基本结构

下面对执行段 EXE 的功能和各组成模块划分和实现作具体的分析。

1. 功能描述

在前一个周期 Stage 2 已经准备好了指令要处理的操作数之后，就开始执行和有效地址计算。本段主要的功能单元为算术逻辑运算单元 ALU。根据对指令操作码部分的译码结果，ALU 对两个 16 位的操作数完成算术、逻辑、移位或置位的运算，然后输出结果。根据指令类型的不同，可以将该周期的操作分为以下几种类型:

（1）存储器访问指令(load/store)：R1 ← (R2 + imm)

当指令为存储器访问指令的时候，该周期的操作是：ALU 将操作数相加形成有效地址，并将结果放入寄存器 R1 中。imm 是立即数。

（2）R 型 ALU 操作：R1 ← R2 op R3

当指令为 R 型 ALU 操作指令时，该周期的操作是：ALU 根据操作码指出的功能对寄存器 R2 和 R3 的值进行处理，并将结果送入寄存器 R1 中。

（3）R-I 型 ALU 操作：R1← R2 op imm

当指令为寄存器-立即值（R-I）型 ALU 指令时，该周期的操作是：ALU 根据操作码指出的功能对寄存器 R2 和 imm 的值进行处理，并将结果送入寄存器 R1 中。

（4）分支操作：Branch condition ← R1 op 0

当指令为分支指令 BZ 或 BNZ 时，该周期的操作为：对 R1 的值进行检测，若 R1=0 或 R1<>0，则转移到 R2 所指向的目标地址；若不满足条件，则顺序执行后续指令。

（5）跳转操作：Branch condition← 0

指令 JAL 是无条件转移。该周期的操作是：直接将分支成功标志 branch condition 置位。由于该指令给出的是绝对偏移量，故上一个周期准备的立即数操作数就是跳转的目标地址。

执行 EXE 段进行了分支转移成功与否的判断，得到分支转移成功标志 branch condition，并送到 IF 段，用作程序计数器选择多路器的输入 npc_sel。同时，本段提供了定向路径到 IF 段，把 ALU_result 的值直接回送到多路数据选择器 NPC 的输入端，这条定向路径可以使分支指令的执行节拍数从 4 拍减少到 3 拍，从而消除部分控制相关。

如果 pipeline_stall 信号被置位，则取指段 IF 停顿，译码段 ID 输出空指令，执行段 EXE 正常执行，访存段 MEM 正常执行，回写段 WB 正常执行。

2. 模块划分和实现

运算器 ALU_1 与流水线寄存器 EX/MEM 的连接如图 8.21 所示。本段信号输入输出的时序控制由 ID 段锁存器 ID/EXE 和 EXE 段锁存器 EXE/MEM 完成。

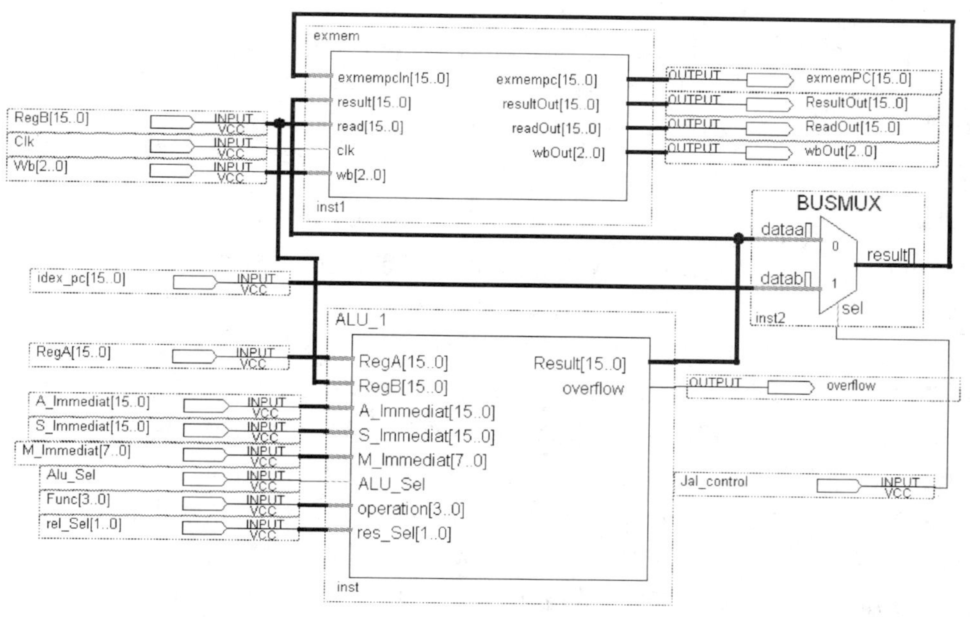

图 8.21　Stage 3 EXE 执行段的各模块信号连接电路

本段输入的主要数据信号有：由寄存器取出的两个操作数 RegA[15..0]和 RegB15..0]、由译码段形成的立即数操作数 A_Immediat[15..0]、S_Immediat[15..0]、M_Immediat[7..0]和用作分支指令目标地址形成的下一个 PC 值 idex_pc[15..0]。

输入的控制信号和其他信号有：运算数据选择信号 Alu_Sel、输出结果选择信号 res_sel、运算功能选择信号 Func[3..0]、回写寄存器 Wb[2..0]、分支转移地址选择信号 Jal_control 和时钟信号 clk。

主要输出信号是：ALU 运算单元的运算结果 resultOut[15..0]和流水段寄存器的输出。

本段主要由 exmem、BUSMUX 和 ALU_1 三个模块组成，它们之间的信号连接关系如图 8.21 所示。本段各主要模块的端口和功能描述如下。

（1）EX/MEM 段流水线寄存器。EX/MEM 段流水线寄存器 exmem 的 Verilog 描述如例 8.9 所示。模块功能是作为执行段 Execution/存储段 Memory 的流水线寄存器。在时钟上升沿将 EXE 段的值写入 EX/MEM 流水线寄存器。

【例 8.9】

```
module  exmem(exmempcIn, result, read, clk, wb, exmempc, resultOut,
                  readOut, wbOut);
 input[15:0] exmempcIn, result, read;  input clk; input[2:0] wb;
 output[15:0] exmempc, resultOut, readOut; output[2:0] wbOut;
 reg[15:0] exmempc,resultOut,readOut;reg[2:0] wbOut;reg[50:0] regValue;
   always @(clk)   begin
     if (clk == 1'b1)
     regValue[50:0]={exmempcIn[15:0], result[15:0], read[15:0], wb[2:0]};
      exmempc <= regValue[50:35] ; // EX 段的 PC 值
      resultOut <= regValue[34:19] ; //来自 ALU 的运算结果
      readOut <= regValue[18:3] ; //从 ALU 读出的数据
      wbOut <= regValue[2:0] ; //回写的寄存器
   end
endmodule
```

（2）运算模块 ALU。运算模块 ALU 在图 8.21 中是 ALU_1 模块，其内部结构如图 8.22 所示。ALU_1 主要由三个运算单元 alu_16、su_3、mvibox 和多路数据输出选择单元 alu_mux 组成，其中的移位运算器 su_3 内部的结构如图 8.23 所示。ALU 运算模块的功能是，根据指令的操作码和指令所属组别，对从两个多路数据选择器 mux1 和 mux2 提供的源操作数进行算术运算、逻辑运算、移位运算和比较运算，进行数据的输入操作。

（3）算术/逻辑运算模块。图 8.21 中的算术/逻辑运算模块 alu_16 的 VHDL 描述如例 8.10 所示。模块功能是完成基本的算术运算和逻辑运算。从 a[15..0]和 b[15..0]输入两个 16 位数据，根据 func[3..0]的要求进行运算，从 c[15..0]输出运算结果，overflow 是运算结果溢出的标志位。图 8.24 是 alu_16 的仿真波形图。

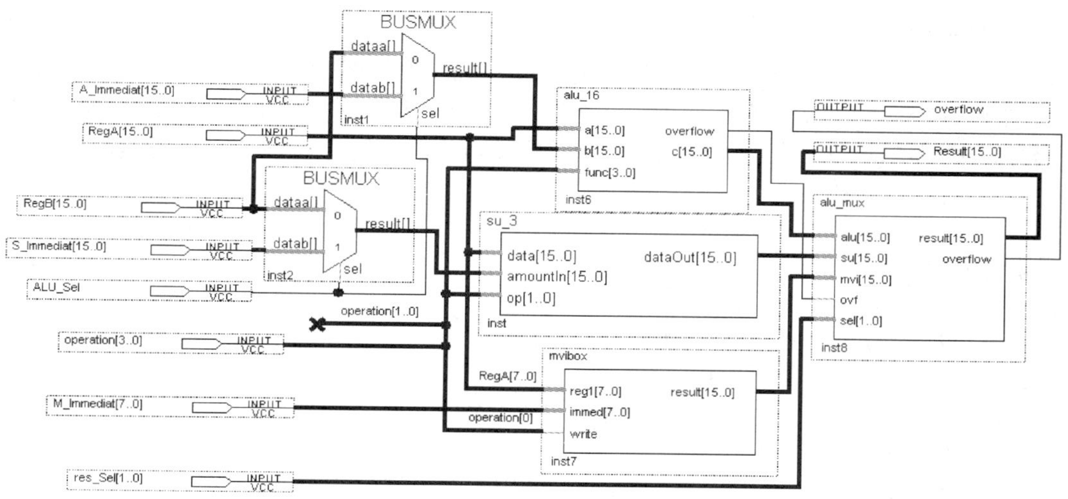

图 8.22　运算模块 ALU 的内部结构图

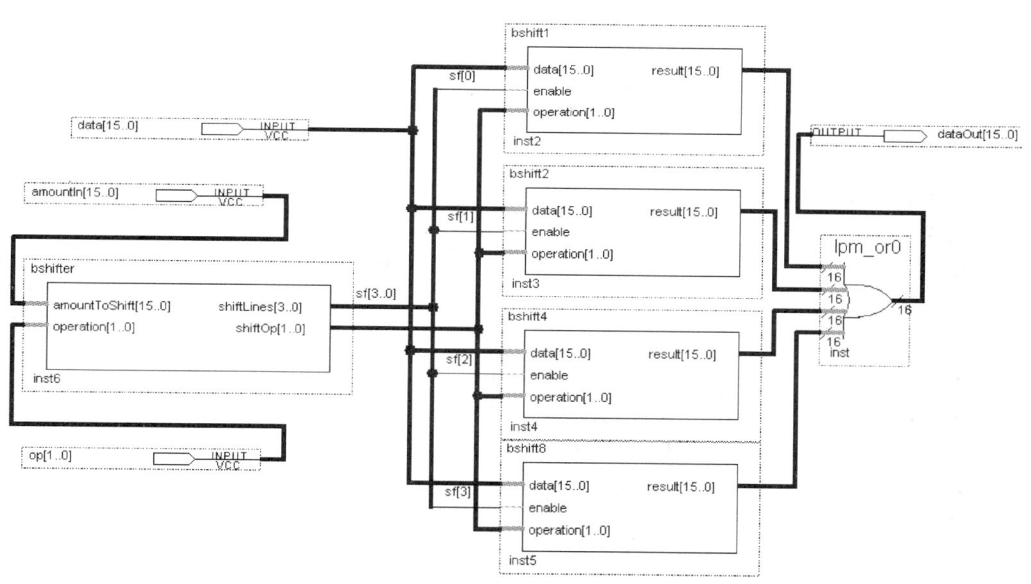

图 8.23　su_3 移位运算模块内部结构图

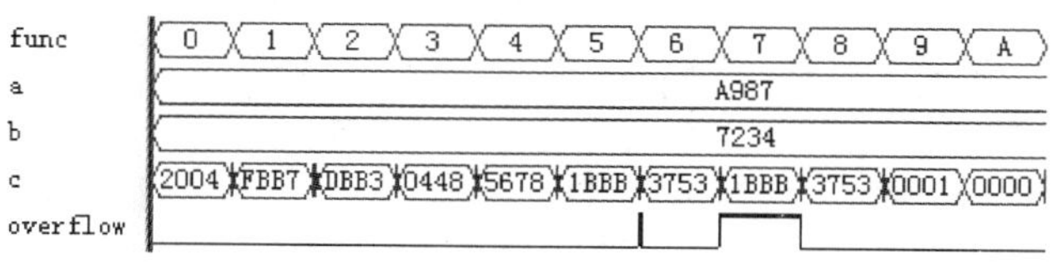

图 8.24　alu_16 模块的仿真波形

（4）移位运算模块。移位运算模块的电路结构如图 8.23 所示。移位运算器 su_3 是由四个分别能够进行 8 位、4 位、2 位、1 位移位功能模块的模块串联而成的。根据移位控制量

s[3..0]中的四个控制位，分别对这四个移位功能模块进行控制。su_3 模块的功能是一个能够进行 1~15 位移位运算的模块，根据移位的类型 op[1..0]和移位量 amontin[15..0]，对数据 data[15..0]进行移位运算。例如，当移位量为+时，移动与指令要求的方向一致；而当移位量为-时，则向与指令要求的方向相反方向移位。当移位量超出-15~+15 的范围以外时，数据保持不变。

【例 8.10】

```
library ieee;
use ieee.std_logic_1164.all;
use ieee.std_logic_arith.all;
use ieee.std_logic_unsigned.all;
ENTITY alu_16 IS
   PORT(a, b      : IN STD_LOGIC_VECTOR(15 DOWNTO 0);
        func      : IN STD_LOGIC_VECTOR(3 DOWNTO 0);
        overflow  : OUT STD_LOGIC;
        c         : OUT STD_LOGIC_VECTOR(15 DOWNTO 0));
END ENTITY alu_16;
ARCHITECTURE alu_behav OF alu_16 IS
BEGIN
PROCESS(a, b, func) IS
 VARIABLE signedResult     : SIGNED(15 DOWNTO 0);
 VARIABLE unsignedResult   : UNSIGNED(16 DOWNTO 0);
 VARIABLE temp             : STD_LOGIC_VECTOR(15 DOWNTO 0);
 VARIABLE a1,b1            : STD_LOGIC_VECTOR(16 DOWNTO 0);
BEGIN  CASE func IS
WHEN "0000" => c <= a and b; overflow <= '0';
WHEN "0001" => c <= a or b;  overflow <= '0';
WHEN "0010" => c <= a xor b; overflow <= '0';
WHEN "0011" => c <= a nor b; overflow <= '0';
WHEN "0100" => c <= not a;   overflow <= '0';
WHEN "0101" => signedResult := conv_signed(conv_integer(signed(a))
        +conv_integer(signed(b)),16);
       temp := conv_std_logic_vector(signed(a) + signed(b), 16);
         c <= conv_std_logic_vector(signedResult,16);  overflow <= '0';
WHEN "0110" => signedResult := signed(a)-signed(b);
         c<=conv_std_logic_vector(signedResult,16); overflow <= '0';
WHEN "0111" => a1 := "0" & a ; b1 :="0" & b;
unsignedResult := unsigned(a1)+unsigned(b1);
         c <= conv_std_logic_vector(unsignedResult,16);
      IF(conv_integer(unsignedResult) >= 65536) then overflow <= '1';
              ELSE overflow <= '0';  END IF;
WHEN "1000" =>a1 := "0" & a ; b1 :="0" & b;
```

```
unsignedResult:=unsigned(a1)-unsigned(b1);
        c <=conv_std_logic_vector(unsignedResult,16); overflow <= '0';
WHEN "1001" => if(conv_integer(unsigned(a))<=conv_integer(unsigned(b)))
then c <="0000000000000000";  else c<="0000000000000001";  end if;
             overflow <= '0';
WHEN "1010" => if(conv_integer(signed(a))<=conv_integer(signed(b)))
then c<="0000000000000000"; else c<="0000000000000001";  end if;
               overflow <= '0';
WHEN others => c <= a; overflow <= '0';
   END CASE;
  END PROCESS ;
END ARCHITECTURE alu_behav;
```

（5）寄存器数据输入模块。图 8.22 中的 mvibox 模块的 Verilog 程序如例 8.11 所示。该模块可用于将输入的 8 位数据与寄存器 reg 中数据合并，将 8 位输入数据转换为 16 位后输出，实现向寄存器输入 16 位数据的功能。

【例 8.11】

```
module mvibox (input[7:0] reg1,immed,input write,output reg[15:0] result);
  always @(reg1 or immed or write)
    if (write==1'b0) result<={8'H00,immed}; else result<={immed,reg1};
endmodule
```

8.4.4 Stage 4 访存段（MEM）

Stage 4 的结构如图 8.25 所示。访存段负责从存储器 MEM 或 IO 端口存取数值，同时也负责向处理器输入数据和将处理器的数据向外输出。如果当前指令不是存储器或 IO 类指令，则从 ALU 得到的结果送到回写段 WB。以下对访存段 MEM 的功能和各组成模块划分及实现作具体的分析。

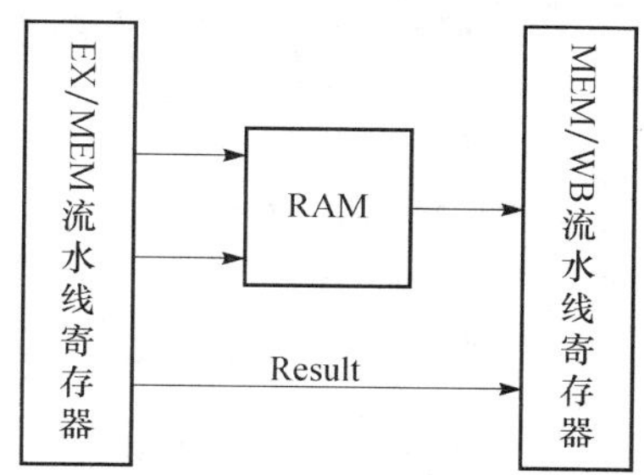

图 8.25 Stage 4 的基本结构

1. 功能描述

Stage 4 段仅对访存指令 load/store 进行处理。下面讨论它们在 MEM 段内所完成的操作。

存储器访问操作的指令有以下两条：LW R1, R2, data6 或 SW R1, R2, data6。

存储器访问操作包含了 load 和 store 两种类型的操作。如果是 load 指令，就将寄存器 R2+data6 的值作为访存地址，从存储器中读出相应的数据，并放入寄存器 R1 中。如果是 store 指令，就将寄存器 R1 中的值，按照寄存器 R2+data6 所指明的地址写入存储器。

访存段 Stage 4 的内部结构如图 8.26 所示。

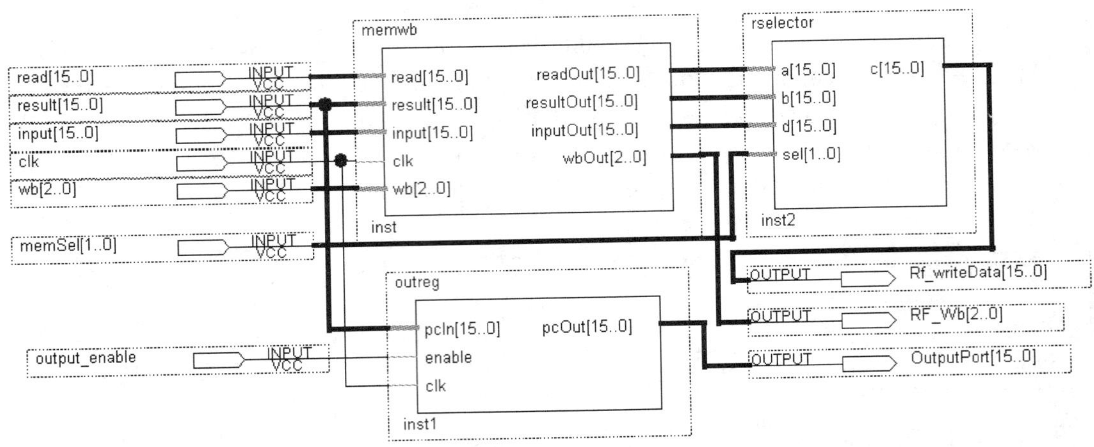

图 8.26 访存段 Stage 4 的内部结构

2. 模块划分和实现

Stage 4 访存段 MEM 主要由输出寄存器 outReg、存储器/回写流水线寄存器 memwb 和输出多路数据选择器 reselector 组成。本段各主要模块的端口和功能描述如下：

（1）MEM/WB 流水线寄存器。MEM/WB 流水线寄存器 memwb 的 Verilog 描述如例 8.12 所示。模块功能是作为存储段 Memory/回写段 Write Back 的流水线寄存器。在时钟上升沿将 MEM 段的值写入 MEM/WB 流水线寄存器。

【例 8.12】

```
module memwb (input[15:0] read, result, input_xhdl0, input clk,
input[2:0] wb, output[15:0] readOut, resultOut, inputOut,
output[2:0] wbOut);   reg[50:0] regValue;
  always @(clk)
    if (clk == 1'b1)  regValue[50:0] <= {result[15:0], read[15:0],
                                         input_xhdl0[15:0], wb[2:0]};
   assign resultOut =regValue[50:35]; assign  readOut=regValue[34:19];
   assign inputOut=regValue[18:3];   assign  wbOut=regValue[2:0];
endmodule
```

（2）输出端口寄存器。输出端口寄存器的 Verilog 描述如例 8.13 所示。

模块功能是作为输出端口寄存器向 CPU 外部输出数据。若使能信号 enable='1'，则在时钟信号 clk 的上升沿，将来自寄存器的 16 位数据锁存后输出。

【例 8.13】

```
module  outreg(input[15:0] pcIn, input enable, clk, output reg[15:0] pcOut);
  reg[15:0] regValue;
```

```
   always @(posedge clk) begin
      if (enable==1'b1)  regValue=pcIn;  pcOut=regValue; end
endmodule
```

（3）多路数据选择器。3 选 1 的 16 位多路数据选择器的 Verilog 描述如例 8.14 所示，其功能是作为多路选择器，根据选择信号 sel 的状态，从三组输入数据中选出其中一组输出。

【例 8.14】

```
module rselector (input[15:0] a,b,d,input[1:0] sel,output reg[15:0] c);
  always @(a or b or sel)
      case (sel)
          2'b00 : c<=a;    2'b01 : c<=b;
        default : c<=d;    endcase
endmodule
```

8.4.5 Stage 5 回写段（WB）

Stage 5 回写段 WB 的基本结构如图 8.27 所示。回写段 WB 负责将计算结果和存储器或输入数据写入寄存器文件。经过流水段寄存器 MEM/WB 后的数据到达 Stage 5 回写段 WB。本段对需要回写寄存器文件的数据进行处理。根据指令操作码，从三个数据源当中选择回写的数据，并给出回写目的地址。由于在指令编码当中进行了优化，要回写寄存器文件的寄存器目的操作数由 memSel[1..0]选择决定。所以只需要对指令操作码部分进行判断，即可确定是否有结果需要回写并执行回写操作。数据存储器用 LPM_RAM。

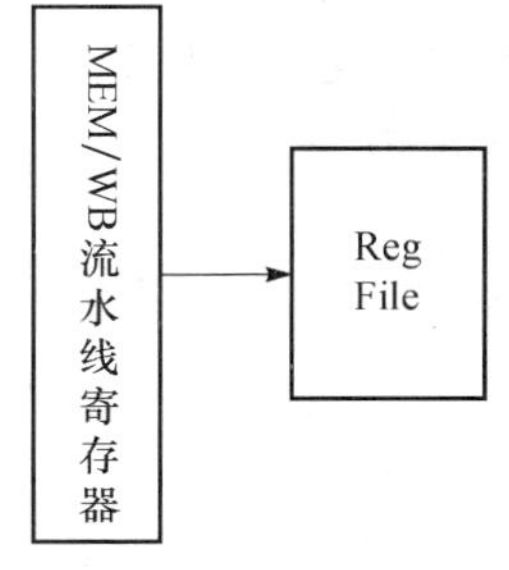

图 8.27　Stage 5 的基本结构

有可能需要回写寄存器文件的源操作数，主要有三种类型：ALU 运算指令的计算结果，load 指令回写访存周期读取的结果，跳转并链接 JAL 或 JALR 指令的回写 NPC 值。

Stage 5 和 Stage 4 的功能部件的划分并不是很严格，其中有些部件是两个段共用的，主要部件在 Stage 4 中已作介绍，在此对 Stage 5 中的部件就不作进一步的介绍了。

8.4.6 一些关键功能部件的设计

要使流水线 CPU 能够顺利地执行程序，必须解决在流水线工作过程中出现的数据相关、结构相关和控制相关等问题。因此，需要有相应的自动检测单元来检测相关的发生，用相应的控制单元来处理这些相关性问题。流水线的相关性检测包括对数据相关的检测和对结构相关的检测，两个相关性检测部件均位于 ID 段。下面对有关相关性检测部件的设计和数据前推控制及数据回写单元的设计进行探讨。

1. 数据相关的检测及处理

① 数据相关的检测。由于在流水线中只有 WB 段能对寄存器文件进行写操作，只有 ID 段能够对寄存器文件进行读操作，所以不可能出现写后写和读后写这两种类型的数据相关。

设计中采用的相关性检测方法就是直接从各段的锁存器中将相关的信号反馈回译码器，然后将正在 ID 段进行处理的指令的源操作数，与 ID 段以后的各段的锁存段中的目的操作数进行比较，从而发现数据相关。如果发现相关，将 pipeline flush 信号置位，同时在流水线中插入暂停命令。数据相关性检测原理如图 8.28 所示。

② 数据相关的发生。数据相关发生在当一条指令试图读取一个寄存器的值，而这个寄存器的值取决于前面尚未完成的指令的执行结果。图 8.29 是一个数据相关的实例，第 1 条指令 ADD R1，R2，R3 要在回写段 WB 才能得到结果，将数据写入 R1，而第 2 条指令 SUB R4，R1，R5 在执行段 EXE 就需要用 R1 中的数据，因此发生了数据相关。

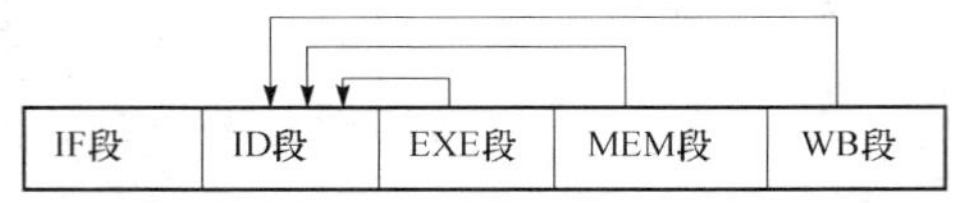

图 8.28 数据相关性检测原理图

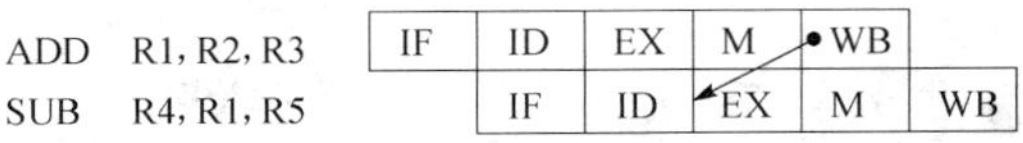

ADD R1, R2, R3	IF	ID	EX	M	WB	
SUB R4, R1, R5		IF	ID	EX	M	WB

图 8.29 数据相关实例

③ 数据相关的处理。处理数据相关有两种途径：阻塞和前推。

阻塞包含暂停指令流的进行，直到所需的结果可用为止，这是解决数据相关最简单的方法。可是，阻塞就是停止工作等待结果，这样将浪费处理器的时间。阻塞的处理过程如图 8.30 所示。

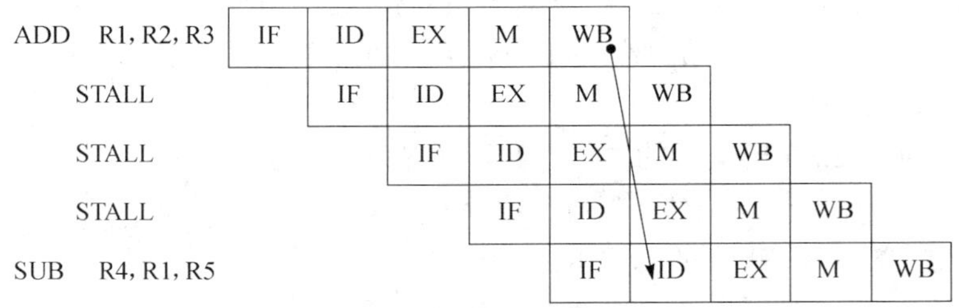

图 8.30 阻塞流水线

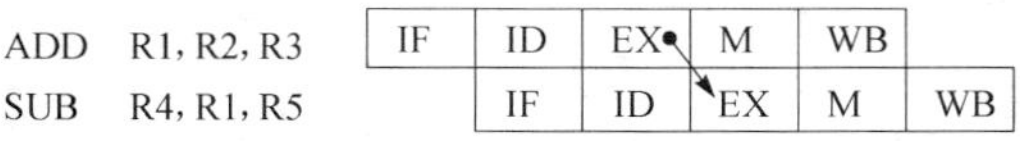

ADD R1, R2, R3	IF	ID	EX	M	WB	
SUB R4, R1, R5		IF	ID	EX	M	WB

图 8.31 数据前推控制

前推的方法可以通过一个示例加以说明。如图 8.31 所示，在流水线中有两条指令，SUB 指令在 EXE 段执行减法操作时需要用到 ADD 指令的运算结果 R1，但是 ADD 指令却要到 WB 阶段才能将结果回写 R1，这时就发生了数据相关。但是，可以看到 ADD 指令的结果实际上在 SUB 指令需要它之前就已经完成，因此这个结果就可以从 EX/MEM 前推到 SUB 指令的 EXE 段。

数据相关处理的基本功能模块如下：

（1）数据相关检测控制模块。数据相关检测控制模块 hazard 的 Verilog 描述如例 8.15 所示。其中，输入端口是 instruction[15..12]、opcode[2..0]、readOne[2..0]、readTwo[2..0]和来自后面三个锁存段的回写地址/寄存器写使能信号；输出端口是 idexflush、ifidenable、pcenable。模块功能是判断当前指令读取的源寄存器是否与流水线中前面几个周期用到的指令的目标操作数发生数据相关，并置位流水线控制信号 pipeline_flush.；判断当前指令是否是分支指令，并置位流水线控制信号 control flush，包括 pcenable、ifidenable 和 idexflush。

【例 8.15】

```
module  hazard(opcode, func, readone, readtwo, idexwrite, idexMemWE, idexwe,
   exmemwrite, memstage, pcenable, ifidenable, idexflush);
input[3:0] opcode;input[2:0] func,readone,readtwo,idexwrite,exmemwrite;
input idexMemWE, idexwe, memstage; output pcenable, ifidenable, idexflush;
reg pcenable, ifidenable, idexflush;
   always @(opcode,func,readone,readtwo,idexwrite,idexMemWE,
    memstage,exmemwrite)  begin
      if (idexMemWE == 1) begin
         if (idexwrite==readone | idexwrite==readtwo)
         begin pcenable<=0; ifidenable<=0; idexflush<=1; end
         else  begin  pcenable<=1; ifidenable<=1; idexflush<=0; end
          end  else     begin
         if ((opcode==2 & func==2)|(opcode==2 & func==3)|opcode==5)
            begin  if (idexwe == 1)      begin
               if (idexwrite==readone | idexwrite==readtwo)
               begin pcenable<=0; ifidenable<=0; idexflush<=1; end
               else  begin pcenable<=1; ifidenable<=1; idexflush<=0; end
            end  else if (memstage==1) begin
               if (exmemwrite == readone | exmemwrite == readtwo)
               begin  pcenable<=0; ifidenable<=0; idexflush<=1; end
               else  begin  pcenable<=1; ifidenable<=1; idexflush<=0; end
            end  else
            begin  pcenable<=1; ifidenable<=1; idexflush<=0; end
         end     else
         begin pcenable<=1; ifidenable<=1; idexflush<=0;  end
      end
   end
endmodule
```

在流水线运行过程中，可能会出现以下几种数据相关的情况：

- 译码段的源操作数和数据处理指令的目的操作数相同；
- 译码段的源操作数和跳转并链接指令的目标寄存器相同；
- 译码段的源操作数和 Load 指令的目标寄存器相同。

这三种情况使用的是相同的目标寄存器地址通路，所以只需要将操作数和目标地址通路进行比较即可。因此，无论是对于源操作数还是目标操作数的操作，都必须根据流水线运行状态的标志位 pipeline_flush 来进行。如果 pipeline_flush 信号被置位，则取指段暂停取指，译码段发出空操作指令，执行段正常执行，数据获取段正常执行，回写段正常执行。

向前传送单元（forwarding unit）将流水线的 EXE 段、MEM 段和 WB 段产生的数据或条件用于下一条指令的 EXE 段。通常执行单元 EXE 是从寄存器文件取数据，但是如果这时所需的数据没有准备就绪,流水线将产生数据相关(data hazard)。如果使流水线处于等待状态，就降低了流水线的运行效率。因此，必须通过向前传送单元直接将在流水线 EXE 段、MEM 段或 WB 段的数据或条件送达 EXE 段的数据输入端,使 EXE 段所需的操作数不再从寄存器文件读取，这样就提高了流水线的效率。

（2）数据前推控制模块。数据前推控制模块 forward 的 Verilog 描述如例 8.16 所示。其功能是在发生数据相关时，将 MEM 段和 WB 段的数据前推到 EXE 段。检测是否有来自 EX/MEM 段的数据要写入寄存器，如果要写的寄存器和读寄存器相同时，则先进行写操作。

【例 8.16】

```
module forward(exmRegWrite, memwbRegWrite, exmWriteReg, memwbWriteReg,
        idexReadOne, idexReadTwo, aluSelA, aluSelB);
  input exmRegWrite, memwbRegWrite;
  input[2:0] exmWriteReg, memwbWriteReg, idexReadOne, idexReadTwo;
  output[1:0] aluSelA, aluSelB;    reg[1:0] aluSelA, aluSelB;
  always @(exmRegWrite, exmWriteReg, idexReadOne, idexReadTwo)  begin
         if (exmRegWrite == 1'b1)   begin
           if (memwbRegWrite == 1'b0)  begin//若写寄存器=读寄存器 one,则写入
      if (exmWriteReg==idexReadOne) aluSelA<=2'b01; else aluSelA<=2'b00;
      if (exmWriteReg==idexReadTwo) aluSelB<=2'b01; else aluSelB<=2'b00;
                end        else
    begin if (exmWriteReg == idexReadOne) aluSelA <= 2'b01 ; else
    begin if (memwbWriteReg==idexReadOne) aluSelA<=2'b10;
                 else aluSelA<=2'b00; end
          if (exmWriteReg == idexReadTwo) aluSelB <= 2'b01 ;
   else  begin if (memwbWriteReg==idexReadTwo) aluSelB<=2'b10;
                 else aluSelB<=2'b00; end
           end    end
 else begin if (memwbRegWrite == 1'b1)  begin
    if (memwbWriteReg==idexReadTwo) aluSelB<=2'b10; else aluSelB<=2'b00;
    if (memwbWriteReg==idexReadOne) aluSelA<=2'b10; else aluSelA<=2'b00;
     end  else  begin aluSelA<=2'b00; aluSelB<=2'b00;  end
          end   end
  endmodule
```

图 8.32 是 forward 模块的时序仿真波形图。下面对图中出现的几种数据相关情况，以及 forward 模块所采取的数据前推操作控制加以说明。

● 当 exmRegWrite=1，memwbRegWrite=0 时，执行段对寄存器进行写操作：

在①和③处，执行段的写寄存器与译码/执行流水线寄存器 2 相同，即 exmWriteReg = idexReadTwo，这时，输出选择控制信号 aluSelB=01。

在②处，执行段的写寄存器与译码/执行流水线寄存器 1 相同，即 exmWriteReg = idexReadOne, 则输出选择控制信号 aluSelA=01。

● 当 exmRegWrite=1，memwbRegWrite=1 时，执行段和回写段同时对寄存器进行写操作：

在④和⑦处，执行段的写寄存器与译码/执行流水线寄存器 1 相同，即 exmWriteReg = idexReadOne，则输出选择控制信号 aluSelA=01。

在⑤和⑧处，执行段的写寄存器与译码/执行流水线寄存器 2 相同，即 exmWriteReg = idexReadTwo，则输出选择控制信号 aluSelB=01。

在⑥处，存储器回写寄存器与译码/执行流水线寄存器 1 相同，即 memwbWriteReg = idexReadOne，则输出选择控制信号 aluSelA=10。

在⑨处，存储器回写寄存器与译码/执行流水线寄存器 2 相同，即 memwbWriteReg =idexReadTwo，则输出选择控制信号 aluSelB=10。

● 当 exmRegWrite=0，memwbRegWrite=1 时，回写段对寄存器进行写操作：

在⑩处，存储器回写寄存器与译码/执行流水线寄存器 1 相同，即 memwbWriteReg= idexReadOne，则输出选择控制信号 aluSelA=10。

在⑪处，存储器回写寄存器与译码/执行流水线寄存器 2 相同，即 memwbWriteReg= idexReadTwo，则输出选择控制信号 aluSelB=10。

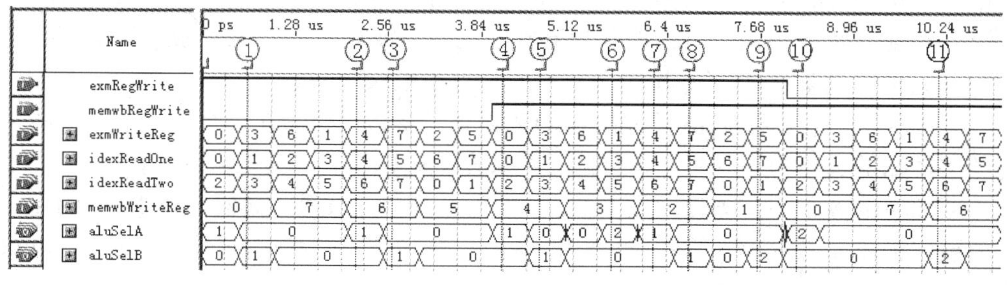

图 8.32 forward 模块的时序仿真图

2. 控制相关

任何正常执行的程序流出现变化时就会发生控制相关，例如分支转移、中断以及中断返回等。这是因为分支、中断等发生的相关要等到指令被译码的 ID 段才会被捕获。此时指令被译码，但后续的指令已经进入了流水线，流水线中就会停留一条未被阻止的不需要的指令。解决这种相关只有一种方案，就是采用硬件阻塞。硬件阻塞就是从流水线去掉不需要的指令。

流水线中的分支地址计算在EXE段由ALU单元完成，分支成功与否的判断也在EXE段进行。对控制相关的消除办法是，在分支指令的EXE周期执行完毕之前，使用control_flush信号排空流水线IF段的指令发射，冻结PC为当前值，直到分支指令的EXE周期执行完毕。这时分支目标和分支条件寄存器的值送回IF段，于是流水线恢复正常执行。如果control_flush信号被置位，说明流水线发生了控制相关。这时，取指段IF将内容排空，译码段ID在完成本条分支指令的译码输出之后输出空操作指令，执行段EXE正常执行，访存段MEM正常执行，回写段WB正常执行。执行分支指令时的时间损失为2个时钟周期。

3. 结构相关

结构相关也称为资源相关。如果在同一个时钟周期里多条指令要同时访问同一硬件资源，这时就会发生资源冲突，这种冲突就是结构相关。例如，通常在IF段每一个时钟周期都要访问存储器，但是，当MEM段的存取指令也要访问存储器时，由于是单存储器结构，即程序存储器和数据存储器共用一个存储体，这时冲突就发生了。有几种方法可以解决这种冲突，如利用阻塞和预取指令措施或采取资源重复的方法。下面介绍结构相关的检测方法和解决办法。

（1）结构相关检测。在流水线上执行分支指令时，PC值有两种可能的变化情况，一种是PC值发生改变，即分支转移的目标地址，另一种是PC值保持正常（等于其当前值加1）。如果一条分支指令将PC值改变为分支转移的目标地址，那么就称分支转移成功。如果分支转移条件不成立，PC值保持正常，则称分支转移失败。流水线中的分支指令对流水线性能的影响，取决于分支条件和分支地址的产生时间。

（2）阻塞。这种方法与数据相关时阻塞的方法一样。当阻塞发生时，可以让流水线在完成前一条指令对数据的存储器访问时，暂停取后一条指令的操作。该周期称为流水线的一个暂停周期。暂停周期一般也被称为流水线气泡，或简称为气泡。采用阻塞方法带来的问题是，如果有多条存/取指令排成一队，就会占用很长时间。

（3）预取。预取包括在IF阶段取出两条指令，将它们存储在一个小的缓冲器里。这里使用的缓冲器的大小为4条指令，缓冲器被做在了硬件里。事实上，由于在IF段一个时钟周期里取出了两条指令，当使用load/store指令时就允许访问存储器。在IF段的指令是从缓冲器获取而不是从存储器直接获取。注意，只有当所用的存储器速度足够快，以致于可以在一个时钟周期里进行两次访问时，预取控制才会比阻塞好。

（4）资源重复。为了消除结构相关而引入的暂停，以免影响流水线的性能，可以采用资源重复的方法。在流水线系统中设置相互独立的指令存储器和数据存储器。

8.4.7 控制单元

控制单元是整个微处理器控制的核心，它负责协调取指、译码、执行、访存和回写单元的工作。通过对指令操作码的分析来产生相应的控制命令，从而使微处理器完成取指令、译码、执行、访存和回写的整个指令执行过程。

一般地，所设计的控制单元主要有两种控制方式：微程序控制方式和硬连线控制方式。本章采用原理图模块加VHDL 表述的硬连线控制方式来实现对整个核心控制单元的设计。控制单元的输入信号有指令码中的最高 4 位操作码opcode[3..0]和最低 3 位功能码 funct[2..0]。控制单元对指令译码以后，输出流水线各段所需的控制信号。图 8.33 是控制单元的模块图。

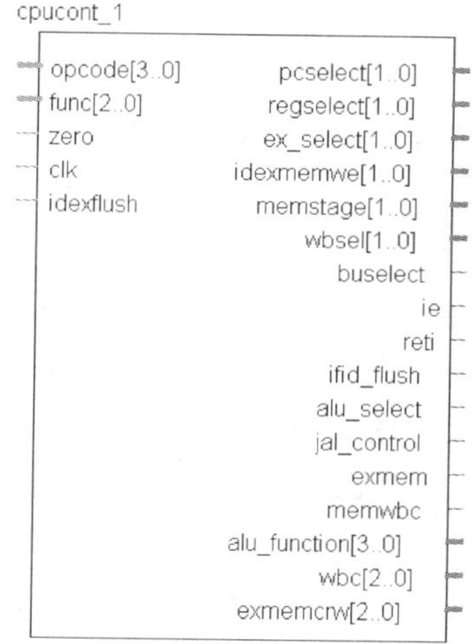

图 8.33 控制单元的结构图

8.4.8 中断与异常

如果按照 MIPS 的风格结构来分类，则可将中断与异常当作两种不同的事件。异常是指软件方面的问题，如算术溢出与未定义的指令。而中断则是指外部事件向 CPU 发出的请求，如用户的 IO 器件请求服务等。下面介绍中断和异常的处理方法。

（1）中断。中断是指外部事件向处理器发出的服务请求。当中断发生时，请求器件将向处理器送出一个中断请求，这时处理器的基本操作步骤如下：

① 在当前指令结束时采样中断线，如果有中断请求并且该中断线允许中断，就转到第③步，否则处理器恢复正常运行。

② 处理器送出一个中断响应信号并禁止其他的中断。

③ 最后，处理器保存程序计数器的值，然后再跳转到中断矢量地址，开始执行中断子程序中的指令。

当从中断子程序返回时，处理器便恢复原来的程序计数器值，并重新允许中断。

（2）异常。如上所述，异常不同于中断，这是因为异常发生在处理器内部。本处理器能够处理的两种异常是算术溢出和未定义指令。算术溢出或未定义指令将导致异常信号线变为高电平，这一信号将导致当前指令及其后续指令都从流水线排出。

异常发生时处理器的基本操作如下：

① 在异常发生后的下一条指令地址被存储起来。

② 在下一个时钟信号的上升沿，处理器跳转到异常处理的矢量地址，并禁止其他的异常和中断。

③ 当从异常子程序返回时，又重新允许异常和中断，并恢复已经保存的程序计数器的值。

当流水线发生异常时，流水线将暂停 2 个时钟周期，而使产生流水线异常的指令和该指令之后的指令都将被去除。在去除流水线指令后，流水线异常处理单元将按照预先的定义，从一指定的地址取指令，进行异常处理。流水线异常分为两大类，一类是与指令不相关的异常（如复位、NMI 和中断），另一类是由流水线执行特定的指令所引起的异常。

（3）优先级。设计中规定，异常的优先级在中断之上，每一个中断都有自己唯一确定的优先级。在本设计中，优先级的数值范围从 0 到 5，其中，中断 0 具有最高优先级。优先级的顺序实际上是通过 IF、ELSIF 和 ELSE 语句实现的。

8.4.9 流水线 CPU 系统构建与测试

在了解基本单元结构之后，要对各功能模块进行仿真测试。通过单元测试以后，将各基本单元按照图 8.1 的总体结构和流水线段与段之间信号的连接关系在 Quartus II 的原理图编辑环境中连接起来，就得了到流水线 CPU 整机电路的顶层结构（由于过大，未在书中给出，有兴趣的读者可免费索取）。

这是一个具有五级流水线的 RISC 结构的 CPU，基本操作有取指 IF、译码 ID、执行 EXE、访存 MEM 和回写 WB。主要的组成部件有：取指、指令译码、执行、访存/回写、指令预取、前推控制、中断控制、分支转移、相关检测及核心控制器等功能模块。此外还有程序存储器和数据存储器。各顶层功能模块和内部子模块均采用 HDL 设计（VHDL 或 Verilog），这在前面的章节已作了介绍。

存储器由 FPGA 中的 EAB 来构成，程序存储器是只读存储器，采用 lpm_rom 结构；数据存储器是可以进行读/写操作的存储器，采用 lpm_ram 结构。

接下来的设计步骤是对此流水线 CPU 完整设计进行编译。通过编译后，再对系统进行功能仿真、时序仿真和综合测试。最后进行硬件测试。在完成整体结构设计之后，对系统的仿真、测试和调试工作就显得尤为重要。因为只有通过认真细致的仿真测试，才能发现系统设计中存在的问题。一个能够发现问题的测试，才是成功的测试。流水线 CPU 由许多功能部件组成，组成环节较多，应当按照循序渐进的原则，由简到繁，对系统逐步逐段进行测试。首先从取指 IF 段开始进行测试。

首先根据所设计的流水线 CPU 的指令系统，编写简单的几条指令，将指令的机器码转换成.mif 文件，存入指令存储器 lpm_rom 中。然后，建立仿真波形测试向量文件，对 IF 段电路结构进行功能仿真和时序仿真。注意，这时建立的仿真波形测试向量文件是针对整个 CPU 的，而当前关心的只是 IF 段的工作情况。因此，为了便于观测，可以在电路结构中增加一些输出端口，作为观测点，通过观察输出波形了解这些观测点工作时序，同时，可将影响流水线正常工作的控制信号和状态信号设置成无效状态。重点观察 IF 段中程序计数器 PC、程序存储器 lpm_rom 和其他组成单元的工作情况。通过分析仿真波形，及时发现和纠正设计中存在的问题。

取指 IF 段通过测试后，对译码段 ID 进行测试，再对两个段连接后进行综合测试。这样逐级逐段往后测试，直到完成这个流水线的测试。

程序在执行过程中，可能会出现分支、转移和数据冲突等情况。为了测试这些情况，可以通过修改指令存储器 lpm_rom 中的测试程序，在程序中增加分支转移指令，以及可能会出现数据相关的指令来进行。观察出现以上情况时，流水线中的检测单元输出的状态信号，控制单元输出的控制信号，流水线中的数据流向是否发生变化，是否符合设计要求。发现问题及时纠正。

对流水线 CPU 各组成部分综合测试以后，就可以将流水线 CPU 设置成正常工作状态，用测试程序对系统进行综合测试。通过分析时序仿真波形，了解流水线 CPU 内部各单元的工作状态，控制器中控制信号的产生和对各组成部件的影响，以及程序运行结果。

图 8.34 就是此流水线 CPU 执行应用程序的仿真波形。从中不难看出，每一个 clk 时钟周期只执行一条指令。图中 clk 是 CPU 时钟信号，pcselect1 是程序计数器的输入地址选择信号，fetch1_给出的是 IF 段取指令的地址，fetch2_是执行段 ALU 的输出信号，opr 是指令的机器代码，bupc 是分支转移地址，ifid_flush 是 IF/ID 段的流水线冲突信号，buselect 是分支转移地址选择信号，此外还有一些其他的控制信号，读者可自行分析。

表 8.2 是根据流水线 CPU 的指令系统设计的一个应用程序。程序的功能是将存储器中 0010H~001FH 地址段中的数据与 0020H~002FH 地址段中的数据对应单元中的内容相加，相加后的结果存回到 0020H~002FH 地址单元中去。程序中，寄存器 R1 和 R2 分别是源操作数指针和目的操作数指针，R3 的内容为结束地址，R4 和 R7 用于对取出的数据进行相加运算，相加结果暂存在 R4 中，R6 用于结束地址的判断和比较。这是一个循环程序，在进行数据运算和程序转移时都发生了数据相关，通过分析图 8.34 的仿真波形，可以清楚地看到程序中出现的数据相关情况，以及控制信号采取的相应措施。

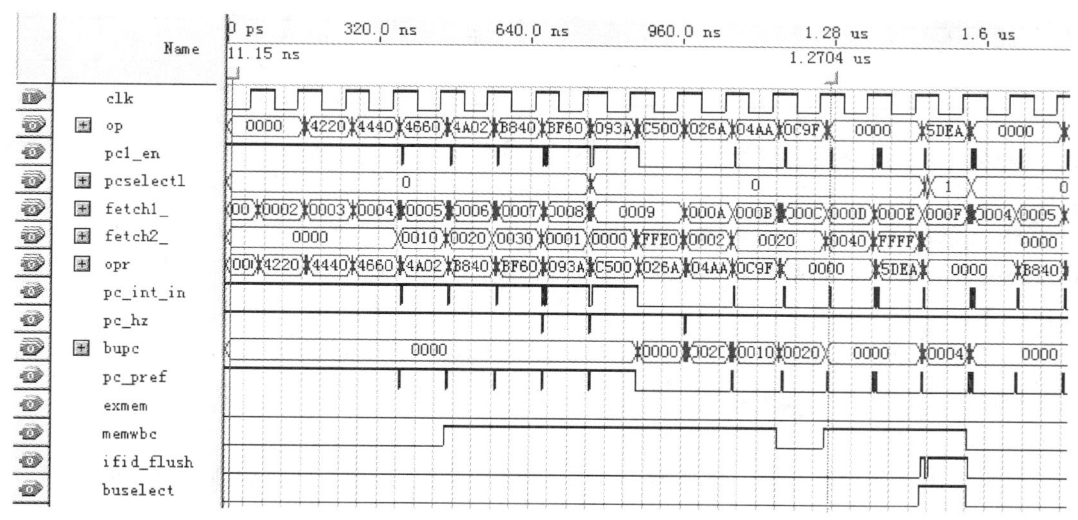

图 8.34 流水线 CPU 执行程序仿真波形

对于应用程序的设计，应根据程序的要求和 CPU 的指令系统来进行设计，编写出汇编语言程序，然后将编写的程序编译成 CPU 能够识别的机器码。

在这里主要还是通过人工翻译，查阅指令系统的格式，将汇编语言转换成机器码。最后，将机器码写成存储器初始化文件.mif，加载到 FPGA 的程序存储器 lpm_rom 中。向 FPGA 加载程序可以用两种方法，一种方法是将存储器初始化文件.mif 与 CPU 的硬件电路一起进行编译，然后将编译后的.sof 文件下载到 FPGA 中；另一种方法是通过在系统存储器编辑器向已经下载了 CPU 硬件配置文件.sof 的系统，加载存储器初始化文件.mif。第二种方法更适合于应用程序的修改和调试。

表8.2 流水线CPU测试程序示例

地 址	机器码	指 令	说 明
00	4220	MVIL R1,10H	R1是源指针，立即数10H送R1
01	4440	MVIL R2,20H	R2是目的指针，立即数20H送R2
02	4660	MVIL R3,30H	R3是结束地址，立即数30H送R3
03	4A02	MVIL R5,01	立即数01H送R5
04	B840	LOOP:LW R4,R1,0	将R1的内容作为地址，从存储器中取数送R4
05	BF60	LW R7,R1,10H	将R1的内容加10H作为地址，从存储器中取数送R7
06	093A	ADD R4,R4,R7	R4←（R4）+（R7）
07	C500	SW R2,R4,0	将R4的内容存到以R2的内容为地址的RAM存储单元
08	026A	ADD R1,R1,R5	修改源指针
09	04AA	ADD R2,R2,R5	修改目的指针
0A	0C9F	SLT R6,R2,R3	比较结束地址R6←（R2）-（R3）
0B	5DEA	BZI R6,LOOP	判断、程序转移
0C	0000	NOP	结束
0D-3F	0000		

通过仿真测试以后，还要将流水线CPU的输入输出引脚与实验台上的FPGA进行引脚锁定。引脚锁定前，将测试过程中用于观测的多余的引脚删除，只保留主要的输入/输出引脚。对于FPGA中未用的引脚（unused pins），应当设置成三态输入状态（as input tri_stated），并重新编译。其实，无论是对局部模块还是对CPU系统的实时硬件测试，都可以利用第2章和第3章中介绍的工具。

除了使用第2章和第3章中介绍的有关Quartus II提供的实时硬件测试工具进行测试观察外，还能利用FPGA外部的一些显示器，如VGA、液晶显示器等来显示CPU的工作情况。

显示屏上可按照流水线的五个流水段，分别显示各段的主要信息，它们包括：

- 取指令段IF，包括程序计数器PC和指令操作码Instr。
- 译码段ID，包括程序计数器PC、参加运算的寄存器REG1、REG2、寄存器的输出数据DT1、DT2、6位立即数D6#和16位立即数D16#。
- 执行段EX，包括程序计数器PC、运算功能FUNC、选择信号SEL、算术逻辑单元ALU、寄存器A的值REGA和寄存器B的值REGB。
- 存储段MEM，包括读出数据RD、输入数据IN和运算结果RSLT。
- 回写段WB，包括寄存器REG和回写数据DATA。
- I/O端口，包括输入数据IN和输出数据OUT。
- 中断信号，包括中断类型INTR和中断转移地址intPC。

在按STEP键单步调试程序时，通过液晶显示屏可以清晰地了解CPU内部流水线各段的数据变化情况。将流水线CPU的硬件电路调试通过后，就可以根据所设计的指令系统，编写应用程序对系统进行综合调试了。

实验与设计

8.1 Stage 1取指令段设计实验

实验目的： ①了解和掌握取指段各功能单元的作用；②掌握各取指段、各基本单元的工作原理和工作时序；③了解在正常流水状态、分支转移、子程序返回、数据相关和中断异常等情况下 Stage1 的工作状态。

实验原理： 参考 8.4.1 节。Stage 1 取指段的电路图如图 8.12 所示。Stage 1 主要由四部分组成，即 PC 选择模块 pcselector，程序计数器加 1 模块 incpc，IF/ID 流水线寄存器和程序存储器 LPM_ROM。

实验步骤：

（1）PC 选择模块 pcselector 实验。实验示例参考：/CMPUT_EXPMT/Expt/CH9_Expt/stage1/ pcsel/pcselector。PC 选择模块 pcselector 的 HDL 表述是例 8.1。pcselector 有 4 组输入端，在选择信号 sel 的控制下，选择输出不同的下一条指令的取指地址。在 Quartus II 环境下，对该程序进行编译，通过波形仿真图 8.3，了解 PC 选择模块的功能。在进行仿真时，在 4 组地址输入端加不同的数据，改变选择信号 sel[3..0]的值，使 newpc 选择输出不同的转移地址，验证 pcselector 的功能。

（2）程序计数器加 1 模块实验。实验示例参考：/CMPUT_EXPMT/ Expt/CH9_Expt/stage1/incpc。实验程序如例 8.3 所示。通过功能仿真，了解和验证该模块的功能。

（3）IF/ID 流水线寄存器实验。实验示例参考：/CMPUT_EXPMT/ Expt/CH9_Expt/stage1/stage1/ifid。IF/ID 流水线寄存器的实验程序如例 8.4 所示。通过功能仿真，了解和验证该模块的功能。

（4）程序存储器 LPM_ROM 实验。实验示例参考：/CMPUT_EXPMT/ Expt/CH8_Expt/stage1/lpm_rom。

通过调用宏参数库文件中的 lpm_rom，设计一个 6 位地址、16 位数据输出的程序存储器。利用存储器初始化文件.mif 对 lpm_rom 设置数据，并允许用 In-system memory content editer 在系统存储器编辑器修改其中的数据，以便在后面的综合实验中向 lpm_rom 重新加载新的应用程序。通过仿真观察 lpm_rom 数据的读出情况；将调试通过的文件下载到实验系统中，用在系统存储器编辑器编辑、修改其中的数据，加载新的数据文件。在 Quartus II 环境下打开.mif 文件的编辑窗口如图 8.35 所示。

Addr	+0	+1	+2	+3	+4	+5	+6	+7
00	4220	4440	4660	4A02	B840	BF60	093A	C880
08	026A	04AA	0C9F	0000	0000	5DEA	0000	0000
10	0000	0000	0000	0000	0000	0000	0000	0000
18	0000	0000	0000	0000	0000	0000	0000	0000
20	0000	0000	0000	0000	0000	0000	0000	0000
28	0000	0000	0000	0000	0000	0000	0000	0000
30	0000	0000	0000	0000	0000	0000	0000	0000
38	0000	0000	0000	0000	0000	0000	0000	0000

图 8.35 lpm_rom 文件中的数据

（5）Stage1 综合实验。实验示例参考：/CMPUT_EXPMT/ CH8_Expt/stage1/stage1。

根据图 8.12 将 Stage1 取指令段的各模块连接起来。通过功能仿真，验证取指令段在正常流水、分支转移、子程序返回、数据相关和中断异常等状态下 Stage1 部分的工作状态。

包括输出的指令码的变化情况、输出不同的下一个取指令的地址、流水线停顿等状态。

实验要求：①列表比较实验数据的理论分析值与实验结果值，并对结果进行分析；②记录Stage1的各基本单元的仿真波形，分析波形，并对仿真波形给出正确解释；③实验结果与理论分析值比较，有什么不同？为什么？④对实验中所用程序和Stage1的电路结构有何改进意见？

思考题：

① 说明PC选择模块pcselector的主要功能，从仿真波形分析说明sel值的变化，对输出程序计数器pcValue的输出有何影响。

② 说明IF/ID流水线寄存器的主要功能，流水线在正常工作状态下和分支转移、子程序返回、数据相关、中断异常等情况下，IF/ID流水线寄存器状态分别是怎样的？输出数据有何变化？这些变化对后续指令的执行将产生什么影响？

8.2 Stage 2指令译码段设计实验

实验目的：①了解和掌握指令译码段的功能和工作原理；②掌握指令译码段各基本单元的组成结构、工作原理和工作时序；③掌握指令译码段中符号位的扩展实现方法，分支转移指令的实现方法，寄存器文件的读/写原理。

实验原理：Stage 2的结构如图8.17所示。参考8.4.2节Stage 2译码段的工作原理。Stage 2 译码段ID的各模块信号连接电路如图8.18所示。本段的功能主要由branch分支控制模块、regFile寄存器文件模块、Signext符号扩展模块、idex ID/EX段的流水线寄存器四个模块实现。

实验步骤：

（1）符号扩展模块实验。实验示例参考：/CMPUT_EXPMT/ CH8_Expt/stage2/EX2-1/signext

实验程序参考例8.5。在Quartus II环境下，将signext设置为工程，对signext进行编译，然后进行波形功能仿真。分别从immed6In和immed8In输入6位和8位有符号数，经过该模块将符号位扩展后，从输出端口输出16位有符号数。通过波形仿真，验证该模块的功能。

（2）寄存器文件模块实验。实验示例参考：/CMPUT_EXPMT/CH8_Expt /stage2/EX2-2/regFile（实验程序参考例8.6）。regFile的时序仿真波形图参考图8.36，通过仿真波形，说明对寄存器文件写/读的操作过程。针对仿真波形：

① 将数据写入寄存器文件。当写信号有效，WriteEnable为高电平时，观察分析ReadOne[15..0]和ReadTwo[15..0]输出数据的情况：当WriteReg[2..0] = RegOne[2..0]；当WriteReg[2..0] = RegTwo[2..0]；当WriteReg[2..0]与RegOne[2..0]和RegTwo[2..0]均不相同时。

② 从寄存器文件读出数据。当写信号无效，WriteEnable为低电平时，观察分析ReadOne[15..0] 和ReadTwo[15..0]输出数据的情况。

（3）分支控制模块实验。实验示例参考：/CMPUT_EXPMT/CH8_Expt /stage2/EX2-3/branch（实验程序参考例8.7）。根据实验程序给出仿真波形图8.37，说明在发生程序转移时，分支控制模块是如何实现地址转移和输出新的转移地址的。

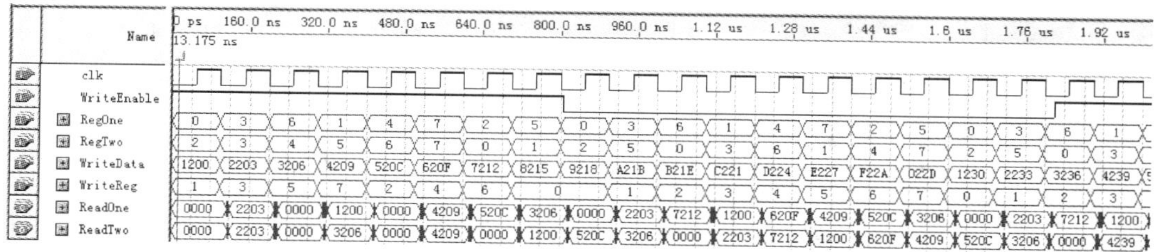

图 8.36 regFile 的时序仿真波形

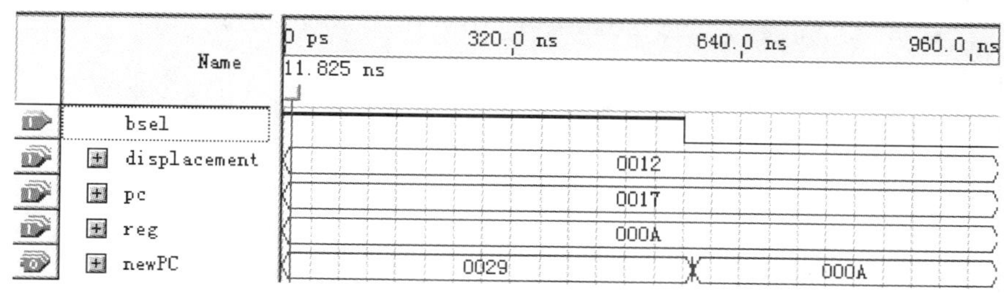

图 8.37 branch.vhd 的仿真波形

（4）ID/EX 段的流水线寄存器实验。实验程序参考例 8.8。实验示例参考：/CMPUT_EXPMT/ CH8_Expt /stage2/EX2-4/idex。给出仿真波形图，了解并分析 ID/EX 段的流水线寄存器信号的连接和数据传输情况。

注意，对 idex 进行编译时，必须选择诸如 Cyclone III 系列的 EP3C55F484 类多引脚器件，否则在进行引脚适配时，可能会遇到 I/O Pin 不够的情况，而导致编译失败。

（5）Stage 2 指令译码段综合实验。实验示例参考：/CMPUT_EXPMT/CH8_Expt/stage2/EX2-5/stage2。按照图 8.17 将 Stage 2 译码段 ID 的各基本单元模块信号连接起来（图 8.18）。结合前面 4 个基本模块实验（1）~（4），在输入端口加相应的测试数据和不同的控制信号，观察输出信号的变化情况，通过观察、分析功能仿真和时序仿真波形，综合考察 Stage 2 指令译码段的功能。

若采用 HDL 进行各模块信号连接，可将 E:\CMPUT_EXPMT\CH8_Expt \stage2\EX2_5 路径下的 Stage 2 设为工程且作为顶层文件，并在此工程下添加前面的 4 个基本单元模块的 HDL 程序。方法是在菜单 Project 下选择“Add/Remove Files in Project...”来添加/删除程序。

在添加文件 file name 的窗口中选择加入前面 4 个基本单元模块的 HDL 程序。此外还需加入 3 个信号连接模块，即 bus_mux_3、through 和 through16，后面的两个模块分别是 3 位和 16 位的直通模块，用于观察输出信号。bus_mux_3.vhd 的程序如例 8.17 所示。

【例 8.17】

```
LIBRARY ieee;
USE ieee.std_logic_1164.all;
LIBRARY lpm;
USE lpm.lpm_components.all;
ENTITY bus_mux_3 IS
PORT( data0x, data1x    : IN STD_LOGIC_VECTOR (2 DOWNTO 0);
```

```
  sel : IN STD_LOGIC ; result : OUT STD_LOGIC_VECTOR (2 DOWNTO 0) );
END bus_mux_3;
ARCHITECTURE SYN OF bus_mux_3 IS
 SIGNAL sub_wire0    : STD_LOGIC_VECTOR (2 DOWNTO 0);
 SIGNAL sub_wire1    : STD_LOGIC ;
 SIGNAL sub_wire2    : STD_LOGIC_VECTOR (0 DOWNTO 0);
 SIGNAL sub_wire3    : STD_LOGIC_VECTOR (2 DOWNTO 0);
 SIGNAL sub_wire4    : STD_LOGIC_2D (1 DOWNTO 0, 2 DOWNTO 0);
 SIGNAL sub_wire5    : STD_LOGIC_VECTOR (2 DOWNTO 0);
 COMPONENT lpm_mux
 GENERIC (lpm_size : NATURAL;
     lpm_type        : STRING;
     lpm_width       : NATURAL;
     lpm_widths      : NATURAL       );
 PORT (      sel  : IN STD_LOGIC_VECTOR (0 DOWNTO 0);
         data    : IN STD_LOGIC_2D (1 DOWNTO 0, 2 DOWNTO 0);
         result  : OUT STD_LOGIC_VECTOR (2 DOWNTO 0)     );
 END COMPONENT;
 BEGIN
 sub_wire5 <= data0x(2 DOWNTO 0); result <= sub_wire0(2 DOWNTO 0);
 sub_wire1 <= sel;                sub_wire2(0) <= sub_wire1;
 sub_wire3 <= data1x(2 DOWNTO 0);   sub_wire4(1, 0) <= sub_wire3(0);
 sub_wire4(1, 1) <= sub_wire3(1);   sub_wire4(1, 2) <= sub_wire3(2);
 sub_wire4(0, 0) <= sub_wire5(0);   sub_wire4(0, 1) <= sub_wire5(1);
 sub_wire4(0, 2) <= sub_wire5(2);
 lpm_mux_component : lpm_mux
 GENERIC MAP ( lpm_size => 2, lpm_type => "LPM_MUX", lpm_width => 3,
   lpm_widths => 1 )
 PORT MAP (  sel => sub_wire2, data => sub_wire4,result=>sub_wire0 );
 END SYN;
```

Through.vhd和through16.vhd是两个直接输出3位和16位数据的简单程序。bus_mux_3.vhd程序也可以通过调用lpm_bus_mux参数化模块，由系统自动生成，然后通过“Add/Remove Files in Project...”加入到当前的工程当中。

实验要求：掌握Stage 2指令译码段各基本单元的功能特性和指令译码ID段基本功能。

写出实验报告包括：①实验目的；②实验原理、实验电路原理图；③列表比较实验数据的理论分析值与实验结果值，并对结果进行分析；④记录Stage 2的各基本单元的仿真波形，通过分析波形对仿真波形给出正确解释；⑤对实验中所用的HDL程序和Stage 2的电路结构有何改进意见？

思考题：

① 如何将数据写入寄存器文件？如何从寄存器文件读出数据？说明WriteReg[2..0]、RegOne[2..0]、RegTwo[2..0]、WriteData[15..0]与ReadOne[15..0]和ReadTwo[15..0]之间的关系。

② 说明在发生程序转移时，分支控制模块是如何实现绝对地址转移和相对地址转移的。

③ 说明符号扩展模块的工作原理。

8.3 Stage 3 指令译码段设计实验

实验目的：①了解和掌握指令执行 EXE 段的功能和工作原理；②掌握指令执行段各基本单元的组成结构、工作原理和工作时序；③了解算术/逻辑运算单元 ALU、移位运算单元、寄存器数据加载单元的工作原理；④理解各种类型指令的执行过程及指令执行过程中对控制信号的要求。

实验原理：参考 8.4.3 节 Stage 3 执行 EXE 段的工作原理。实验电路参考 Stage 3 的各模块信号连接电路图 8.21。Stage 3 段功能主要由 ALU 和 EX/MEM 两个模块来完成，其中 ALU 模块由算术/逻辑运算、移位运算和寄存器数据加载单元组成，通过 alu_mux 多路数据选择器，输出运算结果。EX/MEM 是 Stage 3 的流水线寄存器。

实验步骤：

（1）运算器 ALU 实验。实验示例参考：/CMPUT_EXPMT/CH8_Expt /stage3/EX3-1/alu_16。根据表 8.3 指令的形式及功能，对每种类型的指令，选取其中一条具体的指令进行仿真，通过设置有关控制信号，输入有关的操作数据，完成下列指令类型的仿真。根据仿真波形记录实验数据，分析实验结果。16 位运算器 alu_16 的仿真波形如图 8.24 所示。根据仿真波形和表 8.3 分析 alu_16 的运算/逻辑功能。

表 8.3 alu_16 的运算/逻辑功能

Func	功 能	说 明
0	c=a∧b	逻辑与
1	c=a∨b	逻辑或
2	c=a⊕b	逻辑异或
3	c=not(a∨b)	逻辑或非
4		
5	c=a+b	有符号数加法
6	c=a–b	有符号数减法
7	c=a+b	无符号数加法
8	c=a–b	无符号数减法
9	a–b	有符号数比较，小于时 c 置位
A	a–b	无符号数比较，小于时 c 置位
B	c=a	无操作
C	c=a	
D	c=a	
E	c=a	
F	c=a	

（2）移位运算器实验。实验示例参考：/CMPUT_EXPMT/CH8_Expt /stage3/EX3-2/su_3。

对移位运算模块 SU_3 进行移位运算指令的功能仿真，包括左移、右移、循环左移和循环右移等指令。移位运算器能够进行 1~15 位移位运算，根据移位的类型 op[1..0]、移位量 amontin[15..0]，对数据 data[15..0]进行移位运算。例如，当移位量为+时，与指令要求的方向一致；而当移位量为-时，则向与指令要求的方向相反方向移位。当移位量超出-15~+15 的范围时，数据保持不变。移位运算器的功能如表 8.4 所示。

进行仿真实验时，将移位量 amountIn 设置为：小于-15，-15~-1，0，+1~+15 和大于+15，op 分别设置为 0~3，观察、分析仿真结果。

表 8.4 移位运算器的功能

op	功 能	说 明
0	输出根据位移量进行数据输入或移位运算	有符号数逻辑左移
1		有符号数逻辑右移
2		有符号数算术右移
3		有符号数循环右移

从仿真波形图中可以发现，当移位量 amountIn 小于-15（FFF0H= -16）或大于+15（0010H=+16）和当移位量=0000 时，输出数据和输入数据一致，不发生移位；而当移位量 amountIn=FFFFH(-1)时，输出数据向相反方向移 1 位。输入数据为 0017H， op=0 时，逻辑右移 1 位后，输出 000BH；当 op=1、2、3 时，算术/逻辑左移 1 位后，输出都是 002EH；等等。

（3）数据输入模块实验。实验示例参考：/CMPUT_EXPMT/CH_Expt /stage3/EX3-3/mvibox。

对 mvibox 进行仿真实验，观察当 write 分别为高电平和低电平时，16 位输出信号 result 与 8 位数据输入 immed 和 8 位寄存器数据组合的情况。mvibox 的仿真波形如图 8.38 所示。

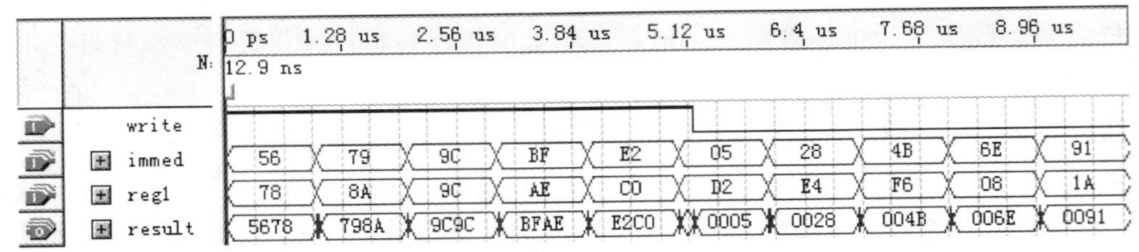

图 8.38 数据输入模块 mvibox 的仿真波形

从图 8.38 中看到，当 write 为高电平时，输入数据 immed 和寄存器 reg1 中的数据组合，在输出数据 result 中，immed 在高 8 位，reg1 中的数据在低 8 位；当 write 为低电平时，输出数据 result 的低 8 位与输入数据 immed 一致，高 8 位全为 0。

（4）EX/MEM 段流水线寄存器实验。实验示例参考：/CMPUT_EXPMT/CH8/EX3_stage3/EX3-4/ exmem。实验参考程序见例 8.9。根据 EX/MEM 段流水线寄存器的仿真波形，了解 EX/MEM 段流水线寄存器向后传递的数据的形式和基本功能。

（5）Stage 3 综合实验。实验示例参考：/CMPUT_EXPMT/CH8_Expt /stage3/EX3-5/ Stage3。以 Stage 3 为顶层文件，加入 ALU、EX/MEM 段流水线寄存器和数据选择器。

实验要求：掌握 Stage 3 指令执行段各基本单元的功能特性，指令执行 EXE 段基本功能。写出实验报告，内容是：①实验目的；②实验原理、实验电路原理图；③列表比较实验数据的理论分析值与实验结果值，并对结果进行分析；④记录 Stage 3 的运算单元对各种指令类型的仿真波形，通过分析波形对仿真波形给出正确解释。

思考题：

① 标志位 overflow 有何作用？在什么情况下 overflow 会置位？

② 如何修改和增加现有指令的运算功能？如何修改和添加新的指令类型？

8.4 Stage 4/5 存储与写回段设计实验

实验目的：①了解和掌握指令执行 MEM/WB 段的功能和工作原理；②掌握 MEM/WB 段各基本单元的组成结构、工作原理和工作时序；③掌握对存储器 MEM 和对寄存器文件 REGfile 访问操作的工作原理和对控制信号的要求。

实验原理：参考 8.4.4 节访存段(MEM)和 8.4.5 节回写段的有关内容。存储器与 IO（MEM 段）承担从存储器存取数值，同时也负责向处理器输入数据和从处理器输出。如果当前指令不是存储器或 IO 类指令，则从 ALU 得到的结果经过回写段。Stage 4/5 的组成结构如图 8.25 所示，本段主要由 MEM/WB 流水线寄存器、数据存储器 MEM、多路数据选择器、输出端口寄存器 outREG 组成。

实验步骤：

（1）数据存储器实验。通过调用宏参数库文件中的 lpm_ram，设计一个 6 位地址、16 位数据输出的数据存储器，利用存储器初始化文件.mif 对 lpm_ram 设置数据，并允许用 In-system memory content editer 在系统存储器编辑器编辑、修改其中的数据。通过仿真观察对 lpm_ram 数据的读/写情况；将调试通过的文件下载到实验系统中，用在系统存储器编辑器编辑、修改其中的数据，加载新的数据文件。

（2）MEM/WB 流水线寄存器实验。实验示例参考：/CMPUT_EXPMT/CH8_Expt/stage45/memwb。

实验参考程序见例 8.12。了解 MEM/WB 段流水线寄存器的基本功能，及流入/流出数据之间的关系。

（3）输出端口寄存器实验。实验示例参考：/CMPUT_EXPMT/CH8_Expt /stage45/outReg。

实验参考程序见例 8.13。了解使能信号对输出寄存器的控制关系。

（4）多路数据选择/输出实验。实验示例参考：/CMPUT_EXPMT/CH8_Expt /stage45/mem_io。

需要回写寄存器文件的源操作数来源主要有三种类型: ALU 运算指令回写 ALU 的计算结果；LOAD 指令回写访存周期读取的结果;跳转并链接(JAL, JALR)指令回写 NPC 值。

根据回写数据的控制信号，通过 3 选 1 多路数据选择器，将数据回写寄存器文件，验证回写数据的正确性。

实验要求：掌握 Stage 4/5 段各基本单元的功能特性；写出实验报告，内容是：①实验目的、实验原理、实验电路原理图；②将实验数据的理论分析值与实验结果进行对比，并对结果进行分析；③记录 Stage 4/5 的仿真波形，通过分析波形对仿真波形给出正确解释。

思考题：

① 如何通过调用宏参数库文件，设置 lpm_ram 的基本参数？

② 在 Stage 4 向 RAM 写入数据时，指令中需要有哪些信号？有哪些控制信号？如何确定 RAM 的写入地址？

③ 回写寄存器文件时，如何确定要写入的寄存器的编号？如何选择写入数据？

8.5 数据相关性控制实验

实验目的：①了解流水线工作过程中，出现数据相关时采用前推方法加快流水线工作速度的工作原理；②掌握用硬件描述语言编写前推控制模块，实现前推控制的方法；③掌握前推控制的电路结构和前推控制对控制信号的要求。

实验原理：参考 8.4.6 相关性检测部件的设计和一些关键功能部件的设计。实验参考程序见例 8.16，图 8.32 是 forward 模块的时序仿真波形图。

实验步骤：当出现以下几种情况的数据相关时，前推控制模块会发出怎样的控制信号，引导数据的流向？通过对仿真波形图的时序分析，说明 forward 模块的控制作用。

① 译码段的源操作数和数据处理指令的目的操作数相同。

② 译码段的源操作数和跳转并链接指令的目标寄存器相同。

③ 译码段的源操作数和 Load 指令的目标寄存器相同。

实验要求：掌握前推控制模块的功能特性；写出实验报告，内容是：①实验目的、实验原理、实验电路原理图；②将实验数据的理论分析值与实验结果进行对比，并对结果进行分析；③记录前推控制模块5的仿真波形，通过分析波形对仿真波形给出正确解释。

思考题：

① 什么是数据相关？如何解决数据相关？前推控制模块是怎样解决数据相关的？具体有哪几种情形？

② 什么是结构相关？在流水线CPU中可以采用什么方法解决结构相关？

③ 什么是控制相关？在流水线CPU中可以采用什么方法解决控制相关？

8.6 数据通路设计实验

实验目的：①了解流水线工作过程中，各种指令类型的工作原理；②掌握各种指令类型在执行过程中对控制信号的要求；③掌握用HDL编写控制模块，对各种类型指令产生控制信号的方法。

实验原理：参考8.3节数据通路的设计。

① 存储器访问指令(load/store)：R1 ← (R2 + imm)

当指令为存储器访问指令的时候，该周期的操作为：ALU将操作数相加形成有效地址，并将结果放入寄存器R1中。

② R型ALU操作：R1 ← R2 op R3

当指令为R型ALU操作指令时，该周期的操作为：ALU根据操作码指出的功能对寄存器R2和R3的值进行处理，并将结果送入寄存器R1中。

③ R-I型ALU操作：R1← R2 op imm

当指令为寄存器-立即值型ALU指令时，该周期的操作为：ALU根据操作码指出的功能对寄存器R2和imm的值进行处理，并将结果送入寄存器R1中。

④ 分支操作：Branch condition ← R1 op 0

当指令为分支指令BZ（或BNZ）时，该周期的操作为：对R1的值进行检测，若R1=0（或R1<>0），则转移到R2所指向的目标地址。若不满足条件，则顺序执行后续指令。

⑤ 跳转操作：JAL指令 Branch condition← 0

指令为JAL是无条件转移。该周期的操作为：直接将分支成功标志branch condition置位。由于该指令给出的是绝对偏移，故上一个周期准备的立即数操作数即为跳转的目标地址。

实验步骤：

（1）整机调试实验。参考完整流水线CPU电路图，将各流水线的基本模块连接起来，进行整机电路调试。对电路中存放程序的存储器lpm_rom和存放数据的存储器lpm_ram，设置为可用In-system Memory Content Editor进行编辑的形式，以便调试指令和加载应用程序。

（2）根据数据通路的设计要求，对各种类型的指令逐条进行调试。

- 存储器访问指令(load/store)。例如：LW R1，R2，#data6 和 SW R1，R2，#data6
- R型ALU操作。例如：ADD R1，R2，R3
- R-I型ALU操作。例如：MVIL R1, data8
- 分支操作：BZ R1，R2 或 BNZ R1，R2

- 跳转操作：JAL 指令。例如： JAL R1，R2

（3）指令的硬件调试。首先将调试通过的流水线 CPU 整机硬件电路文件.sof 下载到实验系统中。然后根据指令系统要求，对某种类型的一条指令查出其机器码，通过在系统存储器编辑器 In-system Memory Content Editor，将该指令的机器码写入程序存储器 lpm_rom 中，其余存储单元填写空操作指令 nop（指令码为 0000H）。同理，根据指令中所需数据的要求，通过在系统存储器编辑器，可以将数据写入 lpm_ram 的数据存储器单元中。通过 STEP 键单步对其进行调试，跟踪观察存储器 lpm_ram 中的数据变化情况。

实验要求：掌握控制模块的功能特性；写出实验报告，内容是：①实验目的、实验原理、实验电路原理图；②将实验数据的理论分析值与实验结果进行对比，并对结果进行分析；③记录各种指令的仿真波形，通过分析波形对仿真波形给出正确解释。

思考题：

① 简要说明存储器访问指令的执行过程。

② 举例说明 R 型 ALU 操作指令的执行过程。

③ 举例说明 R-I 型 ALU 操作指令的执行过程。

④ 举例说明分支操作 BZ R1，R2 指令的执行过程。

⑤ 举例说明 JAL 指令的执行过程。

8.7 流水线 CPU 综合设计

实验目的：①学习和掌握流水线的组成结构，各模块之间的信号连接关系；②掌握用 HDL 编写前推控制模块，实现前推控制的方法；③掌握前推控制的电路结构和前推控制对控制信号的要求；④掌握在模型机上调试运行简单程序的方法。

实验原理：实验示例参考：/CMPUT_EXPMT/CH8_Expt /cpu16/cpu_16。

参考 8.4.9 节流水线 CPU 的电路结构和 8.2 节模型计算机的指令系统。采用本章设计的流水线 CPU 电路图，进行整机电路综合实验。参考程序见表 8.2，仿真波形如图 8.34 所示。程序的功能是将存储器中 0010H~001FH 地址段中的数据与 0020H~002FH 地址段中的数据对应单元中的内容相加，结果存回到 0020H~002FH 地址单元中去。此程序的 MIF 配置文件是 ram_2.mif，其内容如图 8.35 所示。

实验步骤：

（1）用 In-System Memory Content Editor 了解 CPU 运行情况。

① 首先完成验证性实验。对于实验系统，CPU 工作时钟频率可选择 750kHz；键 1 是 CPU 单步运行键 CLK。

② 将路径/CMPUT_EXPMT/Expt/CH8_Expt/CPU16 中的工程 CPU_16 在 Quartus II 中编译通过后，下载 SOF 文件 CPU_16.sof 至实验台 FPGA。

③ 利用 Quartus II 的 In-System Memory Content Editor，将载于 FPGA 中 CPU 内存储器的数据读出，读出数据如图 8.39 所示。上方数据是程序机器码，下方是数据存储器中的数据。

④ 将读数据选择在循环读数据功能上。按键单步运行程序，每按一次键产生一个 CPU 工作时钟 clk。观察 RAM 中数据的变化情况，记录程序运行结果。

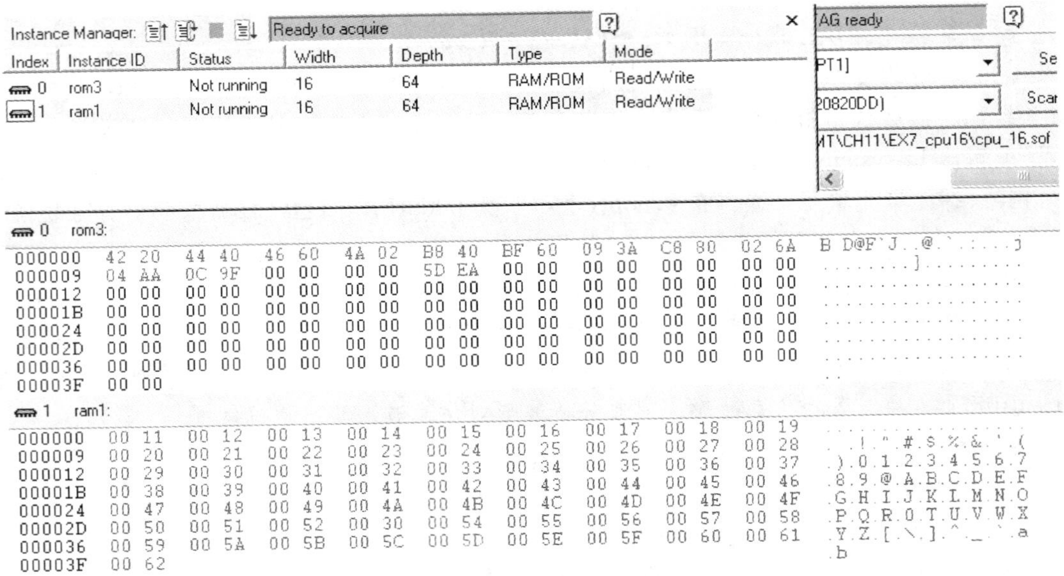

Instance Manager: Ready to acquire

Index	Instance ID	Status	Width	Depth	Type	Mode
0	rom3	Not running	16	64	RAM/ROM	Read/Write
1	ram1	Not running	16	64	RAM/ROM	Read/Write

AG ready

PT1]

20820DD)

MT\CH11\EX7_cpu16\cpu_16.sof

```
0  rom3:
000000  42 20  44 40  46 60  4A 02  B8 40  BF 60  09 3A  C8 80  02 6A
000009  04 AA  0C 9F  00 00  00 00  5D EA  00 00  00 00  00 00  00 00
000012  00 00  00 00  00 00  00 00  00 00  00 00  00 00  00 00  00 00
00001B  00 00  00 00  00 00  00 00  00 00  00 00  00 00  00 00  00 00
000024  00 00  00 00  00 00  00 00  00 00  00 00  00 00  00 00  00 00
00002D  00 00  00 00  00 00  00 00  00 00  00 00  00 00  00 00  00 00
000036  00 00  00 00  00 00  00 00  00 00  00 00  00 00  00 00  00 00
00003F  00 00

1  ram1:
000000  00 11  00 12  00 13  00 14  00 15  00 16  00 17  00 18  00 19
000009  00 20  00 21  00 22  00 23  00 24  00 25  00 26  00 27  00 28
000012  00 29  00 30  00 31  00 32  00 33  00 34  00 35  00 36  00 37
00001B  00 38  00 39  00 40  00 41  00 42  00 43  00 44  00 45  00 46
000024  00 47  00 48  00 49  00 4A  00 4B  00 4C  00 4D  00 4E  00 4F
00002D  00 50  00 51  00 52  00 30  00 54  00 55  00 56  00 57  00 58
000036  00 59  00 5A  00 5B  00 5C  00 5D  00 5E  00 5F  00 60  00 61
00003F  00 62
```

图 8.39　程序运行前 ROM 和 RAM 中的数据

⑤ 在图 8.39 所示的窗口中改变 ROM 中的指令代码，将原来数据指针 R2 的首地址 0020H 改成 0040H，然后把编辑好的 ROM 程序用 In-System Memory Content Editor 在系统载于 FPGA 中，重复以上实验。

（2）用嵌入式逻辑分析仪 SignalTap II 了解 CPU 运行情况。

① 基本步骤同上。CPU 工作时钟频率可选择 750kHz；键 1 是 CPU 的工作时钟 CLK。

② 将工程 CPU_16 在 Quartus II 中编译通过后，下载 SOF 文件 CPU_16.sof 至实验台 FPGA。注意，此下载文件中已经包含 SignalTap II 文件，因而可以直接启动 SignalTap II，了解 CPU 工作。

③ 通过逻辑分析仪可以观察 ALU、bupc、op、opr、fetch1、fun、REGA、REGB、regOne 等信号，触发信号选择 clk，上升沿触发。启动 SignalTap II 后，按键 1 单步运行键，产生 CPU 的工作脉冲 clk。这时可以观测到 CPU 的实时工作波形和数据流动。

④ 记录实验过程，解释和分析 CLK 每一步数据的变化情况。

（3）用 LCD 液晶显示器观察 CPU 运行。

① 基本步骤同上。CPU 工作时钟已在 cpu_16 工程中锁定在 CLK0，频率可选择 750kHz。

② 将工程 CPU_16 在 Quartus II 中编译通过后，下载 SOF 文件 CPU_16.sof 至实验台 FPGA。

③ 按键 1 单步运行程序，每按一次执行一步，同时观察液晶显示器。液晶显示屏上按照流水线的五个段 IF、ID、EX、MEM 和 WB，分别显示了各段的主要信息。

④ 也可以利用实验系统上的液晶屏上的数据显示和嵌入式逻辑分析仪显示的数据，同时了解 CPU 的每一单步运行情况。记录程序执行过程中流水线各段主要工作单元的数据，并给予说明。

（4）时序仿真了解 CPU 运行情况。

① 将编写好的程序转换成机器码，编写成存储器初始化.mif 文件，与模型机的电路一

同进行编译。

② 对编译后的文件进行仿真。建立仿真文件，根据仿真波形分析 CPU 软硬件工作情况。仿真波形如图 8.40 所示（CPU 部分运行情况）。对系统进行时序仿真，记录仿真波形。

仿真波形图中给出了部分信号的波形，CLK：时钟信号；op：从 lpm_rom 程序存储器输出的指令码；pcselect1：程序计数器的选择信号；fetch1：lpm_rom 的地址信号；fetch2：运算器的输出信号；opr：经过 IF/ID 流水线寄存器后的指令码；pc_int_in：中断转移地址信号；pc_hz：地址冲突状态信号；bupc：分支转移地址；ifid_flush：IF/ID 段流水线冲突状态信号；buselect：分支转移地址选择信号；undfins：未定义指令检测等信号。

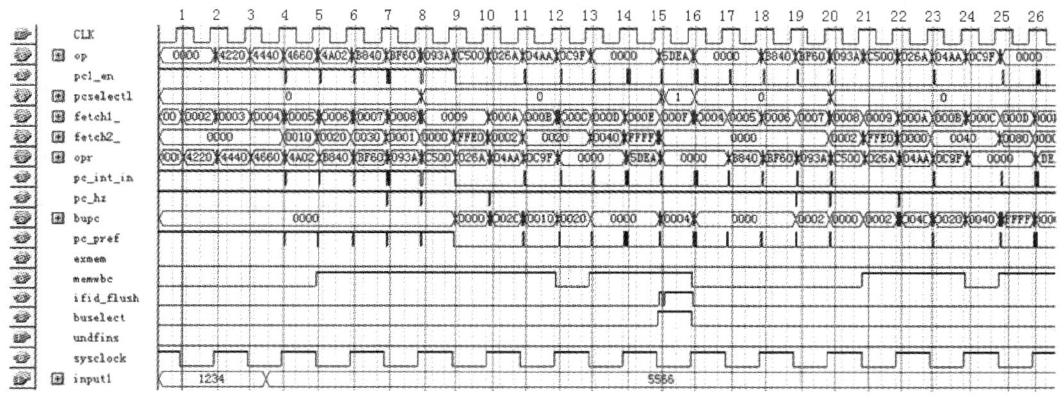

图 8.40 流水线 CPU 的时序仿真波形

从时序仿真波形可以清楚地看到，每一个 clk 时钟周期只执行一条指令，程序从地址 0000 开始执行。opr 是从程序存储器输出的指令码，第 1 条指令码是 4220，第 2 条指令码是 4440，…，每个 clk 时钟周期输出一条指令。当执行到第 4 个 clk 时，执行段 EXE 产生输出，fetch2 是运算器的输出为 0010，这是要写入 R1 的值；下一个 clk 输出的是 0020，这是要写入 R2 的值。此后，每个 clk 周期都有相应的执行结果输出。当执行到第 8 个 clk 时出现了数据相关，因为前一条指令是从存储器取数据到 R7，接下来的指令是用 R7 的内容进行加法运算，而这时 R7 中的数据尚未准备就绪，因此出现数据相关。但通过前推 forwarding 控制，程序依然能继续顺利执行。

当执行到第 16 个 clk 时出现了控制相关。因为这时遇到了分支转移指令，控制器经过分析判断，排空已进入流水线的后续指令，转到程序地址为 0004 的地方，重新开始执行。流水线因此损失了两个 clk 时钟周期。这一段是整个程序流程中的循环程序部分。

从仿真波形图中还可以看到，在发生程序转移时 ifid_flush 为高电平，这是 IF/ID 段发生流水线冲突的状态信号。此信号送入 IF 段之后，取指段 IF 对程序计数器 PC 的输入值作出新的选择，使 buselect 为高电平，同时 pcselect1=1，结果 PC 选择来自 bupc 的值。而此时 bupc=0004，因此 PC=0004，程序跳转到 0004。程序中其他地方的波形，读者可自行分析。

要求依以上方法，通过仿真波形、控制器输出的控制信号、状态检测信号和数据的流向，分析其他程序语句的运行情况，以及各个功能部件的工作时序和控制方法。

实验要求：掌握流水线 CPU 的电路原理，熟悉模型计算机的指令系统；写出实验报告，内容是：①实验目的、实验原理、实验电路原理图；②将实验数据的理论分析值与实验结果进行对比，并对结果进行分析；③记录应用程序的仿真波形，通过分析波形对仿真波形给出正确解释；④下载到实验系统中进行单步调试，通过实验台上的LCD显示屏，记录程序执行过程中各流水段的主要数据。

思考题与实验题：

① 编写程序完成两个多字节的加法。

② 如何修改指令系统？对现有的指令系统进行修改，要牵涉到哪些硬件模块？

③ 增加一条寄存器加1指令和寄存器减1指令。

④ 编写好新的应用程序后，如何利用在系统存储器编辑器将程序加载到FPGA中进行调式？

⑤ 用模型机的指令系统编写应用程序，将RAM中10H~15H的每一单元内容加5后传送到20H~25H。参考程序如表8.5所示。

表8.5 应用程序示例

地址	机器码	指 令	说 明
00	4220	MVIL R1,10H	R1是源指针，立即数10H送R1
01	4440	MVIL R2,20H	R2是目的指针，立即数20H送R2
02	4660	MVIL R3,25H	R3是结束地址，立即数25H送R3
03	4A02	MVIL R5,01`	常数01H送R5
04	4E0A	MVIL R7,05H	常数05H送R7
05	B840	LOOP:LW R4,R1,0	将R1的内容作为地址，从存储器中取数送R4
06	093A	ADD R4,R4,R7	R4←（R4）+（R7）
07	C500	SW R2,R4,0	将R4的内容存到以R2的内容为地址的RAM存储单元
08	026A	ADD R1,R1,R5	修改源指针
09	04AA	ADD R2,R2,R5	修改目的指针
0A	0C9F	SLT R6,R2,R3	比较结束地址R6←（R2）-（R3）
0B	5DEA	BZI R6,LOOP	判断、程序转移，若R6<0，则转到LOOP
0C	0000	NOP	结束
0D-3F	0000		

⑥ 在流水线CPU上调试运行以上程序。

第9章 32位 OpenRISC 软核结构及应用

本章介绍32位 OpenRISC1200 软核的系统结构和基于 OpenRISC1200 的 SOC 系统的软硬件应用设计。以下从一个基于 OpenRISC1200 的简单 SOC 系统设计的介绍开始，对基于 WISHBONE 片上总线的 OpenRISC1200 应用系统的各模块功能和结构作详细介绍。同时还对各类32位源码开放处理器核、OpenRISC1200 的指令集、WISHBONE 总线结构、基于 WISHBONE 总线的开源 IP 进行了简要阐述，对更为复杂的 ORP SOC 系统也作了简要介绍。本章还给出了 OpenRISC1200 软件设计方面的内容，包括基于 GNU GCC 的软件开发工具链、μC/OS II 在 OpenRISC 上的移植、基于 OpenRISC 的 Linux 系统构建等。

9.1 OpenRISC1200 处理器核概述

OpenRISC1200 简称 OR1200 或 OR32，是 OpenRISC 处理器系列中，基于 OpenRISC1000 处理器架构的一个32位处理器，而 OpenRISC 是开放源码 IP 组织 OpenCores（opencores.org）建立的开源项目。该系列处理器采用 Verilog HDL 编写，源码完全开放，源码遵循 GNU LGPL 许可证协议。以下首先对 OpenRISC1000 作简要介绍。

9.1.1 OpenRISC1000/1200 处理器的体系结构

OpenRISC1000 定义了一系列32位/64位开放的 RISC 处理器的体系结构与实现架构。OpenRISC1000 体系结构能够以多种不同的性价比应用于多种场合。该体系具有高性能、简单易用、低功耗、可裁剪等特性，适合多种场合应用。OpenRISC1000 体系的主要性能概述列于表9.1中。

表 9.1 OpenRISC1000 的主要性能

类　型	性能与特性	补充描述
源码开放	免费开源	遵循 GNU LGPL 协议
指令集	简单固定的指令长度	
	基本指令集 ORBIS32/64	32位宽度，在存储器中以32位地址对齐存储，可操作32/64位数据
	向量/DSP 扩展指令集 ORVDX64	32位宽度，可操作8/16/32/64位数据
	浮点扩展指令集 ORFPX32/64	32位宽度，可操作32/64位数据
	支持用户自定义指令	保留了一些未定义的指令操作码
逻辑地址空间	线性的32位或64位	在不同的实现中有不同的物理地址空间
内存地址模式	寄存器数据加有符号16位立即数	得到有效地址
	寄存器数据加一个存放有效地址的寄存器所指向的地址中的有符号16位立即数	得到有效地址

续表

类 型	性能与特性	补充描述
操作数	大多数指令为两个寄存器操作数（或一个寄存器和一个立即数）操作，结果写回第三个寄存器	
寄存器	支持影子寄存器或者一个32位或者一个16位的寄存器文件	
指令流水线	分支跳转延时槽	保持指令流水线的高效运行
内存管理	支持独立分开的指令和数据缓存，MMU	哈佛结构
	支持统一的指令和数据缓存，MMU	标准结构
	支持快速上下文切换	
	支持 Cache 和 TLB 大小可配置	
可伸缩性	灵活的架构定义	允许某些特定的功能使用硬件实现或者使用软件模拟
电源管理	动态电源管理	

OpenRISC1200（OR1200）CPU 是 OpenRISC1000 体系中的一款 32 位基本指令集（ORBIS32）的具体实现，OR1200 核的内部结构如图 9.1 所示。OR1200 是一个使用 Verilog 设计的 32 位可裁剪的哈佛结构的 RISC 核，带有经典的 5 级整数流水线，并支持 MMU（存储器管理单元）和基本的 DSP（数字信号处理）功能。OR1200 核的所有主要特性都是可以被修改设置的。OR1200 核使用 WISHBONE 片上系统标准接口与外部存储器及外设通信。

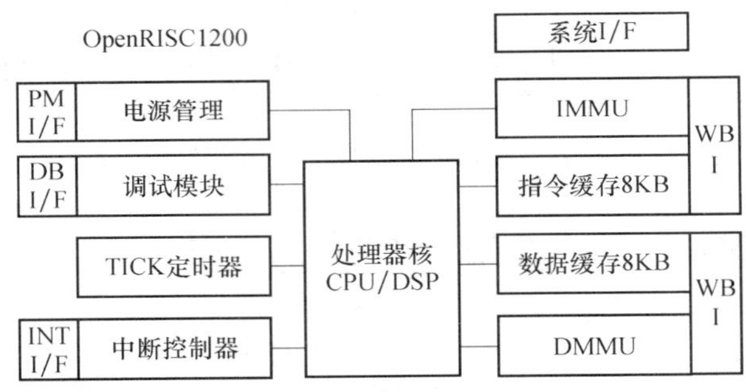

图 9.1 OR1200 核内部结构

在默认配置条件下，OR1200 核带有一个单通道直接映射的 8KB 指令缓存和一个同类型的 8 KB 数据缓存。每个通道都是 16 字节数据宽度。这两个缓存都是实体标记的。OR1200 默认带有 MMU，MMU 是由 64 项基于哈希（Hash）表的单通道直接映射的数据 TLB（Translation Lookaside Buffer）和 64 项基于哈希表的单通道直接映射的指令 TLB 组成。附加的功能还有用于实时调试的片上调试单元、高精度 Tick 定时器、可编程中断控制器和电源管理单元。

当使用典型的 0.18μm、6 层金属工艺进行流片时，OR1200 的主频可运行在 300MHz，可以提供 300 DMIPS 和 300 次 32 位×32 位 DSP 乘加运算，OR1200 主要应用于嵌入式设备、网络设备和便携式设备中，并能够运行 μC/OS II、Linux、eCos 等操作系统。

在图 9.2 所示的 OR1200 核内部结构图中，其核心模块 CPU/DSP 中又包含了多个模块，其中包括指令单元，负责指令的预取、指令译码、指令地址计算等；异常处理单元，负责处理 CPU 内部和外部硬件产生的异常以及软件产生的异常；整数级流水线；乘加单元；存储器存储加载单元以及寄存器文件等。这些模块协同完成 CPU 的基本功能。

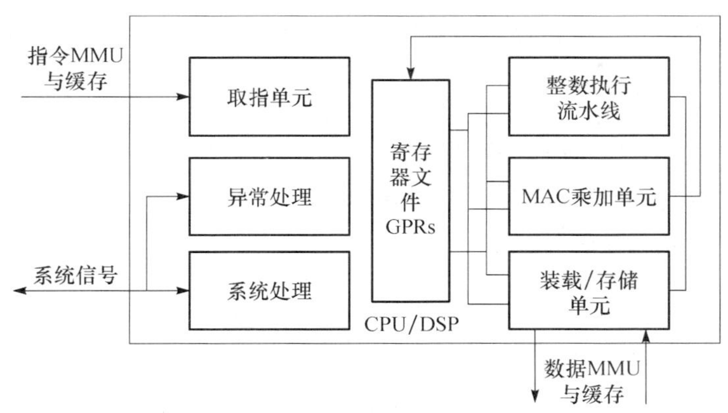

图 9.2 CPU/DSP 内部结构

OR1200 对数据的存取主要通过 LSU（Load and Store Unit，数据加载存储单元）完成，LSU 中需要负责数据地址的对齐，同时检测外部存储器（如果数据缓存使能，则检测数据缓存）访问时出现的错误。

存储器到寄存器数据传输模块主要负责 OR1200 对数据的读取，其内部需要对数据进行对齐处理。例如，访问一个 32 位字 memdata 的最高字节，则需要将 memdata[31:24]放到寄存器数据输出 regdata 的最低字节 regdata[7:0]上。同时，该模块还需要根据不同的存取指令对 regdata 的其他位进行填充，填充的是全 '0' 或是用有效数据的符号位填充。

寄存器到存储器数据传输模块主要负责 OR1200 对存储器的写操作。模块中根据地址对齐完成对数据的分配。

9.1.2 OR1200 指令集及指令流水线

OR1200 共有 52 条指令，这些指令按用途可分为：

（1）存储器访存指令。实现存储器与通用寄存器之间数据互传，在 CPU 核中主要有 mem2reg（Memory to Register）和 reg2mem（Register to Memory）两个模块执行指令。

（2）跳转指令。实现通过改变程序计数器的值以控制程序执行的顺序。这些跳转指令主要在 CPU 内部的 genpc（PC Generator）模块中执行，而取指令是在 if（Instruction Fetch）模块中完成。在跳转指令之后紧跟着的是延迟槽，在延迟槽中的指令一般为空操作指令，如“l.nop”。延时指令在程序流跳转之前执行。有时在跳转指令之后不是空操作指令，而是一条不相关的指令，如在“l.jr r9”指令之后为“l.addi r1 0x4”。这两条指令往往用作子程序的返回，第一条指令是将寄存器 r9 中的值加载在 PC 上，实现子程序的返回，第二条语句是将堆栈指针寄存器 r1 恢复到子程序调用之前。这里的第二条指令就会放在延迟槽中在程序流跳转之前得到执行，这样就不需要使用“l.nop”指令，从而缩短了程序执行时间。

其他转移指令，如“l.bf”、“l.bnf”等，也有同样的情况。延迟转移技术通过编译器的软件手段减少控制相关引起的流水线性能的降低，一般可采用的方法是将转移指令前、转移目标处或转移不发生时应执行的那条指令调度到延迟槽中。OR1200 的 GCC 编译器支持这种软件优化。

（3）ALU 运算指令，包括算术运算指令、逻辑运算指令和比较运算指令。CPU 中的 ALU 是一个大的组合逻辑电路，用户还可以在 ALU 中自定义一些特殊指令。例如可以定义一个“l.swap rx”指令来实现将寄存器 rx 内容的高字与低字互换的功能。

（4）特殊指令。用于实现特殊控制功能。

此外，按照寄存器的使用方式，这些指令还可分为：

- R 型指令（寄存器型）；
- I 型指令（立即数型）；
- J 型指令（跳转型）。

OR1200 的指令集非常适合于流水线结构，主要表现在如下特征：

① OR1200 指令集中所有指令长度相同，从而简化了取指逻辑和指令译码逻辑，使得取指（IF, Instruction Fetch）周期和指令译码（ID，Instruction Decode）周期能缩短。

② OR1200 指令集中的 R 型、I 型和 J 型指令中，各个域位置稳定，很容易从指令中分离出源操作数和目的操作数的寄存器号，在指令译码同时可读出源操作数。

③ OR1200 指令集中绝大多数是寄存器间的操作，只有两条存储器访存指令，简化了存储器访问操作。

④ OR1200 指令在存储器中按 32 位地址对齐，读一次存储器就可以读出一条指令，简化取指操作。

如前所述，在 RISC 体系结构中，采用流水线技术可用来提高运行速度。指令的执行过程是在 CPU 中不同部件之间协同完成的，如果控制器调度恰当，使各个部件都紧张有序工作，同时运行多条指令，使这些指令处于指令运行的不同阶段，虽然每条指令的执行时间并未缩短，但是 CPU 运行指令的速度却可以成倍提高。一般地，5 级流水线的平均理论速度是不用流水线时的 4 倍。OR1200 CPU 核就使用了 5 级流水线，各级流水线分别为：

- IF（Instruction Fetch，取指）；
- ID（Instruction Decode，指令译码）；
- EX（Execution，指令执行）；
- MA（Memory Access，存储器访问）；
- WB（Write Back，写回）。

OR1200 指令的流水线执行状态如图 9.3 所示。

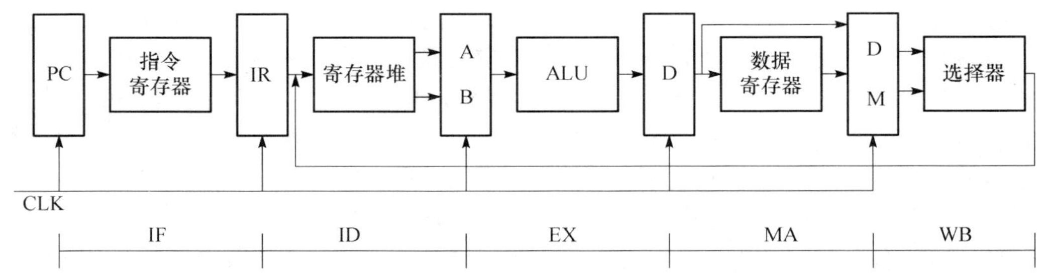

图 9.3　OR1200 的 5 级流水线

9.1.3 OR1200 核的异常模型和可编程中断控制器

OpenRISC1000 体系结构中的异常处理机制允许处理器在外部中断信号有效时，或者系统错误时，或者在指令执行中出现异常情况时改变到“超级监管者”模式执行异常处理程序。当异常发生时，处理器的状态寄存器将保存到特定的寄存器中，程序将跳转到预先为异常定义好的地址处执行。

OpenRISC1000 体系结构对快速异常处理（或者叫做快速上下文切换）有特殊的支持，允许快速中断处理。这是通过通用影子寄存器和一些特殊寄存器实现的。当处理器检测到一个由指令引起的异常时，在指令流水线中该条指令之前的所有未执行的指令都必须执行完成，然后才会进入异常处理。当一个异常处理程序正在执行时，也可能发生另一个异常，形成异常嵌套。快速异常处理同时允许快速异常嵌套，直到所有的影子寄存器被用完。

而 OR1200 CPU 核并不支持异常快速处理机制，没有影子寄存器，不会发生异常的嵌套。在 OR1200 中，如果发生异常，那么在指令流水线中，当前执行的指令以后的指令被舍弃，之前的指令需要执行完成并将结果写回，然后当前的程序计数器 PC 被保存在 EPCR 中。如果当前 PC 指向的是指令延迟槽中的指令，那么 PC-4，也就是前一条指令的地址将会保存在 EPCR 中，当前处理器状态寄存器被保存在 ESR 中。PC 跳转到相应的异常向量处开始执行。在此介绍的设计中的异常向量表与 OR1200 默认配置的异常向量表不一样，详见表 9.2。

表 9.2 OR1200 的异常向量表

异常类型	异常向量 默认配置	异常向量 实际配置	异常产生条件
复位	0x100	0x10	复位输入信号有效
总线错误	0x200	0x20	访问无效的物理地址
数据页失败	0x300	0x30	在页表中发现不匹配的 PTE 或者访存操作中页保护违规
指令页失败	0x400	0x40	在页表中发现不匹配的 PTE 或者在指令预取中页保护违规
Tick 定时器	0x500	0x50	Tick 定时器中断
对齐	0x600	0x60	访存地址不对齐的位置
非法指令	0x700	0x70	在指令流中非法的指令
外部中断	0x800	0x80	外部中断信号有效
D-TLB 未命中	0x900	0x90	在数据 TLB 中没有匹配的条目
I-TLB 未命中	0xA00	0xA0	在指令 TLB 中没有匹配的条目
系统调用	0xC00	0xC0	软件产生的系统调用
断点	0xD00	0xD0	调试单元引起的异常

当异常处理程序执行完成时，需要执行“l.rfe”指令，即 Return from Exception。执行这条指令后，CPU 将 EPCR 恢复到 PC，将 ESR 恢复到 SR 中，同时需要在异常返回之前从栈中恢复之前压入栈的通用寄存器。然后 CPU 返回到发生异常时的程序流位置处继续执行。此外，在 OR1200 CPU 核中带有一个可编程中断控制器，用于管理外部中断。其默认配置下只能管理高电平引起的中断，内部有两个寄存器 PICMR（中断屏蔽寄存器）和 PICSR（中断状态寄存器）。而通常使用的是边沿触发中断，所以实际设计中对该中断控制器要做一些完善，设计中

的中断控制器主要用在UART中断上。最终使用的可编程中断控制器结构如图9.4所示。

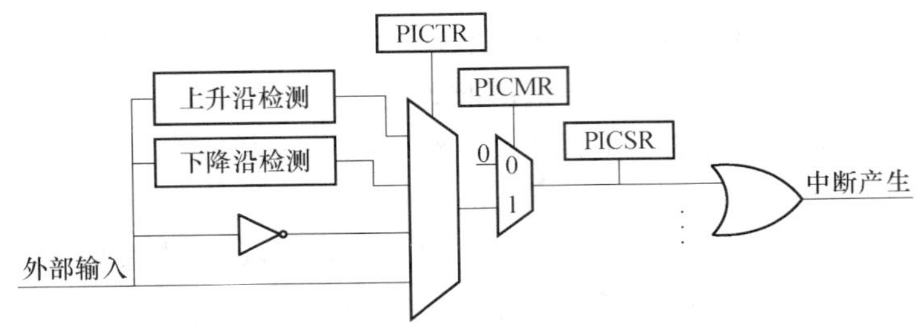

图9.4　可编程中断控制器结构

使用这个中断控制器可以通过PICTR寄存器选择外部中断触发方式，可以选择上升沿触发、下降沿触发、高电平触发或者低电平触发中断。外部中断输入的通道数是可配置的，最多可有30个外部中断源，每个通道的中断源都可以通过PICMR寄存器相应位屏蔽。中断发生后，中断状态将保存在PICSR寄存器中，软件可通过PICSR寄存器判断是哪个通道发生了中断。在中断处理程序中，软件必须将PICSR寄存器中的相应位清零。

9.1.4　OR1200核的寄存器

OR1200 CPU中的寄存器包括通用寄存器和特殊功能寄存器。通用寄存器中有32个32位的通用寄存器R0到R31。寄存器文件使用了两个同步双端口RAM，可以在一个时钟周期中读出两个寄存器操作数。OR1200内核中所有模块的特殊功能寄存器被分成32个寄存器组。每个寄存器组都有不同数量的寄存器和各自的寄存器地址译码电路。16位的寄存器地址中有5位寄存器组序号和11位寄存器序号。这些寄存器组的情况详见表9.3。

表9.3　特殊功能寄存器组

寄存器组号	寄存器组说明
0	系统控制和状态寄存器
1	数据MMU（在只有一个统一MMU情况下，组1和组2作为单个组）
2	指令MMU
3	数据缓存（在只有一个统一缓存情况下，组3和组4作为单个组）
4	指令缓存
5	MAC单元
6	调试单元
7	执行计数单元
8	电源管理单元
9	可编程中断控制器
10	Tick 定时器
11	浮点单元
12～23	保留
24～31	用户自定义单元

寄存器地址译码电路采用了“部分地址译码技术”。地址译码器只会对用到的寄存器地址进行译码。有些寄存器是必须在“超级监管者”模式下才能访问的，这些寄存器的读与写是通过“l.mfspr”（move from SPR）和“l.mtspr”（move to SPR）指令完成的。寄存器组中的第 0 组寄存器是系统控制和状态寄存器。该寄存器组的详细信息如表 9.4 所示。

表 9.4　第 0 组特殊功能寄存器

寄存器编号	寄存器名	说　明
0	VR	版本寄存器
1	UPR	单元有效寄存器
2	CPUCFGR	CPU 配置寄存器
3	DMMUCFGR	数据 MMU 配置寄存器
4	IMMUCFGR	指令 MMU 配置寄存器
5	DCCFGR	数据缓存配置寄存器
6	ICCFGR	指令缓存配置寄存器
7	DCFGR	调试单元配置寄存器
8	PCCFGR	电源管理单元配置寄存器
16	NPC	PC 在 SPR 空间下的映射，下一个 PC
17	SR	超级监管者寄存器
18	PPC	PC 在 SPR 空间下的映射，前一个 PC
20	FPCSR	FP 控制状态寄存器
32～47	EPCRn	异常 PC 寄存器
48～63	EEARn	异常 EA 寄存器
64～79	ESRn	异常 SR 寄存器
1024～1535	GPRn	GPR 在 SPR 空间下的映射

其实在不支持影子寄存器的 OR1200 中，EPCRn、EEARn 和 ESRn 只有一组，那就是 EPCR0、EEAR0 和 ESR0。

在 32 个通用寄存器中，R0 作为常数 0 寄存器，程序应该从来都不会修改该寄存器，R1 为堆栈指针寄存器 SP，OR1200 中没有专门的 push 和 pop 指令，每次使用堆栈都需要软件去处理堆栈指针，并保证处理的正确；R3～R8 为函数调用时的 6 个参数传递寄存器。如果函数的参数多于 6 个，额外的参数将通过堆栈传递；R9 为函数返回地址寄存器，存储函数调用时的 PC 位置；R11 为函数返回值寄存器；R12 为函数返回值高位寄存器，如果函数返回的是一个 32 位的值，则该寄存器可作为临时寄存器。

在函数调用或是使用“l.jal”之类的指令时，当前指令的位置将会保存在 R9 中，要跳转到的地址通过当前地址加上一个偏量得到，而这个偏量就是从指令中的内容译码得到的。在跳转指令中，指令字的后 26 位便是偏移地址，详细情况可以参考 OpenCores.org 网站上的 OR1200 指令集列表。

9.1.5 OR1200 核的 Tick 定时器

OR1200 核中带有一个高精度 Tick 定时器，该定时器可以设置成单次运行，连续运

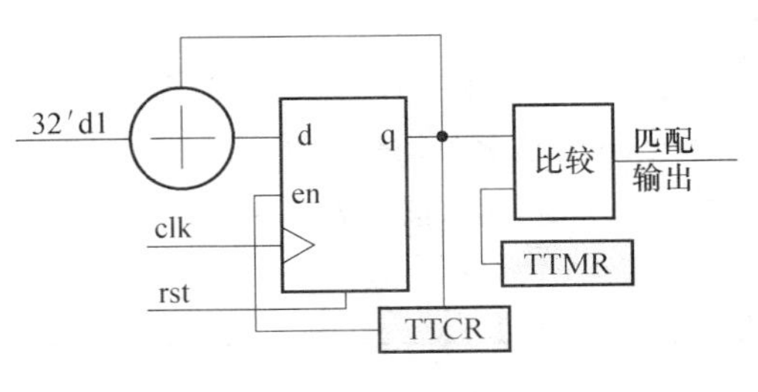

图 9.5 Tick 定时器结构

行并产生 Tick 定时器中断。定时器内部结构如图 9.5 所示。

定时器的输入时钟为 OR1200 的系统时钟，内部计数寄存器为 28 位，Tick 定时器内部有两个寄存器，计数寄存器 TTCR 和匹配寄存器 TTMR。这个定时器可以用作操作系统进行任务切换中所需要的时间基准。OR1200 中带有的这个定时器也就是为了方便操作系统移植。设计中使用这个定时器为延时程序提供时间基准。TTCR 寄存器各位域代表的意义如表 9.5 所列，其中 CNT 为定时器计数值，IP 为中断标志位，IE 为中断使能位，CR 为连续运行，SR 为单次运行。

表 9.5 TTCR 寄存器各位域代表的意义

31	30	29	28	27:0
SR	CR	IE	IP	CNT
单次运行	连续运行	中断使能	中断标志	当前计数值

9.2 WISHBONE 片上总线

OR1200 核的源代码是完全开放的，而且能根据使用的需要，通过修改配置来适应具体应用场合。这些配置都在 OR1200 核的源代码文件 or1200_defines.v 中，配置中的大部分是选择是否使能相应的核内部模块。当然，若要具体使用这个 CPU 核，其外部还需要一些基本模块来配合，如总线模块、存储器模块、基本外设等。这些可配置的模块或外设，基本上都使用 OpenCores 所推广的 WISHBONE 总线接口。以下将会介绍设计中使用的 WISHBONE 片上总线以及基于该总线的存储器和其他外设。

9.2.1 WISHBONE 总线概述

WISHBONE 片上互联总线标准是一种完全免费开源的片内总线标准。它是由 Silicore 公司开发的，现在由 OpenCores 组织负责维护。本书中提到的版本为 2010 年 6 月发布的 B.4 版本，上一个版本是在 2002 年 7 月发布的 B.3 版本。

WISHBONE 片上总线结构适用于使用可移植的 IP 核的设计，它为设计微电子 IP 核提供了一个非常灵活的设计方案。它的目的在于解决片上系统集成中的问题，以便促进设计的可重用性，提高系统的可移植性与稳定性，并促进和加快最终用户的产品的交互。WISHBONE 片上总线建立了一个标准的数据交换协议，IP 核之间通过一个通用接口完成互联。WISHBONE 总线的特性主要包括：

- 简单，紧凑，IP 核的硬件接口逻辑在逻辑设计上只需要很少的逻辑资源。
- 支持每个时钟进行一次数据传输。

- 支持正常结束、重试结束和错误结束。
- 用户可自定义标签信号，这在向地址总线、数据总线或者总线周期上添加额外的信息时很有帮助，尤其是在修改总线周期以识别不同的信息，如数据传输、校验位和纠错码、中断向量、缓存控制操作。
- 采用主设备/从设备的总线架构在系统设计上非常灵活。
- 支持多处理器（多主设备），允许多种不同片上系统构架。
- 总线仲裁器是由用户定义的（优先级仲裁器、循环仲裁器等）。
- 支持多种 IP 核互联方案，包括点对点互联、共享总线互联、交叉互联、数据流互联、片外互联等。
- 全同步设计，确保可移植性和简单易用性。
- IP 核类型的无关性（软核、固核或硬核都可以）。

WISHBONE 总线的这些特性大部分也是其他片上总线所共有的。目前比较常见的片上总线规范有 ARM 公司的 AMBA 总线（包括 AHB、ASB、APB）、Altera 公司的 Avalon 和 OpenCores 的 WISHBONE。与其他总线相比，WISHBONE 总线有以下四点特性：

（1）支持点对点互联、共享总线互联、交叉互联和基于交换结构的互联。WISHBONE 总线在设计的时候就是“轻量级”总线，实际上更侧重于点对点互联，以及复杂度不高的共享总线互联。WISHBONE 接口简单紧凑，接口需要很少的逻辑，在 WISHBONE 系统中，所有的设备都连接在同一条总线上，而不论其是高速设备还是低速设备。这与 AMBA 总线很不同，AMBA 系统中还有高速高性能总线 AHB 和低速设备总线 APB 之分。其实 WISHBONE 系统也可以使用两条 WISHBONE 总线达到类似 AMBA 总线的结构。

（2）支持全功能的数据读写操作，包括单次读写操作、块读写操作、读修改写操作。最快情况下，一个时钟完成一次操作。操作的结束方式可以是正常成功结束、重试结束和错误结束。每次操作都是由主设备发起的，如果主设备收到不成功结束，主设备如何响应将是由设计者来定的。

（3）允许从设备进行部分地址译码。有利于减少冗余地址译码逻辑，提高译码速度。

（4）支持用户自定义标签信号。这些标签可以向地址总线和数据总线提供额外的信息，如校验信号等；为总线周期提供额外的信息，如中断向量及缓存控制操作类型等。WISHBONE 规范只定义了标签信号的时序，而标签的具体含义是设计者自定义的。在 OR1200 中的指令和数据总线上就有标签信号用来确定总线错误的具体类型。支持自定义标签信号是 WISHBONE 总线规范区别于其他总线规范的重要特征之一。

9.2.2 WISHBONE 接口信号说明

在 WISHBONE 总线规范中，所有的信号都是高电平有效。所有的信号其后都加有'_I'或'_O'字符，表示该信号是输入（到 IP 核）还是（从 IP 核）输出。信号组通常在其后加一对圆括号表示。例如，[DAT_I( )]是一个信号组。WISHBONE 系统的标准互联如图 9.6 所示。这里将使用图 9.6 介绍 WISHBONE 接口信号。

（1）首先介绍主设备接口信号：

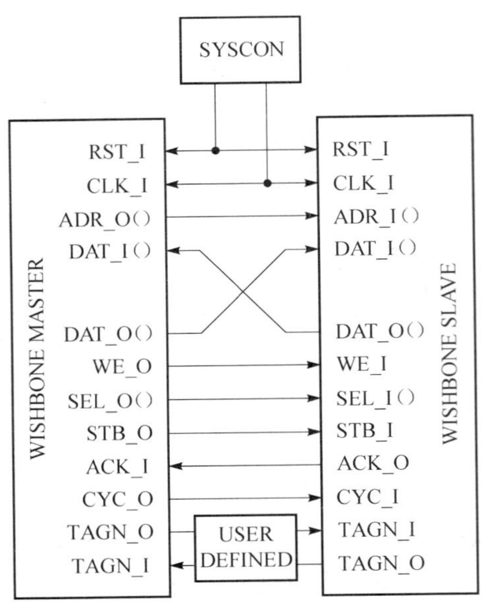

图 9.6 WISHBONE 标准互联图

ACK_I：应答输入信号。当该信号有效时表示一个正常的总线周期结束。

ADR_O( )：地址输出信号组[ADR_O( )]用于传输二进制表示的地址。在某些情况下（例如 FIFO 接口）该信号组可能在接口中不存在。

CYC_O：总线周期输出信号。当该信号有效时表示一个有效的总线周期正在进行。该信号在整个总线周期中将一直维持有效状态。[CYC_O]信号还可以用来向仲裁器申请总线使用权。

ERR_I：总线周期错误结束信号。该有效信号表示一个总线周期的非正常结束。错误信号的产生方式以及主设备对此信号的应答将由 IP 核设计者给出定义。

LOCK_O：锁定输出信号。当有效时表示当前的总线周期是不可被打断的。

RTY_I：总线周期重试结束信号。表示当前接口没有准备好接收或发送数据，因此传输应该重试。什么时候传输需要以什么方式重试，这是由 IP 核设计者定义的。

SEL_O( )：输出选择信号组。该有效信号表示在读周期中有效的数据期望在[DAT_I( )]信号组的什么位置，以及在写周期中有效数据放在[DAT_O( )]信号组的什么地方。

STB_O：选通输出信号。该有效信号表示一个有效的数据传输周期。用它来约束总线上各种其他信号。从设备使[ACK_I]或者[ERR_I]或者[RTY_I]信号有效，作为每一次[STB_O]信号有效的响应。

TGA_O( )：地址标签类型信号。它包含和地址线[ADR_O( )]相关联的信息，并受到[STB_O]信号的限定。

TGC_O( )：总线周期标签类型信号。它包含了与总线周期相关联的信息，并受到[CYC_O]信号的限定。

WE_O：写使能输出信号。该有效信号表示当前本地总线周期是读还是写。该信号在读周期中无效，在写周期中有效。

（2）从设备接口信号如下：

ACK_O：应答输出信号。当有效时表示一个正常的总线周期结束。

ADR_I( )：地址输入信号组[ADR_I( )]用到传输二进制表示的地址。在某些情况下（例如 FIFO 接口）该信号组可能在接口中不存在。

CYC_I：周期输入信号。当有效时表示一个有效的总线周期正在进行。该信号在整个总线周期中一直有效。

ERR_O：总线周期错误结束信号。表示一个总线周期的非正常结束。错误信号的产生方式以及主设备对该信号的应答将由 IP 核设计者给出定义。

LOCK_I：锁定输入信号。当有效时表示当前的总线周期是不可被打断的。

RTY_O：总线周期重试结束信号。表示当前接口没有准备好接收或发送数据，因此传输应重试一次。什么时候传输需要以什么方式重试是由 IP 核设计者定义的。

SEL_I( )：输入选择信号组。表示在写周期中有效数据放在[DAT_I( )]信号组的什么地方，以及在读周期中有效的数据应该出现在[DAT_O( )]信号组的什么位置。

STB_I：选通输入信号。当有效时表示该从设备被选择。从设备只有在[STB_I]信号拉高时才会去响应其他 WISHBONE 信号（除了 RST_I 信号随时都应该能响应）。从设备使[ACK_O]或者[ERR_O]或者[RTY_O]信号有效作为每一次[STB_I]信号有效的响应。

TGA_I( )：地址标签类型信号。包含和地址线[ADR_I( )]相关联的信息，并受到[STB_I]信号的限定。

TGC_I( )：总线周期类型标签信号。包含了与总线周期相关联的信息，并受到[CYC_I]信号的限定。

WE_I：写使能输入信号。表示当前本地总线周期是读还是写。该信号在读周期中无效，在写周期中有效。

9.2.3　WISHBONE 总线协议与数据传输

所有的总线周期在主设备和从设备接口之间都使用了握手协议。在主设备准备好传输数据的时候使[STB_O]信号有效。[STB_O]信号将一直保持有效直到从设备接口回应一个有效的周期结束信号[ACK_I]、[ERR_I]或者[RTY_I]。主设备在每个[CLK_I]的上升沿对周期结束信号进行采样，如果它有效了，那么就取消[STB_O]信号。这将使得主设备和从设备接口都能够控制数据传输速率。

WISHBONE 总线支持单次读写周期、块读写周期和修改读写周期。在本次设计中的 WISHBONE 接口，其总线读写周期较简单。

WISHBONE 总线互联方式有多种，包括点对点互联、共享总线互联、交叉互联和基于交换结构的互联。本文只介绍交叉互联方式。交叉互联方式用在连接两个或两个以上的主设备，使它们各自都能够读写两个或两个以上的从设备，这种交叉互联方式如图 9.7 所示。

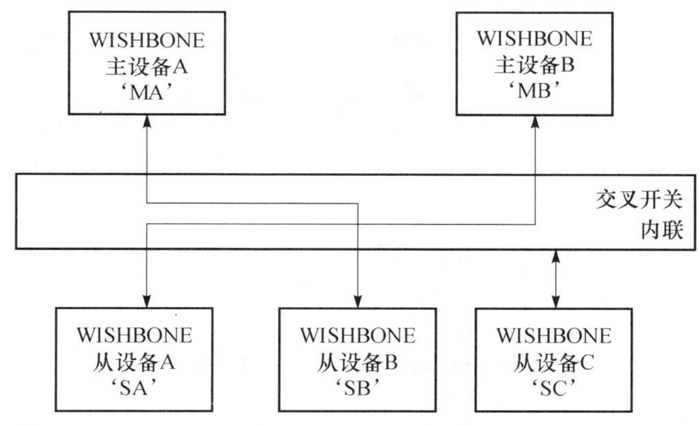

图 9.7　WISHBONE 总线交叉互联方式

在交叉互联中，一个主设备向目标从设备发起一个可寻址的总线周期，仲裁器（图中未画出）决定主设备何时能够获得指定的从设备的控制权。不像共享总线互联方式，交叉互联允许一个以上的主设备使用互联总线（只要不同时读写同一个从设备）。

在这种方式下，系统对每个主设备交换通道进行仲裁，一旦通道建立，数据就会在主设备与从设备之间通过一条专用通道传输数据。该图显示了在交换结构上可能出现的两条通道。第一条连接主设备‘MA’和从设备‘SB’，第二条连接主设备‘MB’和从设备‘SA’。

交叉互联方式的总体数据传输速率要比共享总线方式高。例如图 9.7 显示了两对主设备/从设备同时互联。如果每个通信通道支持 100Mbps 的数据速率，那么两对数据就能以 200Mbps 的速率并行操作。这一方案能够扩展到极高的数据传输速率。

交叉互联的一个缺点在于它需要比共享总线系统更多的互联逻辑资源和布线通道。根据设计经验，由两个主设备和两个从设备组成的交叉互联系统需要与之相似的共享总线系统（两个主设备和两个从设备）两倍的互联逻辑资源。

wb_conmax 是 OpenCores 组织的一个开源 WISHBONE 总线 IP 核，可以实现 WISHBONE 总线的交叉互联。该 IP 核最多能够互联 8 个主设备和 16 个从设备，在每个从设备接口上都有一个基于优先级的总线仲裁器。wb_conmax 允许在不同接口上的主设备和从设备进行并行数据传输。本章后文介绍的一个基于 OpenRISC 的 SOC 设计将涉及它的一个具体实现，在这个实现中 wb_conmax 上接了 4 个主设备接口和 4 个从设备接口。

由于 OpenRISC 与 WISHBONE 都是 OpenCores 组织在维护和推广，因此，从设计上说，OpenRISC 与 WISHBONE 关系紧密，基于所有的可以用于 OpenRISC1200 的外设 IP 核都是基于 WISHBONE 片上总线的。一个典型的 OpenRISC 构成的嵌入式系统的框架如图 9.8 所示，其中 CPU 与外设、存储器之间是通过 WISHBONE 总线进行数据传输的。

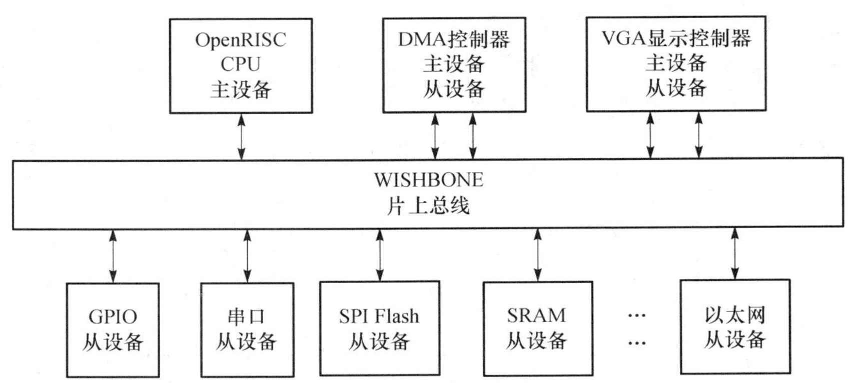

图 9.8　基于 WISHBONE 总线的 OpenRISC 典型应用

9.3 OpenRISC 的软件开发环境

完成基于 OpenRISC 软核及相关接口模块的片上系统硬件设计与构建后，就要为这个嵌入式处理器配置或开发工作软件，甚至包括操作系统。OpenRISC 的软件开发环境包括编译器工具链，以及优化软件开发和管理的集成开发环境。

9.3.1 OpenRISC 的 GNU 工具链

设计 OR1200 平台下的软件需要一种编程语言以及相应的编译器。目前已经有支持 OR1200 CPU 平台的 GNU 工具链，也就是 OR1200 交叉编译器。GNU 开发工具链是指 GCC（GNU Complier Collection）、glibc（GNU libc），以及用来编译测试和分析的 GNU binutils。GCC 的基本操作是驱动预处理、编译器、汇编器和链接器的过程，传递给 GCC 的大部分参数实际上都会被重定向给工具链中的其他组件。GCC 接口兼容性良好，它可以支持 CISC 和超流水线 RISC（MIPS）、超标量 RISC（SPARC）及超标量流水 RISC（Alpha）等多种平台。GCC 可以移植到 int 数据类型最少是 32 位的任何处理器上。

GNU 工具链中的 binutils 是一组包括汇编器、链接器和其他用于目标文件的档案的工具，它包括 add2line、ar、as、c++filt、gprof、ld、nm、objcopy、objdump、ranlib、readelf、size、strings 和 strip 应用程序。这些工具的作用说明如下：

- add2line：把程序地址转换成文件名和行号。
- ar：建立、修改和提取归档文件。
- as：汇编器，主要用来编译 GNU C 编译器 gcc 输出的汇编文件，产生的目标文件传递给链接器 ld。
- c++filt：链接器使用它来过滤 C++和 Java 符号，防止重载函数冲突。
- gprof：显示程序调用段的各种数据。
- ld：链接器，把目标文件和归档文件链接在一起，重定位数据并链接符号引用。
- nm：列出目标文件中的符号。
- objcopy：在目标文件之间拷贝内容。
- objdump：显示目标文件信息。
- ranlib：产生归档文件索引，并将其保存到这个归档文件中。
- readelf：显示 elf 格式可执行文件的信息。
- size：列出目标文件每一段及总体大小。
- strings：打印某个文件的可打印字符串。
- strip：删除目标文件中特定符号。

目前，OpenCores 组织计划发布两个版本的 GCC 编译器，一个是基于 μClibc 库（or32-μclinux-）的用于开发嵌入式 Linux 系统的编译器；另一个是基于 newlib 库（or32-elf-）的，主要用于非操作系统式的 OR1200 开发。

本书涉及的实验设计中使用的 OpenRISC 的 newlib 工具链中包括有：GCC-4.5.1、binutils-2.20.1、newlib-0.18.0、GDB-7.2 和 or1ksim-0.5.1。其中 GDB 为 GNU Project Debugger（GNU 项目调试工具），or1ksim 是 OpenRISC1000 架构的仿真工具。

OpenRISC 的 GNU 工具链都是提供源代码的。一般在类 Linux 的操作系统或操作环境上使用。按照使用操作系统环境的不同，常用的 OpenRISC GNU 工具链有两个版本，一个是在 Microsoft Windows 下的 Cygwin 环境中使用，另外一种是在流行 Linux 操作系统 μbuntu 下使用。

GCC 基本上是和 Linux 一起发展过来的，所以 GCC 建议直接在 Linux 操作系统环境下使用。但在 Linux 环境下对 GNU 工具链进行源代码编译、配置的过程又比较复杂。OpenCores 组织为了 OpenRISC 的使用者更快上手，提供了一个已经配置好 OpenRISC GNU 工具链的 μbuntu 操作系统的硬盘镜像文件（在 OpenCores.org 上可下载），该硬盘镜像文件可以直接在 Oracle VirtualBox 虚拟机上运行。

如果读者希望自己来配置 OpenRISC1200 的 GNU 工具链，可参考 OpenCores.org 上的相关提示，由于使用的 Linux 系统的差异，会导致配置失败的概率较大，因此更建议读者直接使用 VirtualBox 虚拟机的硬盘镜像来简化配置过程。

9.3.2　使用 Makefile 管理工程

目前的 OR1200 程序设计只有编译器而没有一个现成的完整的集成开发环境 IDE，即 Integrated Development Environment。而建立一个最简单的开发环境只需要一个源代码编辑器和一个 Makefile 文件就可以了。所幸的是，Altera 的 Quartus II 可以用作 C/C++源程序的编辑，或者使用 Linux 下的 Vim、gedit 等文本编辑器和 Windows 下的 Source Insight。

当然也可以自己用 Eclipse 配置一个带编辑、项目管理、编译、调试功能的 OpenRISC 的集成开发环境。

Makefile 文件配合 make 程序实现对工程文件的管理以及对编译规则的解释。makefile 定义了一系列的规则来指定哪些文件需要先编译，哪些文件需要后编译，哪些文件需要重新编译，甚至于进行更复杂的功能操作。因为 Makefile 就像一个 Shell 脚本一样，其中也可以执行操作系统的命令。Makefile 带来的好处就是“自动化编译”，即一旦编辑完成，只需要一个 make 命令，整个工程完全自动编译，极大地提高了软件开发的效率。make 是一个命令工具，是一个解释 Makefile 中指令的命令工具。

一般情况下，在 Linux 控制台或 Cygwin 的命令行中输入“make all”命令就可以完成对工程文件的编译、汇编、链接，生成二进制文件的全部过程。再输入“make clean”命令就可以清除所有目标文件和二进制文件，然后输入“make all”再重新编译。

当然，对于一个没有 IDE 的软件程序开发，还需要另外一个文件。因为 GCC 在进行链接工作是并不知道要将目标文件链接到什么地址上，也不知道程序设计中的每个段，如.bss 段、.text 段等的地址是什么，所以还需要一个链接脚本定义这些地址空间。这个链接脚本可能需要根据不同的 OpenRISC1200 核及外设情况进行配置。

事实上，make 的对象可以不是 C/C++源程序。在 Linux 下，通过编写 Makefile 文件，可以让 make 直接调用 Quartus II 对 Verilog 源程序进行综合、适配和下载。

9.4　一个简单的 OR1200 核的 SOC 设计示例

本节将详细给出一个 OR1200 的 SOC 应用系统的具体设计流程，即以实现于附录的

55F+开发系统上的一个简化的 OR1200 的 SOC 应用系统的流程为例来说明如何使用 OpenRISC1200 构成一个实用系统。这里暂且称这个系统为 KX_OR1200_SOC。

9.4.1 KX_OR1200_SOC 概述及设计流程

本次设计使用的 OR1200 CPU 核是一个简化的核，屏蔽了 OR1200 核的指令 MMU 和指令缓存单元、数据 MMU 和数据缓存单元、电源管理单元以及调试单元，只保留了基本的中断控制器和 Tick 定时器。

KX_OR1200_SOC 来源于 OpenCores 的 or1200_soc 的开源项目，or1200_soc 是一个基于简化配置的 OR1200 CPU 的 SOC 设计范例。KX_OR1200_SOC 在 or1200_soc 的基础上做了修改，主要是增加了 VGA 显示控制器，可以连接普通的 VGA 显示器显示图文信息。KX_OR1200_SOC 的基本结构如图 9.9 所示。图中显示，KX_OR1200_SOC 的核心是一个简化配置的 OR1200 CPU，外设比较少，主要有驱动 LED、数码管的通用输入输出 GPIO、标准串口 UART、用作程序和数据存储器的片内 ROM/RAM、一个片外的 SRAM 芯片的接口，以及 VGA 显示控制器。

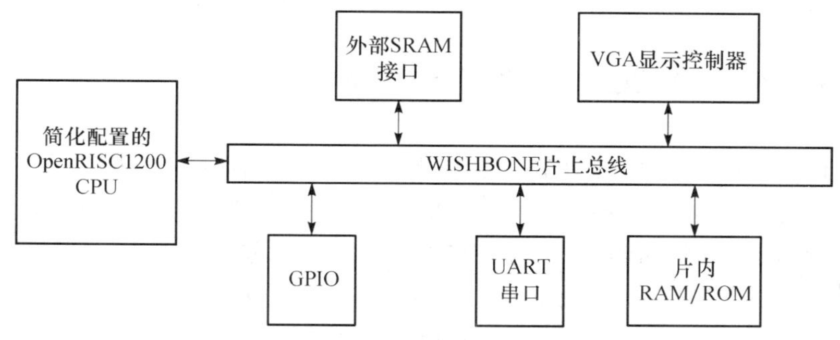

图 9.9 KX_OR1200_SOC 的基本结构

虽然 KX_OR1200_SOC 结构简单，但也算是一个标准的 SOC，其设计流程与复杂的基于 OR1200 的 SOC 设计流程基本一致。图 9.10 显示了其基本设计流程：主要由两大部分构成，一部分是硬件逻辑设计，另一个部分是软件设计。

在硬件逻辑设计部分中，除了第一步涉及到 OR1200 及其外设 IP 核的使用外，与标准 FPGA 开发的设计流程没有差异。这个部分主要是构建基于 OR1200 的 SOC 的硬件逻辑基础，主要是在 Quartus II 环境中完成。其中仿真部分，建议采用 ModelSim 进行仿真。

而软件设计部分是为了解决基于 OR1200 的 SOC 的软件程序设计问题，这里也可能涉及到嵌入式操作系统的移植与使用，比如 μC/OS II 和 Linux。KX_OR1200_SOC 可以使用 μC/OS II 或者运行裸机程序，在软件设计部分的第一步，既可以采用基于 μC/OS II 的移植与应用程序编写，也可以直接使用 C/C++、汇编来写裸机程序。

有了程序代码后，软件设计部分的第二步是使用 GNU 工具链中的 GCC 对源程序进行编译链接，然后把生成的目标代码下载到 OR1200 所连接的程序存储器中，进行软件调试，或者通过转换程序，对目标代码文件进行格式转换，由 HDL 仿真器进行软硬件联合仿真。

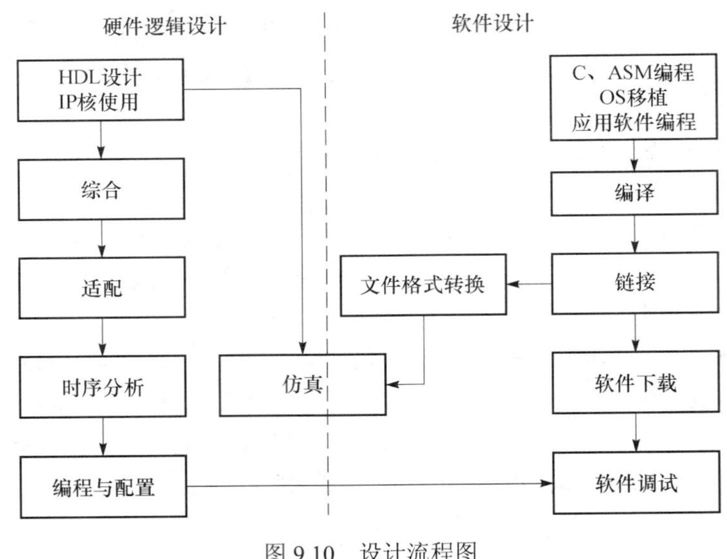

图 9.10 设计流程图

本节中的设计内容也是按照上述设计流程进行的。以下先讲述硬件逻辑设计，然后讲述软件设计，其中包括底层程序编写、OS 移植、应用程序编写和仿真调试等。

9.4.2 KX_OR1200_SOC 的存储器结构及初始化

KX_OR1200_SOC 中 WISHBONE 总线上有三个存储器：两个 FPGA 片内存储器和一个 SRAM。两个片内存储器分别用作 OR1200 的指令存储器和数据存储器，而 SRAM 则用作 VGA 显示缓冲存储器。片内存储器是在一般通用存储器的基础上加了一个 WISHBONE 接口的封装容器（Wrapper）。指令存储器有 16KB，是由四个 4KB 8 位的 RAM 进行位扩展组成的。同样，数据存储器有 2KB，也是由四个 512B 8 位的 RAM 进行位扩展组成的。SRAM 有 512KB，存储 VGA 要显示的图像信息。由于受到 SRAM 容量的大小以及系统频率的限制，VGA 显示使用 256 位色，每个像素需要一个字节的数据，每个字节中 RGB 颜色的比例为 3∶2∶3。SRAM 控制器的 WISHBONE 接口的数据为 32 位，SRAM 控制器读一次数据可以显示 4 个像素。另外，在 SRAM 控制器与 VGA/LCD 控制器之间还有一个 1KB 的 FIFO。

在 OR1200 软件设计好之后，经过编译和链接得到的二进制文件需要下载到 OR1200 的指令存储器中，进行软件调试。这一步可以使用 Quartus II 的 In-Sytem Memory Content Editor 功能，直接更新 OR1200 所连接的指令存储器或数据存储器的内容，但不能直接更新外部 SRAM 的内容。外部 SRAM 内容的更新可以通过 Quartus II 的 In-System Sources and Probes Editor 功能，也可以使用 OR1200 的调试接口或者使用串行口编程。

串行通信方式是：这个上位机软件通过 USB 转串口线连接 OR1200，然后预置在 OR1200 的指令存储器中的引导代码控制串口传输，把数据传送到外部 SRAM 上。

将 OR1200 可执行的二进制目标文件下载到指令存储器后，KX_OR1200_SOC 就可以正常工作。但这种方法只能用于软件调试过程。如果需要上电就自动加载程序，那么就需要在进行综合前先把二进制目标代码转换成 mif 文件，作为片内 RAM 的初始化内容，然后进行综合。当然还可修改 KX_OR1200_SOC 的设计加入 Flash 来存放目标代码。

9.4.3 GPIO 通用输入输出端口

GPIO 模块使用了 OpenCores 组织的一个免费开源的 IP 核 GPIO。该 IP 核实现的 GPIO 输入输出端口个数是可配置的，最多可有 32 个。并且这个输入的端口还可以配置成能够作为外部中断输入，所有的输入信号在系统时钟的上升沿被锁存或者被配置成外部输入时钟的任一边沿锁存。

设计中使用了该 IP 核，主要目的是为了连接 LED、数码管以及拨动开关。当然这些 GPIO 在设计中并不是必需的，可以在 Quartus II 工程中有相应的宏定义屏蔽 GPIO 的综合与适配。GPIO IP 核中的寄存器列表见表 9.6，并参考图 9.11 的 GPIO IP 核内结构图。

表 9.6 GPIO IP 核寄存器列表（参考图 9.11）

寄存器名	地 址	长度/位	说 明
GPIO_IN	0x30010000	32	GPIO 输入数据寄存器
GPIO_OUT	0x30010004	32	GPIO 输出数据寄存器
GPIO_OE	0x30010008	32	GPIO 输出使能寄存器
GPIO_INTE	0x3001000C	32	GPIO 输入中断使能寄存器
GPIO_PTRIG	0x30010010	32	GPIO 输入中断触发类型
GPIO_AUX	0x30010014	32	GPIO 端口复用输出寄存器
GPIO_CTRL	0x30010018	2	GPIO 控制寄存器
GPIO_INTS	0x3001001C	32	GPIO 输入中断状态寄存器
GPIO_ECLK	0x30010020	32	GPIO 外部时钟使能寄存器
GPIO_NEC	0x30010024	32	GPIO 外部时钟边沿选择寄存器

在此项设计中还为使用 FPGA 开发板上的按键设计了一个 WISHBONE 从设备。这个 WISHBONE 从设备实质上与 GPIO 没有太大差异。开发板上有五个按键，其中有一个按键用于系统复位输入，该按键可以同时复位 OR1200 和 VGA 显示控制器这两个核。除去该按键，其他四个按键连接了 WISHBONE 从设备，各键用 WISHBONE 从设备模块的寄存器列表详见表 9.7。

9.4.4 uart16550 串行通信模块应用

UART 模块使用了 OpenCores 组织的一个免费开源 IP 核 uart16550。该 IP 核提供一种串行通信能力，允许通过 RS232 协议进行通信。该核在设计中最大程度地兼容了美国国家半导体公司（现被 TI 公司收购）的经典 UART 通信芯片 NS16550A 的工业标准。在这个 IP 核的寄存器中，有两个 8 位的寄存器 UART_DLH 和 UART_DLL，它们组成一个 16 位

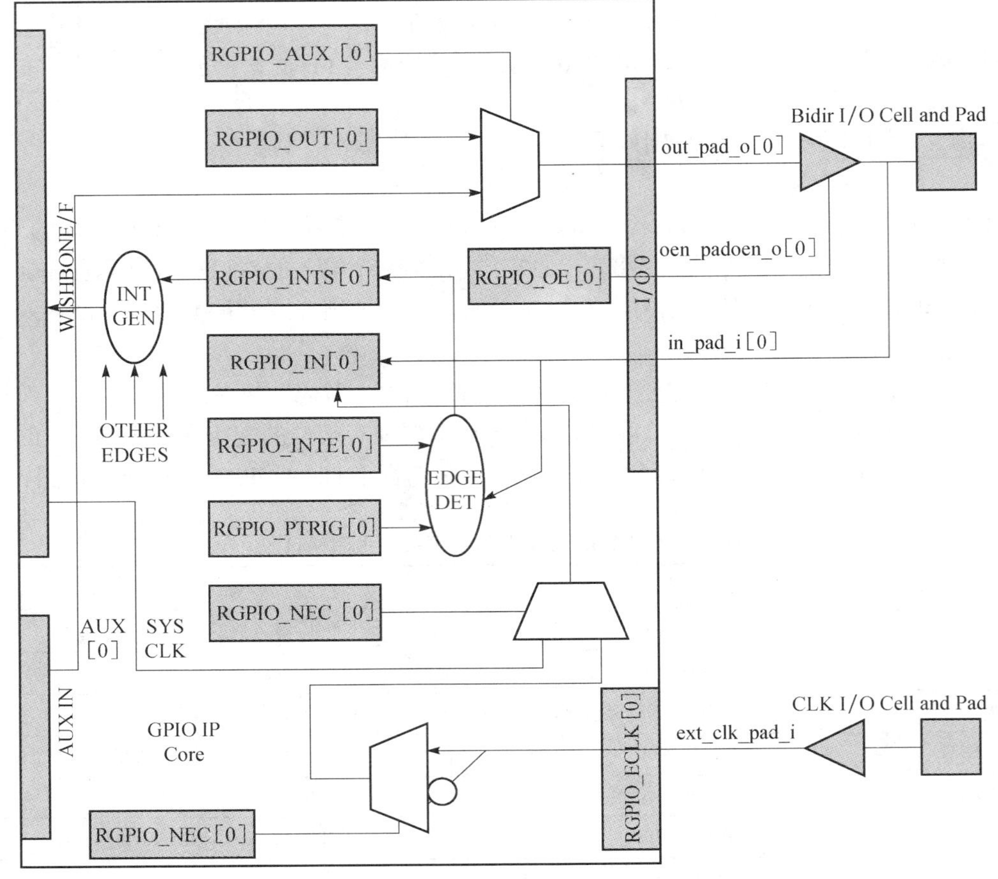

图 9.11 GPIO IP 核内部结构

表 9.7 LED 数码管及按键控制模块寄存器列表

寄存器名	地 址	长度/位	说 明
键 2：KEY_IN	0x30020000	4	按键输入数据寄存器
键 3：KEY_INTE	0x30020004	4	按键输入中断使能寄存器
键 4：KEY_PTRIG	0x30020008	4	按键输入中断触发类型
键 5：KEY_INTS	0x3002000C	4	按键输入中断状态寄存器

的波特率分频寄存器 UART_DL，通信时的波特率等于系统时钟频率除以（16×UART_DL）。而这两个寄存器的地址分别与另外两个寄存器，即数据寄存器和中断使能寄存器的地址一样，必须将寄存器 UART_LCR 中的第 7 位置‘1’才能读写这两个寄存器。uart16550 中的寄存器列表见表 9.8。设计中还使用了 uart16550 IP 核的接收数据有效中断功能，软件将寄存器 UART_IE 中的第 0 位置‘1’以使能 UART 中断，并在逻辑设计中将该 IP 核的中断输出接到 OR1200 的外部中断输入上。这是本项设计使用的唯一外部中断。

表 9.8 uart16550 寄存器列表

寄存器名	地 址	长度/位	说 明
UART_RBR	0x30000000	8	接收数据缓存寄存器（只读）
UART_THR	0x30000000	8	发送数据保持寄存器（只写）
UART_IER	0x30000001	8	中断使能寄存器
UART_IIR	0x30000002	8	中断类型识别寄存器（只读）
UART_FCR	0x30000002	8	FIFO 控制寄存器（只写）
UART_LCR	0x30000003	8	通信线控制寄存器
UART_MCR	0x30000004	8	调制解调控制寄存器
UART_LSR	0x30000005	8	通信线状态寄存器
UART_MSR	0x30000006	8	调制解调状态寄存器
UART_DLL	0x30000000	8	波特率分频寄存器低字节
UART_DLH	0x30000001	8	波特率分频寄存器高字节

9.4.5 VGA/LCD 显示控制器设计

前面已经提到过，VGA/LCD 控制器是一个 WISHBONE 总线的主设备。在控制器中，主要有三个模块：WISHBONE 主设备接口模块，VGA 时序控制模块和一个 FIFO。VGA/LCD 控制器的结构图如图 9.12 所示。

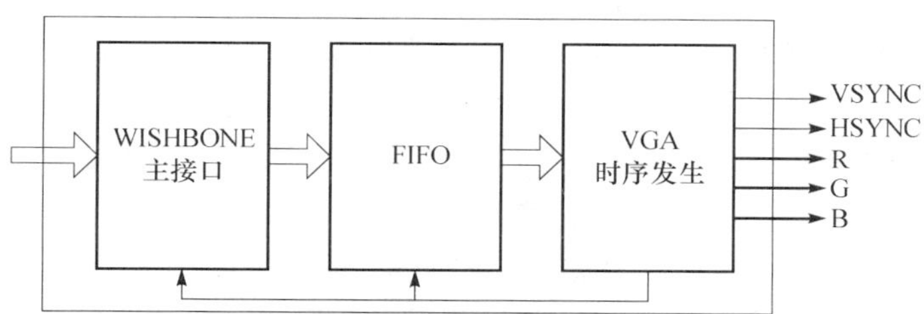

图 9.12 VGA/LCD 显示控制器内部结构

当 WISHBONE 主设备接口在 FIFO 数据少于半满的时候就会读取 SRAM 中的数据，再填到 FIFO 中；同时，VGA 场同步信号的上升沿会将 FIFO 清空，并将 WISHBONE 主设备接口中记录的 SRAM 地址复位，这样可以保证图像的正确显示。由于 VGA 显示时使用 256 位色，每个像素只需要一个字节，所以 VGA 时序控制中还必须完成对像素数据的分配。VGA 显示时使用的是 640×480 分辨率，刷新频率为 60Hz，像素频率为 25MHz。具体时序特征见表 9.9。

表 9.9 VGA 时序

总体时序	
屏幕刷新频率	60 Hz
行刷新频率	31.46875 kHz
像素刷新频率	25.175 MHz

续表

水平刷新时序		
水平扫描阶段	像素个数	时间/μs
可视区域	640	25.422
前沿	16	0.636
同步脉冲	96	3.813
后沿	48	1.907
整行	800	31.778
垂直刷新时序		
垂直扫描阶段	行数	时间/ms
可视区域	480	15.253
前沿	10	0.318
同步脉冲	2	0.0636
后沿	33	1.049
一帧	525	16.683

9.4.6 外设的初始化及系统的启动

在搭建好程序开发环境之后就可以设计软件程序功能了。为了实现 UART 控制 VGA 图形显示的系统功能，需要做的工作包括：①对使用到的外设，包括 UART、Tick 定时器和可编程中断控制器进行初始化；②实现 PC 机与 OR1200 通过 UART 进行命令行交互功能；③设计的程序能够接受来自 UART 的命令并在显示器上绘出图形。

限于篇幅，UART 命令行的实现不做具体阐述。

设计中使用到的外设主要就是 Tick 定时器、UART 和中断控制器。初始化这些设备也就是配置相应的寄存器。Tick 定时器需要配置中断间隔时间，在程序中有如下宏定义：

```
#define TICKS_PER_SEC 1000  /* Set the number of ticks in one second*/
```

同时在 Makefile 中已经定义了 F_CPU 为 50000000，意思是系统时钟频率为 50MHz。然后在 Tick 定时器初始化程序中设置 TTMR 寄存器：

```
mtspr(_SPR_TT_TTMR, (1 << _SPR_TT_TTMR_CR) |
                    (0 << _SPR_TT_TTMR_SR) |
                  (1 << _SPR_TT_TTMR_IE) |
                  (0 << _SPR_TT_TTMR_IP) |
                  (F_CPU / TICKS_PER_SEC)
    );
```

这样的设置使 Tick 定时器为连续运行并使能中断，中断时间间隔为 1ms。Tick 定时器在程序中主要用作程序的精确延时。

UART 初始化需要配置 UART 通信的波特率，在 Makefile 中已经定义了 BAUD 为 57600，同时在程序中有如下宏定义：

```
#define    UART_DL_VALUE     (F_CPU / (BAUD * 16))
#define    UART_DLL_VALUE    (UART_DL_VALUE & 0x00FF)
#define    UART_DLH_VALUE    (UART_DL_VALUE >> 8)
```

然后 UART 初始化程序对 UART 波特率寄存器做如下配置：

```
UART_DLH = UART_DLH_VALUE;
UART_DLL = UART_DLL_VALUE;
UART_IER = UART_IER_RDA;
```

这样就设置 UART 波特率为 57600 bps，并使能了 UART 接收数据有效中断。

可编程中断控制器主要用于管理来自 UART 的中断。初始化中，选择外部中断通道 2 为上升沿触发中断，同时置位 OR1200 的 SR 寄存器的第 3 位使能外部中断。

在前文中介绍过 OR1200 的中断向量表更改过，在 OR1200 复位信号有效之后，系统跳转到复位中断向量 0x10 处开始执行。此时软件需要初始化堆栈指针寄存器 R1，并跳转到 main 函数。其实，OR1200 中没有专门的堆栈指针寄存器，而是使用了通用寄存器 R1。所以理论上对 OR1200 栈的生长方向是可以自己定义的。不过一般定义为栈向下生长，所以将 R1 设置为 OR1200 数据存储器的最大地址处。系统的启动代码如下：

```
org 0x10
_reset:
 l.movhi  r3, hi(_startup)
 l.ori    r3,r3, lo(_startup)
 l.jr     r3
 l.nop
.section .text, "ax"
_startup:
/* Set stack pointer */
l.movhi r1,0x1000
l.ori   r1,r1,0x07FC
/* Jump to main */
l.movhi  r3, hi(_main)
l.ori    r3, r3, lo(_main)
l.jr     r3
l.nop
l.j
l.nop
```

再接下去就是应用程序的编写。这个过程和普通的单片机的 C 程序编写没有太大差异。区别仅仅在于操作的外设寄存器的定义与操作方法不同。图 9.13 显示了一个在 VGA 显示器上进行直线绘制的显示效果图。图 9.14 显示了 VGA 显示器上进行圆形、圆形填充的显示效果图。

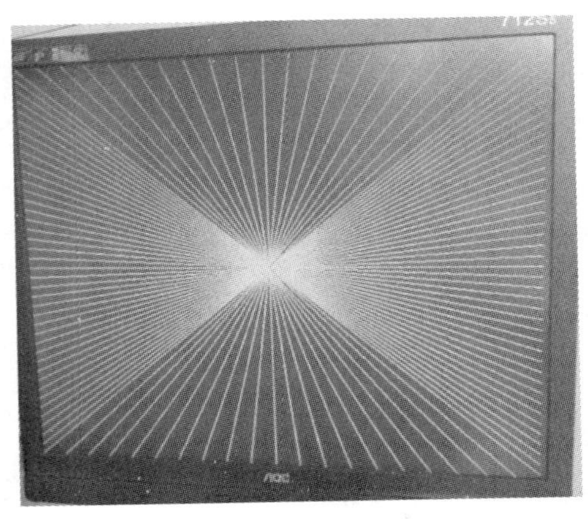

图 9.13 直线绘制的显示效果

图 9.14 圆形绘制的显示效果

9.4.7 KX_OR1200_SOC 的 μC/OS II 移植

在很多情况下，裸机程序不能满足所需应用目标，这时可能需要一个简单的嵌入式操作系统，比如 μC/OS II。上文中的 KX_OR1200_SOC 是一个高度精简的 SOC 系统，受到存储器空间的限制，KX_OR1200_SOC 并不使用嵌入式操作系统 μC/OS-II，但是在简单更改后，KX_OR1200_SOC 即可支持。更改的内容是扩大指令存储器的容量，可以通过加入 WINSHBONE 接口的 SDRAM 控制器，使用外部 SDRAM 作为指令存储器，或者可以使用更多内部 RAM 资源的 FPGA 来实现。更改后的 KX_OR1200_SOC 可以运行已被成功移植到 OpenRISC 平台的 μC/OS-II_v2.85

当装载 μC/OS II 系统后，基于 OR1200 的 SOC 系统就可以支持多任务的操作了，可以使用基于 μC/OS II 的 GUI 库（μC-GUI）、文件系统（μC-FS）、TCP/IP 协议栈（μC-IP）等多种应用程序库，以便于进行快速开发。

9.4.8 基于 SignalTap II 的硬件实时调试

KX_OR1200_S0C 的硬件在线调试可以使用 Quartus II 的 SignalTap II 功能。SignalTap II 可以使用 FPGA 的 JTAG 端口与 Quartus II 进行实时通信，就如同在设计中嵌入了一个逻辑分析仪。SignalTap II 使用中需要定义一些信号来观察，并定义一个采样时钟以及采样的信号存储深度。

通过 SignalTap II 可以在 KX_OR1200_SOC 运行过程中实时抓取 OR1200 的内部信号、WISHBONE 总线上的信号和外设模块中的信号，通过对这些信号的分析可以很快发现软硬件问题的发生原因，快速得到解决方法。

但是 SignalTap II 受制于 FPGA 内部 RAM 空间，需要合理设置需要观察的信号，而且每一次新的设置都需要进行重新综合下载，设置 SignalTap II 也可能会影响 FPGA 布局布线的结果，导致时序延迟发生变化。另外，使用 SignalTap II 对 KX_OR1200_SOC 进行调试时，要合理设置采样时钟。

9.5 基于 OR1200 的 ORPSoC 设计

前面介绍的 KX_OR1200_SOC 是一个相对简单的基于 OR1200 的 SOC 系统，KX_OR1200_SOC 的系统性能不高，能够完成的应用也较少。本节提到的是一个复杂一些的基于 OR1200 的 SOC 设计——ORPSoC。ORPSoC 是 OpenCores 组织设计的一个 OpenRISC SoC1200 的开源参考设计，具有较为完善的外设和操作系统移植。

ORPSoC 可以支持多种 FPGA 开发板上的实现，ORSOC 公司采用了 Altera 的 EP4CE22 芯片的开发板来实现这项设计。ORSOC 公司是一个 OpenRISC 处理器解决方案提供商，ORPSoC 可以支持下列硬件特性：

- 标准 OpenRISC1200 核；
- SDRAM 控制器；
- SPI Flash 控制器；
- SD 卡控制器；
- UART；
- USB OTG；
- 以太网。

ORPSoC 可以支持下列软件特性：

- GCC 4 交叉编译器；
- Linux2.6 或 linux3 嵌入式操作系统；
- Or1ksim 模拟器（可以模拟仿真 Linux 运行）；
- 提供 Virtual Box 虚拟机下配置好 OpenRISC 软件环境的 μbuntu 系统的硬盘镜像，以方便开发。

实验与设计

9.1 基于 OR1200 的简单 SOC 系统设计

实验目的：熟悉基于 OR1200 的简单 SOC 系统设计的方法，熟悉基于 OR1200 的 SOC 系统的硬件结构设计，了解基于 WISHBONE 总线的 IP 在 OR1200 系统中的使用方法

实验步骤：参照 9.4 节中的硬件逻辑设计和软件设计流程，完成 KX_OR1200_SOC 系统的构建以及程序设计。

实验任务 1：按照示例程序完成验证性设计，通过对 GPIO 外设的编程，实现数码管上 0~9 数字循环显示，显示间隔为 0.5s。

实验任务 2：自行设计程序在 VGA 显示器上，绘制出图 9.13 的图形。

实验任务 3：自行设计程序在 VGA 显示器上，绘制出图 9.14 的图形。

实验报告：完成实验报告。

9.2 基于KX_OR1200_SOC的串口程序设计

实验目的： 熟悉OpenRISC下WISHBONE接口的UART IP核的使用方法。

实验原理： 设计一个串口程序，可以接受来自串行口的输入，与PC端的Windows系统中的“超级终端”实现交互方式。有下列10条串口交互命令，分别为：

```
line x0 y0 x1 y1 [color]        // 从点(x0,y0)到点(x1,y1)绘直线
r    x0 y0 x1 y1 [color]        // 以对角两点(x0,y0),(x1,y1)绘矩形
rf   x0 y0 x1 y1 [color]        // 以对角两点(x0,y0),(x1,y1)绘矩形并填充
c    x0 y0 r0 [color]           // 以点(x0,y0)为圆心，以r0为半径绘圆
cf   x0 y0 r0 [color]           // 以点(x0,y0)为圆心，以r0为半径绘圆并填充
t    x0 y0 x1 y1 x2 y2 [color]  // 以给定的三点绘制三角形
test color                      // 色彩测试
test line color                 // 线条测试
test circle color               // 圆形测试
help                            // 打印出帮助信息。
```

实验任务1： 按照示例程序完成验证性设计。串口输出“Hello World!”。

实验任务2： 修改程序完成实验原理中串口交互命令的实现。

实验报告： 完成实验报告。

第 10 章

基于经典处理器 IP 的 SOC 实现

SOC 片上系统的设计和应用无疑是现代电子设计技术的重要内容和发展方向，读者可以通过本节的学习和实践，从实用系统级的层面详细了解基于 EDA 工程的实用 SOC 实现的完整过程及技术细节，使所学的计算机硬件知识不是仅仅停留在某款 CPU 的设计上，而是学会整个系统的构建，特别是基于 SOC 实用系统的构建和实现。本章主要介绍以 8051 CPU 核为核心的单片机应用系统的 SOC 的构建、软件调试和整个实用系统的实现，以及以 8088/8086 CPU 核及相关接口 IP 为核心的微机系统的 SOC 的构建。

10.1　基于 8051 单片机核的 SOC 系统实现

本节将介绍与传统的 MCS-51 系列单片机完全兼容的 8051 单片机 IP 软核，及其应用系统的构建和软硬件开发。图 10.1 是 8051 单片机 SOC 应用系统逻辑模块图，其主要功能模块可全部集成于一片 Cyclone III 系列 FPGA 中。在 FPGA 中，围绕 8051 核有程序存储器（由 LPM_ROM 担任）、256 个单元的内部 RAM（由 LPM_RAM 担任，达到了传统 8052 的内部 RAM 规模）、通信逻辑模块（可直接由 FPGA 中的逻辑资源来构建，功能是使单片机能与外界不同形式的通信接口进行联系）、接口控制逻辑模块（此模块是单片机对外界进行测控的核心模块）、锁相环（工作时钟发生模块，频率可在 200MHz 内选择）以及键盘和显示测控模块。

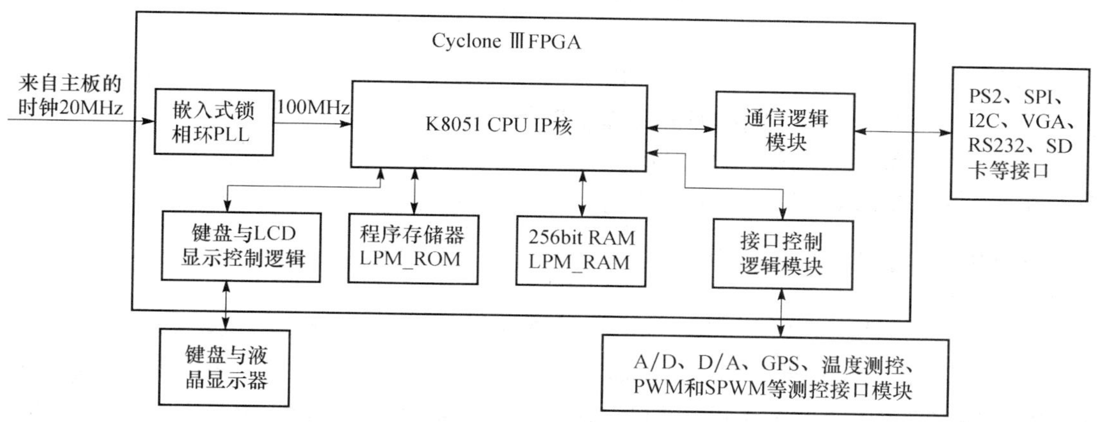

图 10.1　8051 单片机 SOC 应用系统模块图

10.1.1 K8051单片机软核基本功能和结构

K8051单片机核属于8位复杂指令CPU，存储器采用哈佛结构，其外围接口如图10.1所示。K8051的指令系统与8051/2、8031/2等完全兼容，硬件接口也基本相同。例如可接64KB外部存储器以及256B（内部）数据RAM，含两个16位定时/计数器，全双工串口，含节省功耗工作模式，中断响应结构等。不同之处主要有：

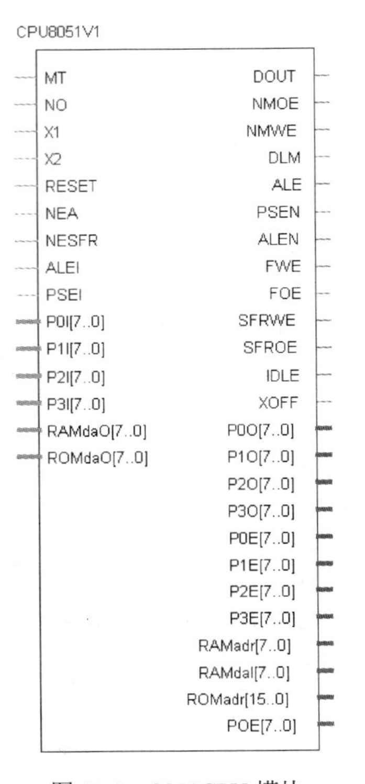

图10.2 8051CPU模块

（1）K8051CPU是以网表文件的方式存在的，只有通过编译综合，并载入FPGA中才以硬件的方式工作，而普通8051总是以硬件方式存在的。

（2）K8051CPU无内部ROM和RAM，所有程序ROM和内部RAM都必须外接（这里所谓外接，仍是在FPGA内部）。从图10.2可见，它包含了数据RAM地址端口，如RAMadr[7..0]，以及程序存储器地址端口，如ROMadr[15..0]，它们是连接外接ROM、RAM的专用端口（此ROM和RAM都能用LPM_ROM和LPM_RAM在同一片FPGA中实现）。然而普通8051芯片的内部RAM是在芯片内的，而外部ROM的连接必须以总线方式与其P0、P2口相接（AT89S51的ROM在芯片内，CPU核外）。

（3）以软核方式存在能进行硬件修改和编辑；能对其进行仿真和嵌入式逻辑分析仪实现实时时序测试；能根据设计者的意愿将CPU、RAM、ROM、硬件功能模块和接口模块等实现于同一片FPGA中（即SOC）。

本节主要讨论将图10.1电路模型中的所有模块，包括单片机CPU（图10.2）、存储器、控制模块和接口模块等尽可能地并入一片FPGA中，构建单片FPGA的片上系统。

10.1.2 单片机扩展功能模块的SOC设计

本节通过介绍单片机CPU核扩展串进并出/并进串出模块的SOC简单应用系统设计，详细说明构建8051单片机SOC应用系统的整个流程以及诸多技术细节。

此项目的完整顶层设计电路如图10.3所示，由多个模块构成，其核心模块即如图10.2所示的51单片机CPU核。以下从五个方面进行介绍。

1. CPU核及其端口信号

（1）单片机CPU核文件。8051 CPU软核在配接上了程序存储器ROM和数据RAM后就成为一个完整的8051单片机最小系统了。如图10.3所示，其中的CPU8051V1是8051单片机CPU核，模块文件是CPU8051V1.vqm，由VQM原码（Verilog Quartus Mapping File）表述，可用例化方式直接调用，也可以将其转化为如图10.3所示的原理图元件。该元件可以与其他不同语言表述的元件一同综合与编译，该核指令与标准8051指令系统完全兼容，外部总线可以连接 256B 的（内部）RAM 和最大至 64KB 的程序 ROM。

（2）单片机 CPU 核工作时钟。如图 10.3 所示，单片机时钟由端口 X1 和 X2 进入。为了工作的稳定性，建议此单片机时钟可根据其工作情况和实际需要由锁相环提供指定的频率；此例图中给出的频率是 20MHz，此 CPU 主频频率最高可达 200MHz。

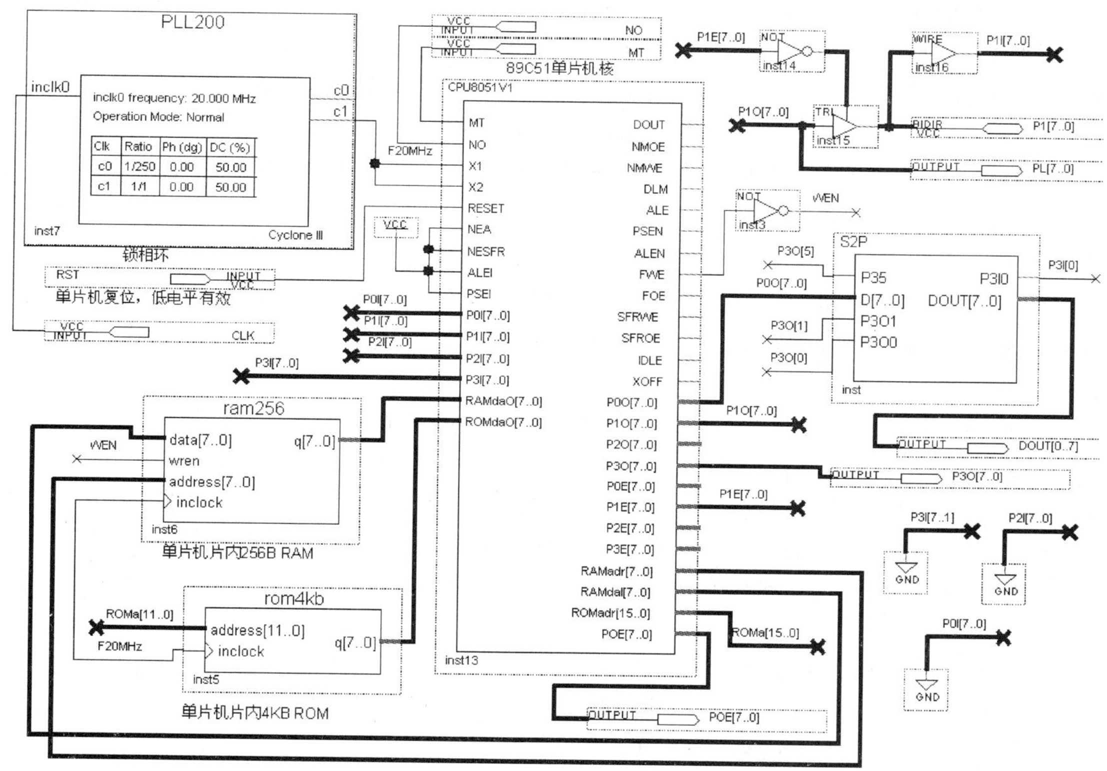

图 10.3 单片机扩展串进并出/并进串出模块的 FPGA 片上系统电路图

（3）CPU 核常用的控制信号。其中许多控制信号与传统 51 单片机的信号功能兼容，如图中 CPU 模块右侧端口的 ALE、PSEN 等属于外部存储器的控制信号；FWE 是数据存储器（对于普通 51 单片机则是内部 RAM）读允许控制信号，低电平时有效。但应注意，当内部数据 RAM 属于 LPM 库的 LPM_RAM 时，其写允许信号是高电平有效，所以这时 FWE 必须取反后控制 LPM_RAM；而当 FWE 高电平时，LPM_RAM 读允许。另外，此单片机核的复位信号 RESET 是低电平有效。

（4）CPU 核的存储器总线及存储器接口。CPU8051V1 模块的端口 RAMdaO[7..0]、RAMdaI[7..0]和 RAMadr[7..0]分别是 256 单元数据 RAM 模块的数据输出、数据输入和地址信号总线接口；CPU8051V1 模块的端口 ROMdaO[7..0]和 ROMadr[15..0]分别是只读程序存储器的数据输出总线端口和地址总线端口。通过这个端口外接的（对于 FPGA 来说是内部的）程序存储器最大可达 64KB。

读者或许已经发现，与传统 51 系列单片机外接大的 ROM 必须以总线控制方式占用 P0 和 P2 口不同，此 CPU 核即使扩展 64 KB ROM 也无需占用 P0 和 P2 口的资源。但如果扩展大的数据存储器 RAM，仍然需要 P0 和 P2 构成数据和地址总线。

（5）CPU 核的 I/O 口。与普通 51 单片机一样，此 CPU 核也含有四个 8 位双向输入输出 I/O 口：P0、P1、P2 和 P3 口；所不同的是这些端口是按输入和输出口分开设置的。如图 10.2 中 CPU 模块的端口所示，8 位 P2 口的输入口和输出口分别列于模块的两侧，即 P2I[7..0]和 P2O[7..0]，所以在对端口进行操作时应该注意读写的数据将来自不同的端口。

例如，当执行对 P2 端口写操作指令（如 MOV P2，#5DH）时，被写入的数据将从 CPU 模块右侧的端口 P2O[7..0]输出；而当执行对 P2 端口读操作指令（如 MOV A，P2）时，读入的数据将从 CPU 模块左侧的端口 P2I[7..0]进入。

此 CPU 的四个 I/O 口对应的输入口分别是 P0I[7..0]、P1I[7..0]、P2I[7..0]和 P3I[7..0]；而对应的输出口分别是 P0O[7..0]、P1O[7..0]、P2O[7..0]和 P3O[7..0]。读者通过设计实践后会发现，在电路设计中，端口的这种安排比传统单片机纯双向口要方便许多。

特别注意单片机未用的输入口的处理。对于输入口 P0I[7..0]、P1I[7..0]、P2I[7..0]和 P3I[7..0]，若存在未用上的口线，最好将它们接地。图 10.3 右下角即为未用口线的处理电路。不用的输出口不必处理。

此外请注意，对于传统 51 系列单片机，由于其特殊的 I/O 端口电路结构，要求作端口读入操作前，须首先向此端口写入#0FFH 数据，以便使 I/O 口内的场效应管截止，以及要求 P0 口必须有上拉电阻等。然而由于图 10.3 中的 51 单片机核（包括 I/O 端口）完全是用 FPGA 的逻辑结构实现的，因此，其 I/O 口无论在 FPGA 内部还是引向了 FPGA 的外部端口，在软件的读写操作和硬件端口处理上都不必遵循以上谈到的传统单片机的一些规则。

（6）CPU 核双向 I/O 端口构建。如果需要双向端口时，必须利用一些选通模块和控制信号，在 CPU 外部搭建。图 10.3 中 CPU 模块右侧的输出端口 P0E[7..0]、P1E[7..0]、P2E[7..0]和 P3E[7..0]是双向口控制信号输出端口。

注意图 10.3 右上角的一个电路结构即为 P1 口的双向端口构建电路。电路中调用了几个辅助元件：其中 TRI 是三态控制门，控制端高电平时允许输出；WIRE 是连接线，主要用于网络名转换。来自 CPU 的信号 P1E[7..0]是用作三态门控制信号，当执行从 P1 口读入的指令时，P1E[7..0]输出全为高电平，外部数据可以通过双向口 P1[7..0]进入单片机 P1 口的输入口 P1I[7..0]；而当执行向 P1 口写入的指令时，控制信号 P1E[7..0]为低电平，故输出信号 P1O[7..0]的数据能通过三态门从双向口 P1[7..0]输出。

这里 P1 口的双向口构建的目的是通过此口控制外部一个 4×4 阵列键盘，此类键盘的控制涉及读写操作，而且此口还能复用于液晶显示器数据口。通常 FPGA 板对应的插口只有一个，所以必须将 P1 口再连向另一组 I/O 口，即图 10.3 下方的 PL[7..0]。此口与液晶显示器的 8 位数据口相接。此外，CPU 模块的 P3 口的输出端口中的 P3.2、P3.3 和 P3.4 用于连接外部液晶显示器的控制信号，分别对应 RS、RW 和 E。

2. CPU 核工作存储器

图 10.3 中显示，为单片机核配置的数据存储器是 256B 的 LPM_RAM 单元 ram256。此

RAM 可由内部指令直接访问，显然此 CPU 相当于 8052 CPU，而配置的程序存储器是 4 KB 的 LPM_ROM 单元 rom4kb。前面已经谈到，这个 ROM 的容量最大可设置为 64 KB（只要 FPGA 内部 RAM 足够大），Cyclone III 系列 FPGA 多数都能提供足够大的内部 RAM。例如附录的 EP3C55F484 的内部可编辑 RAM 有 2396160 个单元，约 293 KB。此外，单片机的程序代码（通常是 HEX 格式）是通过为此程序 ROM 配置初始化文件时选入的。综合后，文件代码将自动被编译配置进 ROM 中。注意此类存储器都必须加入数据锁存时钟信号，图 10.3 中就将其直接与单片机时钟连接。

3. 扩展模块

如果图 10.3 中只有一个单片机最小系统模块，无论其多么完整都没有什么实用价值。单片机的功能必须通过其硬件扩展模块才能发挥出来。这里讨论单片机的扩展电路。

对于传统的 8051 单片机若需外扩串行并出和并行串出电路模块，应该与如图 10.4 所示的电路模块相接。这个电路模块可以由 74165、74164 及一个三态门组成。连接方式是三态门的输出端口接单片机的 P3.0，三态门的控制端可以由单片机的 P3.6 来控制；当 P3.6=0 时，信号从单片机的 P3.0 输出进入 74164 的数据输入端；而当 P3.6=1 时，74165 的数据输出至 P3.0。但是如果将图 10.4 的电路放在 FPGA 内作为 8051 单片机核的扩展模块，连接方式就有所不同了。

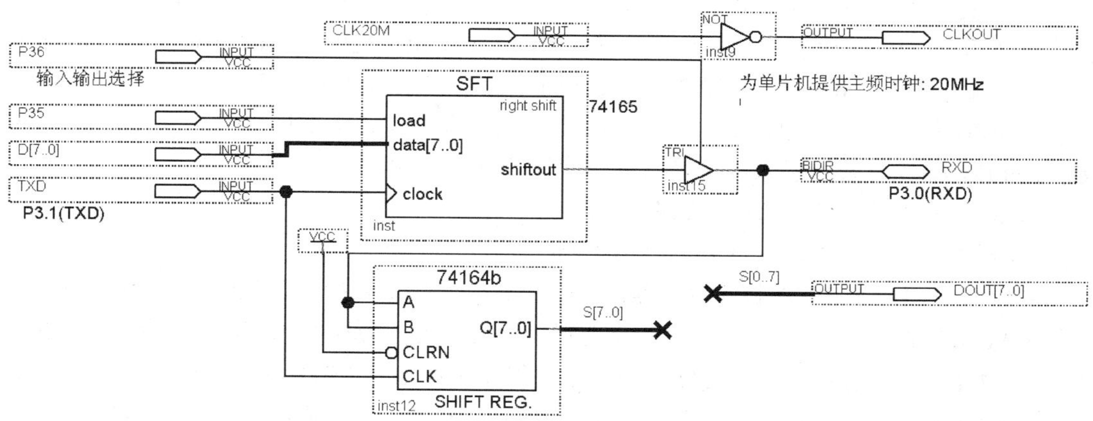

图 10.4 单片机串进并出和并进串出双向端口扩展 FPGA 模块电路图

图 10.3 中的 S2P 模块总体结构与图 10.4 相同，但由于单片机核的 I/O 口的输入输出端口是分开的，故当图 10.4 的电路被用作 FPGA 中的单片机的扩展模块时，必须将其双向口 P3.0 拆分成单独的输入口 P3O0 和输出口 P3I0。改进后的电路如图 10.5 所示。读者应从图 10.3 中仔细了解模块 S2P 的各端口与单片机核相关 I/O 口连接的情况。显然，这与传统的单片机接口方式有所不同。其他扩展模块的加入也应注意这些问题。

4. 锁相环应用

FPGA 中的锁相环使用方便，功能强大，在基于单片机核的系统设计中，其优势更为

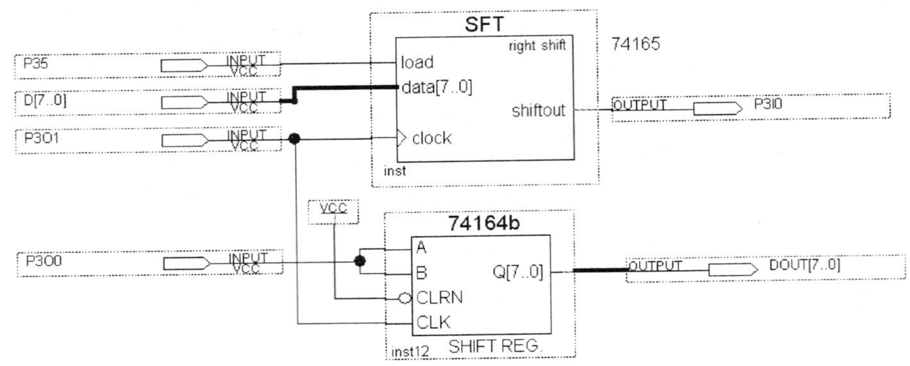

图 10.5　S2P 模块电路结构图

明显。单片机的时钟信号都必须来自锁相环，频率高低可根据实际需要来确定。例如配合延时程序而选择的主频频率，或在串行通信中特定波特率所对应的特定的主频频率等。此外，若需高速运算，则可将时钟频率设得比较高。尽管前面提到最高可大于 200MHz，但为了确保工作的稳定性，一般频率不要大于 150MHz。当然，锁相环还能为 FPGA 中或外部的其他扩展模块提供品质良好和精确的时钟信号。

5. 软件设计与调试

一旦完成图 10.3 的所有硬件电路后，就要为单片机的工作编写软件程序了。单片机程序的编写可以用汇编语言，也可用 C 语言。Quartus II 能接受的最后的目标文件是 HEX 格式的，文件后缀是 .hex，这在第 3 章中已作了介绍。此文件可以以初始化文件的形式在图 10.3 电路整体综合前就配置于程序 ROM 中，也可利用 Quartus II 的 In-System Memory Content Editor 工具现场载入，这可以达到快速调试的目的。

对此项电路系统设计和调试的步骤归纳如下：

（1）调入 8051 CPU 核：CPU8051V1.vqm。

（2）调入 LPM_ROM 程序存储器，存储量大小可根据应用程序的大小来决定。然后为此 ROM 指定默认初始化程序（即单片机程序代码文件）。这里假设单片机的程序已编译好，并放在当前工程的 ASM 文件夹中，示例程序文件名为 LCD1602.asm，编译后的文件名为 LCD1602.hex。调试程序文件的加载方法可参阅第 3 章。调试完后，最后将目标文件 LCD1602.hex 作为初始化文件设置于 LPM_ROM 中。

例 10.1 和例 10.2 分别是针对 74165 和 74164 的读写程序。完整程序还包括液晶驱动和显示程序。

【例 10.1】

```
SETB   P3.6    ; P3.6=1 : 选择 SFT 模块（即 74165）,读入 8 位数据
CLR    P3.5    ; 由于数据锁存 load 是同步锁存，所以当 P3.5=1 时，时钟信号到
SETB   P3.5    ; 来时，才能把并行输入的 8 位数据 D[7..0]锁入移位寄存器
CLR    P3.1
SETB   P3.1    ; 时钟上升沿后锁存 D[7..0]
```

```
        CLR    P3.5
        MOV    SCON,#10H   ; 设置串口数据读入
GGG:    JNB    RI,GGG      ; 检测 RI 标志
        MOV    A,SBUF
        CLR    RI          ; 清 0  RI 标志
        MOV    44H,A       ; 将来自 FPGA 的 8 位数据存入 44H 单元
【例 10.2】
        CLR    P3.6        ; P3.6=0 : 选择 74164b，输出 8 位数据
        MOV    SCON,#00H
        MOV    A,#5BH  ; 输出 5BH
        MOV    SBUF,A
```

（3）定制 LPM_RAM 作为单片机的内部 RAM，存储量选择 256B。调入锁相环 ATLPLL，为单片机提供工作主频。锁相环输入 20MHz（假设选择附录的 55F+系统），选择输出：1M～100MHz。

（4）修改汇编程序，编译后用 Quartus II 的 Tools 菜单中的工具 In-System Memory Content Editor 下载编译代码 LCD1602.hex，按复位键后观察系统工作情况。以此方法逐段调试单片机程序。用鼠标右键单击 ROM 名“rm1”，在弹出的菜单栏中选择 Import Data from File 项，进入初始化文件选择窗后，即可将单片机代码文件调入缓存；而当单击下载按钮后即可将文件载入 FPGA 中的程序 ROM 中。按 CPU 复位键 RST 后，单片机系统即刻运行此段程序，开发者进而可以观察运行情况。

（5）利用逻辑分析仪 SignalTap II 和 In-System Sources and Probes 了解系统中某些硬件模块在单片机软件控制下功能行为的正确性，特别是对 FPGA 外部接口电路的控制情况的了解。

10.2 基于 8088 IP 核的 SOC 系统实现

本章将介绍 8086/8088 CPU IP 核的基本概念以及基于 IBM 微机系统的各种接口模块 IP 核，如 8255、8254、8259、8237、16550 等 IP，然后介绍在 FPGA 中以 8088 IP 为核心与这些接口模块组成 SOC 应用系统的原理与方法，并通过实例说明 8088 IP 核应用系统扩展及使用技术。为了突出重点，也鉴于篇幅所限，文中略去了部分 8088/8086 程序、HDL 代码以及电路原理图（仅以结构框图表示）。读者若希望深入了解，可通过前言给出的联系方式通过作者或出版社免费索取。

10.2.1 8088 IP 核 SOC 系统

构建于 Cyclone III 系列 FPGA 中的 SOC 系统，即 8088 IP 核嵌入式微机系统组成结构如图 10.6 所示。该系统由 8088 IP 软核和一系列接口模块 IP 核、存储器模块和外部扩展模块构成。该嵌入式系统中的主要 IP 模块有：

- 8255，可编程并行接口模块；

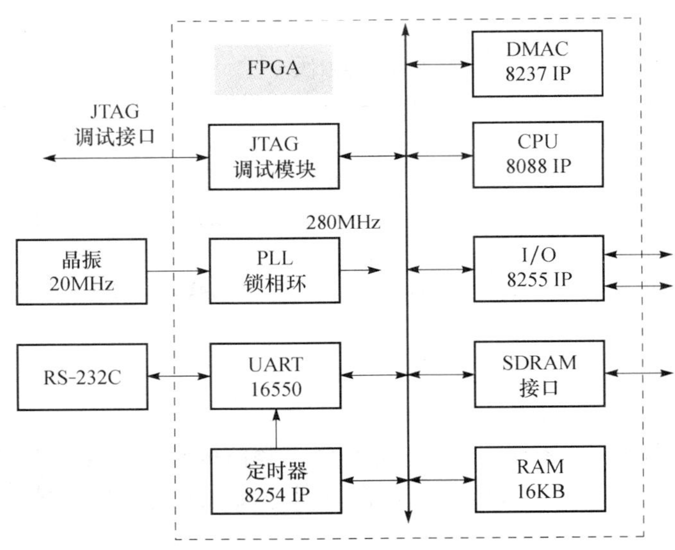

图 10.6　8088/8086 SOC 应用系统模块结构

- 8254，定时器/计数器模块；
- 8259，中断控制器模块；
- 16550/8250，可编程串行通信模块，用于 RS-232C 串行通信；
- 8237，DMA 控制器模块；
- PLL，嵌入式锁相环；
- SRAM，FPGA 片内嵌入式存储器 LPM_RAM，16KB。

另外，外部其他接口电路有：USB 接口 JTAG 下载/调试接口，RS-232C 串行通信接口，512KB 的 SRAM 外部随机存储器 IS16C25616，16Mb FPGA 的配置 Flash ROM EPCS16 等。

图 10.7 所示的是 8088 IP 核与 8088 CPU 芯片的引脚图，8088 IP 核与 Intel 公司的 8088 微处理器指令系统完全兼容，而且接口功能及时序规则也与 8088 一致，因此可实现 8088 微处理器的全部功能。所不同的是，8088 IP 核是一个软核，即以 VQM 文件表述的代码，所以可重复编程下载到 FPGA 硬件平台中作为独立的微处理器使用，也可以作为 CPU 核与其他接口模块组合实现各种复杂功能的 SOC 应用系统。

8088 CPU 可以工作在两种工作模式，当 CPU 的引脚 $MN/\overline{MX}$ 端接高电平+5V 时，构成最小模式；当 $MN/\overline{MX}$ 接低电平时，构成最大模式。最小模式用于单处理器系统，系统中所需要的控制信号全部由 8088 直接提供。最大模式用于多处理器系统，控制信号是通过 8088 总线控制器提供的。与 8088 CPU 不同的是，8088 IP 核无 $MN/\overline{MX}$ 引脚（8086 IP 是独立模块），8088 IP 核同时给出了最小模式和最大模式下系统所需要的全部控制信号。此外，8088 CPU 采用分时复用技术，地址总线和数据总线由 AD7~AD0、A15~A8 以及 A19~A16/S6~S3 提供；数据总线为双向口，由 AD7~AD0 提供；而 8088 IP 核的数据总线则分为输入数据总线 DIN[7..0]和输出数据总线 DOUT[7..0]（这一点与 10.1 节介绍的 8051 IP 的 I/O 端口情况类似），地址总线为独立的 20 位地址信号 A[19..0]。利用 8088 IP 软核在

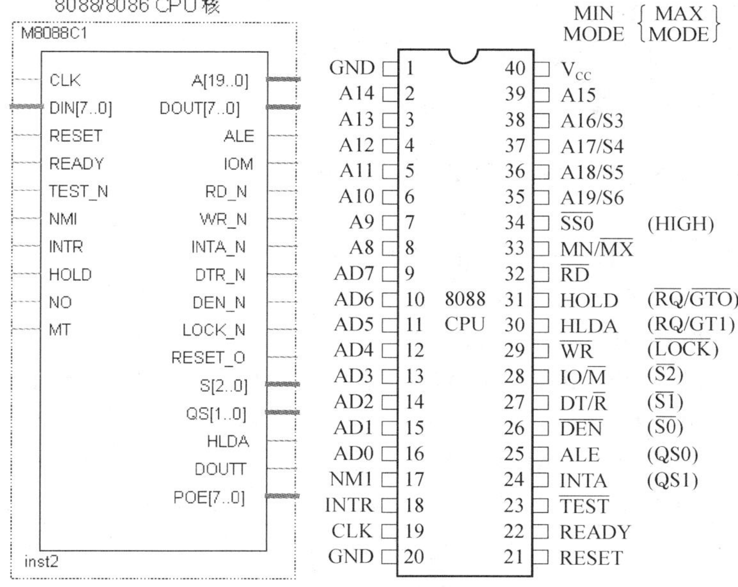

图 10.7 8088 IP 核与 8088CPU 芯片引脚图

FPGA 中构建的最小系统结构如图 10.8 所示。

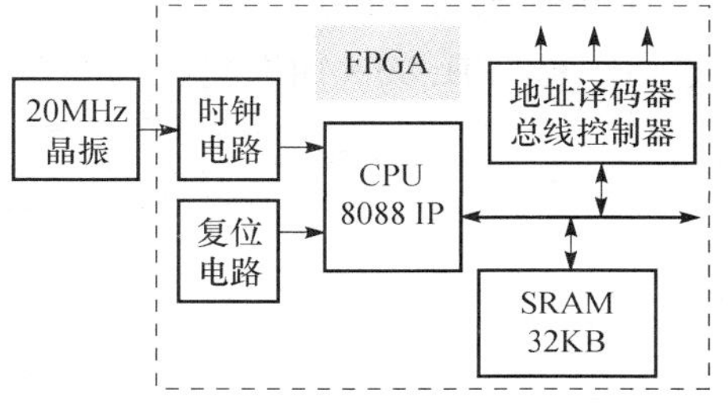

图 10.8 8088 IP 核最小系统结构图

8086 CPU 主要引脚功能如下：

（1）AD15~AD0(Address/Data Bus)：地址/数据复用引脚(三态输出)。

（2）A19~A16/S6~S3 (Address/Status)：地址/状态复用引脚(三态输出)。

（3）BHE/S7(Bus High Enable/Status)：高 8 位数据总线允许/状态复用信号。

（4）MN/$\overline{\text{MX}}$ (Minimun/Maximun)：最小/最大模式控制信号输入端。

（5）$\overline{\text{RD}}$ (Read)：读信号(输出、三态)。

（6）$\overline{\text{WR}}$ (Write)：写信号输出(低电平有效)。

（7）M/$\overline{\text{IO}}$ (Memory/Input and Output)：存储器/输入输出接口操作选择控制信号。

（8）ALE (Address Latch Enable)：地址锁存允许信号输出。

（9）$\overline{\text{DEN}}$ (Data Enable)：数据允许信号(三态输出，低电平有效)。

（10）DT/$\overline{\text{R}}$ (Data Transmit/Receive)：数据发送/接收控制信号(三态输出)。

（11）READY(Ready)：准备就绪(输入信号)。

（12）RESET(Reset)：复位输入信号(高电平有效)。

（13）INTR (Interrupt Request)：可屏蔽中断请求信号的输入端(高电平有效)。

（14）$\overline{\text{INTA}}$ (Interrupt Acknowledge)：中断响应信号输出(低电平有效)。

（15）NMI(Non-Maskable Interrupt Request)：非屏蔽中断请求信号输入端 (低电平到高电平上升沿触发)。

（16）$\overline{\text{TEST}}$ (Test)：测试输入信号 (低电平有效)。

（17）HOLD(Hold Request)：总线保持请求信号(输入、高电平有效)。

（18）HLDA (Hold Acknowledge)：总线保持响应信号(输出、高电平有效)。

（19）CLK (Clock)：时钟输入端。

10.2.2 基于8088 CPU IP软核的最小系统构建

以下通过基于8088 IP核的最小系统的构建实例，深入了解8088 IP的性能、功能，以及各端口功能用法。

（1）构建以8088 CPU IP核为核心的最小应用系统。要使8088CPU能够工作，还应在其外部添加一些其他部件，如晶体振荡器、复位电路和用于存放程序和数据的存储器。在FPGA中以8088 CPU IP核为核心的最小应用系统由8088 IP核、晶振、复位电路、地址译码器/总线控制器、以嵌入式EAB构成的存储器LPM_RAM组成，8088最小系统组成结构如图10.9所示。LPM_RAM存储器用于存放应用程序、数据和程序运行结果。地址译码器/总线控制器将8088 CPU输出的控制信号转换成存储器读写控制信号（mrdc_n、mwrc_n）和I/O读写控制信号（iorc_n、iowc_n），将LPM_RAM存储器的32KB存储空间(00000H~07FFFH)映射到F8000H~FFFFFH。这样，8088 IP核复位后就可以从LPM_RAM存储器地址为07FF0H单元开始执行程序。而8088 CPU复位后的第一条指令则是从逻辑地址CS:IP=FFFFH: 0000H(即物理地址为FFFF0H)的存储单元开始执行的。

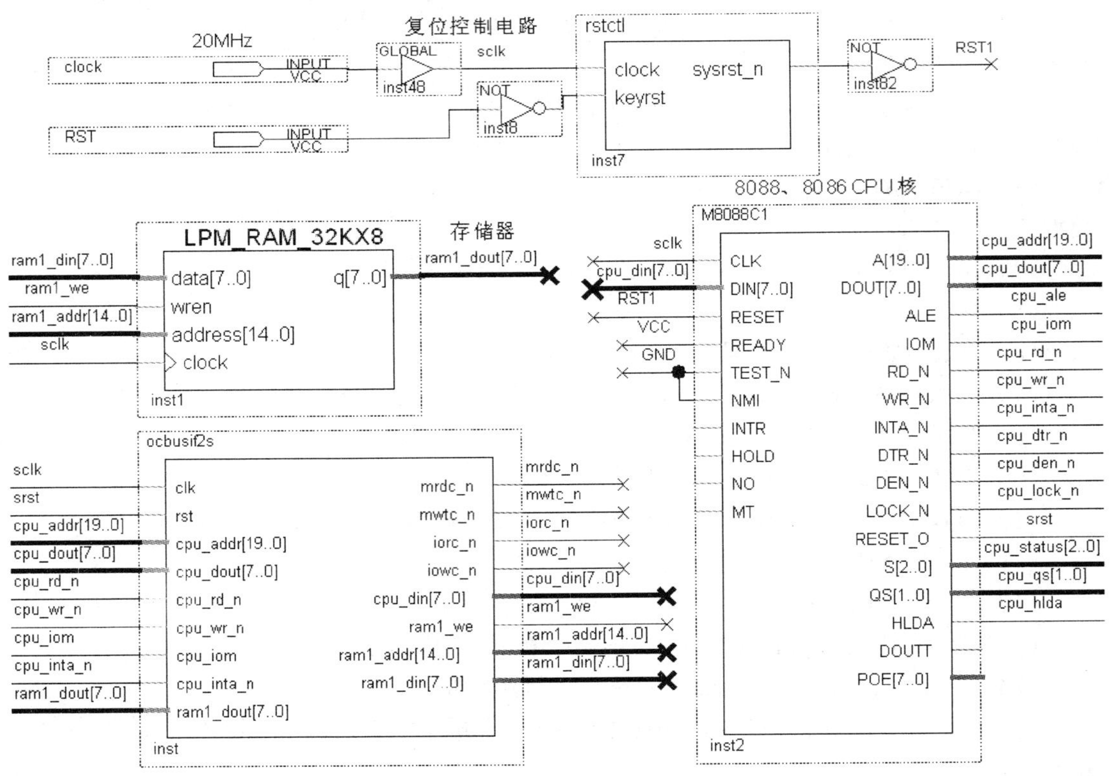

图10.9 8088 IP核最小系统电路图

（2）对 8088 IP 核最小系统的测试。对该电路的测试包括硬件电路测试和 8088 IP 核基本功能测试。由于该系统只有 CPU 和存储器两个主要模块，因此只能通过程序运行，观察程序运行结果，分析 LPM_RAM 的数据，来了解 CPU 的工作状态，判断 CPU 是否能够正常工作。

用汇编语言编写一个简单的测试程序，测试 8088 IP 核及最小系统的基本功能。程序的功能是计算两个数相乘的乘法运算，乘数和被乘数分别在存储器的 dat1 和 dat2 字节单元，乘积保存在存储器的 result 字单元。8088 汇编测试程序如例 10.3 所示。

将程序编译后的.hex 文件加载到 LPM_RAM 中，与整体电路一起编译，然后下载到 FPGA 中。在 Quartus II 环境下，通过 In-System Memory Content Editor 可以看到程序运行时，RAM 中数据的变化情况。例如 56H×11H=05B6H。

事实上，在此 8088 IP 最小系统环境下还可以进行其他的汇编语言实验，如顺序程序、分支程序、循环程序、子程序调用、块操作程序等。读者可参照实例所给出的程序格式，用 In-System Memory Content Editor，将程序编译后的.hex 文件加载到 LPM_RAM 中。运行程序后，通过观察 RAM 中数据的变化情况，分析和调试程序。

【例 10.3】

```
        .model tiny
       .code
       .8086
       org     0
dat1        db  56h                    ; 被乘数
dat2        db  11h                    ; 乘数
result  dw  0                          ; 乘积
stackr  db     256 dup (0)
stacke  dw     0000h
start:  mov     ax, 0000h              ;设置段寄存器
       mov     ds, ax
       mov     es, ax
       mov     ss, ax
       mov     sp, offset stacke       ;设置堆栈指针
    mov     al, dat1                   ;取被乘数
    mov     bl, dat2                   ;取乘数
    mul     bl                         ;al*bl=>ax
    mov     result,ax                  ;保存乘积
        hlt
       org     07ff0h                  ;GW8088 BOOT CODE
       ;jmp     far ptr start          ;CPU 复位时的程序入口地址
       db      0EAh                    ;跳转到 start
       dw      start
       dw      0000h
    org     7fffh                      ;32KB 存储器末地址
    db     0
    end
```

10.2.3 可编程并行接口8255 IP核

Intel 8255A是Intel系列的并行接口芯片，它主要配合8位CPU 8080/8085和16位CPU 8086/8088工作。8255A芯片与8255 IP软核的功能完全兼容，其内部结构也相同。8255的内部结构如图10.10所示。8255是可编程并行I/O接口器件，可以通过软件来设置芯片的工作方式，因此用8255连接外部设备时，通常不需要再附加外部电路，在使用上带来许多方便。除了计算机系统外，许多其他控制电路也常用8255作并行I/O接口，所以8255 IP在片上系统构建中也有重要意义。

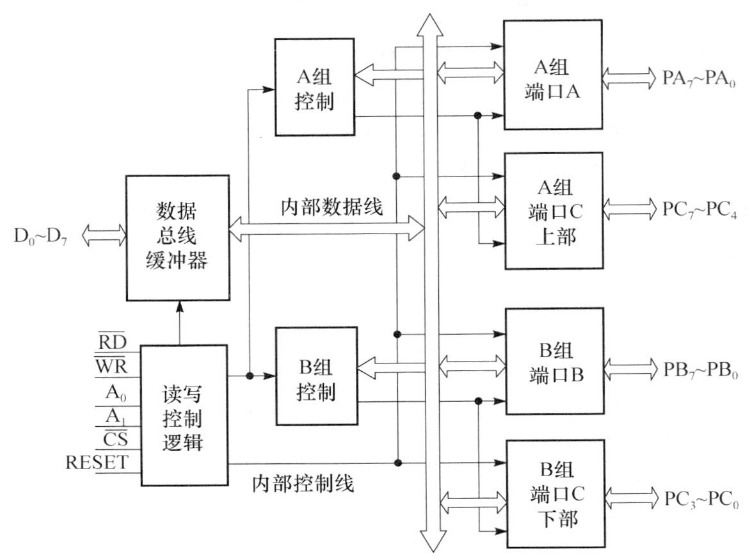

图10.10 8255的内部结构框图

以下简要介绍8255A（包括8255 IP）的端口情况、基本功能和使用方法。

1. 8255A的引脚功能

除了电源和接地端口外，8255A的其他引脚信号可以分为两类：

（1）和外设相连的引脚。A口外设双向数据线是PA_7~PA_0；B口外设双向数据线是PB_7~PB_0；C口外设双向数据线是PC_7~PC_0。

（2）和CPU相连的引脚。三态双向数据线是D_7~D_0；片选信号（低电平有效）$\overline{CS}$；端口选择信号A_1、A_0，它们通常接到地址总线的A_1、A_0。当

A_1A_0=00，选择端口A；

A_1A_0=01，选择端口B；

A_1A_0=10，选择端口C；

A_1A_0=11，选择控制寄存器。

还有读控制信号（低电平有效）$\overline{RD}$，当$\overline{CS}$和$\overline{RD}$同时有效时，CPU从8255A中读取数据；写控制信号（低电平有效）$\overline{WR}$，当$\overline{CS}$和$\overline{WR}$同时有效时，CPU往8255中写入控

制字或数据。控制信号 $\overline{CS}$、$\overline{RD}$、$\overline{WR}$ 和 A_1、A_0 组合应用后实现各种控制功能。

RESET 是复位信号，高电平有效。当 RESET 有效时，所有内部寄存器被清除，同时三个数据端口被自动设为输入端口。

2. 8255A 的控制字和工作方式

8255A 有两类控制字和三种基本工作方式，主要功能如下：

（1）端口选择。8255A 有三个 8 位数据端口，即端口 A、端口 B 和端口 C。可以用软件设定，使它们分别作为输入端口或输出端口。

（2）工作方式选择。8255A 有三种工作方式，即基本的输入输出方式、选通的输入输出方式和双向传输方式。设计人员可以根据需要通过设置不同的控制字来选择不同的工作方式。另外 8255A 还可以工作在复位方式下，也就是在复位之后不写入控制字，此时它的 3 个端口都是作为输入端口。

（3）端口 C 置 1/置 0 控制。由于并行通信大多数是异步传输，因此 CPU、接口和设备之间会使用应答信号。8255A 的控制字允许对 C 端口的各位进行单独设置，作为控制位来使用。

3. 8255 IP 软核

由于 8255 IP 核在功能上与 Intel 的 8255A 兼容，包括外部信号接口时序也相同，因此可以在构建 SOC 系统中直接用在基于 8088 IP 的微机系统中。8255 IP 软核模块图如图 10.11 所示，它有 24 个 I/O 信号，分为两个组，每组 12 位可编程。Intel 8255A 器件的双向总线，在 8255 IP 软核中使用了使能信号将其分成输入和输出总线；图 10.11 中的 PAIN、PBIN 和 PCIN 分别对应 8255A 的 PA、PB 和 PC 的输入功能端口；而 PAOUT、PBOUT 和 PCOUT 分别对应 8255A 的 PA、PB 和 PC 的输出功能端口。

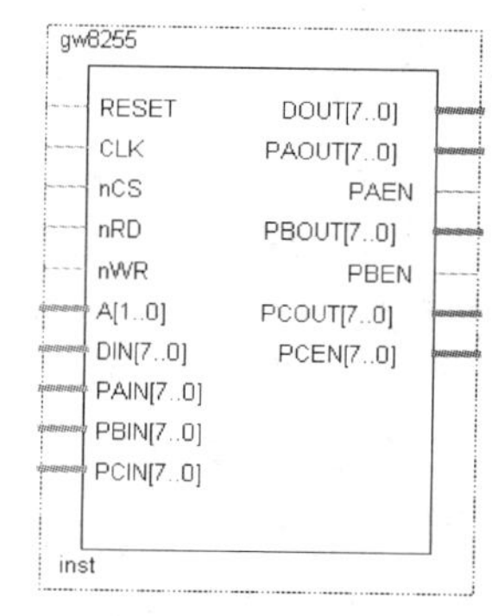

图 10.11 8255 IP 核模块图

8255 IP 软核可选择以下三种模式：

模式 0：基本输入/输出端口。端口 B 和端口 C 可独立配置为输入或输出功能，读写静态数据。输出具有锁存功能，而输入则没有锁存功能。

模式 1：选通输入/输出端口 A 和端口 B 可独立配置为选通输入或输出总线。端口 C 的信号是专门为控制数据的握手信号。

模式 2：双向总线端口 A 可以配置作为一个为端口 C 提供控制信号的双向总线。在此配置中，端口 B 仍可以实现模式 0 或模式 1。

8255A IP 核与普通的 8255A 芯片在使用上仍有一些区别。例如，对于 8255 IP，为了实现同步设计，应以 CLK 输入作为系统时钟，这就要求所有的选通信号（nrd，nwr 等）应具有一个 CLK 周期的最小脉冲宽度；在 8255 IP 中，复位输入信号可使端口 A、B 和 C 寄存器复位，而 8255A 的端口 A、B 和 C 寄存器不受复位输入影响。

8255 IP 对没有“总线保持”功能的端口信号采取上拉。因为通常连接到端口的 I/O 信号，FPGA 的 I/O 上拉或下拉功能是可以另外添加的。

8255 IP 的控制寄存器是可读的，但 Intel 8255A 器件不具备这种能力。

复位信号对 8255 IP 控制寄存器初始化，将所有端口均设置为模式 0 输入。读控制寄存器初始化后，将返回 9BH 十六进制值。模式 1 初始化后，端口 C 寄存器相关的控制信号，应通过配置端口 C 置位/复位命令来确定。在模式 2 中，每次读或写端口 A 会使其内部的中断信号复位。此外，Intel 和 Harris 的数据手册中所说的 8255 输出寄存器和状态触发器在模式改变时会复位，但 8255 IP 不具有此功能。

10.2.4 8255 IP 核基本功能测试

为了对 8255 IP 核的基本功能进行测试，需要通过地址选择信号(A_1，A_0)、读写控制信号($\overline{RD}$、$\overline{WR}$)、片选信号($\overline{CS}$)和输入数据总线(Din[7..0])设置 8255 的工作方式，对 PA、PB 和 PC 口的 I/O 状态进行设定。由于数据和控制信号线较多，应预先将这些初始化控制信号存入 LPM_ROM 中。在时钟脉冲作用下，计数器产生 LPM_ROM 存储器的地址，LPM_ROM 的输出数据按 clk 时钟脉冲节拍产生对 8255 IP 的初始化编程及对 I/O 口的读写控制，8255 IP 基本功能测试电路如图 10.12 所示。

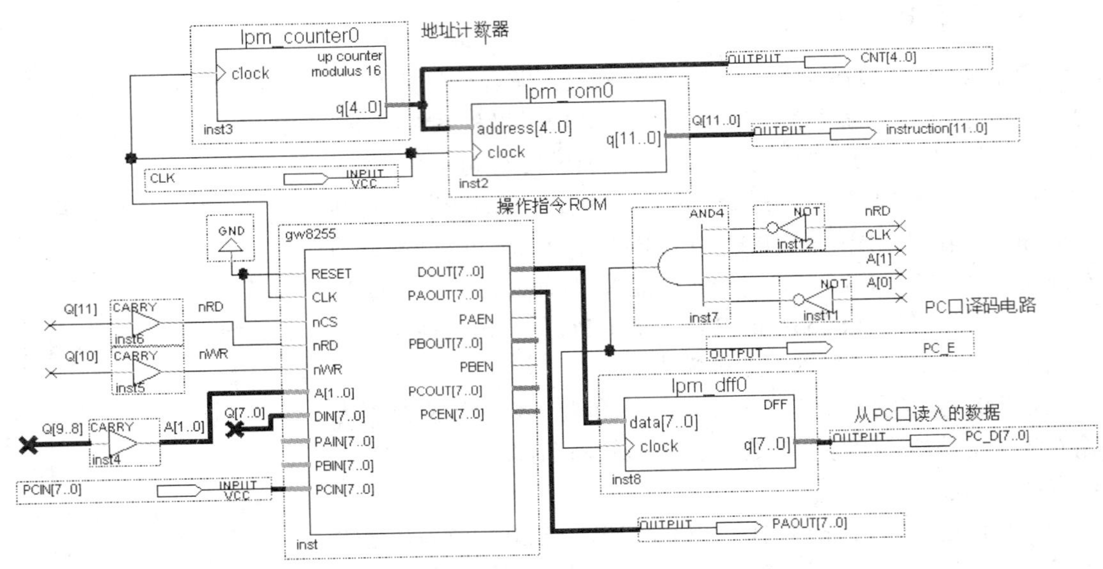

图 10.12 8255 基本功能测试电路

LPM_ROM 的数据为 12 位，数据 Q[11..0]定义如下：

数据位	Q_{11}	Q_{10}	Q_9	Q_8	Q_7	Q_6	Q_5	Q_4	Q_3	Q_2	Q_1	Q_0
名　称	nRD	nWR	A_1	A_0	D_7	D_6	D_5	D_4	D_3	D_2	D_1	D_0

其中 Q_{11} 和 Q_{10} 是读写控制信号 $\overline{RD}$、$\overline{WR}$；Q_9 和 Q_8 是寄存器端口选择信号 A_1，A_0；Q_7~Q_0 是加载到 8255 输入端的数据 Din[7..0]。例如，要求 8255 采用工作方式 0，PA 口输出，PB 口输出，PC 口输入，则需对控制口进行写操作 nRD=1，nWR=0，控制字端口地址 A_1A_0=11。于是 8255 控制字的格式如下：

D_7	D_6	D_5	D_4	D_3	D_2	D_1	D_0
1	0	0	0	1	0	0	1
标志位	A 组方式 0		PA 输出	$PC_{7\sim4}$ 输出	B 组方式 0	PB 输出	$PC_{3\sim0}$ 输出

这时，LPM_ROM 中的数据为 B89H，对应的信号如下：

名　称	nRD	nWR	A_1	A_0	D_7	D_6	D_5	D_4	D_3	D_2	D_1	D_0
ROM 数值	1	0	1	1	1	0	0	0	1	0	0	1

又如，向 PA 口输出数据 55H 和 AAH，需对 PA 口进行写操作 nRD=1，nWR=0，PA 端口地址 A_1A_0=00。于是 LPM_ROM 中的数据格式如下：

名　称	nRD	nWR	A_1	A_0	D_7	D_6	D_5	D_4	D_3	D_2	D_1	D_0
ROM 数值	1	0	0	0	0	1	0	1	0	1	0	1
ROM 数值	1	0	0	0	1	0	1	0	1	0	1	0

因此，LPM_ROM 中的数据分别为 855H 和 8AAH。

再如，读入 PC 口的数据，需对 PC 口进行读操作 nRD=0，nWR=1，PC 端口地址 A_1A_0=10。于是 LPM_ROM 中的数据格式如下（LPM_ROM 中的数据为 600H）：

名　称	nRD	nWR	A_1	A_0	D_7	D_6	D_5	D_4	D_3	D_2	D_1	D_0
ROM 数值	0	1	1	0	0	0	0	0	0	0	0	0

为了观察从 PC 口读出的数据，电路图（图 10.12）中增加了 PC 口译码电路和 PC 口输出数据锁存电路。当对 PC 口进行读操作（nRD=0，端口地址 A_1A_0=10）时，锁存 8255 输出的数据 Dout[7..0]。8255 IP 基本功能测试仿真波形如图 10.13 所示。

载入 LPM_ROM 中的 MIF 文件如例 10.4 所示。

【例 10.4】

```
WIDTH=12;
DEPTH=32;
ADDRESS_RADIX=HEX;
DATA_RADIX=HEX;
CONTENT BEGIN
00:B89; 01:855; 02:8AA; [03..04]: 600; 05:85A; [06..07]:600; 08:8CD;
09:600;[0A..0B]:F00;[0C..0D]:600;[0E..17]:FFF;[18..1B]:F00;[1C..1F]:FFF;
END;
```

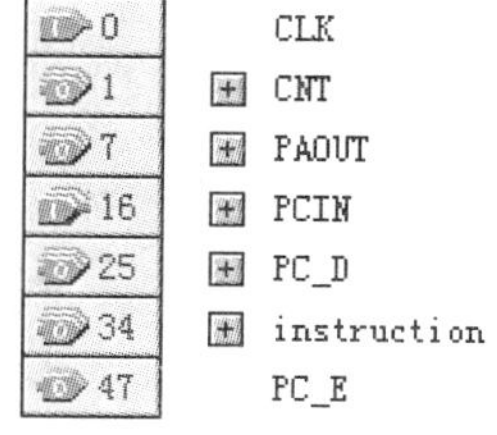

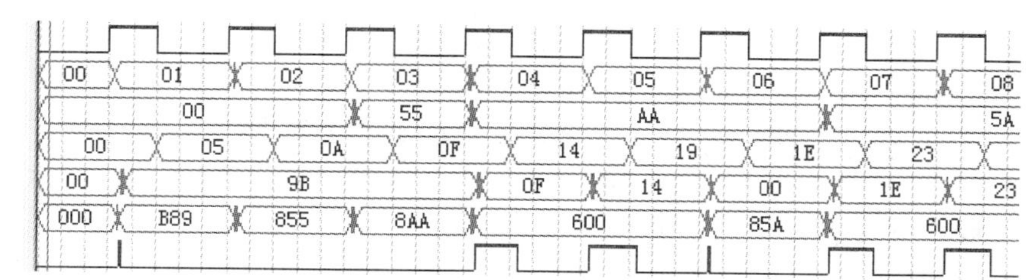

图 10.13　8255 基本功能测试仿真波形

10.2.5　8255 IP 在 8088 IP 核系统中的应用示例

第一个示例是控制发光二极管的流水灯显示。应用系统的核心部分由 8088 CPU IP 核、时钟复位电路（包括锁相环 PLL）、两个 8255 IP 核、地址译码器和 LPM_RAM 存储器组成，电路模块结构如图 10.14 所示。其中的 ppt 8255 的输出外接了两个数码管和八个发光二极管；ppi 8255 外接 LCD 1602 液晶显示器。

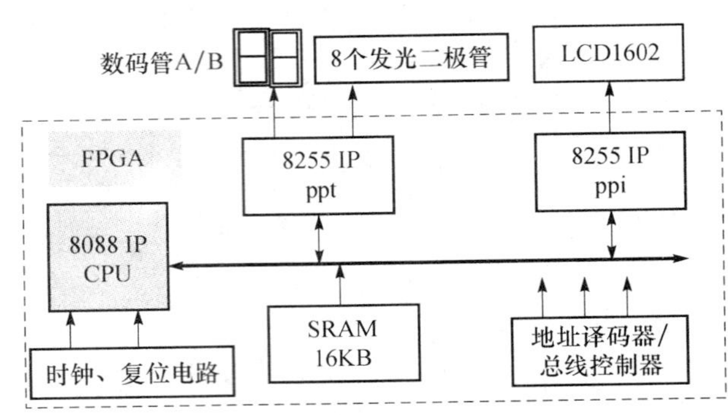

图 10.14　8255 应用电路模块结构

在本示例中，ppt 8255 的端口地址为 378H~37BH；其 PA 口（378H）外接了两个七段数码管；PB 口（379H）外接了八个发光二极管。示例将显示，通过 8255 PA 口外接的数码管显示 CPU 运算结果，通过 8255 PB 口输出实现流水灯循环显示。ppi 8255 的端口地址为 060H~063H，可驱动 LCD1602。RAM 存储器的容量为 16KB，地址范围是 0000H~3FFFH。8088 汇编语言程序如例 10.5 所示。

地址译码器/总线控制器用来确定存储器和各接口芯片的地址范围、片选信号、读/写控制信号、连接数据总线的输入/输出数据信号，以及存储器地址映射变换。由于篇幅有限，该模块的HDL表述未给出。

【例 10.5】

```
    .model tiny
      .code
      .8086
      org     0h
PB8255  db   01
stackr  db     256 dup (0)
stacke  dw     0000h
start:  mov     ax, 0000h ; 设置段寄存器地址
        mov    ds, ax
        mov    es, ax
        mov    ss, ax
        mov    sp, offset stacke;设置堆栈指针
```

```
        mov     cx, 1234h       ;加法运算 1234+1122=2356
    mov     bx, 1122h
     add     cx, bx             ;和保存在 cx 中
        mov     al, ch          ;用数码管显示运算结果
        mov     dx, 379h        ;ppt 8255PB 口显示高 8 位
        out     dx, al
        mov     al, cl          ;用数码管显示运算结果
        mov     dx, 378h        ;ppt 8255PA 口显示低 8 位
        out     dx, al
rotate: mov     dx,379h         ;ppt 8255PB 口显示流水灯
    mov     al,pb8255           ;从 RAM 中取数
    out     dx,al               ;输出到 ppt 8255PB 口
    rol     al,1                ;循环左移一位
    mov     pb8255,al           ;移位后的数据存回 RAM 中
    call    delay               ;调用延时子程序
    jmp     rotate              ;循环
delay:  push      cx            ;延时子程序
    mov     cx,0
    loop     $
    pop     cx
    ret                         ;子程序返回
        hlt
        ; GW8088 BOOT CODE        ;译码器地址映射 FFFF0H 到 3FF0H
        org     03ff0h            ;EAB 中存储器容量为 16KB
       ;jmp     far ptr start     ;8088CPU 程序入口地址
        db      0EAh
        dw      start             ;CS:IP=0000H:START
        dw      0000h
        org     03fffh
        db      0
        end
```

第二个示例是，8088 CPU IP 通过 8255 IP 驱动 LCD1602 液晶显示器。此示例电路与图 10.14 相同。8088 CPU 通过 ppi 8255 与液晶显示器 LCD1602 连接，8255 的端口地址为 060H~063H，其 PC 口输出控制信号包括：RS 数据/命令、R/W 读写控制和 E 使能控制，而 PA 口输出 LCD 的数据信号。具体的连接关系如表 10.1 所示。此示例的 8088 汇编语言程序如例 10.6 所示（有删略）。

表 10.1 8255 与液晶显示器 LCD1602 连接关系

引脚	1	2	3	4	5	6	7	8	9	10	11	12	13	14	15	16
名称	Vss	Vdd	Vo	RS	R/W	E	D0	D1	D2	D3	D4	D5	D6	D7	BLA	BLK
8255	0V	+5V	0V	PC3	PC4	PC2	PA0	PA1	PA2	PA3	PA4	PA5	PA6	PA7	+5V	0V

【例 10.6】

```
        .model tiny
        .code
        .8086
        org    0h
DisplayBuf  dw     0123h        ; 数据区
stackr  db     256 dup (0)      ; 定义堆栈 STACK
stacke  dw     0000h
start:  mov    ax, cs           ;设置段寄存器地址
        mov    ds, ax
        mov    es, ax
        mov    ss, ax
        mov    sp, offset stacke  ;设置堆栈指针
    call      init_lcd      ;调用液晶 LCD 初始化程序
    call      dsp0          ;调用显示字符串子程序
lp1:        jmp    lp1
init_lcd:                   ;液晶 LCD1602 初始化程序
... ...                     ;删略
Dat      db   0             ;显示缓存单元
dat1          db   0
kxin          db  15,"www.kx-soc.com"      ;字符串 1
kxin1   db   16,"you are welcome!"       ;字符串 2
        ; GW8088 BOOT CODE
        org     3ff0h            ;8088 CPU 程序入口
        ;jmp     far ptr start
        db      0EAh
        dw      start
        dw      0000h
        org     3fffh
    db     0
        end
```

程序执行后，在 LCD1602 屏幕上显示如下两行信息：

```
www.kx-soc.com
you are welcome!
```

10.2.6 8254/8253 IP 核可编程定时器/计数器

微机系统在实时控制及数据采集中，需要用定时器/计数器来定时和对外部事件计数，用实时时钟对各种设备实现定时控制。可编程定时器/计数器芯片 8254 在微机系统中可用作定时器和计数器，定时时间与计数次数由用户事先设定。定时器是指在时钟信号作用下，进行定时的减“1”计数，定时时间到(减“1”计数回零)，从输出端输出周期均匀、频率

恒定的脉冲信号。

8254 IP 核与 8254/82C54 芯片功能兼容，内部结构类似。8254 IP 的外部引脚和内部逻辑结构如图 10.15 所示。8254 内部有三个独立的可编程 16 位计数器，每个计数器有六种工作模式。可用于定时任务，如实时时钟、事件计数器、可编程速率发生器、方波发生器、波特率发生器、复杂的波形发生器、电机控制和其他多种任务。

8254 的六种可编程计数器模式是：模式 0，计数结束中断；模式 1，可重触发单次计数；模式 2，速率发生器；模式 3，方波模式；模式 4，软件触发模式；模式 5，硬件可重触发选通。8254 具有简单的处理器/微控制器接口，可选择二进制或 BCD 计数。8254 控制字格式如表 10.2 所示。

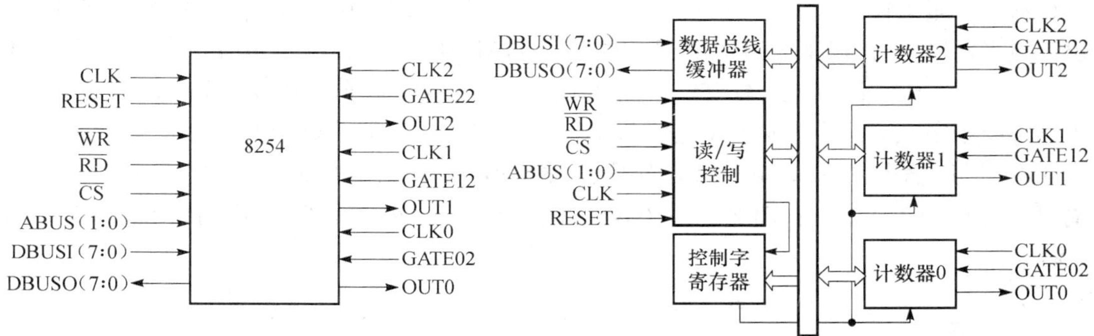

图 10.15 可编程定时器/计数器 8254 IP 核模块端口情况及其内部结构

表 10.2 8254 控制字格式

D7	D6	D5	D4	D3	D2	D1	D0
SC1	SC0	RW1	RW0	M2	M1	M0	BCD
选择计数器 00：计数器 0 01：计数器 1 10：计数器 2 11：非法		00：锁存 01：只读/写低 8 位 10：只读/写高 8 位 11：先读/写低 8 位 再读/写高 8 位		模式选择 000：模式 0 001：模式 1 x10：模式 2 x11：模式 3 100：模式 4 101：模式 5			1:BCD 码 0:二进制

10.2.7 8254 IP 核基本功能测试

对 8254 IP 核的基本功能进行测试，需要通过地址选择信号(A_1，A_0)、读写控制信号($\overline{RD}$、$\overline{WR}$)、片选信号($\overline{CS}$)和输入数据总线(ID[7..0])，设置 8254 三个计数器的工作方式，向 Counter0、Counter1、Counter2 的寄存器写入计数初值。

在本例中，设 Counter0 工作方式 2（分频器方式），计数初值为 6；Counter1 工作方式 3（方波发生器），计数初值为 8；Counter2 工作方式 2（分频器方式），计数初值为 5。8254 的引脚模块图如图 10.16 所示。图中 8254 的 TMODE、DELA、DELB 和 DELSE 应接低电平，GATE、TRIG 接高电平，表示允许该计数器工作。

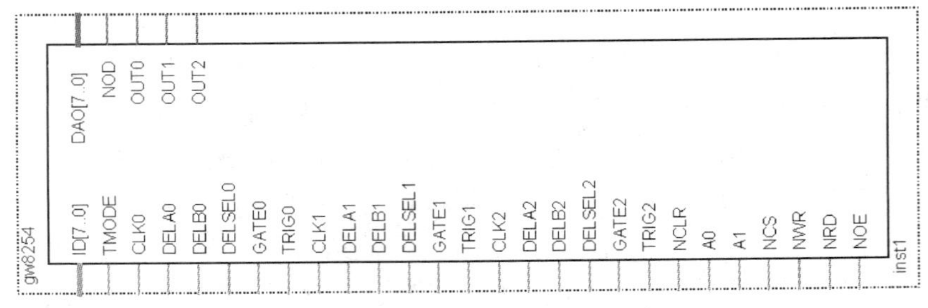

图 10.16　8254 IP 引脚模块图

仿真测试波形如图 10.17 所示。从仿真波形可以看出，在写入控制字和计数器初值后，各计数器开始工作。Counter0 的控制字为 14H，计数值为 06H，前 5 个 CLK 周期 OUT0 输出高电平，第 6 个 CLK 周期输出低电平。当 GATE0 为高电平时，正常计数；当 GATE0 为低电平时，暂停计数；当 GATE0 恢复为高电平后，又继续重复计数。Counter1 是方波发生器，控制字 56H，计数值为 8，输入信号为 CLK1，输出信号 OUT1，高电平和低电平各为 4 个周期，输出方波。Counter2 是分频器，控制字 95H，计数值为 05，输入信号为 CLK1，输出信号 OUT2，前 4 个 CLK 周期 OUT2 输出高电平，第 5 个 CLK 周期输出低电平，周期性分频。

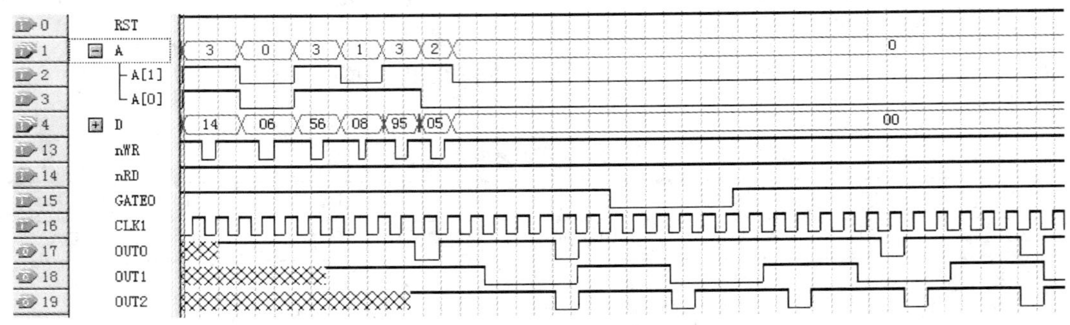

图 10.17　8254 IP 基本功能仿真测试波形

Counter0 工作方式 2，初值=6，8254 控制字的格式如下：

D_7	D_6	D_5	D_4	D_3	D_2	D_1	D_0
0	0	0	1	0	1	0	0
Counter0		不写高 8 位	只写低 8 位	方式 2			二进制

Counter1 工作方式 3，初值=8，8254 控制字的格式如下：

D_7	D_6	D_5	D_4	D_3	D_2	D_1	D_0
0	1	0	1	0	1	1	0
Counter1		不写高 8 位	只写低 8 位	方式 3			二进制

Counter2 工作方式 2，初值=5，8254 控制字的格式如下：

D_7	D_6	D_5	D_4	D_3	D_2	D_1	D_0
1	0	0	1	0	1	0	0
Counter2		不写高 8 位	只写低 8 位	方式 2			二进制

因此，8254 各计数器的控制字和时间常数分别为：

计数器	Counter0	Counter1	Counter2
控制字	14H	56H	95H
时间常数	06	08	05

对于 8254 IP 核的其他几种工作模式，如方式 0、1、4 和 5 的测试，可以通过修改仿真波形中输入的激励信号，修改从 D[7:0]输入的控制字和计数初值进行测试。若是硬件触发方式，可以在写入控制字和计数器初值后，通过对 GATE 端加一个正脉冲，启动计数器工作。若是软件触发方式，则可以在写入控制字后，再写入计数器初值来启动计数器工作。

10.2.8 8254 IP 核在 8088 系统中的应用示例

示例电路主要由 8088 CPU IP、16KB 存储器、可编程定时器/计数器 8254、可编程 I/O 接口 8255 和辅助计数器，以及数码管和八个发光二极管等模块组成。8254 应用电路模块结构如图 10.18 所示。

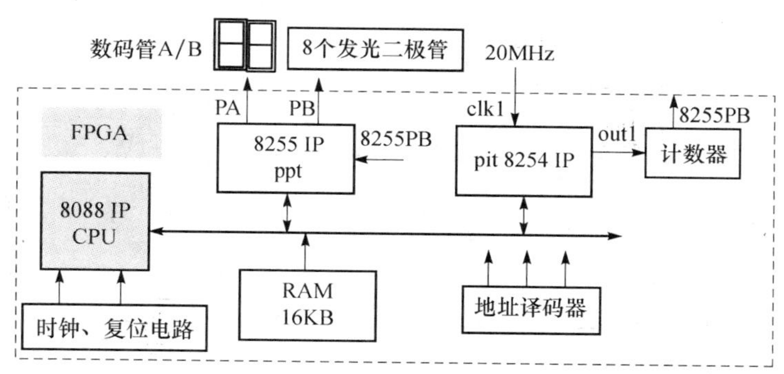

图 10.18 8254 应用电路模块结构图

8254 的端口地址为 040H~043H；8255 的端口地址为 060H~063H。8254 计数器 1 工作方式 3，clk1 输入频率为 20MHz，分频系数为 256。out1 输出脉冲送 8 位计数器，计数器的输出接 8255 的 PB 口输入，通过 8255 PA 口显示在数码管 A/B 上。8254 计数器 0 工作方式 3，以计数器 1 的输出 out1 作为输入时钟 clk0，分频系数为 50。图 10.19 是 Signal Tap II 采集到 8254 中，out1 计数器输出的波形。

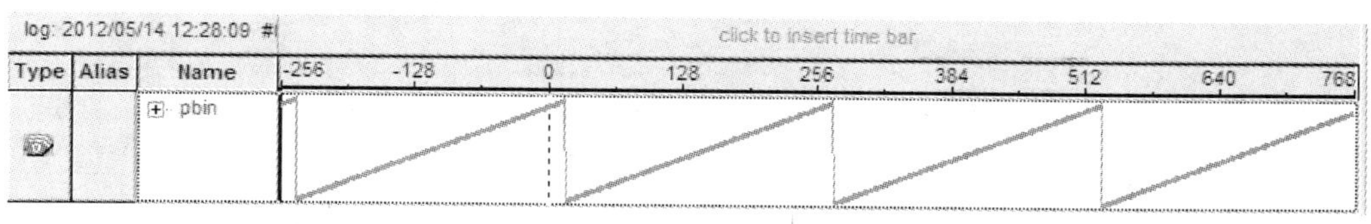

图 10.19 Signal Tap II 采集到 8254 out1 计数器输出波形

8088 应用系统的汇编程序如例 10.7 所示。

【例 10.7】

```
        .model tiny
        .code
        .8086
        org     0h
DisplayBuf      dw   0123h
stackr   db      256 dup (0)
stacke   dw      0000h
start:    mov     ax, cs              ; 设置段寄存器地址
        mov     ds, ax
        mov     es, ax
        mov     ss, ax
        mov     sp, offset stacke   ;设置堆栈指针
        mov       dx,43h            ;计数器 CNT0 初始化
          mov     al,16h            ;CNT0 方式 3
          out     dx,al
          mov     dx,40h            ;CNT0 计数常数=50
          mov     al,50
          out     dx,al
          mov     dx,43h            ;计数器 CNT1 初始化
          mov     al,56h            ;CNT1 方式 3
          out     dx,al
          mov     dx,41h            ;CNT1 计数常数=255
          mov     al,0ffh
          out     dx,al
; output buffer to PPT 8255
lp1:    mov      ax, DisplayBuf     ;显示缓冲区数据送 8255 PA 口
        mov     dx, 378h            ;数码管 A-B 显示计数值
        out      dx, al
        mov       dx,379h           ;读 8255 PB 口 8 位计数器数据
        in        al,dx
        cbw
        mov       DisplayBuf,ax     ; 计数器数据送显示缓冲区
        jmp       lp1
        org     3ff0h               ; 8088 CPU 程序入口
        db      0EAh                ;段间转移 jmp far ptr start
        dw      start
        dw      0000h
        org       3fffh
          db        0
        end
```

10.2.9 8259 IP 中断控制器的功能和用法

8259 IP 核是可编程中断控制器。微处理器（如 8088 IP）可以通过 8 位数据总线（din[7:0] 和 dout[7:0]），控制信号 nCS、nRD、nWR、INT 和 nINTA 对 8259 IP 初始化。8259 IP 的外部引脚模块如图 10.20 所示，其内部结构如图 10.21 所示，其中：

- 中断请求寄存器 IRR：用于保存 8 个外界中断请求信号 IR0~IR7 的请求状态。di 位为 1 表示 IRi 引脚有中断请求；di 位为 0 表示无请求。
- 中断服务寄存器 ISR：用于保存正在被 8259 IP 服务着的中断状态。di 位为 1 表示 IRi 中断正在服务中；di 位为 0 表示没有被服务。
- 中断屏蔽寄存器 IMR：用于保存对中断请求信号 IR 的屏蔽状态。di 位为 1 表示 IRi 中断被屏蔽（禁止）；di 位为 0 表示允许中断。

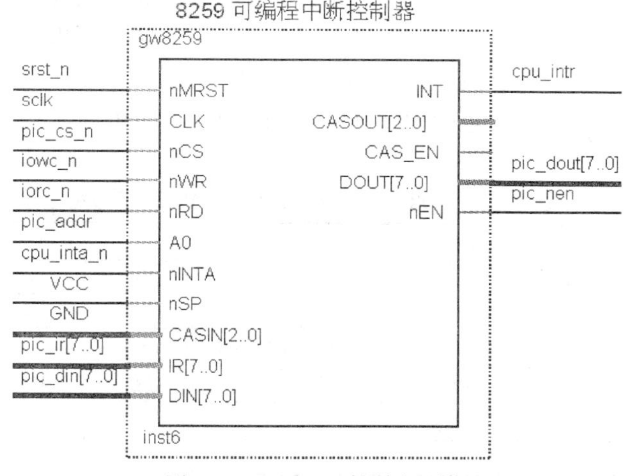

图 10.20　8259IP 核外部引脚

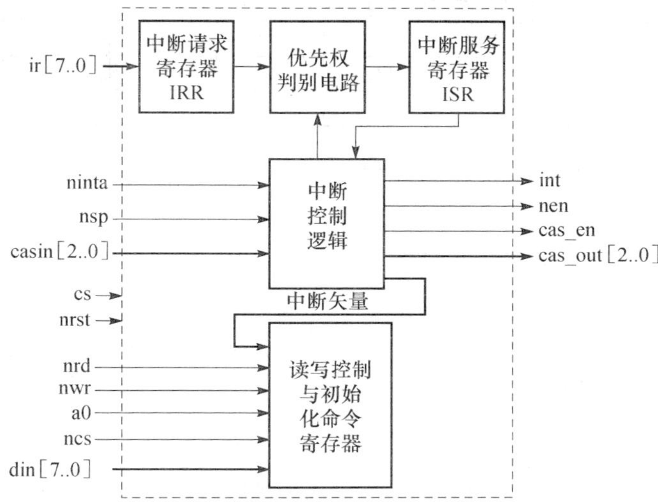

图 10.21　可编程中断控制器 8259IP 核内部结构

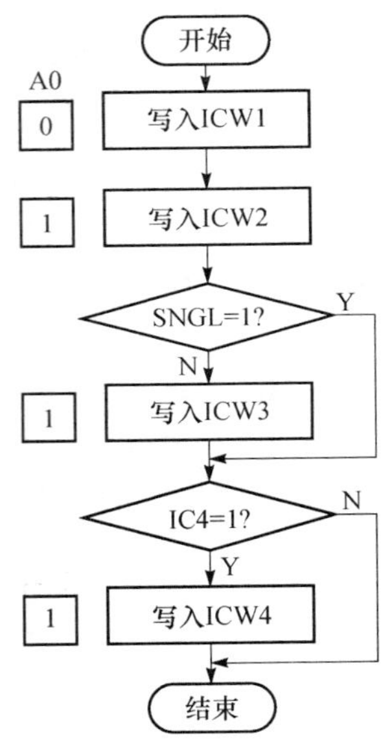

图 10.22 8259 初始化流程

在使用 8259 IP 之前必须对其进行初始化，对初始化命令字 ICW1~ICW4 进行设置，规定它的各种工作方式，并明确其对应的 CPU 类型。8259 IP 的初始化需要 CPU 向它输送 2~4 个字节的初始化命令字，其中 ICWl 和 ICW2 是必须的，而 ICW3 和 ICW4 则根据具体情况来选择。8259 IP 初始化流程如图 10.22 所示。初始化后设置操作命令字 OCW1(中断屏蔽字)，允许有关的中断源申请中断；设置中断向量，将中断服务子程序的入口地址写入中断向量表。此外要编写对应的中断服务子程序。

初始化命令字的格式如表 10.3 所示，操作命令字 OCW1~OCW3 数据格式如表 10.4 所示。例如在 FPGA 中的 8088/8086 系统中有一个 8259 IP 核，中断请求信号为边沿触发，中断类型码为 08H~0FH，中断优先级采用一般全嵌套方式，中断结束方式为普通 EOI 方式，与系统连接方式为缓冲方式，8259 的端口地址为 20H 和 21H。

8259 的初始化程序段如例 10.8 所示。

表 10.3 初始化命令字 ICW1~ICW4 数据格式

命令字	地址 A0	D7	D6	D5	D4	D3	D2	D1	D0
ICW1	0	X	X	X	1	LTIM	ADI	SNGL	IC4
ICW2	1	T7	T6	T5	T4	T3	X	X	X
	D7~D3 为中断类型码的高 5 位								
IC3 主片	1	IR7	IR6	IR5	IR4	IR3	IR2	IR1	IR0
IC3 从片	1	0	0	0	0	0	ID2	ID1	ID0
IC4	1	0	0	0	SFNM	BUF	M/S	AEOI	uPM

表 10.4 操作命令字 OCW1~OCW3 数据格式

OCW1	1	M7	M6	M5	M4	M3	M2	M1	M0
OCW2	0	R	SL	EOI	0	0	L2	L1	L0
OCW3	0	0	ESMM	SMM	0	1	P	RR	RIS

【例 10.8】

```
ICW1        EQU     20H
ICW2        EQU     21H
ICW3        EQU     21H
ICW4        EQU     21H
; 8259 中断控制器初始化
MOV    DX, ICW1
MOV    AL, 13H    ;设置 ICW1
OUT    DX, AL         ;边沿触发，单 8259，需 ICW4
MOV    DX, ICW2
```

```
    MOV     AL, 8       ; 设置 ICW2
    OUT     DX, AL          ;中断类型码 08H-0FH
    MOV     DX, ICW4
    MOV     AL, 9       ; 设置 ICW4
    OUT     DX, AL          ;缓冲方式,8086 模式
```

10.2.10　8259 IP在8086/8088系统中的应用

用8254定时器/计数器和8259中断控制器IP核进行乐曲演奏电路系统设计。演奏电路主要由8088、8259、8254和8255 IP组成。电路结构模块图如图10.23所示，电路中利用定时器8254和中断控制器8259产生乐曲。

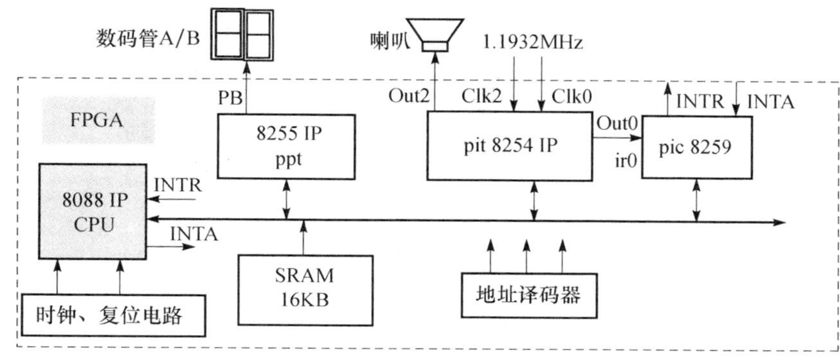

图10.23　8088音乐演奏电路结构框图

乐曲是由不同的频率和节拍的音调组成的，因此控制驱动脉冲的频率和持续时间是乐曲演奏的关键。表10.5为音符与频率及定时器初值的对应关系。

表10.5　音符与频率及定时器初值的对应关系

	音符	1	2	3	4	5	6	7
低音区	频率（Hz）	262	294	330	349	392	440	494
	初值（H）	4560	4058	3613	3417	3044	2712	2416
中音区	频率（Hz）	524	580	660	698	784	880	988
	初值（H）	2280	2032	1810	1708	1522	1356	1208
高音区	频率（Hz）	1048	1176	1320	1396	1568	1760	1976
	初值（H）	1141	1016	0905	0854	0761	0678	0640

在电路中，定时器8254的两个通道PIT_CNT0和PIT_CNT2产生节拍和频率，CNT0产生音乐演奏的节拍。CNT2对1.19320MHz输入频率分频，之后由OUT2输出方波。CNT0的输出OUT0接中断控制器8259的pic_ir[0]，即OUT0每溢出一次（1个节拍）就产生一次中断。在中断服务程序中重新设置CNT2的初值（分频系数），使CNT2能够根据不同的音符（定时器初值）输出相应的频率。CNT0的设定值为65536，而CNT2的设定值由分频

系数表 div_tab 决定；CNT2 输出方波，接扬声器就可发出乐音。乐音所对应的音符通过查程序中的 disp_tab 表，由 8255 的 PB 口输出，显示在两位 LED 数码管 A/B 上。8259 pic_ir[0] 的中断向量 08h 地址为 20h，应当把对 CNT0 的中断服务程序的入口地址写入中断向量表中。

对于本项设计的 8088 汇编程序如例 10.9 所示。程序中首先设定定时器的工作方式，然后输入各定时器的计数初值，计数器就可以按照设定值对输入频率进行分频，减 1 计数到 0 以后从 OUT 端输出。

【例 10.9】

```
        .model tiny
        .code
        .8086
        ...                          ;部分删略
  disp_tab      db 0                 ;显示音符表
      db  01H,02H,03H,04H,05H,06H,07H
      db  11H,12H,13H,14H,15H,16H,17H
      db  81H,82H,83H,84H,85H,86H,87H
  disp_chr    db 0
  ;Music_div Tabel low:1..7 mid:1..7,high:1..7
  div_tab dw  01                     ;音符分频系数表
  dw  4560,4063,3513,3417,3044,2712,2416
  dw  2280,2032,1810,1708,1522,1356,1208
  dw  1141,1016,0905,0854,0761,0678,0640
  pad db  0,5      ;interrupt time.
  music_lenth dw  0,21+21            ;乐曲长度
  music_tab   \                      ;演奏音符表（或乐曲）
  db  1,2,3,4,5,6,7 ,8,9,10,11,12,13,14
  db  15,16,17,18,19,20,21,20,19,18,17,16
  db  15,14,13,12,11,10,9,8,7,6,5,4,3,2,1,0
        org     03ff0h                ; 8088 BOOT 程序入口
        ;jmp     far ptr start
        db      0EAh
        dw      start
        dw      0000h
        end
```

10.2.11 8237 DMA 控制器

直接存储器存取(DMA)的基本思路是：外设与内存间数据传送不经过 CPU，传送过程也不需要 CPU 干预，在外设和内存间开设直接通道，由一个专门的硬件控制电路来直接控制外设与内存间的数据交换。从而提高传送速度和计算机的效率，而 CPU 仅在传送前及传

送结束后花很少的时间做一些处理工作。这种方法就是直接存储器存取方式，简称 DMA 方式，用来控制 DMA 传送的硬件控制电路就是 DMA 控制器。DMA 适用于高速外设，如磁盘、磁带、高速数据采集等高速数据传输系统。

8237 内部共占用 16 个 I/O 端口地址，由地址码的 A3~A0 控制，对应 0000~1111 的 16 种组合。

（1）地址 0H~7H（0000~0111）分配给 4 个通道的地址初值寄存器和地址计数器、字节数值寄存器和字节计数器。每个寄存器都是 16 位，无论是写入还是读出都需要两次。内部逻辑中有个字节指向触发器 F 接成计数方式工作。F 触发器为 0，读、写时指向低位字节；F 为 1，读、写时指向高位字节。每次读、写后 F 改变状态。对地址 0CH（1100）执行输出指令（AL 寄存器可为任意值），将使 F 触发器初始化为 0。

（2）16 个 I/O 端口地址中，除分配给内部编址寄存器外，还有几个地址分配用于形成软件命令。这些命令是：对 8237 总清等效于外接 RESET 信号，占用地址 1101；对请求寄存器清 0，占用地址 1110；还有已经提到的对字节指向触发器 F 的清 0。这三种命令都是用输出指令实施的。指令中 AL 寄存器的内容不起作用，可为任意值。

1. 8237A 的初始化编程

（1）命令字写入控制寄存器。在初始化时必须设置寄存器，以确定其工作时序、优先级方式、DREP 和 DACK 的有效电平及是否允许工作等。

（2）在 PC 系列微机中，当 BIOS 初始化时，已将通道的控制寄存器设定为 00H，禁止存储器到存储器的传送，允许读、写传送、正常时序，固定优先级，不扩展写信号，DREQ 高电平有效，DACK 低电平有效。因此在 PC 微机系统中，如果借用 DMA CH1 进行 DMA 传送，则在初始化编程时，不应再向控制寄存器写入新的命令字。

（3）屏蔽字写入屏蔽寄存器。当某通道正在进行初始化编程时，接收到 DMA 请求，可能初始化结束，8237 就开始进行 DMA 传送，从而导致出错。因此，初始化编程时，必须先屏蔽末初始化的通道，在初始化结束后再解除该通道的屏蔽。

（4）方式字写入方式寄存寄器。通道规定传送类型及工作方式。

（5）置 0 先/后触发器。对口地址 DMA+0CH 执行一条输出指令，从而产生一个写命令，即可置 0 先/后触发器，为初始化基地址寄存器和基本字节寄存器作准备。

（6）写入基地址和基本字节寄存器。把 DMA 操作所涉及到的存储区首址或末址写入地址寄存器，把要传送的字节数减 1，写入基本字节寄存器。这几个寄存器都是 16 位的，因此写入要分两次进行；先写低 8 位，再写高 8 位。

（7）解除屏蔽。初始化空间通道的屏蔽寄存器写入 D2~D0＝0××的命令，置 0 相应通道的屏蔽触发器，准备响应 DMA 请求。

（8） 写入请求寄存器。如果采用软件 DMA 请求，在完成通道初始化之后，在程序的适当位置向请求寄存器写入 D2~D0=1××命令，即可使相应通道进行 DMA 传送。

图 10.24 所示的是作为 DMA 控制器 8237 IP 的引脚模块图，图 10.25 是 8088 系统中 DMA 应用的外设模块（其 HDL 描述被略去）。

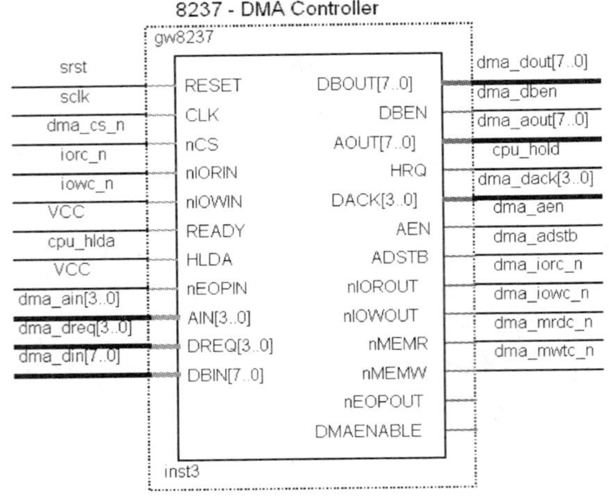

图 10.24 8237 IP DMA 控制器引脚模块图

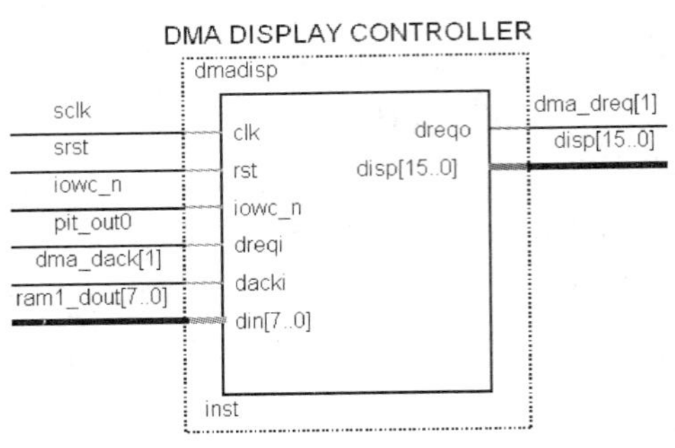

图 10.25 8088 系统中 DMA 应用外设模块

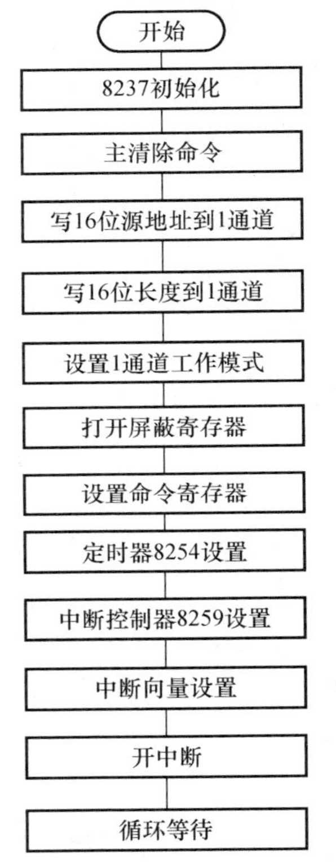

图 10.26 8237DMA 示例程序流程图

2. DMA8237 IP 应用示例

为了在FPGA内的8088系统中验证DMA IP的数据传输功能，设计了一个 DMA 外设。实验的内容就是实现外设到内部 RAM 之间的数据直接传送。

DMA 程序流程图如图 10.26 所示。定时功能由 8254 定时器来完成，定时器的 PIT_CNT0 工作在方式 3，定时初值为 65536，输出方波信号。当定时器输出高电平时，8237DMA 控制器向 CPU 发送 DMA 请求，高电平信号同时送给 8259 中断控制器，在中断服务程序中修改 IntrCounter 的内容，对 IntrCounter 加 1 操作。因此可以看到在LED数码管和8个发光二极管上显示的数据是不断递增连续变化的数据。

10.2.12 16550 IP 核可编程串行通信模块

在 8088 微机系统中，16550/8050 IP 模块是 UART 串行通信模块，其特性数据格式如图 10.27 所示。1 帧数据包括：1 个起始位、8 位数据、无奇偶校验、1 个停止位。串行通信时，构成一个字符或数据的各位按时间先后，从低位到高位一位一位地传送，与并行通信相比，它占用较少的通信线，因而使成本降低，而且适合较远距离的传输。串行通信常作为计算机与低速外设或用于计算机之间传输信息。当传输距离较远时，可采用通信线路（如电话线、无线电台等）。在使用时，发送及接收端必须具备并行-串行转换电路。

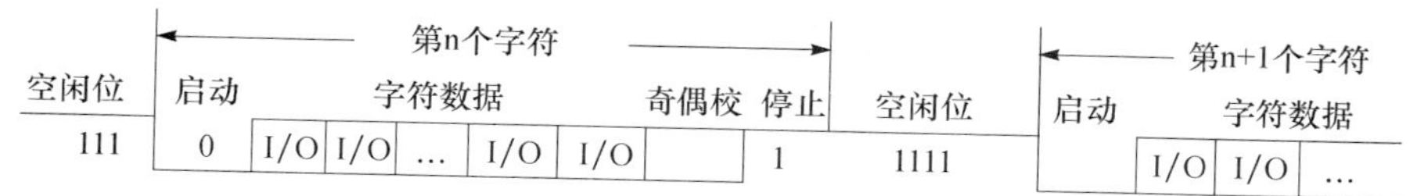

图 10.27 串行通信的数据格式

串行通信包括异步通信和同步通信两种通信方式。一般情况下使用串行异步通信，本示例中采用的是串行异步通信。EIA RS-232C 接口是一种常用的串行异步通信接口标准，它规定以一个 25 芯（或 9 芯）的 D 型连接器与外部相连。

构建于 FPGA 中的 16550 IP 与 8088 CPU IP 的接口电路及时钟生成电路如图 10.28 所示，其中计数器模块和比较器模块都是 LPM 模块。16550 的时钟频率为 1.8432MHz，串行通信的波特率为 9600bps。16550 UART 初始化程序段如例 10.10 所示。

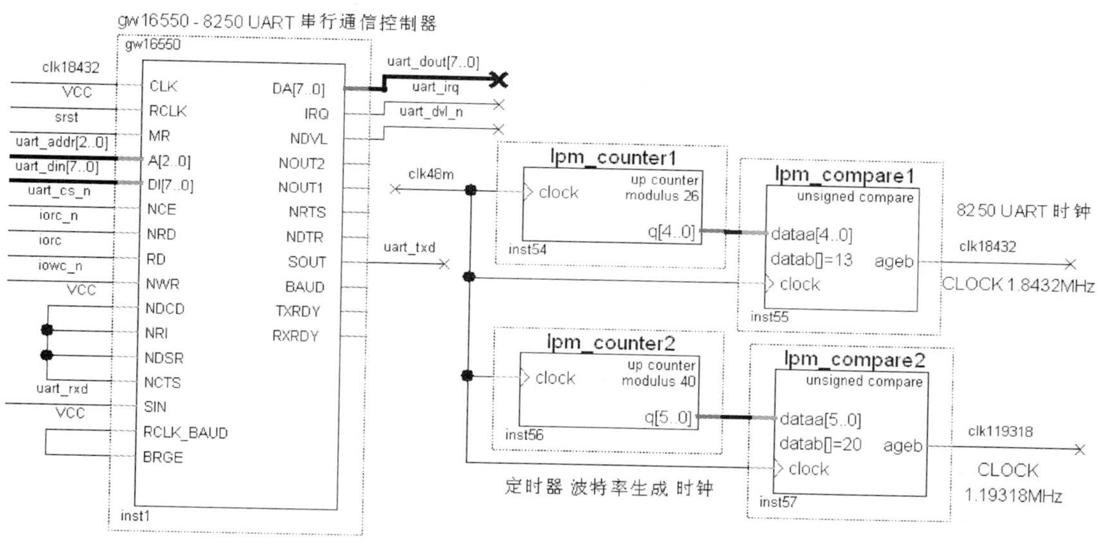

图 10.28 16550 UART 串行通信电路及其时钟电路

【例 10.10】

```
; 置 DIAB = 1, 设置波特率除法锁存器
mov     dx, COM1_LCR
mov     al, 80h
out     dx, al
; 时钟频率 freq= 1.8432MHz，波特率因子 =16，
; 波特率=9600 bps =时钟频率 /(16×12)。波特率除法器高字节=00
mov     dx, COM1_DLM
mov     al, 0
out     dx, al
; 波特率除法器低字节=12
```

```
        mov     dx, COM1_DLL
        mov     al, 12
        out     dx, al
        ; 设置 DIAB = 0, 数据位 8-bit, 1 个停止位
        mov     dx, COM1_LCR
        mov     al, 03h
        out     dx, al
senddata:           ; 发送 1 字节数据
        mov     dx, COM1_THR
        mov     al, bh
        out     dx, al
wait1:          ; 读状态，检测 D5
        mov     dx, COM1_LSR
        in      al, dx
        and     al, 40h
        jz      wait1
waitdata: ;接收 1 字节的程序
        mov     dx, COM1_LSR
        in      al, dx
        and     al, 01h
        jz      waitdata
        ; read one byte
        mov     dx, COM1_RBR
        in      al, dx
        mov     ch, al
```

10.3 基于8086 IP软核的SOC微机系统设计

在10.2节中介绍了基于8088/8086软核的各主要接口系统的构建和应用技术，重点是8088 CPU IP软核分别与不同IP接口模块构建基本应用系统。读者可借此了解基于FPGA平台的单片8088微机系统构建的技术细节、设计方法和调试流程，由此掌握基于FPGA的实用片上系统设计和应用的一般技术。本节将深化这一课题的讨论，介绍基于8086 IP软核的完整的SOC微机系统的结构、构建及运行等情况。期待通过展示一个业内熟知的经典8086 IBM微机系统的构建并运行于单片FPGA中的过程，进一步激发读者对SOC技术了解、学习和应用的兴趣。

10.3.1 8086Z CPU性能特点

以下将实现于Cyclone III FPGA中基于8086 IP的IBM SOC微机系统简称为KX86Z系统，其CPU是8086Z。8086Z是一个基于Verilog HDL描述的16位通用处理器软核，除了极少数特性外，它与Intel 8086几乎完全兼容，因此可以使用此8086Z，以及其他兼容

PC 外设的通用 IP 核，构建一个早期的类似于 IBM 微机的 PC 系统。

8086Z 的设计来源于 Zeus 等人编写的 Zet 处理器，Zet 是一个早期 16 位 x86 的 PC 的 FPGA 实现。而 KX8086Z 系统是 Zet 中 8086 兼容处理器核在附录中的 KX3C55F+开发板上移植实现的版本。KX86Z 的 CPU 在 Zet 的基础上做了修改。

8086Z CPU 的主要特性如下：

（1）与 Intel 8086 处理器指令集兼容。8086/80186（16 位处理器）有 92 条指令，8086Z 实现了 89 条，剩下的 3 条指令与协处理器相关。

（2）可以直接执行 8086 的绝大多数二进制代码程序。

（3）不支持协处理器，不支持软件陷阱（Trap）。

（4）无片内调试模块，不支持 NMI 中断。

（5）CPU 与外围设备连接采用 WISHBONE 总线。

（6）CISC 架构，采用微码结构设计。

（7）工作频率为 12.5MHz（在 EP3C55 FPGA 上）。

8086Z 由取指单元、指令译码单元、微码单元、执行单元四个部分构成。其中执行单元又由 ALU（算术逻辑单元）、分支转跳、寄存器组三个子单元构成。8086Z 与外部的接口采用了一个 WISHBONE Master 端口（主端口）。

10.3.2 KX86Z 微机系统的结构与功能

在我国早期的 PC 中，Intel 8086 CPU 是整个 PC 的核心，围绕它，有许多功能模块和接口器件。现在，包括 CPU 在内，所有这些模块和接口器件都可以采用 HDL 来分别描述，然后一并构成一个在 FPGA 上完整实现的 SOC 系统，图 10.29 所示的就是 KX86Z 构建于 FPGA 中 SOC 微机系统模块图。在这个系统上可以运行普通的 IBM PC 上的软件，而且这些软件无需做任何修改。

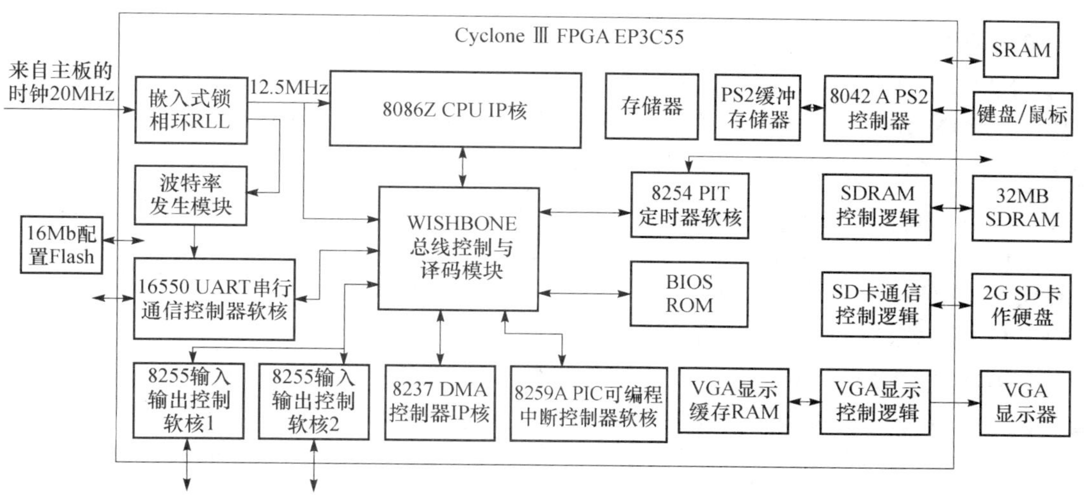

图 10.29 基于 Cyclone III FPGA EP3C55 平台的 KX86Z 计算机系统模块图

图 10.29 中，KX86Z 的核心是 8086Z CPU，它通过 WISHBONE 总线，将 SDRAM 存储器控制器、内部程序存储器、BIOS ROM、8254 PIT 定时器、8259A PIC 中断控制器、8255 输入输出控制器、SD 卡通信控制器、VGA 显示控制器、8042A 兼容的键盘鼠标控制器、16550 串口等 IBM PC 的外围器件相连接，构成了一个完整 IBM PC 系统。图 10.29 中几乎所有 CPU 外设模块都可用 HDL 进行描述。

配合 KX86Z SOC 微机系统正常工作还有与 FPGA 接口的外围部件和设备，其中包括 20MHz 时钟信号、FPGA 的配置 Flash（16Mb）、SDRAM（32MB）、2G SD 卡（其功能类似于微机的硬盘）、SRAM、PS2 键盘和鼠标、彩色 VGA 显示器等。

基于 KX86Z 的 PC 系统可以运行 MS-DOS 6.22 等早期的 PC 操作系统。针对不同的应用，KX86Z 有三种不同的实现类型，如表 10.6 所示。在表格中同时也列举了三种实现类型的主要特性。

表 10.6 KX86Z 的三种实现类型及对应的功能

功 能	KX86Z_FULL	KX86Z	KX86Z_TEXT
	全功能型	标准型	文本型
可运行的操作系统	MS-DOS 6.22 和 Windows 3.0	MS-DOS 6.22 和 Windows 3.0	MS-DOS 6.22
显示模式	最多	文本、VGA	文本
显示控制器	VGA 控制器	VGA 控制器	VDU
显存	外扩 SRAM	FPGA 的片内 RAM	文本显示 RAM
DOS 游戏支持	支持	部分游戏画面被切割	部分文本游戏
PS/2 键盘	支持	支持	支持
PS/2 鼠标	支持	不支持	不支持
BIOS ROM	SPI Flash	FPGA 片内 ROM	FPGA 片内 ROM
SD 卡	模拟成硬盘	模拟成硬盘	模拟成硬盘
显示输出接口	VGA	VGA	VGA
声音输出	支持	不支持	不支持

表 10.6 显示，功能最强的是 KX86Z_FULL，而性能最低的是 KX86Z_TEXT，但需要的资源最少的也是 KX86Z_TEXT。下面以全功能型的 KX86Z_FULL 为例做更具体的说明。

KX86Z_FULL 可以完全建立于 KX3C55F+开发板上，使用外接的 SD 卡作为系统的硬盘；SDRAM 用作计算机系统的内存；SRAM 作为 VGA 的显示缓存；VGA 接口模块的 R、G、B 驱动信号分别是 4 位。此外，使用二 PS/2 接口分别连接标准键盘和鼠标。

在这些配置下，可以运行多种早期 PC 的操作系统，比如 Microsoft 的 MS-DOS 6.22 和 Windows 3.0，也可以运行一些开源操作系统，如 FreeDOS。采用 SD 卡作为系统硬盘，在装载 MS-DOS 操作系统后，KX86Z_FULL 可以支持 TC 2.0 进行 C 语言程序开发，也可以使用 QBASIC 进行 BASIC 语言程序开发；系统也支持 DOS 游戏。

KX86Z_FULL 的 BIOS ROM 中建有基本 BIOS 程序，支持大部分的常用 BIOS 调用，该 BIOS 程序采用汇编和 C 语言混合编程，可以通过添加代码增加 BIOS 中断。

图 10.30 显示了运行 KX86Z_FULL 系统的 KX3C55F+开发板（见附录）上的主要接插口。运行此系统涉及的硬件模块有 EP3C55 FPGA、32MB SDRAM（作内存）、256KB SRAM（作 VGA 显示缓存）、2G SD 卡（作“硬盘”）、16M FLASH（系统配置文件存储）。

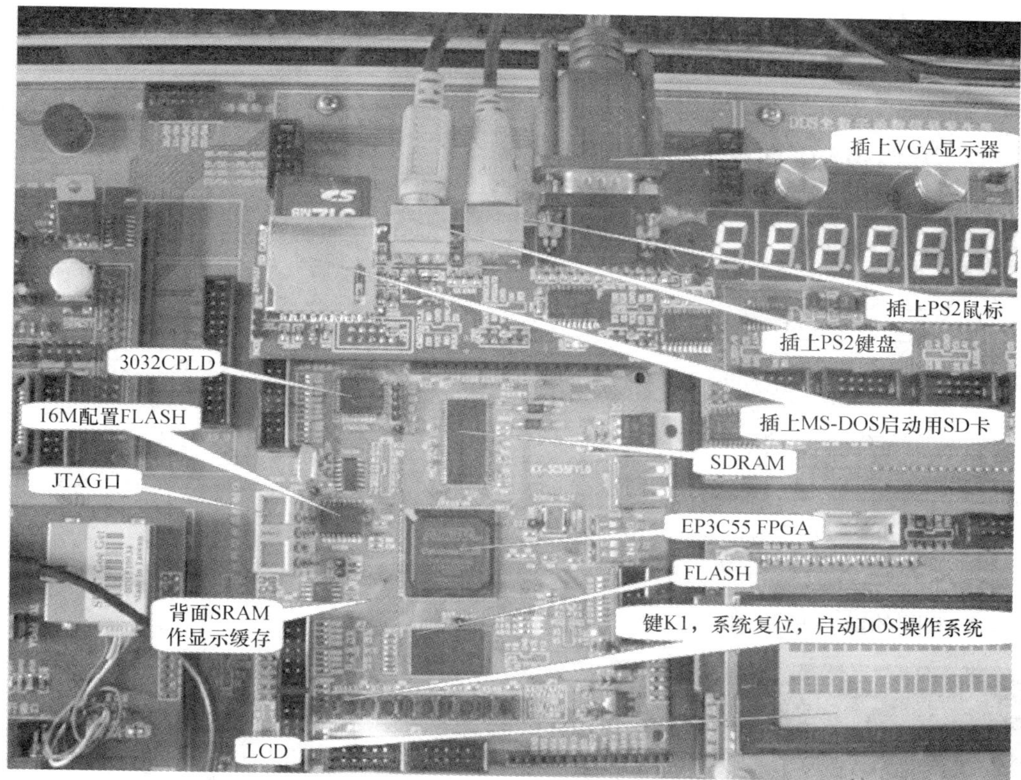

图 10.30 运行 KX86Z_FULL 系统的 KX3C55F+开发板上的主要接插口

10.3.3 KX86Z_FULL 系统上 MS-DOS 的使用

在 KX86Z_FULL 上运行 MS-DOS 系统先要准备好一个烧录有 MS-DOS 6.22 操作系统的 SD 卡，插入到 KX3C55F+开发板的 SD 卡槽中，同时连接好 VGA 显示器、PS/2 的标准键盘和鼠标。当 KX3C55F+开发板加电装载 KX86Z_FULL 系统设计后，连接的 VGA 显示器将显示出图 10.31 所示的文字。

```
8086 CPU and KX8086 Soc.IBM version 1.0
Copyright (C) 2008-2010, Zeus Gomez Marmolejo and Zet development team.
Copyright (C) 2011-2012, KONXIN Corp.
kx-soc  Available at:
   http://www.kx-soc.com/

KX8086 BIOS - build date: 2012-02-12
 Version: 1.0
 Version date: 20120-02-12
Booting device: SD card

Starting MS-DOS...

C:\>_
```

图 10.31 基于 KX86Z_FULL 的 SOC 系统 DOS 启动画面

图中显示了一些 BIOS 打印的 KX86Z 成功启动的相关信息。在这里可以看到启动设备为“SD card”，然后显示：

```
Starting MS-DOS…
```

表示MS-DOS已经启动，最下面一行显示“C:\>”，这个经典的DOS命令提示符表示MS-DOS已经启动，可以接受键盘命令了。

KX86Z系统启动后，实验者可以像使用早期PC那样，键入DOS命令，与PC进行人机对话。常用的MS-DOS命令如表10.7所示。

表10.7 常用MS-DOS命令

DOS命令	说　明	示　例	示例返回结果
DIR	显示磁盘目录	DIR	文件列表
CD	切换文件目录	CD TC	C:\TC>
MD	建立目录	MD QQ	在当前目录建立名字为QQ的目录
COPY	复制文件	COPY A.TXT \TC	复杂ATXT文件到TC目录
DEL	删除文件	DEL ATXT	如果A.TXT存在删除ATXT文件
RD	删除空目录	RD XX	如果XX为空，删除它
C:	切换到C盘	D:	切换到D盘

以下通过几个例子说明此系统的DOS命令的使用情况。先用键盘键入：

DIR （输入完回车，下略）

屏幕返回的结果见图10.32，接着键入：

```
Starting MS-DOS...

C:\>dir

 Volume in drive C is DOS
 Volume Serial Number is 1B30-1614
 Directory of C:\

COMMAND  COM        54,645 05-31-94   6:22a
HIMEM    SYS        11,304 03-07-09  10:43a
CONFIG   SYS            91 01-09-12   3:24p
AUTOEXEC BAT            69 09-13-09   7:36p
TREEINFO NCD           395 11-07-09   5:47p
DOS          <DIR>         01-09-12   3:22p
WINDOWS      <DIR>         01-09-12   3:22p
NC           <DIR>         01-09-12   3:22p
TC           <DIR>         01-09-12   3:22p
SERIAL       <DIR>         01-09-12   3:22p
QBASIC       <DIR>         01-09-12   3:22p
GAMES        <DIR>         01-09-12   3:22p
SPEEDCOM EXE        82,328 12-27-11  11:14a
       13 file(s)        148,832 bytes
                      61,362,176 bytes free

C:\>^W^W
```

图10.32 DIR命令后显示的结果

CD DOS

进入DOS目录，屏幕将显示：

C:\DOS>

于是在此可以使用如下命令：

DIR *.exe /W

这样将只显示后缀为exe的文件，而且只是显示文件名，显示情况见图10.33。

可以直接键入这些exe的文件名字执行这些程序，比如键入：

MEM

屏幕就会显示系统内存的相关信息。如果需要知道更多的DOS命令信息可以在DOS命令后加“/?”以获得帮助，例如键入“CD /?”，于是就可以看到CD的多种用法，比如“CD ..”是切换到上级目录。

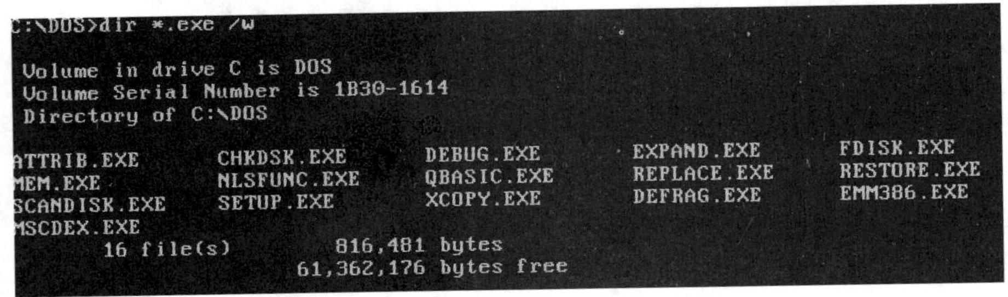

图10.33 显示exe文件

10.3.4　在 KX86Z_FULL 系统进行 C 程序或 BASIC 程序编程

首先进入 C:\TC 目录，再输入命令 TC，于是打开 Turbo C 2.0，命令流程如下：

```
CD \TC
TC
```

于是进入 TC 的 C 语言开发环境，通过 Alt+F 键，可装载一个 C 文件，界面如图 10.34 所示。

进行 BASIC 程序编程前需打开 QBASIC 编辑编译窗。首先键入 QBASIC 所在路径，即 C:\QBASIC 目录，按一下方式输入命令 QBASIC，再启动 QBASIC：

```
CD \QBASIC
QBASIC
```

进入 QBASIC 的 BASIC 语言开发环境。

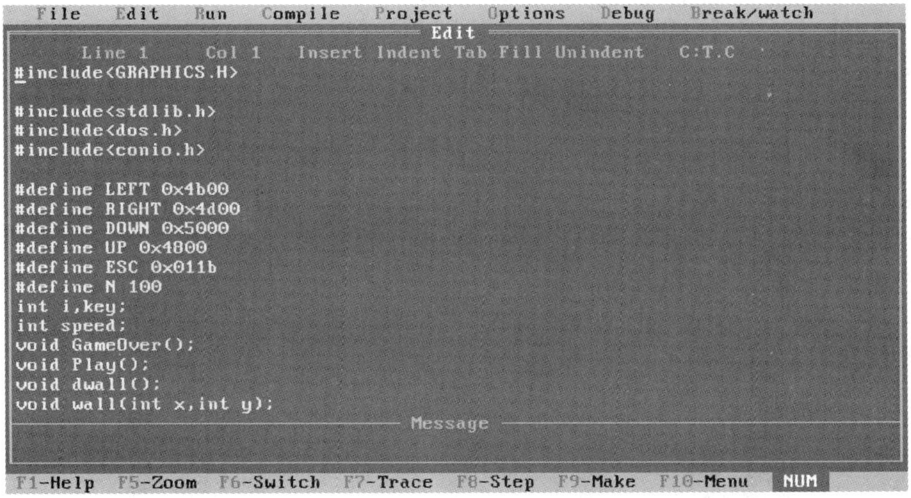

```
  File   Edit   Run   Compile   Project   Options   Debug   Break/watch
                                  Edit
      Line 1     Col 1    Insert Indent Tab Fill Unindent    C:T.C
#include<GRAPHICS.H>

#include<stdlib.h>
#include<dos.h>
#include<conio.h>

#define LEFT 0x4b00
#define RIGHT 0x4d00
#define DOWN 0x5000
#define UP 0x4800
#define ESC 0x011b
#define N 100
int i,key;
int speed;
void GameOver();
void Play();
void dwall();
void wall(int x,int y);
                               Message

F1-Help  F5-Zoom  F6-Switch  F7-Trace  F8-Step  F9-Make  F10-Menu  NUM
```

图 10.34　TC 界面

10.3.5　在 KX86Z_FULL 上启动 Windows 3.0

在 MS-DOS 界面，使用 CD 命令切换到 C 盘根目录，再键入 WIN，即可打开 Windows 3.0，进入的界面如图 10.35 所示。

在 Windows 3.0 中可以使用鼠标打开很多应用程序，比如文件管理器、画图、时钟、计算器、记事本和 Windows 游戏（如图 10.36 所示）等。

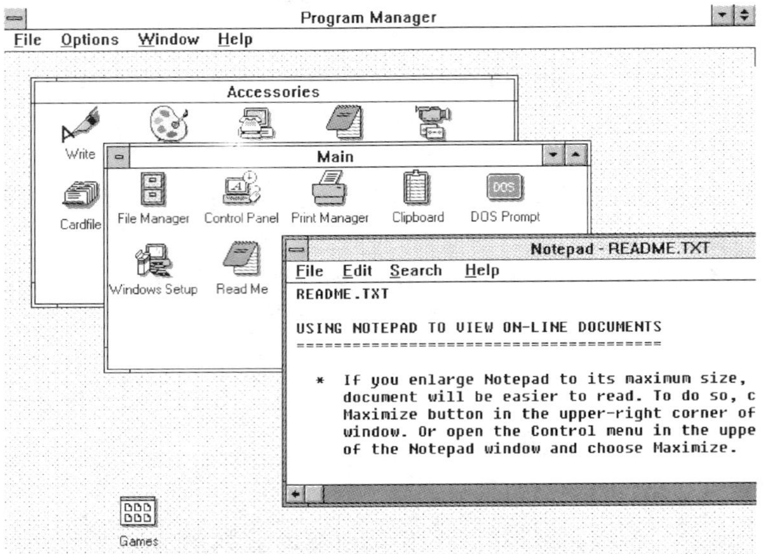

图 10.35 Windows 3.0 界面

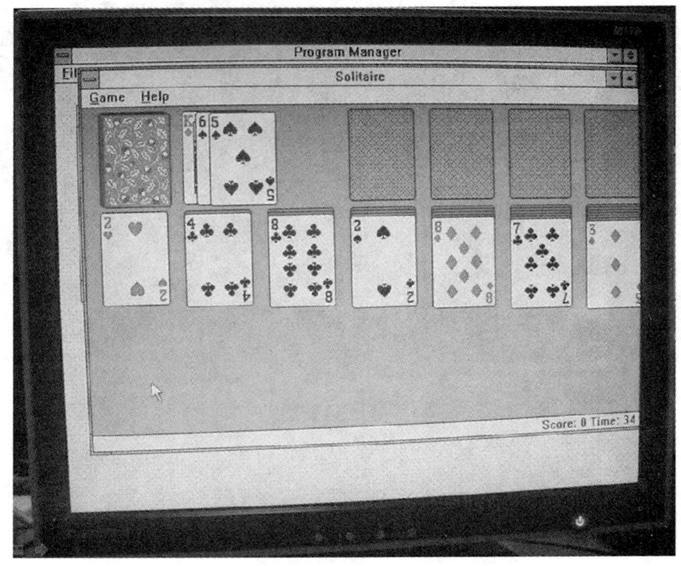

图 10.36 Windows 3.0 游戏界面

习题与设计实验

10.1 如果要设计一个 8051 单片机核应用系统，如何为它配置含有汇编程序代码的 ROM?

10.2 根据电路原理图（图 10.3）和第 3 章的相关内容，为 8051 CPU 核接口一个 32 位高速乘法器模块。该模块可以使用嵌入式 32 位有符号 DSP 模块，从而使此 8051 SOC 系统具备高速乘法功能。

10.3 在基于 8088 软核 SOC 应用系统中（以下同），8255 作为打印机接口的电路示意图如图 10.37 所示，假设 8255 以方式 0 工作，试编写用查询方式完成将内存缓冲区 BUFF 中的 100 个字符送打印机打印的程序。已知 8255 的端口地址为 80H、81H、82H、83H。

10.4 8088 CPU 通过 8255 与 8 个 LED 的连接，用 8254 的 T0 产生定时溢出中断信号，向 8259 申请中断，中断类型码为 08H。编写采用中断方式使 8 个 LED 依次轮流亮 1 秒的程序。

10.5 8255 作为打印机接口的电路示意图如图 10.38 所示，假设 8255 以方式 1 工作，试编写用中断方式完成将内存缓冲区 BUFF 中的 100 个字符送打印机打印的主程序和中断服务程序。已知中断向量为 0020H: 0010H，向量地址为 0002CH; 8255A 的端口地址为 E0H、E1H、E2H、E3H。

10.6 利用 8255、8254 和 8259 IP 核设计一个频率测试电路，编写频率测试程序。

10.7 利用 8255、8254 和 8259 IP 核设计一个音乐演奏电路，编写相应的应用程序。

10.8 什么叫波特率？串行通信对波特率有什么基本要求？

10.9 在对 16550 进行编程时，应按什么顺序向它的命令口写入命令字？

10.10 串行通信的发送时钟和接收时钟与波特率有什么关系？

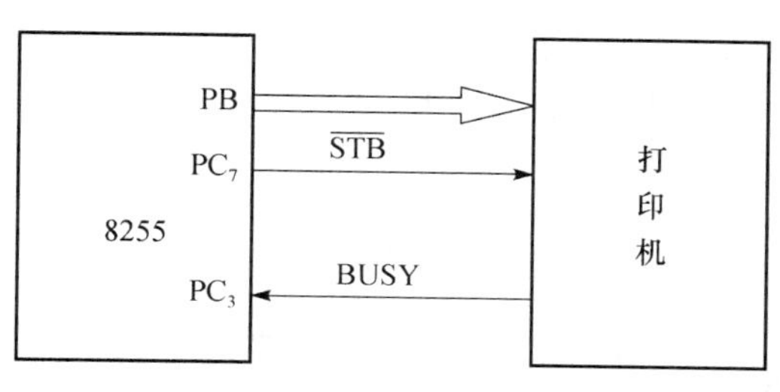

图 10.37 8255 与打印机连接

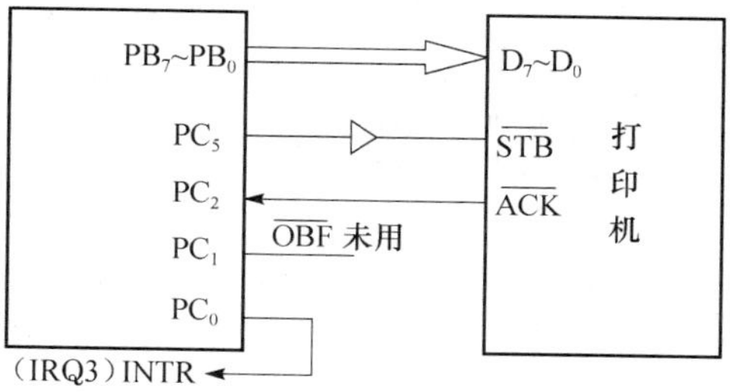

图 10.38 8255 与打印机连接

10.11 串行通信有哪两种方式？同步通信和异步通信各有何特点？

10.12 设 16550 工作在异步模式，波特率系数(因子)为 16，7 个数据位/字符，偶校验，1 个停止位，发送、接收允许，时钟频率为 1.8432MHz，完成初始化程序。

10.13 已知 16550 发送的数据格式为：数据位 7 位，偶校验，1 个停止位，波特率因子 64。设 16550 控制寄存器的地址码是 3FBH，发送/接收寄存器的地址码是 3F8H。试编写用查询法和中断法收发数据的通信程序。

10.14 在 KX86Z_FULL 的 Windows 环境中用 C 设计一个与 8051 单片机核进行双向串行通信的程序。

附 录

现代计算机组成与创新设计实验系统

本书中给出的所有示例和实验设计项目测试和验证的 EDA 软件平台是 Quartus II 9.1（推荐使用这个版本的软件，因为它包含 Altera 自己的仿真工具）、Quartus II 11.1 等；而硬件平台是康芯公司的 KX_DN8（含 KX-3C55F+核心板）系列模块化计算机组成与创新设计综合实验系统所对应的 Cyclone III 系列 FPGA：EP3C55F484 或 EP3C10T144。

由于本书给出的大量实验和设计项目涉及许多不同类型的、可自由增减的扩展模块，主系统平台上（图 F.1 和图 F.2）有许多标准接口，以其为核心，对于不同的实验设计项目，可接插上对应的接口模块。如 VGA/PS2 模块、TFT 数字彩色液晶模块、USB 模块、宽位数据输入输出模块、SD 卡/以太网模块、黑白点阵液晶模块、各类存储器模块、各类键盘模块等，这些模块可以是现成的，也可以根据主系统平台的标准接口和创新要求由读者（教师或学生）自行开发。

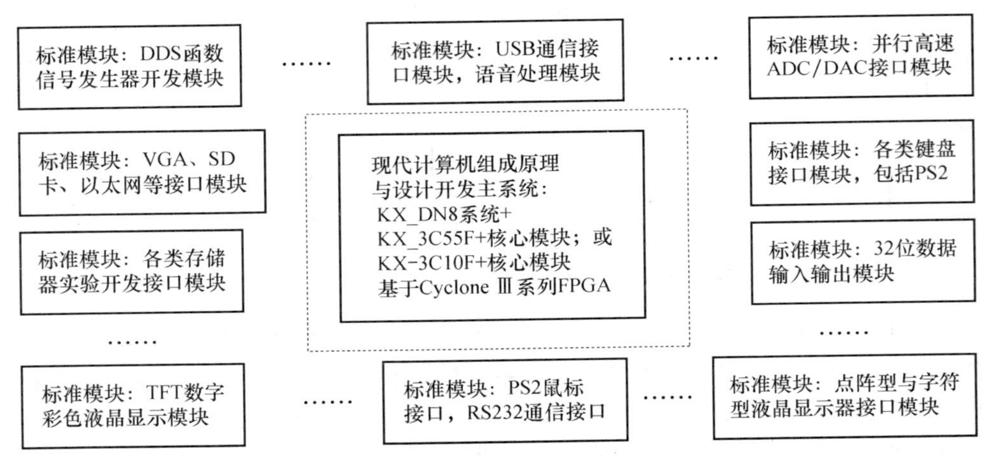

图 F.1　模块化创新设计计算机组成原理实验系统结构示意图

若读者手头已有类似的实验系统，也同样能完成本书的实验，但推荐使用 Cyclone III 系列 FPGA EP3C55F484，这是因为本教材的示例和实验项目都是以 Cyclone III FPGA 作为目标器件的。若是较低版本的 FPGA，如 Cyclone 或 Cyclone II 等系列或更老系列的器件（如 FLEX10、ACEX1、APEX20 等），除引脚和封装外，需考虑更改与适应的内容还包括：

（1）由于涉及宽达 32 位嵌入式 SOC 系统的设计，要求有足够大规模的逻辑宏单元资源及超大的内嵌 RAM 容量（例如可以将整个 32 位嵌入式系统，或整个 IBM 8086 系统的 BIOS 和 VGA 显存都包括于一片 FPGA 中）。

（2）针对 Cyclone III FPGA 特有的 LPM 模块，如用内部 RAM 构建的移位寄存器，又

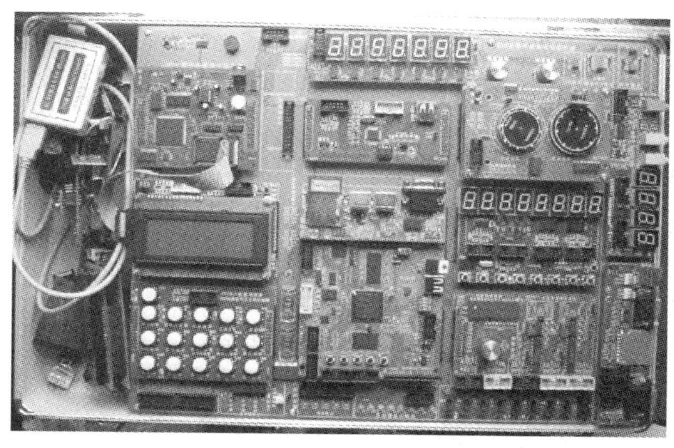

图 F.2 KX-DN8 系列模块自由组合型创新设计综合实验开发系统主系统平台

如含有在写入新数据的同时读出老数据的功能的存储器等，都需作改变。

（3）需适用于 CPU 的高质量的锁相环产生的时钟信号。Cyclone III FPGA 具有全新的锁相环特性，主要表现在高频率（可大于 1000MHz）和分频的低频段都远超普通器件的同类模块。前两系列的 FPGA 都无法提供小于 10MHz 的频率（甚至没有嵌入任何锁相环），而 Cyclone III FPGA 可低达 2kHz。

（4）含有足够数量的 I/O 端口。由于针对基于 Quartus II 平台的时序仿真或 SignalTap II 的硬件测试都必须对所测引脚加入 I/O 端口才能被引入仿真或测试界面，然而对于不得不测试较多信号的大设计项目，如 CPU 设计，较少 I/O 端口的 FPGA（如 EP3C144 或 EP3C240 等）就不适合作为目标器件，除非选用 In-System Sources and Probes 来进行仅对硬件的测试。

此外，如果读者实验板的 FPGA 是 Cyclone IV 系列的，则完全可以与 Cyclone III 系列的器件全面兼容，因为这两个系列的 FPGA 对应相同封装情况下，除极个别引脚外，几乎可以相互通用！这就是说，可以将同封装的 Cyclone III FPGA 当成 Cyclone IV FPGA 来使用，反之亦然。例如 EP3C10E144 和 EP3C5E144 可以与 EP4CE10C22 互相通用。这是因为它们的工艺（一种是 60nm，另一种是 65nm）接近，结构相同。这样一来，Cyclone IV 的器件的编译不一定需要 Quartus II 11.1 了，Quartus II 9.1 版本同样可以使用，只是时序仿真略有不同。因为对于同样的设计项目，Cyclone III 系列具备更好的技术指标，例如要比 Cyclone IV 系列的速度高，而且锁相环的上限频率也更高。所不同的是，同规模的 Cyclone IV 器件的成本售价要低些。

此外，若从实验和创新设计的角度看，作者也推荐使用 Cyclone III 系列 FPGA 作为实验目标器件，特别是 Cyclone III FPGA 的高性价比、高速性能、大规模内嵌 RAM、良好的避免毛刺性能以及优秀的锁相环的性能，使之前的诸多系列，如 ACEX1、FLEX10、APEX20、Cyclone、Cyclone II，甚至 Cyclone IV 等都不能与之相比。

为了能更好地完成书中的实验设计项目，以下简述系统的基本情况，以备查用或仿制。

1.1 KX_DN8 系列实验开发系统

一般情况下，诸如 EDA 开发、计算机组成原理实验、微机原理与接口技术实验、单片机技术实验、DSP 实验或 SOPC 实验等传统实验平台多数是整体结构型的，虽也可完成多种类型实验，但由于整体结构不可变动，实验项目和类型是预先设定和固定的，很难有自主发挥和技术领域拓展的余地，学生的创新思想与创新设计如果与实验系统的结构不吻合，便无法在此平台上获得验证。同样，教师若有新的创新型实验项目，也无法即刻融入原本是固定结构的实验系统供学生实验和发挥。因此此类平台不具备可持续拓展的潜力，也没有自我更新和随需要升级的能力。

特别是针对现代计算机组成与设计的创新实验，涉及的自主设计项目更多，结构变化更大，系统更复杂，完全不可能预知最后设计出的创新项目应该包含哪些功能结构和接口模块。所以最好的解决方案是：

- 在创新实践中，能提供给学生的用于构建计算机内部结构的逻辑资源和存储器资源，丰富到足以涵盖学生的创造力所及的任何形式和规模设计项目。

所以推荐使用性价比较好的 Cyclone III 系列的 EP3C55F484，它有 484 脚，BGA 封装；内含 5.6 万个逻辑宏单元(即含 5 万多可供用户使用的 D 触发器，其逻辑资源达到一片 FPGA 中可同时容纳 3 个以上中等规模的 32 位 Nios II 嵌入式处理器)、240 万 RAM bit 和 4 个锁相环、312 个 9×9 位的高速硬件乘法器等；再外接 32MB SDRAM、250KB SRAM、1GB 并行 Flash、2M 串行 Flash、16M 配置 Flash、2GB SD 卡等。这些资源都放置于一块 6 层 PCB 板构成的核心模块板上，即图 F.3 所示的模块板。

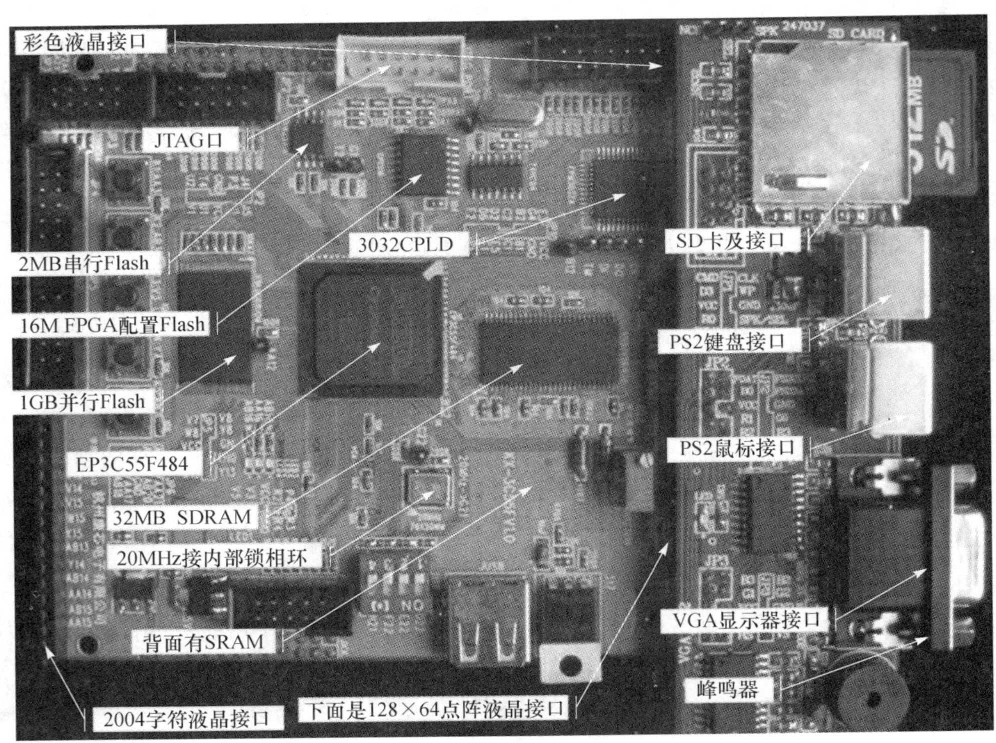

图 F.3 KX_DN8 系统配置的 KX-3C55F+核心板（即 55F+模块）

● 在外围接口方面，除大量丰富的接口模块，如 VGA、PS2、USB、SD 卡、RS232 串口、语音处理、AD/DA 等现成的模块外，还提供能适应实验者随时根据自己的创新实验需要，自主安排新功能模块的标准接口。

● 从本书多数章节也能看出，特别是对于 CPU 设计，将实验硬件平台定位于大容量的 Cyclone III FPGA，在硬件测试、软件调试、软硬件联合开发与测试方面，甚至包括微指令系统的实时编辑调试中，基于 Quartus II 平台的强大测试工具，如 SignalTap II、In-System Sources and Probes 和 In-System Memory Content Editor 等具有不可替代的功能。

由于本书的前期知识涉及数字电路、EDA 技术、硬件描述语言、SOC、SOPC、部分嵌入式系统及单片机知识，以及微机接口方面的知识，KX_DN8 系统也尽可能包含这些课程的实验和设计项目，使此平台在除了适用于本教材中涉及的所有创新实践外，还能很专业地包涵诸如基本数字系统设计实验、EDA 技术实验、VHDL/Verilog 硬件描述语言应用实验、SOPC 开发、各类 IP 应用、基于单片机 IP 核的 SOC 系统实现，以及 8088/8086 IBM 系统核的 SOC 片上系统设计等。

显然，KX_DN8 系列所采用的目前比较流行的模块自由组合型创新设计系统，作为本教材的实验平台，能较好地适应实验类型多、设计项目规模大和技术领域跨度宽的实际要求。例如，此实验系统的核心模块能运行 51 系列单片机 SOC 系统、32 位 OPEN Risc 处理器、32 位 Nios II 的 SOPC 系统，及完整的 8086/8088 微机 SOC 片上系统；此 FPGA 内部 SRAM 放下了 BIOS 启动 ROM、PS2 缓存等；能启动 MS-DOS 操作系统和 Windows 操作系统，在 VGA 显示器上用 PS2 键盘和鼠标完成所有 DOS/Windows 32 命令及运行各种基于命令行的传统软件与视窗软件。

系统的主要特点是：

（1）由于系统的各实验功能模块可自由组合、增减，故不仅可实现的实验项目多，类型广，更重要的是很容易实现形式多样的创新设计项目，尤其对于 CPU 这样的大规模逻辑系统的设计。

（2）由于各类实验模块功能集中，结构经典，接口灵活，对于任何一项具体实验设计都能给学生独立系统设计的体验，甚至可以脱离系统平台自由组合。

（3）面对不同的专业特点、不同的实践要求和不同的教学对象，教师甚至学生都可以自己动手为此平台开发增加新的实验和创新设计扩展模块。

（4）由于系统上的各接口，以及插件模块的接口都是统一标准的，因此此系统可以通过增加相应的模块而随时升级。也推荐读者能按照这样的理念，即模块化实验模式的方式自行开发各类模块，构建全新的 CPU 设计实验系统。

KX_DN8 系统所能实现的设计和实验大致包括：

（1）基于 Cyclone III FPGA 的现代计算机组成原理与设计的基础实验。

（2）基于 Cyclone III FPGA 的各类 CPU（8 位至 32 位 CISC 和 RISC）设计实验。

（3）基于 8088/8086 IP 核，以及 8253 定时器 IP 核、8237 DMA IP 核、8259 中断控制 IP 核、8255 可编程 I/O IP 核和 8250 UART 串行通信 IP 核等构建的单片 FPGA SOC 系统，以适应全新的微机原理与接口技术实验。

（4）基于 Cyclone III FPGA 的 8051 单片机 IP 核的 SOC 片上系统设计系列实验。

（5）基于 Cyclone III FPGA、32 位 Nios II 嵌入式处理器和 Qsys 开发环境的 SOPC 实验与开发。

（6）基于教材《EDA 技术实用教程》第四版（参考文献[1]和[2]）的 EDA 技术和 Verilog/VHDL 硬件描述语言的实验与创新实践。

（7）基于教材《数字电子技术基础》（参考文献[3]）的所有与 FPGA 有关的实验。

1.2 mif 文件生成器使用方法

本书中给出的一些有关 LPM RAM 或 ROM 的设计项目和实验都有可能用到 mif 格式初始化文件，这可以用不同方法获得，但比较方便的方法是使用 mif 文件生成器。这里介绍康芯公司为本书读者免费提供的 mif 生成软件 Mif Maker 的使用方法(可直接通过 www.kx-soc.com 或科学出版社免费获取)。

双击打开 Mif_Maker2010，如图 F.4 所示。首先对所需要的 mif 文件对应的波形参数进行设置。如图 F.5 所示，选择“设定波形”，并在下拉菜单中选择“全局参数”。在“全局参数设置”窗口选择波形参数：数据长度 256（存储器的深度或存储的字节数），输出数据位宽 8，数据表示格式十六进制，初始相位 120 度（如设计 SPWM 中要用到此相位设定）。还有符号类型（有符号数或无符号数）的选择，如实验中的 AM 信号发生器的设计需要有符号正弦波数据。

图 F.4 打开“Mif_Maker2010”(设计者：杭州电子科技大学曾毓教授)

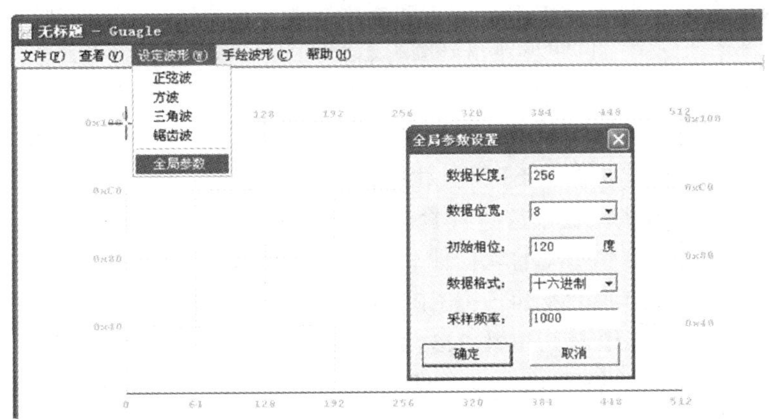

图 F.5 设定波形参数

单击“确定”按钮后，将出现一波形编辑窗。然后再选择波形类型。选择“设定波形”，再选择“正弦波”，如图 F.6 所示。

这时，图 F.6 将出现正弦波型。如果要编辑任意波形，可以选择“手绘波形”项，在下拉菜单中选择“线条”（图 F.7），表示可以手工绘制线条。然后即可以在图形编辑窗中在原来的正弦波形上绘制任意波形（图 F.7）。最后选择“文件”中的“保存”，将编辑好的波形文件以 mif 格式保存（图 F.8），如取名为 WAVE1.mif。

如果要了解编辑波形的频谱情况可以选择“查看”项的“频谱”，如图 F.9 所示的锯齿波的归一化频谱显示于图 F.10 上。

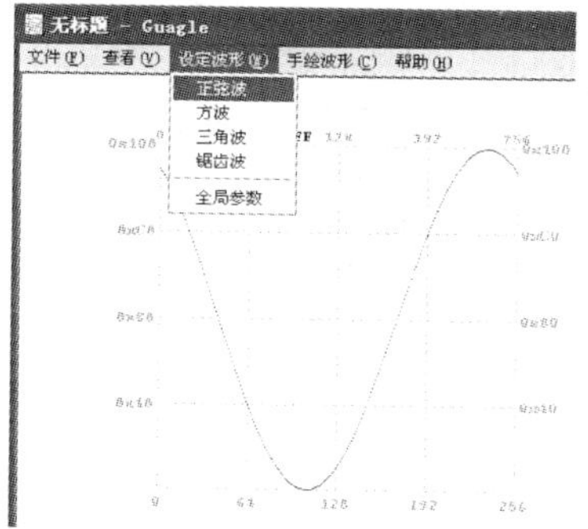

图 F.6 选择波形类型

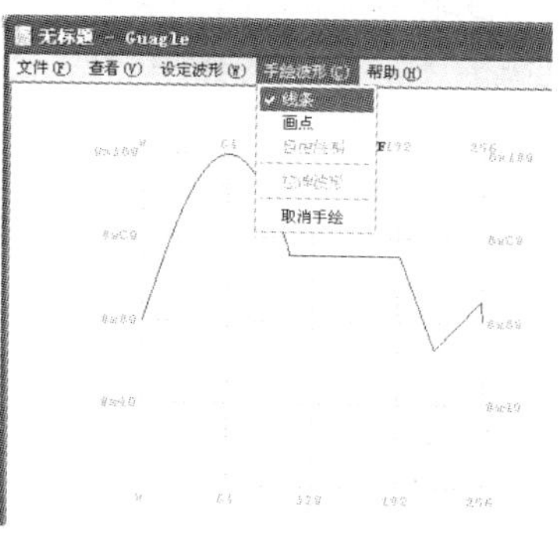

图 F.7 手动编辑波形

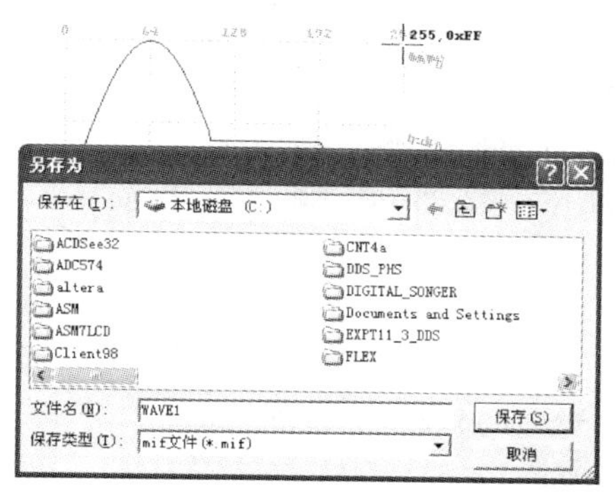

图 F.8 存储波形文件

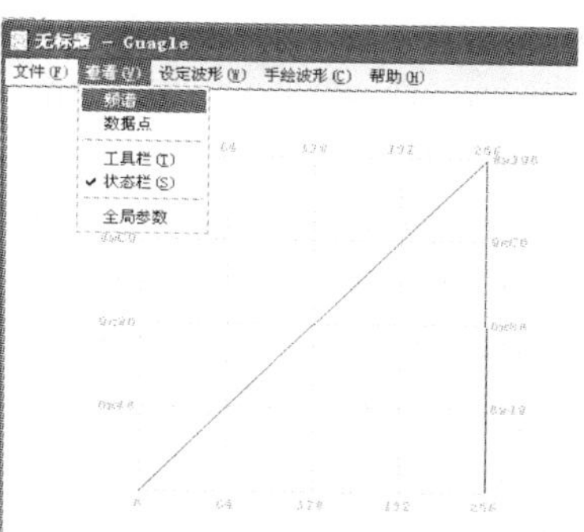

图 F.9 选择频谱观察功能

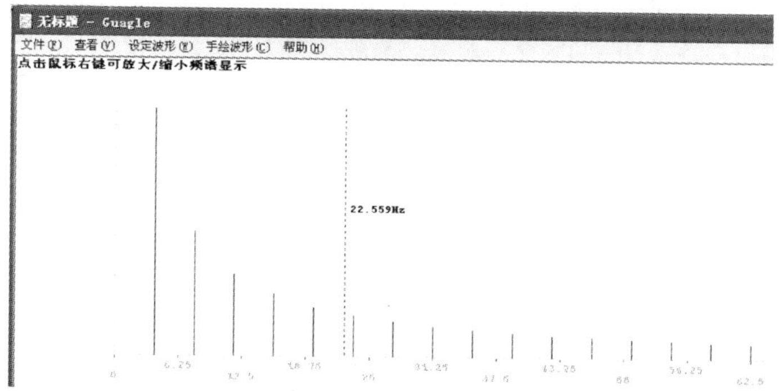

图 F.10 锯齿波频谱

参 考 文 献

[1] 潘松，黄继业．EDA 技术实用教程——VHDL 版 [M]．第四版．北京：科学出版社，2010.

[2] 潘松，黄继业，潘明．EDA 技术实用教程——Verilog HDL 版 [M]．第四版．北京：科学出版社，2010.

[3] 潘明，潘松．数字电子技术基础（Verilog HDL 版）[M]．北京：科学出版社，2008.

[4] 刘大椿．自然辩证法概论[M]．北京：中国人民大学出版社，2004.

[5] 倪继利，陈曦，李挥．CPU 源代码分析与芯片设计及 Linux 移植[M]．北京：电子工业出版社，2007.

[6] 任爱锋，初秀琴，常存，孙肖子．基于 FPGA 的嵌入式系统设计[M]．西安：西安电子科技大学出版社，2005.

[7] 王诚，刘卫东，董长洪．计算机组成与设计实验指导[M]．北京：清华大学出版社，2002.

[8] 徐敏，孙恺，潘峰．开源软核处理器 OpenRisc 的 SOPC 设计[M]．北京：北京航空航天大学出版社，2008.

[9] 张代远．计算机组成原理[M]．北京：清华大学出版社，2005.

[10] 张钧良．计算机组成原理[M]．北京：清华大学出版社，2003.

[11] Chris Rowen．复杂 SOC 设计[M]．吴武臣，侯立刚译．北京：机械工业出版社，2006.

[12] David A Patterson，John L Hennessy．计算机组成和设计：硬件 / 软件接口（第 2 版）[M]．郑纬民，等译．北京：清华大学出版社，2003.

[13] David Money Harris, Sarah L Harris．Digital Design and Computer Architecture[M]．北京：机械工业出版社，2008.

[14] Douglas L Perry．VHDL Programming by Example[M]．Fourth Edition．New York：McGraw-Hill Companies，2002.

[15] F Gail Gray．FPGA 芯片叫板微处理器[J]. 富布斯，2003，7(3): 59~63.

[16] John D Capinelli．计算机系统组成与体系结构[M]．李仁发，彭蔓蔓译．北京：人民邮电出版社，2003.

[17] Linda Null ,Julia Lobur．计算机组成与体系结构[M]．黄河，等译．北京：机械工业出版社，2006.

[18] Opencores.org．OpenRISC1000 Architecture Manual[EB/OL]．http://opencores.org/svnget,or1k?file=/trunk/docs/openrisc_arch.pdf，2006-04.

[19] Opencores.org．OpenRISC1200 Specification[EB/OL]．http://opencores.org/svnget,or1k?file=/trunk/or1200/doc/openrisc1200_spec.pdf，2001-09.

[20] Opencores.org．WISHBONE, Revision B.3 Specification[EB/OL]．http://cdn.opencores.org/downloads/wbspec_b3.pdf，2002-09.

[21] Vincent P Heuring，Harry F Jordan．计算机系统设计与结构[M]．第 2 版．邹恒明，保雷雷译．北京：电子工业出版社，2005.